9784863384347
JN222015

星座が伝える物語

――古代ギリシアの神々・英雄・人々――

はじめに

ギリシア神話に、エピメテウスという名の神がいます。彼は名高いプロメテウスの弟なのですが、兄とは違って、物語の中で活躍することはありません。プロメテウスには人間を創り、火をもたらし、大神ゼウスと渡り合ったという話が伝わっているのに対し、エピメテウスは、人間を堕落させるため創られたパンドラの夫として、また大洪水を生き延び新たな人類の祖となったピュラの父として、ただ名前が出てくる程度なのです。

そもそも名前からして、兄が「先に考える者」(pro-metheus)であるのとは対照的に、弟は「後で考える者」(epi-metheus)です。事を為すときに前もって考えるのではなく、事が終わった後にやっと考える者、つまり考えなしにふわふわと動き出し、生じた結果におろおろしている、知恵の働かぬ愚か者、と軽い扱いを受けてきたようです。

しかしながらエピメテウスは、確かに「後から」とはいえ、プロメテウスと同じく「考える者」です。既に終わってしまったことであるとはいえ、その意味を問い直します。後から考えるといえば反省ということになると思いますが、彼は自身が招き寄せた事態を省みることができるのです。見通しを立てる力が十分ではないため失敗を繰り返しはするけれど、そのたびに、その失敗について思いを巡らせる能力を具えています。過去の出来事を振り返ることこそが、エピメテウスをエピメテウスたらしめている在り方だと言えるでしょう。

プロメテウスとエピメテウスは人類の祖にあたると考えられますが、我々人間は、これまでの歴史を眺めてみれば、筆舌しがたい惨事を自ら引き起こしてきましたから、「先に考える」プロメテウスではなく、「後から慌てる」エピメテウスの血をより濃く受け継いでいると思われます。目先のことにとらわれ、将来を推し測ることを怠ったがゆえに、抜き差しならない事態に陥り、そうなって初めて事の重大さに気づくのです。

　ですが、エピメテウスの血が流れているということは、我々はさまざまな出来事の意味を、後からとはいうものの、考えることができるということです。そこから先を見越す力が弱いため、また失敗を重ねるかもしれないけれど、反省することができれば、以前より正確な予測を立てられるはずです。

　だからエピメテウスに、過去を語らせようと思います。神々や英雄たち、そして人間たちが何をしてきたか、いかに動いてきたか。その物語を我々が知るということは、人間というものを明らかにしていくことにつながると信じます。彼は、他の著名な神々や英雄たちと違って、陰にこっそり隠れた存在です。名前だけが出てきて活動がほとんどないことも、事件に直接の関わりがないということで、語る者としてはふさわしいと考えました。どうぞしばらく、彼の語りに耳を傾けてみてください。

※　名前の表記は、『ギリシア・ローマ神話辞典』（高津春繁　岩波書店）に基づいたうえで、長音を省略しています。ただし、呼び慣れたもの・語感がいいと思ったもの・区別したいものは、使用している場合もあります。
※　星座名は、日本天文学会の呼称に従っていますが、星座の由来となる神話を反映するもの・ラテン語表記の意味に近いもの・『神話辞典』の表記に基づいたものに変えた場合があります。それぞれ、「牧夫（うしかい）・海獣（くじら）・ヒュドラ（うみへび）・アルゴ（とも・ほ・りゅうこつ）・獣（おおかみ）」、「酒杯（コップ）・北の冠（かんむり）・十字（みなみじゅうじ）」、「ペガソス・カッシオペイア・ケペウス・エリダノス・ケンタウロス・ヘラクレス」です。
※　「ギリシア」というのは、「日本」を「ジャパン」と呼ぶように外から見たときの言い方で、当時の住人たちは「ヘラス」と呼んでいたそうです。そこで、物語中では「ヘラス」の呼称を用いました。

星座が伝える物語　☆　目次

はじめに　3
エピメテウスの物語る　14

第一部　神々の戦い

神々の夜明け
母なるガイア　宇宙の始まり　19
父なるウラノス　世界の始まり　22
父殺しクロノス　支配の始まり　25
宇宙の誕生　28
ゼウスの独裁
ティタノマキア　天上神ゼウス・・・さいだん座・こぐま座・おおぐま座　36
ギガントマキア　絶対神ゼウス・・・や座　46
テュポンとの死闘　唯一神ゼウス・・・やぎ座　51
恒星の誕生―太陽系・地球の誕生　60
天の北極近くの星空　63

第二部　神々の話

ゼウスと美形たち

イオ隠蔽　エウロペ誘拐・・・おうし座　67

散開星団　74

レダとその子どもたち・・・はくちょう座・ふたご座　75

二重星　82

カリスト哀れ・・・おおぐま座（別伝）・ぼくふ（うしかい）座　83

美童ガニュメデス・・・わし座・みずがめ座　89

神々それぞれ

ポセイドンの遣い・・・いるか座　94

ペルセポネ略奪・・・おとめ座　98

アポロン逆上・・・からす座・しゅはい（コップ）座・へびつかい座・へび座　104

アプロディテ変身・・・うお座・みなみのうお座　114

哀しきヘパイストス・・・ぎょしゃ座　118

彗星　126

ディオニュソス席捲
母セメレに与えた冠(しるし)・・・みなみのかんむり座　127
アリアドネとの結婚の冠(しるし)・・・きたのかんむり(かんむり)座　133
酩酊・陶酔・狂乱の神・・・こいぬ座　143
春の星空　150
夏の星空　152

第三部　英雄たちの話

世に聞こえた主人公たち
アタマス家の惨劇・・・おひつじ座　157
オルペウスとエウリュディケ・・・こと座　163
惑星状星雲　171
ペルセウスとエティオピア王家・・・ペルセウス座・ペガソス座・かいじゅう(くじら)座・アンドロメダ座・ケペウス座・カッシオペイア座　172
変光星　189
超新星(爆発)残骸　191

驕れるオリオン・・・オリオン座・さそり座　193
暗黒星雲　202
散光星雲　203
パエトーンは沈んだ・・・エリダノス座　204
広く知られずとも
ライラプスのパラドックス・・・おおいぬ座　208
連星　213
人は身勝手・・・うさぎ座　214
姿は同じでも・・・ケンタウロス座　217
付け加えていくうちに・・・いて座　222
父の目を逃れて・・・こうま座　226
私は知らない・・・さんかく座　230
悲しい主人公たち
イアソンの夢の船・・・アルゴ（とも・ほ・りゅうこつ）座　232
ペロプス、呪いの始まり・・・ぎょしゃ座〔別伝〕　241
球状星団　247

ヘラクレスの生涯
破格の英雄の誕生・・・ヘラクレス座　248
ネメアの森の獅子退治・・・しし座　258
流星　流星群　流星雨　263
レルネの泉の九頭毒蛇退治・・・ヒュドラ（うみへび）座・かに座　264
ヘスペリデスの園の林檎・・・りゅう座　270
破格の英雄の最期・・・ヘラクレス座〔再〕　276
秋の星空　292
冬の星空　294

第四部　人間の歴史

黄金の時代・白銀の時代・・・おとめ座〔別伝〕　299
青銅の時代・・・てんびん座　307
神に抗う人々・・・けもの（おおかみ）座　312
人は生きる　アタランテ　325
人間原理と多宇宙論　332

英雄の時代・鉄の時代・・わし座〔別伝〕 334
恒星の最期―太陽系・地球の最期 344
宇宙の終焉 348
プロメテウスの予見する 354
おわりに 357
写真・図の出典 362
元にした本・ウェブサイト 368
星座一覧 374
古代ギリシア地図 378

※ 絵入りの星図は、ヨハネス・ヘベリウス（1611―1687）の『星座図絵』（無印のもの）とジョン・フラムスチード（1646―1719）の『天球図譜』（[F]の印のあるもの。フランス語改訂縮刷版。わし座〔別伝〕のみ、イギリスで出版された初版）からの引用です。ヘベリウスの星図は、天球の外側という「神の視点」で描かれたため、地上から眺める星座とは左右が反転していますので、星空を眺めるときは「裏返し」の姿を思い浮かべてください。

Σύνδεση

Gemini
Pollux
Castor
Cancer
Lynx
Auriga
Perseus
Ursa Major
Leo
Cassiopeia
Cepheus
Andromeda
Ursa Minor
Draco
Bootes
Lyra
Cygnus
Pegasus
Serpens
Hercules
Cerberus
Aquila
Delphinus
Equuleus
Libra
Capricornus
Sagittarius
Æquator

エピメテウスの物語る

先のことを知ることはできない。
昔のことを記すことはできる。
天の星々に記憶は残されているからだ。

もたらされた欲望のために、我々は数多くの禍を招き、
残された希望のために、我々は繰り返し立ち上がった。
私は、在りし日の出来事を語ろうと思う。

星乙女アストライアよ、星々の記録を開き給え。
記憶の神ムネモシュネよ、我が過去を思い起こさせ給え。
母なる大地の神ガイアよ、あなたの意に沿わんことを。

神々と英雄たち、そして人々の織り成す物語が、
ここから生まれ立つ人々の糧となりますように。
物語る我は後から考える者、エピメテウス。

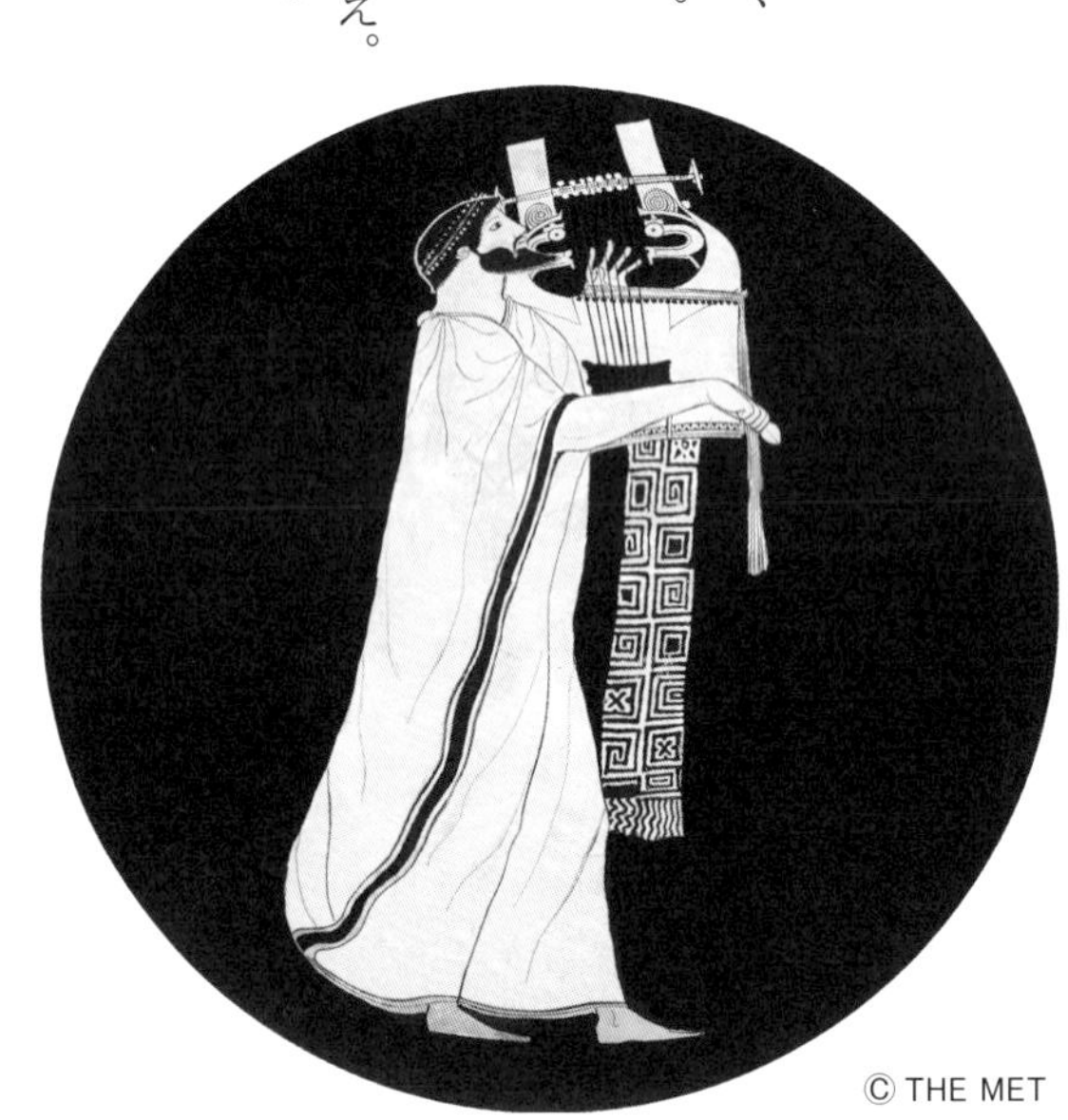

© THE MET

神々も人々も、ともに大地から生まれた。神は不死であり、不老であり、途方もない力を持っている。一方、人は取るに足らぬ力しか持たず、みな老いていき、死を逃れることはできない。だが、神と人に、不死不老異能の他、変わるところはない。神が強欲で自己本位であることは、人と同じだ。いや、大神ゼウスの所業を見ればわかるように、神の独善さははるかに人の上を行く。そして、神の血を引く英雄たちもやはり、通常の人々より度が過ぎた行いを繰り返す。しかし、過剰であるがゆえに、神々や英雄たちは人の人らしさ、また人でなしさをより際立たせる。彼らの行動の軌跡をたどることは、人について語ることになるだろう。後の時代、星空に目を向けた或る占星術師はこのように述べている。


世界は己が存在の如何なる根源をも認めず、世界の存在はただ世界自身のうちにのみある。

私たちには天空が見える。

その空が、好意から、世界の本性をめぐる秘密の探求を私たちに許してくれる。

天空を仔細に観察し、神性を問い、表面に飽き足らず、宇宙の奥底を究めようとする。

このように、自分と関係深い天空を究めつつ、星辰の中に人間は自分自身を探求するのである。


星空を眺め、そこに神々や英雄たちの姿を見ることで、我々は人の来し方を知ることができる。さすれば人の行く末を、垣間見ることはできないにしても、より正確に占うことができるだろう。私の役目は記し語ることだ。では、星座に従って、神々や英雄たちの事績を話していくこととしよう。

まずは宇宙、この世界の始まりから話を始めたい。だが……

神々の戦い

☆神々の夜明け☆

母なるガイア　宇宙の始まり

はじまりは、ない……広がりはない、流れはない、ないということさえない。有るのではない、無いのではない、名づけようがない。気がつくとそこに、空隙＝カオスがあった。

カオスから、すべてが噴き出し、勢いよく流れ始め、大きく広がり始めた。あらゆる種を孕んでいたけれど、姿は持たなかった。未だかたちを成していないとはいえ、既にすべてが在った。混沌＝カオスである。そのカオスが揺らぐなかで、初めに姿を現したのは揺るぎない大地＝ガイアだった。そして同時にその奥に、底知れぬ奈落＝タルタロスが口を開けた。続いて、すべてのものに力を与えかつ奪う、あらゆる創造と破壊の源であるエロスが生じた。だが、もしかするとエロスは、ガイアよりも先に現れて、神々が次々と生まれていく力となっていたのかもしれない。一切の闇であるエレボス＝暗黒とニュクス＝夜も、このとき生まれている。最初の神々は何も見えない絶対の暗闇の中で誕生したのだ。

光明がもたらされたのは、エレボスとニュクスが交わって、一切の光であるアイテル＝光天とヘメラ＝昼が生まれたときである。ここから、何も見えなくなるほどの光輝の中で、神々は、次々と生まれていった。まずニュクスは、多くの神々を単独(ひとり)で産んだ。すなわち、モロス（宿命）、ケール（命運）、タナトス（死）、ヒュプノス（眠り）、オネイロス（夢）、モモス（非難）、オイジュス（苦悩）、ネメシス（神罰）、アパテ（欺瞞）、ピロテス（愛欲）、ゲラス（老い）、エリス（諍い）の十二神である。そのなかの一人エリスは素早く静かに動く翼を持ち、

神々や人々の間を悟られぬよう飛び回る不和の神である。自身が諍いをもたらすだけでなく、さらに、プセウドス（虚言）、アンピロギア（口争い）、アンドロタクシア（殺人）、マケ（戦争）など、たくさんの争いの神の母となった。

ガイアもこの間、じっと留（とど）まっていたわけではない。自ら高まって、星散りばめる天空＝ウラノスを、自らの上にそびえ立つ山々を、そして大浪荒れる大海＝ポントスを産んだ。天空は大地を覆い、大海は大地を取り囲んだ。

次にガイアはウラノスと契って、後にティタン十二神と呼ばれることになる神々を産んだ。すなわち、オケアノス（大洋）、コイオス、クレイオス、ヒュペリオン、イアペトス、クロノス（農耕）の男神六人と、テイア、レア（大地）、テミス（掟）、ムネモシュネ（記憶）、ポイベ、テテュスの女神六人のことである。

二神の間には他にも、三人のヘカトンケイルと三人のキュクロプスが生まれた。いずれも巨大で、ヘカトンケイルが百の腕と五十の首を持ち、キュクロプスが一つ目で雷霆（らいてい）（いかずち）を造る力を持つという、異形の神々であった。

さらにガイアはポントスとも交わって、「嘘つかず正直な」海の老人ネーレウスを、並外れて力強い「大いなる」タウマスを、「鋼鉄の肝持つ」エウリュビアを、続いてまた「誇り高い」ポルキュスと「頬美しい」ケトを産んだ。

ネーレウスは、アムピトリテ（海神ポセイドンの后）やテティス（英雄アキレウスの母）をはじめとする五十人の娘ネーレイスの父であり、タウマスは、ハルピュイア（旋風）と神々の使者イリス（虹）の父となり、エウリュビアは、アストライオス（星男）とパラス（競争）、そして「思慮分別に抜きん出た」ペルセスの母となった。

夫婦となったポルキュスとケトは、この両親からは想像もつかない子どもたちを持つこととなる。それは、老女の姿で生まれてきた三姉妹グライアイ、恐怖ですべてを凍りつかせる三姉妹ゴルゴン、そしてヘスペリスの園で黄金の林檎を見張る竜、ラドンである。この怪しの血は子々孫々受け継がれていき、ゴルゴンの一人メドゥサからは、その孫にあたる、上半身が女で下半身が蛇というエキドナを経て、三つ首の怪犬ケルベロスや九頭の毒蛇ヒュドラなど、多くの怪物が生まれることになる。

かくして原初の神々は出揃った。溢れていた光は闇の中に落ち着き、黒々とした天空に星々の光が散りばめられた宇宙＝コスモスがかたちづくられたのである。

怪物の系譜

タルタロス 奈落
ガイア 大地
ポントス 大海
タウマス
エレクトラ
ポルキュス
ケト
イリス 虹女神
アエロ
オキュペテ
ハルピュイア 女面鳥
ラドン (百頭)竜
パムプレド
エニュオ
デイノ
グライアイ 生来老婆
ステンノ
エウリュアレ
メドゥサ
ゴルゴン 女怪
ポセイドン
カリロエ
クリュサオル 怪男
ペガソス 天馬
テュポン 最強神獣
エキドナ 蛇女
ゲリュオン 三頭三身
カウカソスの大鷲
ケルベロス 三首巨犬
ヒュドラ 九頭毒蛇
オルトロス 猛番犬
キマイラ 合成獣
ネメアの獅子
スピンクス

・別説では、キマイラは、エキドナとテュポンの子。
・別説では、ネメアの獅子とスピンクスは、エキドナとオルトロスの子。

父なるウラノス　世界の始まり

宇宙が形成されると、ウラノス＝天空が主たる夫の地位を占め、ガイア＝大地はその脇にいる妻の地位に置かれた。ウラノスは高みにあるとはいえ、元来はエレボス（暗黒）とニュクス（夜）に近しい、見通しの利かない暗い空の神であった。ところが、アイテル（光天）とヘメラ（昼）が生まれたことによって光を得た結果、高みから広く世界を眺めることができる明るい空の神となり、主神となったのである。ということは、支えるものよりも見渡すものが権力（ちから）を握ったということだろうか。思い違いが始まる。

ウラノスはガイアから多くの子どもを得たが、我が子を大切にしたとは思えない。なかでも、異形の子どもたちを嫌った。一眼巨人キュクロプスと百手巨人ヘカトンケイルは、生まれるや否や、天と地が離れるよりもなお地から離れた地の底タルタロスに造られた青銅の壁の獄の中に封じ込められた。

一方、他の子どもたち、すなわちティタン十二神は天空に留まることを許された。彼・彼女たちは、それぞれ伴侶を得て、新たな神々を次々と生んでいった。これがティタン神族である。

オケアノスは大洋の神となり、テテュスを迎えて、エリダノスをはじめとする世界中の河川と、オケアニデスと呼ばれる三千人の娘をつくった。彼女たちはさまざまな神を産んだ母神たちとして知られることが多いが、そのなかの一人ステュクスはそればかりではなく、後の世代になって、神々が誓いを立てる際には彼女のもたらす水を捧げて言葉を述べなければならない、という重要な地位に就くこととなった。この誓いを破ると、たとえ神といえども、一年は息をすることなく食事をとることなく横たわり、続く九年は神々の集いから遠ざからなければならない。

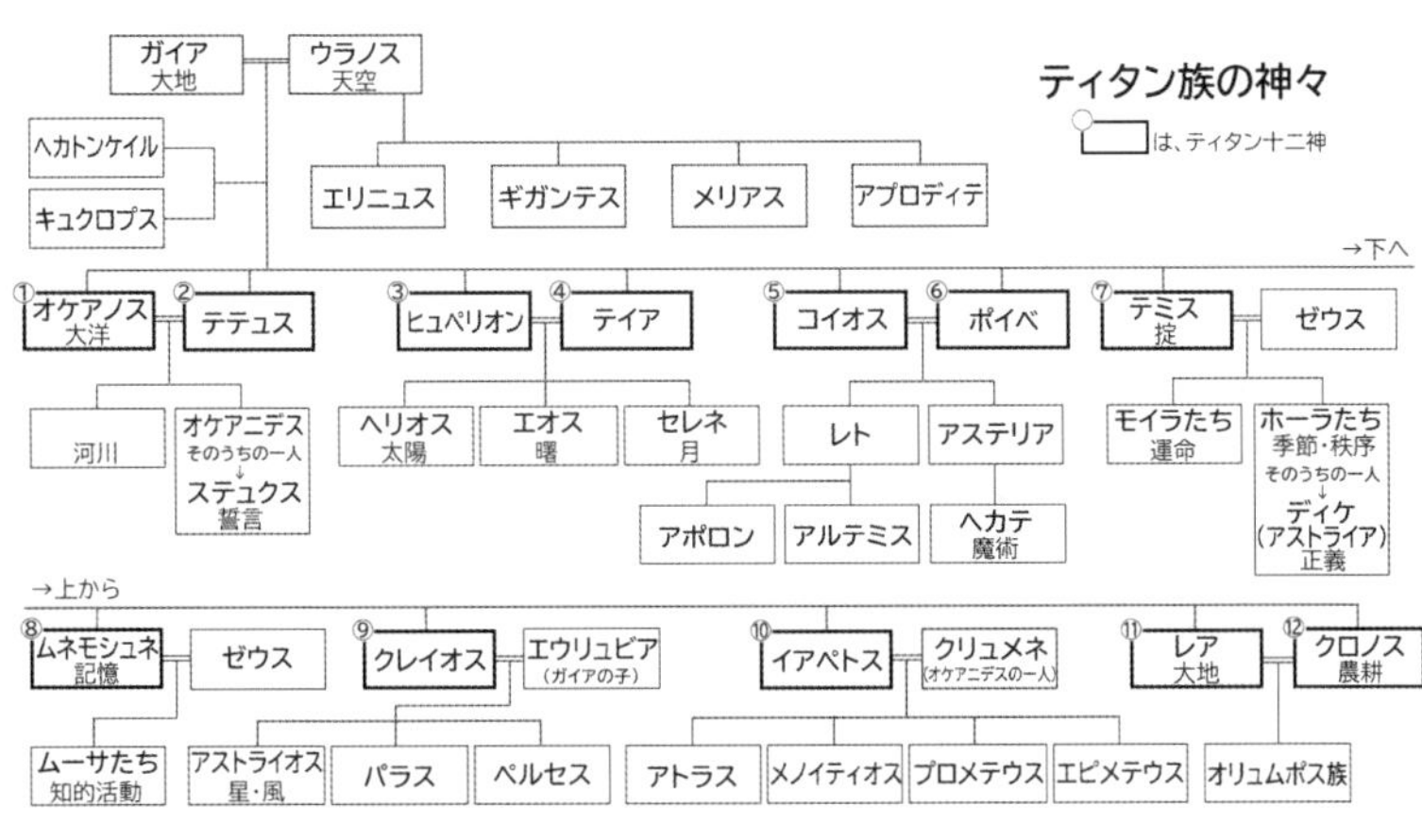

ヒュペリオンとテイアが一緒になり、疲れを知らぬ陽の神ヘリオス、静かに輝く月の神セレネ、すべてのものに光をもたらす曙の神エオスを儲けた。

コイオスとポイベが結ばれ、「優しいまなざしの」レトと「星の輝きを宿す」アステリアの両親となった。レトはやがて光明の神アポロンと狩猟・貞潔の神アルテミスの母となり、アステリアはヘカテの母となる。ヘカテは、ティタン族の出であるにもかかわらず、後にオリュムポス族の世となっても、ゼウスから最大の栄誉を与えられることになる魔術の神である。彼女は富や名誉をもたらすと同時に、夜の闇の世界をも支配する。

テミスは掟と予言の神であり、一時代遅れてゼウスの二番目の妻となり、運命の神モイライ、すなわち「割り当てる」ラケシス、「紡ぐ」クロト、「断ち切る」アトロポスの三女神と、季節の神ホーライ、すなわちエウノミア（秩序）、エイレネ（平和）、ディケ（正義。アストライアとも呼ばれる）の三女神を産んだ。

ムネモシュネは記憶の神であり、やはり後にゼウスと九夜交わり、知的活動に関わる九人の神ムーサイ（カリオペ、クレイオ、エウテルペ、タレイア、ネルポメネ、テルプシコラ、エラト、ポリュヒュムニア、ウラニア）を産した。娘たちは、言葉と音の楽しみを知り、神々の間で舞い歌う、文芸と音楽、舞踊、加えて天文の神である。

クレイオスはエウリュビアと連れ添い、三人の神を生した。すなわち、先に触れた、アストライオス、パラス、ペルセスの父となったのである。アストライオスはエオス（曙）とともに風や暁の明星、そして星々をつくり、パラスは、先述のステュクス（誓言）との間にゼロス（栄光）やニケ（勝利）、クラトス（権力）とビア（暴力）を儲け、ペルセスは星女アステリアの夫となった。つまり、魔術神ヘカテの父である。

イアペトスはクリュメネと縁を結び、四人の神を得た。すなわち、「確固たる」アトラス、「猛り立つ」メノイティオス、「先に考える」プロメテウス、「後から考える」エピメテウスの父となったのである。アトラスとメノイティオスはティタン神族を支える大きな柱となった。一方、プロメテウスとエピメテウスの子孫はやがて神界を去って人間界に下りていく。祖たるプロメテウスは先を読んで、人間の歴史に深く関わりを持つことになり、エピメテウスも、先を見通す力は持たなかったが、それゆえに歴史を後から記していくことになる。このエピメテウスが、つまりプロメテウスの弟が私である。

クロノスは農耕の神となり、その姉レアがその妻となった。彼女はガイアの跡を継ぎ、彼女と並び立つ大地の女神である。二人の間にはやがて六人の子ができた。オリュムポス族の主神たちである。この一族が、なかでもゼウスが、後に神々の世界の中心に位置することになるのだが、しかし、それは先の話だ。神々が次々と生まれていった、世界の始まりの時点では、中央を占めていたのはティタン族である。なかでも、その父親たる天空神ウラノスが、子や孫にあたる神々を束ねる、一段高い地位に就くこととなった。つまり、神々の初代の王となったのである。

父殺しクロノス　支配の始まり

当初揺るぎないものと思われた天空神ウラノスの王位は後に、その子、農耕神クロノスによって奪い取られることとなる。その「クーデター」を呼びかけたのは、他でもない、ウラノスの母にして妻、大地の神ガイアだった。

彼女は、異形の子どもたちを自身の奥深く、タルタロス（奈落）に閉じ込められ、その呻き声を辛い思いで聞いていたのだ。ティタン族だけを我が子のように扱う、いや、いまではその子たちさえ顧みること少なく、天空の高みに立って大地を軽んじ、わがまま横暴に振る舞い始めたウラノスを許せなくなった。ガイアは、或る日ついに、奥深い洞窟に、密（ひそ）かにティタンの神々を集めると、金剛の大鎌をかざして檄を飛ばした――忌まわしい業を重ねる父を倒し、神々の王の座を奪う気概のある者はいないか。他の神々が後ずさりし、互いに顔を見合わせるなか、末子のクロノスがおもむろに、みなの前に進み出た――私は、呪わしい父など父とは思いません。必ずや父を、いやあの男を倒してみせましょう。不敵な笑みを浮かべて、彼は大鎌を受け取った。

その時は来た。夜の帳が降りて、閨（ねや）の中、ウラノスがガイアに身を重ねようとしたとき、物陰から現れたクロノスは、大鎌でウラノスの男根を切り落とすと、窓の外へと投げ捨てたのである。倒れ込み、もがくウラノス。その傷口からはおびただしい血が溢れ出し、戸口から大地へと流れ、浸み込んでいった。そこからは、歳月を経た後、復讐の女神たるエリニュスたち、野蛮な巨人ギガースたち、そして梣（とねりこ）の木の精たるメリアスが生まれることとなる。

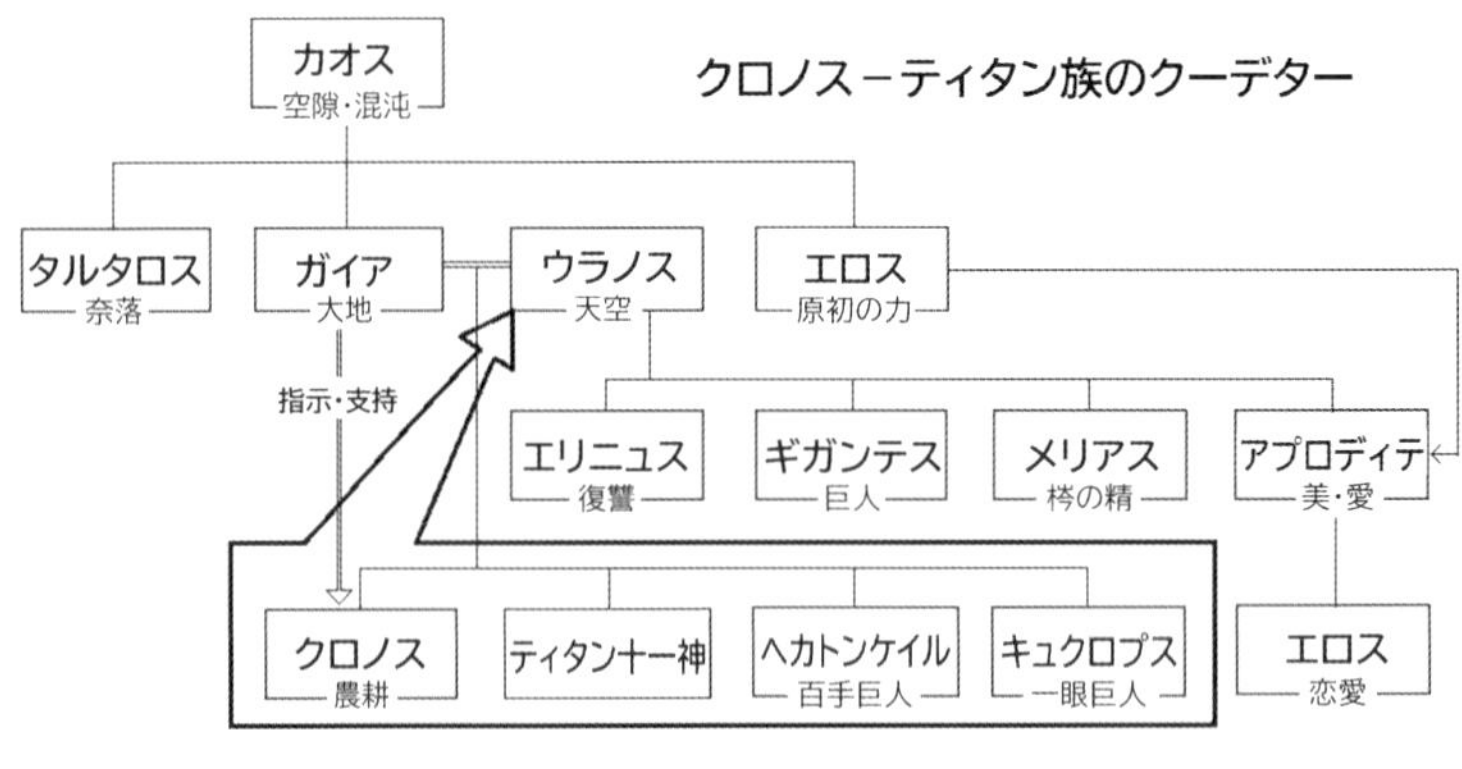

また男根は空を飛んで海に落ち、しばらく海原を漂っていたが、やがてその周りに泡が湧き上がり、その中から一人の女神が生まれ出た。これが愛と美の神、アプロディテである。彼女がキュプロス島に上陸すると、その踏み出す一歩ごとに、その足下に柔らかな草や清らかな花が芽吹いたという。このとき、エロス神が彼女の中に忍び込んだ。そして後に、アプロディテの子として生まれ直した。父親が誰であるかについては、恋多き女神であるがゆえに、戦神アレスや商神ヘルメス、果ては大神ゼウスまで、いくつかの逸話があり、私にもわからない。だが、彼女が母親であることだけははっきりしている。生まれ直したエロスは原初の、すべてを動かす力とは異なり、もっぱら恋愛を司る神である。後世には、エロスが放つ金の矢を受けた者は恋に落ち、鉛の矢を受ければ恋から醒める、と言われるようになった。

一方、倒れ伏し、血溜まりの中で動けなくなったウラノスは、血に塗れた大鎌を手にしたクロノスを目だけで見上げると、荒い息の中で、途切れ途切れのかすれ声ではあったけれど、しかしきっぱりと、呪いの言葉を投げつけた――おまえは、確かに、権力（ちから）を、得た。…だが、しかし、…父を倒した、……報いは、受けねば、ならない。……おまえ、も、私、と同じ、…よう、に、………我が、……子に、よって、………王の……、座を……、奪わ………、れる……

けれどクロノスは、父の呪いの言葉を聞いても、眉をひそめただけだった。鼻先で笑うと、地に口を開き、血まみれのウラノスをタルタロスへと蹴り落とした。

「クーデター」の後、原初の神々がしばし抗い戦ったものの、ティタン一族は、タルタロスからヘカトンケイルとキュクロプスを解放し、その力を借りて抵抗を抑え込んだ。旧い神々を世界の隅に追放し、新しい王の座にはクロノスが就いた。末子とはいえ、最初に事を起こしたのは彼であるから、兄たち、姉たちに異議を出せるはずはなかった。クロノスは、旧い神々がこれまでしていた仕事を新たにティタン族の神々に割り振り、自身は神々に指示を出す地位に就いた。一人の神が他の神々を支配する、そのかたちはここに定まったのである。

しかしクロノスは、ヘカトンケイルとキュクロプスに対しては他の兄弟姉妹たちと異なる扱いをした。すなわち、いったんタルタロスから解放し協力させたにもかかわらず、再び奈落に閉じ込めたのだ。母と父を一にする兄弟であるというのに、異形であるということで彼らを嫌ったのだろうか、父ウラノスと同じことをした。口では新しさを訴えながら、腹の底は昔のままということはよくある話だ。利用しておきながら、仕事が終われば追い払う。ヘカトンケイルとキュクロプスはタルタロスの獄の中で、ティタン一族に対する憎しみを日一日と募らせていくことになる。

クロノスは姉レアを正妻とし、ヘスティア、デメテル、ヘラ、ハデス、ポセイドン、そしてゼウスを儲けた。けれども、クロノスにとって、子どもが生まれることは喜びではなく、恐怖であったはずだ。平気なふりで聞きはしたけれど、玉座に腰を下ろしてからずっと、彼の耳からウラノスの最後の呪いの声が離れることはなかったからである――おまえは我が子に王の地位を奪われる。

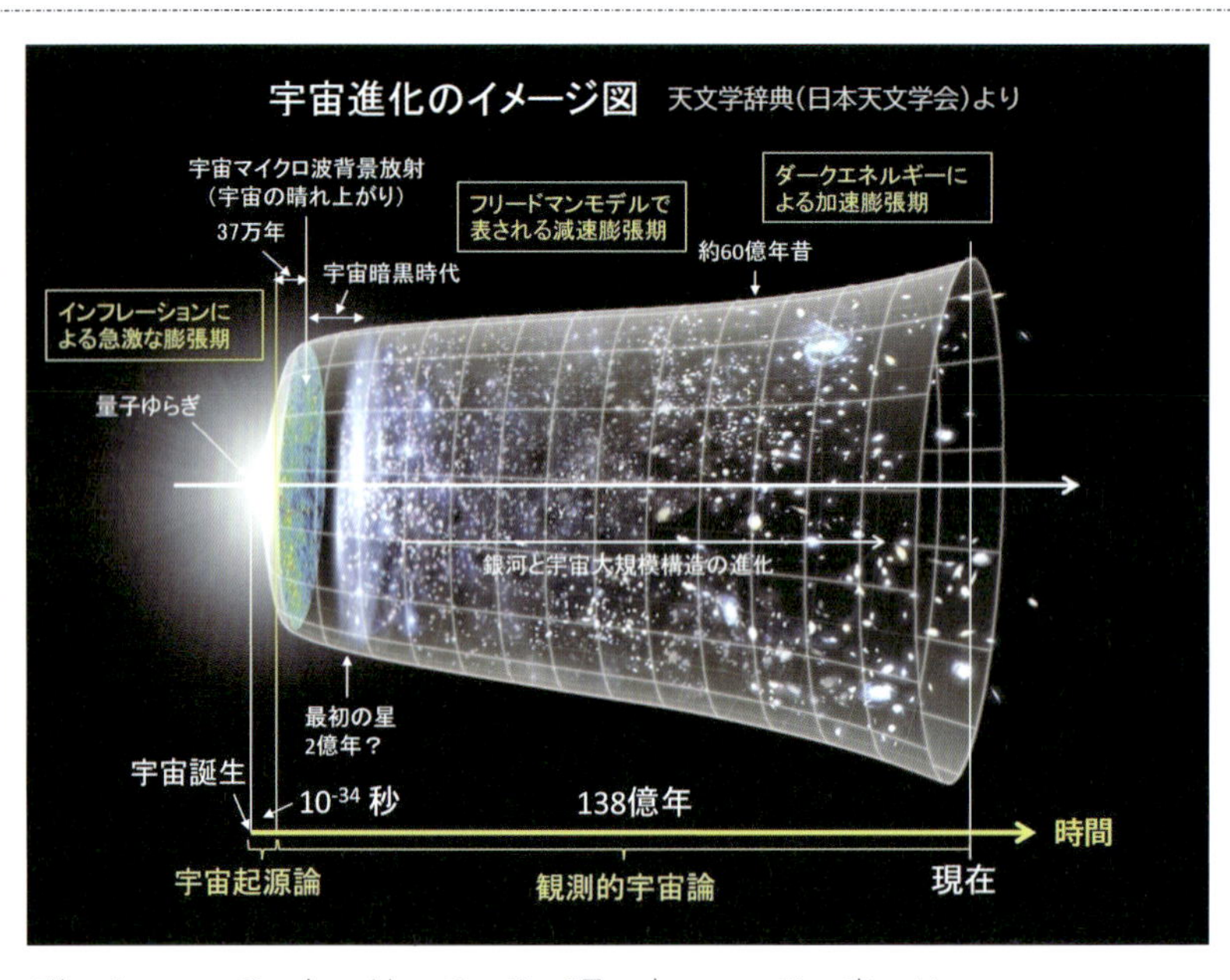

宇宙の誕生

(0) **特異点**　宇宙は膨張していることが観測によって確認された。過去から現在までずっと膨張し続けている。ということは、時間を遡れば、いまの宇宙空間は或る一点に収斂することになる。ならば、それが宇宙の始まりだと言えそうだが、その点は「空間はないのに質量だけはある」という密度無限大の特異点になってしまう。そこではこの宇宙の物理法則が成立しない。「神」を持ち出せば話は終わるのかもしれないが、そんなことをすれば、何だって言える。信仰は説明にはならない。物理学者たちはあくまで物理的に宇宙の誕生を考えようとした。しかし、マクロな物理現象を対象とする相対性理論ではどうしてもうまく説き明かすことができない。

(1) **無からの誕生**　そこで、ミクロな物理現象を扱う量子論から、「宇宙は無から誕生した」という仮説が出てきた。無いところから有るものが生まれるという、日常感覚からすれば突拍子もない考え方だ。しかし、「ゆらぎ」を基本に据える量子論――自然界に静止しているものはない――で考えるならば、０（無）から宇宙（有）は生まれうるのだという。

ただし、「無からの宇宙誕生」説は、科学であるとは断言し難い。科学は、実験や観察によって反証できる機会があることを前提とする。ところが「プランク時代」と呼ばれる宇宙開闢直後の時間は、現在の技術では間接的にさえ観測することができない。つまり、宇宙の起源を扱う説はみな、反証可能性を持つことができず、科学の前提条件を満たさないのだ。「無からの誕生」説も、これまでの物理学に基づく論理的な説明ではあるけれど、いまのところ、あくまで一つの仮説として捉えるべきものであろう。

さて、ここで言う「無（nothing）」であるが、物体をすべて取り除いた広がりを思い浮かべてはいけない。そこにはまだ空間がある。その状態は「真空」と呼ぶべきであって、無ではない。無には、物質・エネルギーはもちろん空間も、したがって時間もないのだ。けれども、何もないからと言って、一切の動きがない、絶対の静寂というわけではない。巨視的に見れば何も無くとも、微視的には有る状態と無い状態が重ね合わされ、どちらとも定まらず、無自身が無と非無＝有の間を絶えずゆらいでいる。だから、無が突然、偶然、有に転ずることがあったとしても、それは可能性のあったこと、起き得たこと、必然である。無から有＝宇宙は始まる。ということは、密度無限大の特異点は出てこない。時間もここから始まるのだから、「それ以前」を考える必要はない。説明原理としての「神」は不要となる。

宇宙は無において生成と消滅を繰り返していた。一つだけではない、無数の「宇宙の卵」が生まれては消え、また生まれては消え……無と有の間を揺れていた。転移を起こすには、何しろ無と有だ、大きなエネルギーの障壁がある。簡単に転ずるものではない。だが、トンネル効果によって一つの卵が有の側に転んだ。これが我々の宇宙である。「トンネル効果」とはミクロの水準で、粒子がエネルギーの障壁を、越えるのではなく、トンネルを通るかのように透過する現象のことを言う（日常の力学では考えられない）。粒子は波の性質も持っているので、エネルギーは低くとも壁の向こうに回り込めるのだとか、ゆらぐ粒子は高いエネルギーを持つ可能性があるので、そのときに壁を越えるのだとか、粒子の位置を運動量と同時に確定することはできないので、壁の向こうに位置する確率もあるのだとか説明される。

無と有の間の障壁を越えうる理由を説明する際、「虚数時間」という考え方が持ち出されることもある。虚数時間とは、いま現に流れている時間＝「実数時間」に対するもので、宇宙誕生時は、実数ではなく虚数の時間が流れていたと考えるのだ。加速度は「速度÷時間」で表されるが、速度は「距離÷時間」であるから、加速度は「距離÷時間の2乗」と書き直すことができる。虚数は2乗するとマイナスの値になるので、時間が虚数であると、加速度の値はマイナスになる。つまり、運動の向きが逆になる。譬（たと）えて言うなら、手から離したリンゴが、地面に落ちるのではなく、空へと上っていくようなものだ。虚数時間が流れているならば、宇宙の卵は障壁に退けられるのではなく、登る―越す方向に動く。

ただ、虚数時間という考え方はいまひとつ理解できない。虚数時間なら時間に対し空間と同様の扱いができるので、南極点が南の端ではあるけれど他の地点と同じ扱いを受けているように、特別の点つまり特異点はなくなるのだと言われても、なぜそうなるのか、よくわからない。また、虚数時間から現在流れている実数の時間に、なぜ変わったのか、これもわからない。「超弦理論」で、素粒子を大きさゼロの点ではなく、大きさのない振動数の異なる弦（ひも）として考えるとよいと言われるが、理解は難しい。

とにかく、宇宙は誕生した。だが、現在のような無辺の空間ではない。素粒子よりもはるかに小さい超ミクロの宇宙である。付け加えるなら、我々の宇宙ではない他の宇宙も無から生まれたはずだ①。

⑵**インフレーション**　プランク時代は宇宙誕生から10のマイナス43乗秒までの時間で、現在の物理論ではきちんと扱うことができないが、それ以降の宇宙の進化に関しては、「インフレーション仮説」がある。ビッグバンの残光の温度（宇宙マイクロ波背景放射）が全天でほぼ均一であること、宇宙が曲率ほぼゼロの平らな空間（三角形の内角の和が１８０度）であること、磁気単極子（モノポール）（磁極が一つしかない磁石）が見つからないこと等、ビッグバン理論の問題点とされていたいくつかの観測的事実を説明することができ、いまでは多くの宇宙物理学者たちの共通見解となっている。ここから、その話をしよう。

とんでもなく小さいとはいえ、我々の宇宙は始まった。空間ができ、時間が進み出す。物質はまだない。生まれたての宇宙は真空である。ただし、真空といっても、なにものも存在しない空間というような日常的理解で捉えては、話は進まない。真空は、エネルギーに満ちているのである。「インフラトン」と呼ばれる正体不明の何かのエネルギーがあった。このインフラトン・エネルギー＝真空のエネルギーは斥力（せきりょく）（反重力）、つまり空間を広げる力として働いた。しかも、密度が一定に保たれるという性質、つまり、空間が大きくなれば、その分だけ増えていくという、常識からすれば不思議な性質を持っていた。

インフラトンのエネルギーが宇宙を膨張させた。この時点で空間が広がるとはつまり真空が広がることであるから、インフラトン・エネルギーもまた増加し、さらに宇宙を膨張させた。その結果、宇宙は、想像できないくらい短い時間（10の数十乗分の１秒）の間に、想像できないくらい巨大な大きさに（直径が10のマイナス26乗cmから10の4乗cmへ、つまり1兆×1兆×100万倍に）、加速度的に拡大した。このとてつもない指数関数的加速膨張が「宇宙のインフレーション」と呼ばれるものである。

インフレーションは止まらない。だが広がる真空の空間は、全体規模ではなく領域規模で、エネルギーの高い状態から低い状態へと相転移を起こす。広がり続ける古い真空の中に、新しい真空が次々と泡のように生まれ、それぞれ広がっていくのだ。広がる泡の一つ一つも宇宙である②。この泡宇宙が元の宇宙の古い真空の領域を取り囲むと、その領域は元の宇宙から「飛び出して」、別の宇宙として広がっていく。母宇宙から生まれた子宇宙ということになるだろう。同様に、子宇宙から孫宇宙も生まれる。子と孫はやがて母との因果関係が切れ、別個の宇宙となる③。②と③、加えて①、宇宙は無数にある。

(3)**ビッグバン**　泡の宇宙は、真空のエネルギーの相転移を起こした後、過冷却の状態になった（水が氷点（0℃）以下になったのに凍っていないのと同じ状態）。インフラトン・エネルギーが、いわば潜熱として、宇宙に蓄えられていたのだ。この過剰なエネルギーは、インフレーションの終了とともに一気に、物質の元となる素粒子に姿を変えて、あるいは熱エネルギーとなって、解放された。その結果、宇宙は火の玉状態（10の23乗℃）と化した。この状態のことを「ビッグバン（Big Bang）」と言う。

Bang（爆発）といっても、日常の爆発、つまり空間の或る一点に置かれた物体が粉々になって四方八方へ飛び散る爆発を想像してはいけない。宇宙は、爆発点を中心に広がっていったのではない。宇宙そのものが火の玉になったことをビッグバンというのだ。そしてビッグバン以後、宇宙のあらゆる場所は一様に等しく膨張していった。譬えて言うなら、一本の無限の長さのゴムひもを引っ張って伸ばすようなものだ。どの点もみな等しく広がっていくが、無限の長さだから中心の点はない（宇宙に特別の一点を認めない。「宇宙原理」という）。火の玉宇宙から宇宙の進化を説明していく「ビッグバン理論」は、「無からの誕生仮説」や「インフレーション仮説」と違って、観測的事実によって確かめられている。

ところで、粒子は必ず反粒子と対で生まれ（対生成）、対で消える（対消滅）。同数存在するならば、対消滅してエネルギーと化し、どちらも姿を消してしまうはずだ。ところが、どういうわけか、宇宙には粒子＝物質だけが残り、反粒子＝反物質は姿を消した。その理由は、反物質の方が物質よりわずかに寿命が短いため対消滅する前に数を減らしてしまい、対消滅の相手がいなかった分の物質だけが残ったからだとか、物質に変化する反物質があるからだとか言われるが、まだ十分に明らかにされていない。

さて、ビッグバン後も、インフレーションで勢いのついた宇宙は、緩やかではあるが、膨張を続ける。温度が下がって（1兆℃）、質量を持つようになった素粒子は、互いに結びつき、陽子と中性子を形成した。陽子1個というのは水素の原子核であるから、最初にできた元素は水素ということになる。

宇宙の温度がさらに下がると（10億℃）、今度は陽子と中性子がくっついて、ヘリウムの原子核が生じた。二番目に生まれた元素である。だが、原子核の周りを回るはずの電子はと言えば、宇宙の温度がまだ高かったために、核に捕らえられずに空間を飛び回っていた。この自由に動き回る電子にぶつかるため、光子は宇宙でまっすぐに進めなかった。雲の中では、光が水蒸気にぶつかって直進できないので、靄（もや）がかかったように見えるが、それと同じ状態で、この時期の宇宙は見通しが利かなかった。

⑷宇宙の晴れ上がり　宇宙の温度がさらに下がっていくと（3千℃）、それまで飛び回っていた電子は陽子と結合して水素原子となる。ヘリウム核に捕らえられる電子もあり、ヘリウム原子もできる。電荷ゼロの原子ができたため、宇宙は電気的に中性化した。電子が原子核と結びついたので、光子は、自由に飛び回る電子によって拡散されることがなくなり、直進することができるようになった。宇宙は光子に対して透明になったのだ。つまり、見通しが利くということ。これを「宇宙の晴れ上がり」という。

⑸宇宙の暗黒時代　しかし、見通しが可能になったというだけで、この時点の宇宙に光を発するもの、つまり恒星はまだ存在していない。材料となる水素原子とヘリウム原子は宇宙空間に広がっていたが、そこにただあっただけで、集まって恒星を形成するには至っていなかったのだ。だから、宇宙は闇に閉ざされていた。それゆえ、「宇宙の暗黒時代」と呼ばれている。

⑹初代星（ファーストスター）　この時期の宇宙には、後に説明することになるが、「ダークマター」と呼ばれる物質が広がっており、その分布には、宇宙最初期の量子ゆらぎを受けた濃淡があった。水素やヘリウムもこの濃淡に応じて「分子雲」として宇宙空間に分布していた。特に濃度の高い部分を「分子雲コア」というが、物体が集まれば集まるほど、重力は強くなるもの。分子雲コアにはより多くの分子が集まっていく。やがて密度を増したコアは、その中心に熱を発生させる。そこへ、さらに周囲の分子を引き込んでさらに温度を上げていくと、今度は水素の核融合が始まる。これが宇宙最初の恒星、「ファーストスター」である。輝き出した恒星からの紫外線を受けて、宇宙空間の水素分子は陽子と電子に再分離し、「プラズマ状態となる。光を発する初代の恒星が生まれた時期を「宇宙の夜明け」ともいう。

宇宙初期に生まれた第一世代の星が寿命を迎え超新星爆発を起こすと、核融合によって恒星内部に新しくできていた炭素・酸素・珪素・鉄などの元素も、そしてまた爆発時に爆発によって生じた鉄より重い元素も、星間物質として宇宙に放出される。すると、今度はそれを材料に、第二世代の星が誕生する。したがって、この世代の星は水素とヘリウム以外に、何種類かの元素を含んでいる。この星々も宇宙空間にガスを放出して最期を迎える。そのガスを元に、第三世代の星が誕生する。水素とヘリウム以外の元素の割合は、第二世代よりもさらに高くなっている(ちなみに、太陽は第三世代に属する)。

(7)宇宙の大規模構造　恒星は一つの分子雲から数多く誕生する。分子雲中の随所のコアで星は生まれるし、その紫外線の作用で新たな分子雲コアも生じるからである。近くに生まれたたくさんの星々は重力で引き合い、やがては銀河を形成するに至る。銀河は衝突合体を繰り返しながら、百個程度が重力的に結ばれた銀河群・銀河団を形成する。さらに集まって、より大きな規模の超銀河団となることもある。

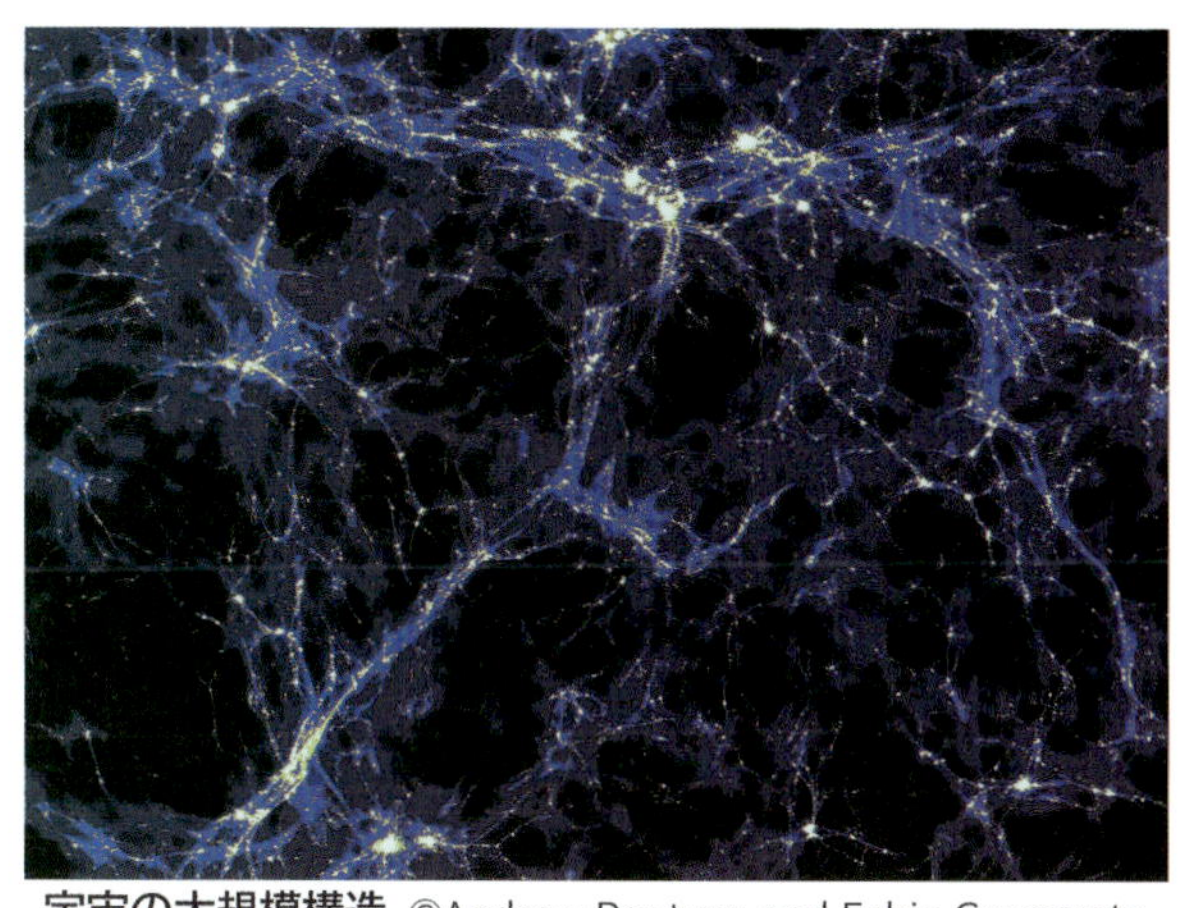

宇宙の大規模構造 ©Andrew Pontzen and Fabio Governato

銀河団・超銀河団は宇宙に一様に存在するのではない。銀河・銀河団の多いところをつないでいくと「フィラメント構造」と呼ばれる構造を見出せるが、同時に、フィラメントに囲まれた、銀河の少ない「ボイド」と呼ばれる空間も見つかる。水の表面にできる石鹸の泡は、中空の泡がたくさん、泡の表面どうしでくっつき合った状態になっている。それと同じ構造だと考えてよい。銀河・銀河団は泡の表面上に多く分布し、泡の中には少ないのだ。この、泡に似た構造のため、「宇宙の大規模構造」は「泡構造」と呼ばれることもある。

銀河が宇宙に一様に分布するのではなく泡構造の状態で分布するようになったのは、宇宙誕生時の量子ゆらぎが引き起こしたエネルギー密度の不均一さがインフレーションによって何十桁も拡大されて分子雲の濃淡となり、その濃い場所で星が生まれ、薄い場所では生まれなかったためである。

☆ゼウスの独裁☆

ティタノマキア　天上神ゼウス・・・さいだん座・こぐま座・おおぐま座

宇宙―世界の創成から話を始めたが、現れたばかりの天球に星座はない。星神アストライオスと曙の神エオスの間に星々は生まれていたが、星座として輝くようになるのは、神々や英雄たちが多く現れてからのことだ。星座とはつまり、神々と英雄たちの行いを記したものだからである。ここから、その星座の話をしていこう。まず初めは、さいだん座という目立たぬ星座の話だ。

祭壇とは供物を捧げ、祈る場所である。生贄が火に投じられ、炎を上げる。さいだん座の祭壇は、ゼウスが祭司となって、その兄弟姉妹とともに、父たるクロノス王を打ち倒し、新しい王権を打ち立てることを誓い合った場所だと言われている。ゼウスたちが戦いに勝った後、その記憶を絶やさないために、星座にしたのだ。だが、勝利の記念の割には小さく、しかも南の空低く、ひっそりと置かれている。これは、勝った証は残しておきたいけれど、闘うべき相手であったとはいえ、父であるクロノスを倒したという「父殺し」

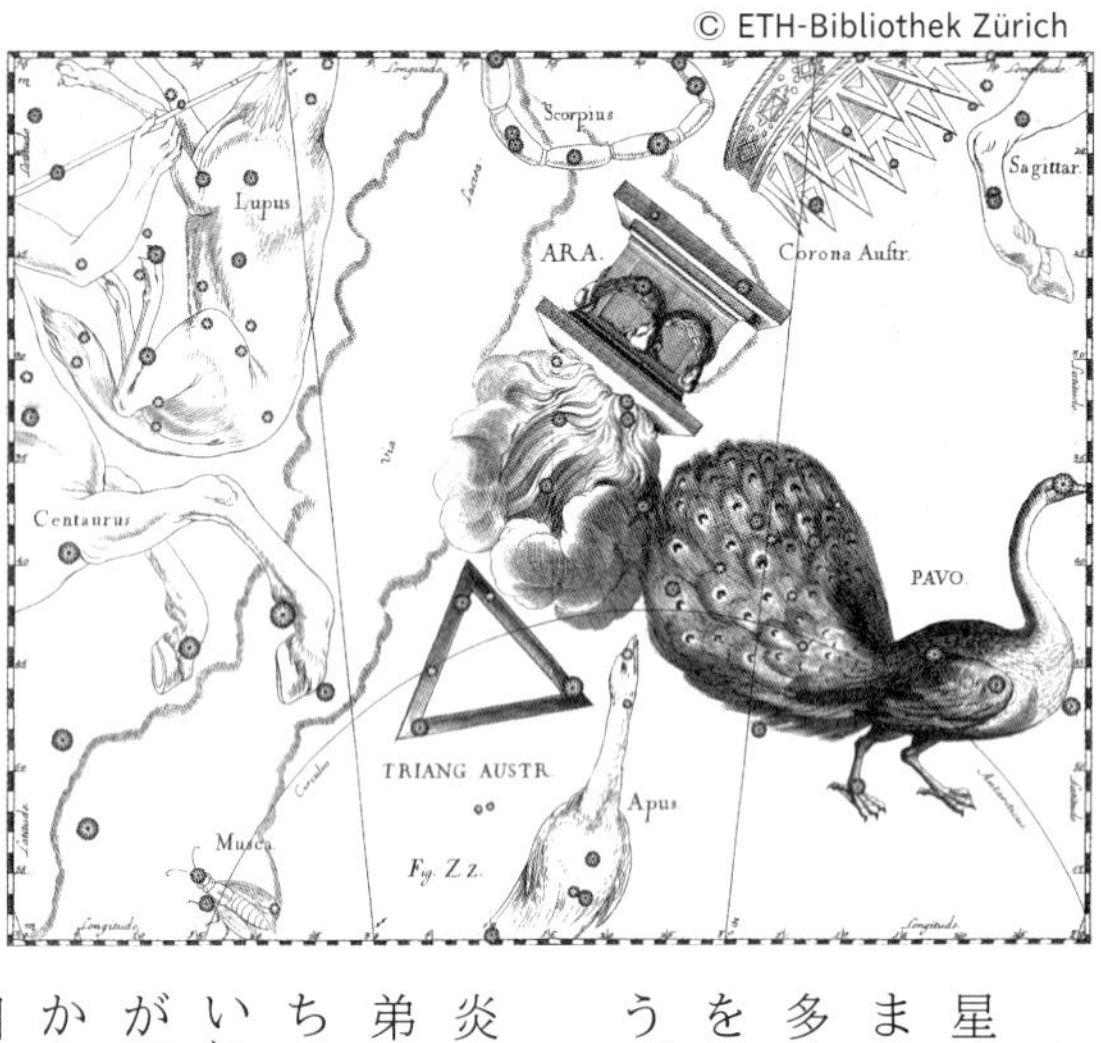

註：さいだん座の下に見えるのは、くじゃく座とみなみのさんかく座である。

の事実を声高に語るわけにはいかない、ということだろうか。では、ゼウスたちとクロノスたちの戦いを語ることにしよう。

ことの始まりは、二代目の神々の王となったクロノスが、妻レアに生まれた我が子を次々と呑み込んでいったことにある。これは初代の王ウラノスによって、クロノスは我が子に王座を奪われる、という呪いがかけられていたためだ。彼自身が父を倒すことによって王となっていた。そのこともあって、自分の地位を奪いかねない我が子の存在を、クロノスは何よりも恐れていたのだ。

彼が呑み込んだ赤ん坊たちは、生まれた順に、ヘスティア、デメテル、ヘラ、ハデス、ポセイドンであった。しかし腹を痛めた母レアとしては、子どもを次々と取り上げられたのではたまらない。彼女は、新たにゼウスを産み落としたとき、赤子と同じ大きさの石を毛布にくるんで夫に差し出した。六人目ともなると、クロノスはもう中を確かめることもなく、毛布ごと石を一口で呑み込んだ。

こうして助けられたゼウスは、密かに、クレタ島の洞窟で二人の乳母によって育てられた。二人は、島のニュムペであるヘリケとキュノスラだとも、島の王メリッセウスの娘、アドラステイアとイデだとも言われる。アマルテイアという名の山羊が乳を与えた。そして、耳ざといクロノスに備えて、島の精クレスたちが洞窟の周りを固め、赤子が泣いたときには、槍(やり)で楯を打ち鳴らし、泣き声が外に聞こえないようにしていた（ぎょしゃ座参照）。ただ、それでもクロノスは気配を感じていたようだ。もしかすると、ゼウスが腹の中にいるのではなく、どこかで育っているのではないかと疑い、ときおりヘラス全土を探し歩いていたらしい。

クロノスが見つけられないでいる間に時が経ち、ゼウスは青年となった。その許を人知れず訪れたレアは、身元を明かすと、ことのいきさつを説明した。母の言葉を聞いて、息子は、父を倒すことを誓った。その場には、彼の最初の妻となる、オケアノスの娘で思慮の神であるメティスがいたが、彼女は小さな薬包みをそっと差し出した。呑み込んだものをみな吐き出させてしまう粉薬だという。包みをゼウスが受け取り、次いでレアに手渡すと、彼女は一呼吸おいてうなずいた。

王宮に戻ったレアは、薬をこっそりと酒壺の中に入れておいた。夕餉(ゆうげ)の時間、彼女が夫の持つ盃に、手の震えを抑えながら酒を注ぐと、気を緩めていて気づかないクロノスは一気に飲み干した。しかし、うまそうに溜息(ためいき)をついた途端、彼は両手で喉元を押さえて、のたうち始めた。やがてむせるたびに、彼の口から光を放つものが飛び出し、見る間に成人の神の姿となった。クロノスの子どもたち、現れた順は呑み込まれた順の逆で、ポセイドン、ハデス、ヘラ、デメテル、ヘスティアだった。赤子だった神々は呑み込まれても滅することなく、父の腹の中で育っていたのである。

ここから、ゼウスの兄弟姉妹たち新世代のオリュムポス神族と、クロノスを王と認める旧世代ティタン神族との戦いが始まる。「ティタノマキア(ティタン神族との戦い)」と呼ばれる神々どうしの戦いは、ゼウスたちが勝利を期して祭壇を作り生贄を捧げたことが宣戦布告となった。彼らはオリュムポス山に陣を敷いた。一方、クロノスたちはオトリュス山に布陣した。

ティタン族のなかには、いち早くゼウスの許に駆けつけたステュクスのように、オリュムポス族についた者もいれば、レアをはじめとして掟の神テミスや記憶の神ムネモシュネなど、最初から戦いに加わらなかった者もいた。私、エピメテウスも、迷ったものの、どちらの陣営にも参加しないことに決めた。兄、プロメテウスが神々に、戦いを起こしてはならないと説いて回っていたからである。

しかし、兄の言葉に耳を貸す神ばかりではなく、多くの神々が二つの陣営に分かれた。ほぼ全員が揃ったオリュムポス族に対し、ティタン族は主要な神々を欠いていた。しかし、ここまで支配の側にいた者たちはさすがに強力である。不死の神々どうしの戦いは互いに決め手を欠き、十年の間決着を見なかった。山々が揺らぎ、海が沸き立ちまた凍りつき、空には絶えず閃光が走り、地上の姿を一変させてしまったほどの、長く激しい戦いだった。実際、最初の人類はこのとき滅んでいる。

すべての神々の祖、ガイアは大地の神である。地上をこれ以上傷つけられては、生き物がみな、いや、地そのものが損なわれてしまう。ガイアは子のクロノスではなく、孫のゼウスに味方することにした。クロノスは、地を離れた天空神ウラノスを倒したが、農耕の神であるにもかかわらず、父と同じように、高みにあることに囚われてしまい、地への関心を失っていたからである。妻のレアがクロノスから子どもたちを取り戻したのも、彼女がティタン族のなかで最もガイアの血を濃く引き、大地を重んじる神であったためである。

ガイアはプロメテウスの提案を受け、ゼウスたちに助言した。かつてウラノスが嫌って奈落、タルタロスに閉じ込めたそれぞれ三人の、百の手を持つ巨人ヘカトンケイルと、一つ眼の巨人キュクロプスを味方に加えれば、戦いに勝利を収めることができる、と。 彼ら六人の巨人は、クロノスがウラノスから王座を奪おうとした際、援軍としてタルタロスから解放されたのだが、「クーデター」に成功した途端、用は終わったとばかりに再び閉じ込められていたのである。ゼウスたちは、牢番をしていた怪物カムペを殺して六人を奈落から解き放ち、神酒ネクタルと神餐アムブロシアを与えて味方につけた。

　鍛冶の神でもあるキュクロプスは、クロノスへの恨みを晴らす好機であると、武器を作って神々に贈った。ゼウスにはすべてのものを破壊し燃やし尽くす雷霆（らいてい）、ポセイドンには大海と大陸をも揺るがす三叉の戟（さんさげき）（矛）、ハデスには姿を見えなくすることのできる隠れ帽である。 強力な武器を得たオリュムポスの神々は、強力な助っ人とともに、ティタンの神々に攻勢をかけた。

　三人のヘカトンケイルは、合わせて三百の手で三百の岩を休むことなく投げ続け、憎きティタンたちの前進を阻んだ。ポセイドンは三叉の戟で大地を揺り動かし、ティタンたちを立っていられなくした。ハデスは隠れ帽で姿を消し、ティタンたちの間を走り回って、その武器を奪っていった。そしてゼウスが霆（いかずち）を次から次へと投げつけた。そのまばゆい光はティタンから視力を奪い、そのすさまじい熱はティタンの体を焼いた。

　しかし、彼らが動きを止めてもなお、ゼウスは霆を投げることをやめなかった。緩やかな尾根を持っていた緑の山は険しい崖ばかりの岩山となり、穏やかに流れていた川は岩をも砕く激しい流れとなり、静かな海の底には底知れぬ淵がいくつも生じた。何より、多くの生き物が死んだ。ゼウスの霆によって地上は大きく姿を変えたのだ。天空までが霆の炎に焼かれる始末だった。かくして戦は果てたが、地上の光景は、大地の神ガイアの望んだ結末ではなかった……

ともあれ、神々の戦いはオリュムポス族の勝利に終わった。ティタンたちを処分しなければならない。しかし、彼らは、傷を負ったとはいえ、神である。その身を滅ぼすことは、難しい。ゼウスは彼らを、戦勝を祈念した祭壇の下から奈落、タルタロスに落とし、青銅の獄に閉じ込めた。そして、その見張りはヘカトンケイルたちに任せた。彼らなら、三百の神の相手が同時にできる。また、ティタン族のなかでも戦わずに中立を守った者たちは、オリュムポス山の周囲に住まわせた。けれども、見張りの目は絶やさない。ゼウスの意に反することを少しでもしようとしたら、容赦なくタルタロスに落とした。ただステュクスには、彼女が最初に参陣したことに報いるために、そしてヘカテにも、彼女が神々をも操る魔術の力を持つことを恐れたゆえに、出自に関わりなく高い地位を与えた。もっとも、ステュクスは冥界の河、ヘカテは闇の世界と、表の世界から遠いところに置かれたのであるが。

ティタノマキアは、新しい神々が旧い神々にとって代わる戦いだった。神それぞれの役割が新たに定められ、最後に三人の主神、前王クロノスの息子であるゼウスとポセイドンとハデスが籤（くじ）を引いて、それぞれの支配する領域を決めた。結果は、オリュムポスの高嶺と大地は共有として、ゼウスが天上、ポセイドンが海洋、ハデスが冥界を治めるということになった。世界を三分割して、オリュムポスの神々の統治が始まったのである。しかし、すべてを見渡すことのできる天上を治める王は、海の中の王よりも、地の中の王よりも、多くの機会を見つけ生かすことができる。次第々々に、天上を支配するゼウスがすべてを支配していくことになるのだった。

クレタ島でゼウスを養い育てた乳母たちは、熊の星になった。クロノスは、反乱の中心となったゼウスを養い育てた乳母を殺してしまおうと、戦の最中にも彼女たちを探したのだが、ゼウスはいち早く二人を匿（かくま）っていた。そして戦いが終わった後、天の極近くという高い地位の空に上げて、星座としたのである。年長の乳母がおおぐま座、年少の乳母がこぐま座となった。二頭の熊は、北極星がゼウスであるかのように、これを守りながら、その周りをいまでも回り続けている。

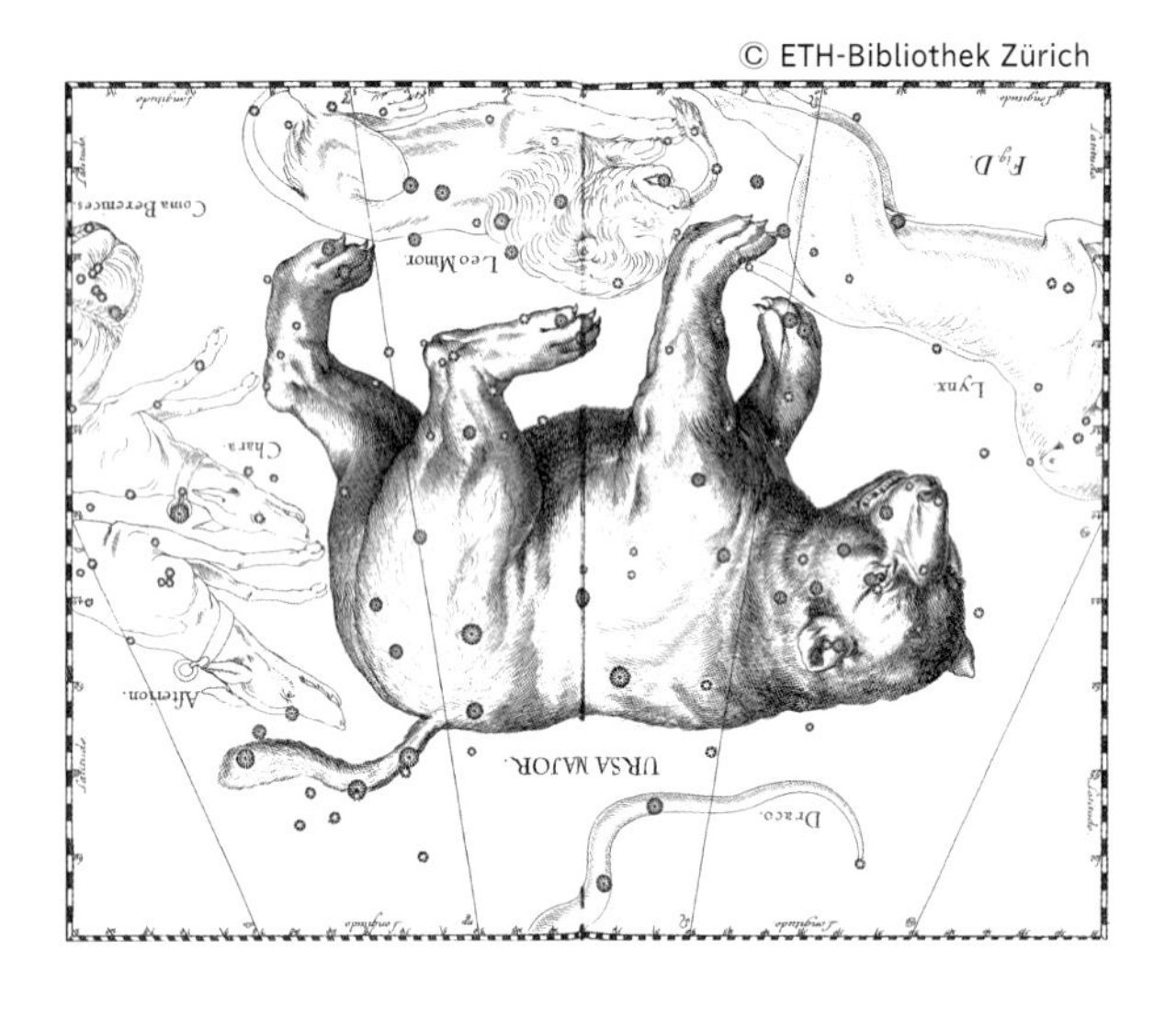

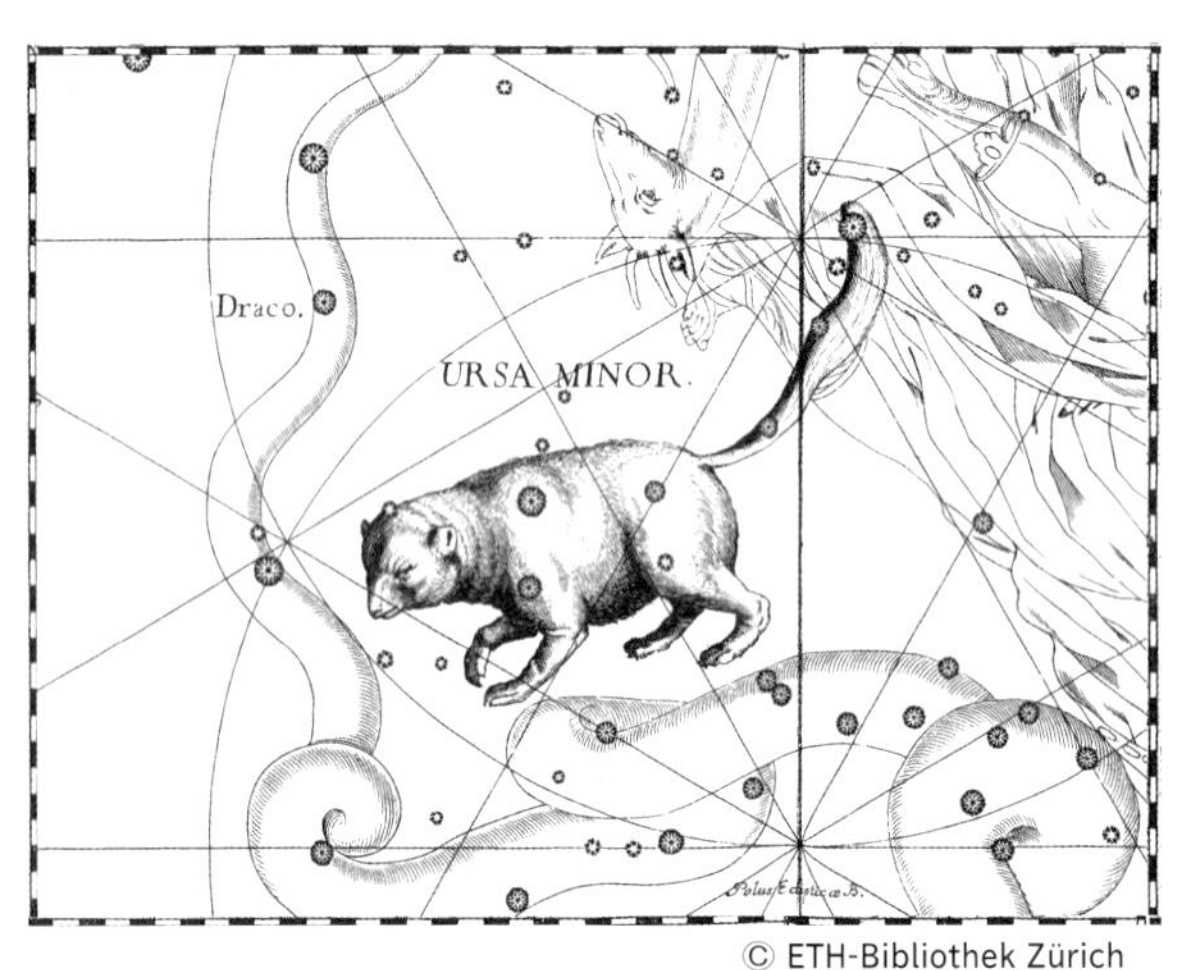

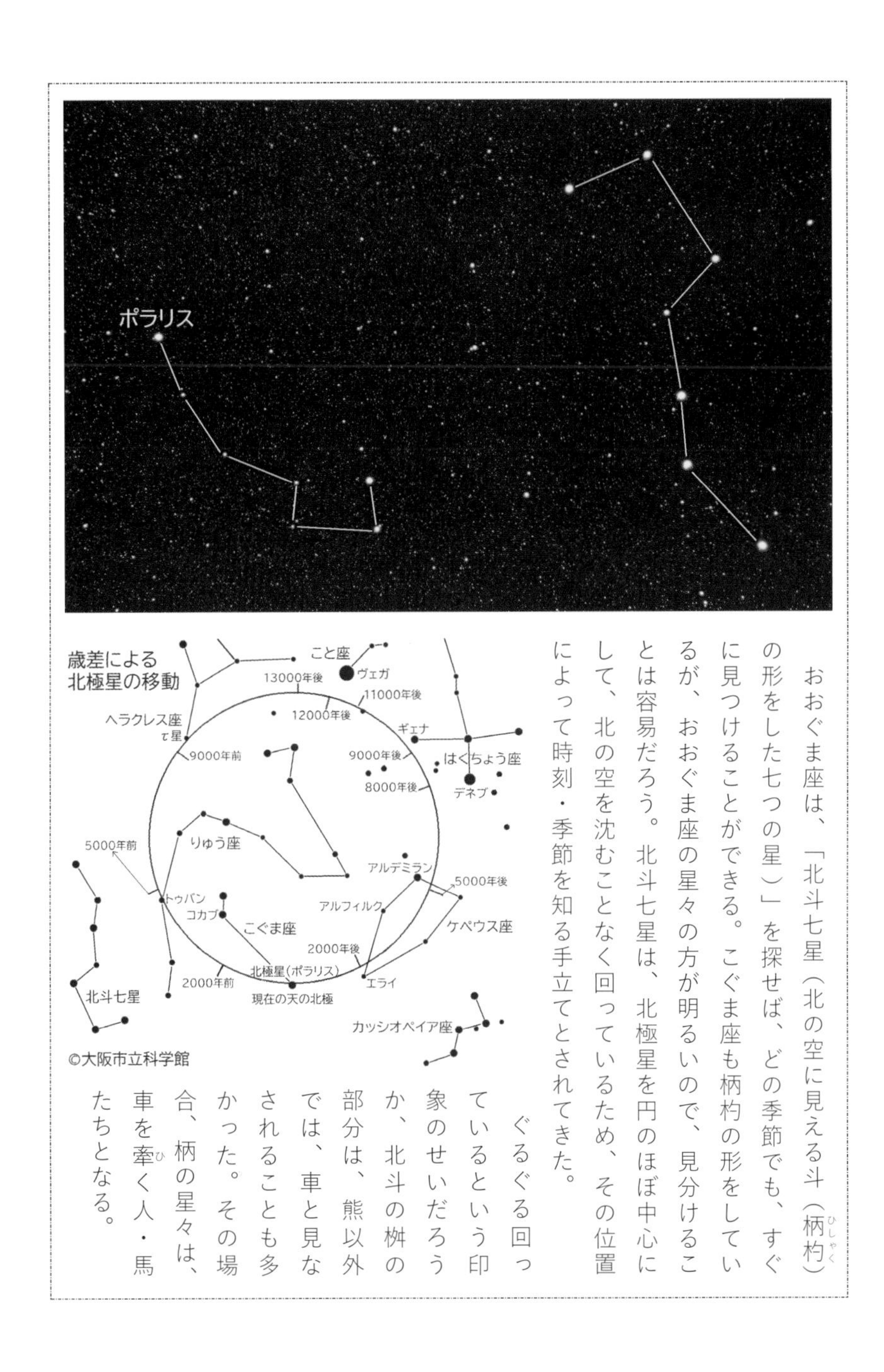

おおぐま座は、「北斗七星（北の空に見える斗（柄杓）の形をした七つの星）」を探せば、どの季節でも、すぐに見つけることができる。こぐま座も柄杓の形をしているが、おおぐま座の星々の方が明るいので、見分けることは容易だろう。北斗七星は、北極星を円のほぼ中心にして、北の空を沈むことなく回っているため、その位置によって時刻・季節を知る手立てとされてきた。

ぐるぐる回っているという印象のせいだろうか、北斗の枡の部分は、熊以外では、車と見なされることも多かった。その場合、柄の星々は、車を牽く人・馬たちとなる。

さいだん座は、夏、さそり座の尾の南に見える、蝶番（ちょうつがい）の形をした星座である。南天にあるので、北半球の緯度の高い地方では全貌を見ることができない。にもかかわらず、古代から星座とされてきたのは、地球の「歳差運動（自転している物体の回転軸が、垂直方向から見ると円を描くように振れる現象。傾きながら回る独楽の軸頭を思い浮かべてほしい）」のため、天球に対する地球の自転軸の角度が現在とは異なっていたので、天球における地平線の位置が現在よりも南に寄っていたからである。要するに、この星座が成立した当時、北半球では南天の星々が現在よりも多く見えていたということだ。

こぐま座は、北の空に、北斗七星に似た形の、小さめで暗めの「小北斗（七星）」を見つければよい。おおぐま座のように北の空を周回しているのが一年中見られるが、こちらの方がより天の北極に近い。というより、柄杓の柄の端にあたる星が「北極星（ポラリス）」である。この星を中心に天上のすべての星が回っていると見なしても、問題はないだろう（実際は、天の北極から一度ほどずれている）。ただ、地球の歳差運動のため、天の北極は長い年月の間に移動する。三千年ほど前は枡の先のβ星「コカブ（北の星）」が北極星であったし、千年先以降は隣のケペウス座の星々が次々と北極星になる（p43）。

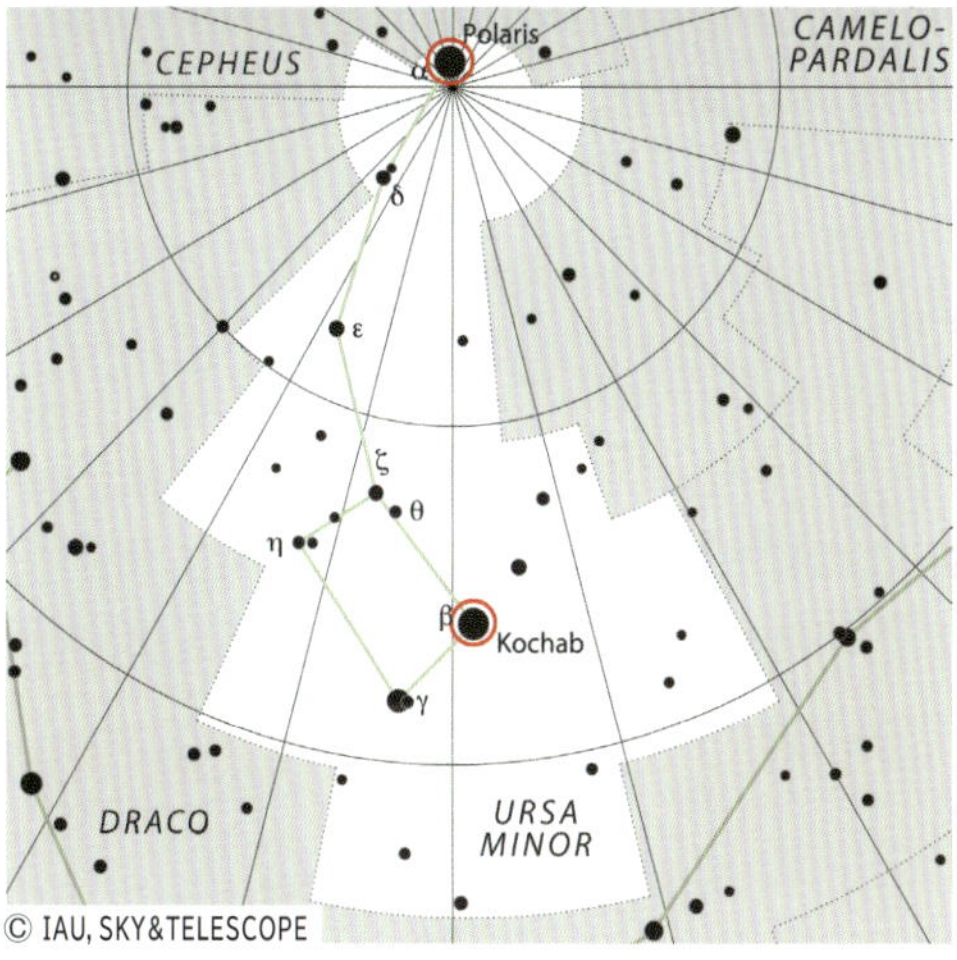

ギガントマキア　絶対神ゼウス・・・や座

© ETH-Bibliothek Zürich

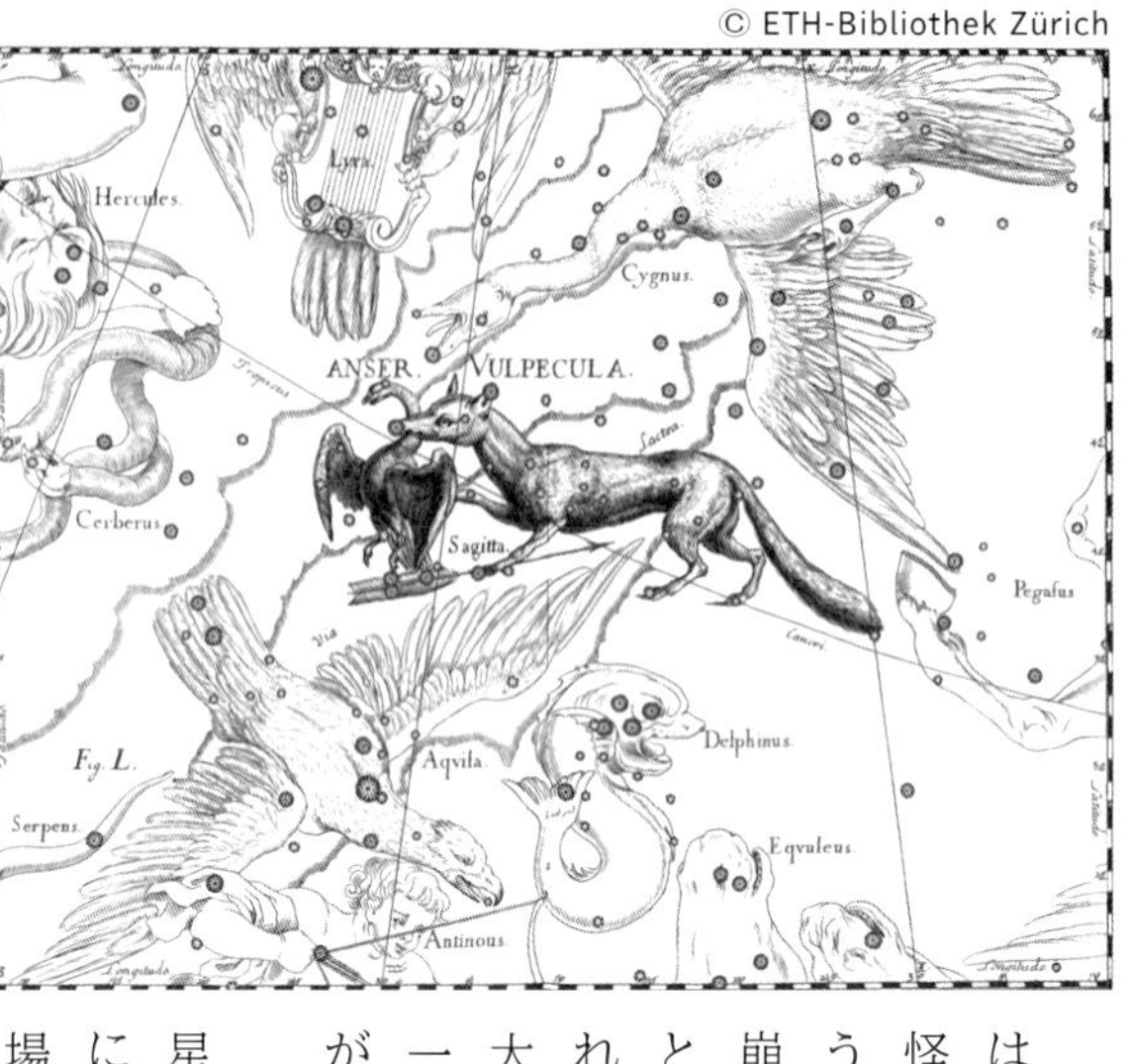

註：星図で、矢は、鵞鳥をくわえた狐に踏まれているように描かれているが、この狐はこぎつね座という、や座とは別の星座である。

テッサリアのトリッケに、アスクレピオスという名医がいた。彼は光明神アポロンの子で、毒をも薬として用い、あらゆる病や怪我を治療することができた。果てには、死者をも蘇らせるようになった。だが、死する者がいなくなれば、人間世界の秩序が崩れることになる。冥界神ハデスが訴え出たため、その言を是(ぜ)とした天空神ゼウスによって、アスクレピオスは霆(いかずち)で撃ち倒されてしまった。我が子を殺されたアポロンは怒り狂ったけれど、大神ゼウスに逆らうことはできない。腹いせに、その霆を作った一眼巨人キュクロプスに矢を放ち、これを殺した。そのときの矢が星座にされたものが、や座だと言われる（へびつかい座参照）。

　や座は小さい。ただなんとなく星空を眺めるだけでは、他の星々に紛れてしまって、どこにあるのか、一向にわからないほどに小さい。ところが、この小さな矢は、星座とされる前に、別の場所で大きな働きをするのである。この矢で、ヘラクレスが巨人たちの息の根を止めた話をしよう。

ゼウスたちがティタン神族との戦いに勝利して権力を握り、オリュムポス神族の時代が始まった。だが、大きな戦いはそれで収まらなかった。二度目の大戦があったのである。今度は巨人族ギガースとの戦い、「ギガントマキア」だ。ギガースとは、クロノスに襲われたウラノスの血が大地＝ガイアに滴り落ち浸み込んだところから生まれてきた、屈強な戦士たちだ。その姿は筋骨隆々、厚い胸板の上半身に、鱗が鈍く光る竜の下半身というものであった。巨大さで神々を凌ぎ、腕力は神々をもねじ伏せた。そして、自らの力を誇るかのように、顎には不敵な濃い髭がたくわえられていた。彼らのなかでも特にアルキュオネウスという名のギガースは、生まれ育った大地に体の一部でも触れている限り不死であった。満を持して、彼らはオリュムポスの神々に戦いを挑んできた。

巨人たちは神の力だけで死ぬことはない、人の力を借りなければその命を奪うことはできない、という予言が、巨人たちの父にあたるウラノスによってなされていた。予言を知っていた大地女神ガイアは、祖父ウラノス、父クロノスに続き、地上への関心を失いつつあるゼウスを見て、大地から生まれたギガースたちを守るべく、人間に対しても不死身になる薬草を深い山の小さな谷で密かに育てていた。

ところが、予言を知っていた神がもう一人いた。先に考える神、我が兄、プロメテウスである。彼はガイアの意を汲み、大地を尊ぶ者である。けれども、それと同じく、あるいはそれ以上に、人間に拘る者である。巨人たちが不死となって暴れ続ければ、地上はずっと戦火に覆われ、かつてティタノマキアで最初の人類が滅んでしまったように、また人間が神々の戦の巻き添えを食いかねない。戦闘を少しでも早く終わらせるため、兄はウラノスの予言をゼウスに明かした。神王は他の神々に命じて、薬草が生えている畑をいち早く探し出し、すべて刈り取らせてしまった。結果、ギガースたちは不死となる機会を失った。

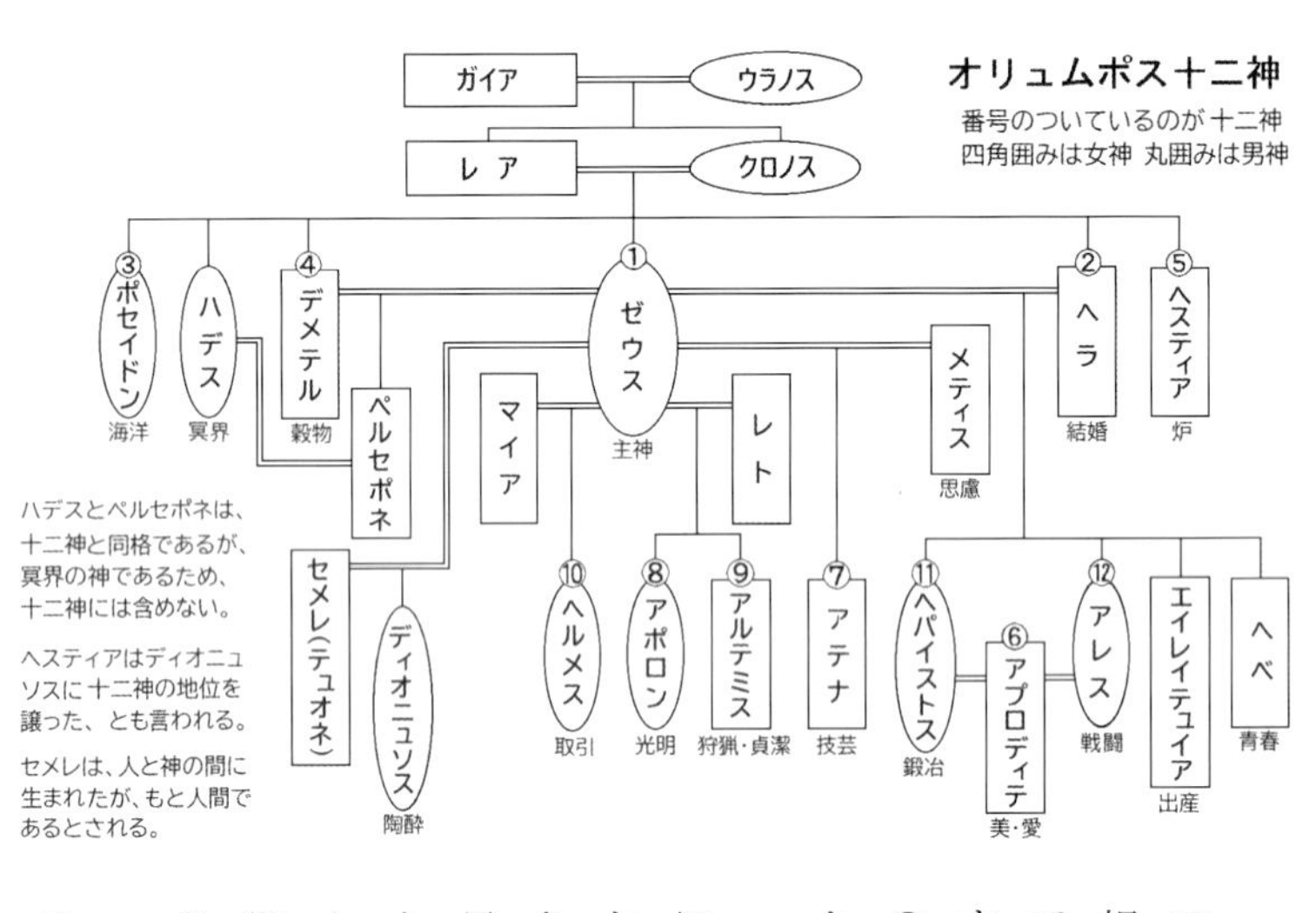

しかし、たとえ薬草を口にしなくとも、ギガースたちは生まれついての強大な戦士たちである。山を砕き、岩を投げつけ、森を根こそぎにし、火のついた巨木を投じる彼らに、神であったとしても、まともに立ち向かえる者は少ない。人間が戦場に姿を現す前に勝利を手に入れるのだと、ギガースたちは、人間の戦士のいないオリュムポスの神々を圧倒し、戦いを優勢に進めていった。

だが、彼らがあと少しで勝利を手中にするという、その直前に、一人の人間が戦線に加わった。ヘラクレスである。彼は、ミュケナイの王女アルクメネとゼウスの間に生まれたので、人間の血を母から受け継いでいる。しかも、ただ人間であるだけでなく、最高神である父から、どんな相手にも臆することのない神の力をもらった人間である。きっと、ギガースたち以上の力を持つ戦士として働けるに違いないと、アテナを介してゼウスに呼ばれ、戦場に赴いたのである。これで、神々は人の力を借りることができる。

ヘラクレスの登場を機にオリュムポスの神々はプレグライの原で反撃を始めた。まず、パンが法螺貝（ほらがい）を吹いて、その音で巨人たちの間に恐慌（パニック）を引き起こした。そこへ、ヘルメスはハデスに借りた隠れ帽で姿を隠して不意打ちをくらわせた。ゼウスは霆を、ヘパイストスは溶けた鉄を投げつけ、アポロンは矢を放った。アルテミスは銅の棍棒（こんぼう）で、ヘカテは松明（たいまつ）で、ディオニュソスは杖で巨人たちを打ち据えた。アテナはエトナ山を、ポセイドンはニシュロス島を巨人たちの頭上に落とした。

巨人たちが倒れ、動きを止めたところで、アポロンはヘラクレスに矢を譲った。いよいよ人間の出番である。神をも殺す矢で、ヘラクレスは巨人たちに次々と、とどめを刺していった。

ただ、生まれた地に触れている限りは死なない巨人アルキュオネウスだけが、矢に当たって倒れるたびに大地から力を得て立ち上がっていた。不思議に思ったヘラクレスだったが、アテナの説明にうなずくと、弓を置き、アルキュネオウスに素手で立ち向かった。そして、抱え上げて大地から引き剥がし、勢いの弱くなったところを、抱え上げたまま絞め殺した。

ギガースたちは全滅した。オリュムポスの神々は、ティタノマキアに続く大きな戦いに勝利を収め、神々の世界、ひいては地上の世界の支配を揺るぎないものとした。その記念に、ヘラクレスの放った矢、元はアポロンの矢が星座とされたのである。矢の星々が暗く目立たないのは、ヘラクレス、つまり人間の働きを目立たせたくないという神々の意図が働いたのかもしれない。戦いを導いたゼウスは、神々のなかでも絶対の存在となった。

なお、ヘラクレスは後に、ケンタウロスとの争いや、カウカソスでプロメテウスを襲う大鷲を射落とした際にもこの矢を用いた。そのときは、自身が退治した九頭の毒蛇、ヒュドラの毒を矢尻に塗って、最強の武器としていたそうである（ケンタウロス座・わし座〔別伝〕・ヒュドラ座参照）。

や座は、夏の大三角の内側、わし座のアルタイル寄りに位置する、細長いＹの字の形をした小さな星座である。周りを、わし座、こと座、はくちょう座に取り囲まれ、しかも天の川の中にあるため目立たない。だが、小さいがゆえにかえってまとまって見えるので、存外見つけやすいかもしれない。アルタイルの上をよく見てほしい。α星「シャム」は「矢」というそのままの意味である。矢尻近くの「M71」は疎な球状星団だとされているが、かつては密な散開星団だと言われていた。球状星団には老いた星が多く、散開星団は若い星ばかりだというのに、その見極めが難しいというのは、どうしてなのだろう。

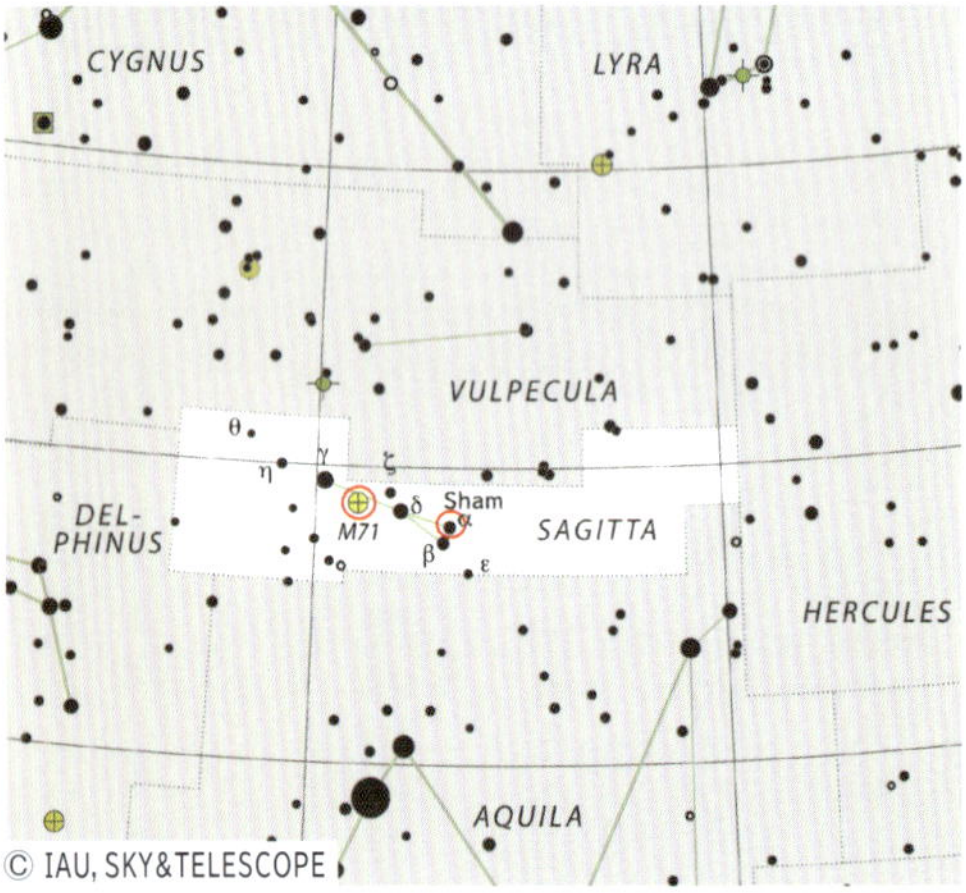

テュポンとの死闘　唯一神ゼウス・・・やぎ座

この星座は、やぎ座と呼ばれているのに、上半身は確かに山羊であるものの、下半身は魚の尻尾という不思議な姿をしている。なぜそういう姿になったのか、その経緯を語ることにしよう。

ティタン族を追い払い、ギガースたちを打ち倒し、神々の世界を我がものとして後しばらくして、オリュムポス族の神々は、勝利を祝さんと、ユーフラテス河のほとりで宴を開いた。神餐アムブロシアを食し、神酒ネクタルを飲み、なかには歌い出し踊り出す神も現れ、にぎやかなこと、この上なかった。だがそこを、半神半獣のテュポンが襲った。巨人ギガースたちのすべてに一人で匹敵するほどの力を持つ神獣である。このような怪物が突然現れたのでは、神といえども人と変わるところはない。みな、大慌てで、とはいえテュポンの目をごまかすため姿を変えて、その場から逃げ出した。アポロンは鷹、アルテミスは猫、ヘルメスは鸛（こうのとり）、アレスは鱗で覆われた魚、ヘパイストスは牡牛、ディオニュソスは山羊、レトはとがり鼠だったという。ただ、混乱したなかでの変身だったので、どの神が何に変わったのか、正確なところは誰にもわからない（うお・みなみのうお座参照）。

大混乱の中で、変身して逃げるよう他の神々に落ち着いて声をかけたのが、牧神パンだった。彼は恐慌（パニック）を起こす神だから、こういう状況には強い。彼自身も河を前にして魚に身を変えたと言われている。ただ彼は毛深く、額には角を生やしていたので、つまり元々が山羊に近い姿だったので、それが理由なのか、このときも上半身は山羊、下半身は魚の尾という奇妙な姿に変わったのだという。だがそれは、ティタン神族との戦いで、オリュムポス神側についたパンが、吹き鳴らすと敵に恐慌を起こさせる法螺貝を求めて海に潜ったときの姿でもあった。対ティタン戦争とテュポンの襲撃時におけるパンの働きを後に神々が称えて、この不思議な山羊の姿がそのまま星座に置かれることになったそうだ。また、パンの出自はよくわからないところがあり、クレタ島で幼いゼウスとともに山羊の乳で育てられたという話もあるので、本人は魚の姿に変身したけれど、星空に置くときには上半身を山羊の姿にしたという話もある。

　星座の話は以上でおしまいなのだが、神々を襲ったテュポンは、オリュムポス神族の王たるゼウスにとって、最後の、最大の難敵だった。この話をしておかなければ、ゼウス王権の成立をすべて語ったことにはならない。

　ゼウスは、母レアの計らいによって成長し、父クロノスを倒すことで、つまり古き神々ティタン族との戦い（ティタノマキア）に勝つことでオリュムポス神族の長となった。そして、巨人ギガースたちとの戦い（ギガントマキア）にも勝って、自身による神々の世界の支配を確たるものとした。ただ、いずれの戦いでも、彼は独力で勝利したわけではなく、最後はオリュムポスの神々以外の力を借りている。ティタノマキアにおいては、ガイアの子であるキュクロプスの武器を得、ヘカトンケイルの剛腕で圧倒することができた。またギガントマキアにおいては、人間

© ETH-Bibliothek Zürich

の力が必要ということでヘラクレスを召喚し、彼の放つ矢で巨人たちの息の根を止めることができた。しかし、テュポンが襲ってきたときは、他の神々は我先に逃げてしまい、残されたのはゼウスただ一人であった。自身もいったんは姿を変えて逃げかけたのだけれど、アテナに叱責され自分の立場に気づき、引き返したのである。彼は単独（ひとり）で戦わねばならなかった。

テュポンは、大地の神ガイアが、ギガースたちを殺されたことに怒りを覚えて奈落の神タルタロスと交わって産んだ神獣である。テュポン自身も、レルネの九頭の毒蛇ヒュドラや冥府の三つ首の怪犬ケルベロス、ゲリュオンの畜牛群の猛番犬オルトロスなどの怪物の父である。その背は山より高く、ときに星空をこするほどであり、腕は西の夕陽と東の満月を同時に摑（つか）めるくらい長かった。全身羽毛で覆われ、背には巨大な翼があり、肩からは百の竜の首が生え、腿（もも）から下は毒蛇の太い尾がとぐろを巻いていた。竜の首の二百の眼からは赤い火を放ち、その声は発するたびに周りの山々が震えるほどであった。

髪を振り乱して迫るテュポンは山を一つ持ち上げると、それをちぎっては、火のついた岩をゼウスに向かって投げつけてきた。このような怪物と一対一で戦えば、もしかすると自分が敗れることがあるかもしれない。そうすれば、オリュムポス族を支配することはできなくなる。ここで打ち倒さないことには、オリュムポスの完全な支配はあり得ないのだ。ゼウスは意を決して、テュポンに立ち向かった。

ゼウスは、炎の塊となった大岩を投げつけるテュポンに対して、雷霆で応じた。その響きは、大地のはるか下、冥界を通り越し、タルタロスの奥に閉じ込められたティタンたちをも慄（おのの）かせた。両者の戦いに大地は溶け出し、大海は煮えたぎり、海底深くに逃れた海の神ポセイドンまで脅えさせた。

ゼウスは、テュポンがひるんだところを、今度は金剛の鎌で切りつけた。テュポンはいったんカシオス山まで追い詰められたが、そこで身を翻すとゼウスに摑みかかった。炎と霆の投げつけ合いから一転して取っ組み合いとなり、両者は大地を転げ回った。その揺れは地深く冥界に隠れたハデス神まで慌てさせた。

テュポンは蛇の下半身をゼウスに絡みつかせ、締め上げると、鎌を奪い取り、その鎌で足首の腱を切り落とした。そして、動けなくなったゼウスをコリキュオンの洞窟の牢獄に押し込み、その腱を竜女デルピュネに預けた後、〈勝利の果実〉を得るために運命の女神モイラたちの許へ向かった。

ゼウス王権の一大危機である。しかしこのとき、彼を救った者がいた。それは、巧言を弄する神ヘルメスと恐慌を引き起こす神パンだった。パンが大声をあげ一帯を混乱状態にしたところで、ヘルメスがデルピュネを言葉巧みに騙(だま)して腱を奪い返したのだ。元どおりの体に戻ったゼウスは、牢から出ると、空駆ける馬ペガソスの曳く戦車に乗り、再びテュポンの許へと向かった。

そのとき、テュポンはニューサの山に腰を下ろしていた。見つけたゼウスが上空から霆を落としたが、意外にも反撃はなかった。テュポンはモイラたちを脅して確かに果実を食べたのだけれど、それは、彼女たちがすり替えた〈無常の果実〉だったのだ。何をしても虚しく感じる。神獣は力を失っていた。こうなればもう一方的である。ゼウスはテュポンをトラキアからシチリアの海へと再び追い詰めていった。

追いかけるなかで、ゼウスは百の竜の頭を焼き尽くし、両の翼を引きちぎり、砕いた山で蛇の尻尾を切り裂いた。そして最後は、シチリア島でエトナ山を投げつけ、その下敷きにしてテュポンを動けなくした。

かくして最強の神獣との戦いは終わった。以来エトナ山はたびたび噴火するようになったが、それは、地下でテュポンがもがくからだという。その見張りは鍛冶の神ヘパイストスが務めている。彼はテュポンの出す炎を使って金属を溶かし、さまざまな道具を作る。

一度は窮地に陥ったものの、ゼウスは、他の神々すべてを震え上がらせたテュポンを倒し、神々の王の地位を不動のものとした。彼は王となったとき、神々が働く領域を定めたが、やがて神々の働きの背後には必ずゼウスがいることになっていった。ゼウスは神界の「すべてを知ろしめす、すべてを見そなわす」神となったのである。

ゼウスに逆らう神々はもういない。一度だけ、ポセイドン・ヘラ・アテナの三神が謀って、ゼウスを縛(ばく)し空から吊(つ)り下げようとしたことがあったが、それだけである。しかも、この企(たくら)みも、テティス女神に見抜かれ、彼女が呼んだ百手巨人ヘカトンケイルの一人であるブリアレオスがゼウスの横で睨(にら)みを利かせることによって未然に阻止された。そして、露見した陰謀の罰として、ゼウスに次ぐ実力者であったポセイドンはゼウスの命令で、トロイアの城壁建設でアポロンとともに働かされることとなった。つまり、完全にゼウスの下に置かれたのである。ヘラスにはあまたの神々がいたはずだけれど、その働きはすべてゼウス一人の名においてなされるものとなり、ゼウスは実質上唯一の神となった。

ゼウスは自身の地位を守るために、自身を超える可能性を持った我が子が現れる芽を二度摘んでいる。つまり、ウラノス、クロノスと二代続いた「子による父殺し」の王位簒奪(さんだつ)を恐れて、多くの女神や人間の女から多くの子を得たなかで、自身も二度目の「父殺し」の張本人だというのに、いや、張本人だからこそ、父にとって代わる子どもが生まれないよう巧んだことが二度あるのだ。親は子の成長を願うものであるけれど、己の意に子が沿わない、自分を超える才を持つと感じるときは、子を妬み否定することがあるのかもしれない。後の人間界でも、エペイロスの暴君エケトスは、娘が恋をしたとき、生まれてくる子に玉座から追われるのではないかと怯えた結果、娘の恋人の手足を切断し、娘まで青銅の針を眼に突き刺した後、青銅の粒を粉にするまで石臼で挽くことを命じたという。また、名匠ダイダロスさえも、自分の下で修行する甥のタロスがやがては自分以上の才能を持つであろうことに気づき、崖に誘い出して突き落としたという。ゼウスも人と同様の嫉妬心を持っていたのだ。いや、ゼウスの嫉妬心を人もまねたと言うべきか。

　ゼウスが優れた子の誕生を阻止した一度目は、彼の最初の妻、思慮の神メティスが妊娠したときだ。彼女は、呑み込んだ子どもたちをクロノスに吐き出させる薬をくれた神だ。おかげでティタノマキアに勝利することができた。にもかかわらず、彼女のお腹に子ができたとわかると、ゼウスは迷わずメティスを呑み込んだ。掟の神テミスによる、メティスから生まれる子どもが男子であれば、いずれ父親に取って代わることになるだろう、という予言。実は、王座を奪われたクロノスの呪いを受けたガイアの予言があったからだ。メティスから生まれないようにすることで、予言を覆そうとしたわけである。

　ところが、メティスが健在ならば産み月となったであろうころ、ゼウスは、頭の中で足を踏み鳴らすような、猛烈な頭痛に襲われた。そこで、プロメテウスに頼んで、斧で我が頭を断ち開かせた。すると、そこから、鎧を着、兜を被り、両の手には槍と楯を持った、つまり完全武装の、女性の神が現れた。これが知恵と戦いの神、パラス・アテナである。ゼウスにとっては幸いなことに、男性の神ではなかった。反逆するどころか、先の陰謀の件だけは別にして、彼女はゼウスのために働くことになる。なお、思慮の神メティスを呑み込むことでゼウスはより賢くなったと言われるが、アテナが生まれたということは、今度は知恵の大半を持っていかれたということになるのかもしれない。

　二度目は、海の老賢神ネーレウスの娘テティスをポセイドンと争ったときだ。彼女は、天上から落とされたへパイストス神を介抱したり、追われるディオニュソス神を匿ったりした優しい神だったから、そこに惹かれたのだろう。先の三神の「クーデター」計画のときは、助けてもらいもした。だが今回も、テミスを経たガイアの予言があった。或る女神の産む子はその父親より偉大になる、というものである。これもクロノスの呪いを受けたものだろうけれど、今度は、肝心の女神の名前がわからない。ゼウスはテティスを我がものとしたかったが、予言を恐れて、彼女に手を出さずにいた。

　そんなとき、噂が流れてきた。プロメテウスが女神の名前を知っているというのだ。そういえば、アテナが生まれるとき、プロメテウスは手を貸してくれた。あれは、実は、男の神が生まれてきたら、それを助けるつもりだったのではないか・・・。ゼウスはプロメテウスを捕らえて、問うた――おまえは以前、ギガントマキアの勝敗を左右する秘密（巨人を不死にする薬草をガイアが育てている）を教えてくれた。だから、その後、おまえが人間に肉と内臓を与え、わしには脂身と骨しか回さなかったときも、おまえを罰さずにおいた。おまえの功でおまえの罪は消えたのだ。ところがおまえはまた、わしが禁じたにもかかわらず、人間に火を与えた。したがって、わしはおまえを罰さねばならぬ。カウカソスの山を雷霆で打ち砕き、剝き出しになった岩壁におまえを青銅の鎖でつなごう。そして血に飢えた大鷲におまえの肝臓を食わせよう。おまえはケイローンから死なぬ体質を譲られたから、死ぬことはない。だが、その分、食われた肝臓は翌日元どおりとなり、また食われることになる。おまえは我が身をついばまれる痛みを日々永遠に味わわねばならぬのだ。だがしかし、前回と同じように、秘密を明かすのであれば、つまり女神の名前を教えるのであれば、おまえの罪は許してやろう。罪は功で消える。よいか、おまえは永遠に続く痛みを選ぶのか、それとも平穏な日々を選ぶのか。さあ、父親を超える子を産むことになる女神の名前を言え――ゼウスは強く迫った。

だがしかし、プロメテウスは首を横に振った。何度脅かされても責められても、口を割らなかった。我が兄の返答は——ヘラの神官イオの子孫が私を解放する、私はその日を待つ——それだけだった。怒りに震えるゼウスはクラトス（権力）とビア（暴力）を送って、プロメテウスを本当にカウカソス山の岩壁に縛り付けてしまった。一方、テティスとの婚礼は棚上げにせざるを得なかった。けれども、彼女を諦めたわけではなかった、諦めることはできなかった。ポセイドンが好機とばかりにテティスに言い寄ったとき、ゼウスは力で脅して退けている。

女神の名はずっとわからないままだった。ところが、である。どれくらいの時が経ったのだろうか、ヘスペリデスの林檎を手に入れたヘラクレスが、久しぶりにオリュムポスを訪れたとき、父を超える子を産む女神はテティスであると口にしたのだ。驚いたゼウスが、どこで聞いたのかと訊くと、プロメテウスの許に立ち寄ったとき、大鷲を射落としたかわりに教えてくれたという。なぜ教えてくれたのかと問えば、ヘラクレスは黙って首を捻るばかりだった（わし座〔別伝〕参照）。

理由などどうでもよい。女神の名前がわかった。やはりテティスだった。妻に迎えなくてよかった。ゼウスは胸を撫で下ろした。彼は、好いた女と一緒になることよりも、自身の地位を守ることを選んだのだ。念のため、テティスを神ではなく、人間の妻とすることに決めた。そこで選ばれたのが、アイギナ島のペレウスである。彼はテティスとの間に、人類史上最強の戦士アキレウスを得ることになる。確かに、テティスの子は父を超える。ペレウスがテティスを妻に迎えるまで、またアキレウスが成人となって戦に出るまでにはいろいろな出来事があるのだが、その話はまた別の機会があればということにしておこう。

自身を超える者が現れる可能性をすべて葬って、繰り返すが、ゼウスは唯一の神になったのである。

やぎ座は、わし座のアルタイルとみなみのうお座のフォマルハウトの中間にある、崩れた大きな三角形の星座である。ただ三等星以下の星ばかりのため、周りに明るい星がないとはいえ、形を捉えるには、時間がかかるだろう。α星には「アルゲディ（仔山羊）」という名がつけられている。

いて座から東側には、水瓶、南の魚、魚、海獣（鯨）、エリダノスと、水に関係する星座が多いのだが、かつてこのあたりの星空は海だと見なされていたようだ。山羊なのに下半身が魚になっているのは、泳がなければならないから、ということだろうか。

恒星の誕生―太陽系・地球の誕生

恒星の一生は、（星本体の質量による）収縮しようとする重力と、それに抗する内圧（核融合で発生する熱の放射圧や電子・中性子の縮退圧など）とのせめぎ合いの歴史である。星の誕生から見ていこう。

⑴**原始星の誕生**　宇宙に広がったダークマターの濃淡に応じて、宇宙空間にある星間ガス・宇宙塵の集まり「分子雲」にも濃淡ができている。濃い領域が大きいとき、超新星爆発による衝撃波や近くの星からの紫外線を受けるなどすると、特に密度の高い部分が生じる。この「分子雲コア」は自らの重力で縮み始めるとともに、周囲にガス・塵を円盤状に集め、これをさらに取り込んでいく。コア中心部の密度がいっそう高くなると、収縮によって位置エネルギーが熱エネルギーに変換されるため、中心部の温度が高くなり、赤外線の熱放射が始まって、輝き始める。この段階を「原始星」という。

⑵**主系列星への進化**　収縮した星間物質の質量が小さい（太陽の8％以下）場合、熱放射の圧力で収縮が止められてしまうので、中心部が核融合に必要な温度に達せず、星の進化としてはこの段階で終わってしまう。後は余熱で輝くだけで、冷めていく一方となる。こういう星を「褐色矮星」という。

質量が大きい場合は、さらなる重力収縮によってさらに温度が上がる。高温・高密度となった原始星の中心部では、熱エネルギーが陽子どうしのクーロン力（斥け合う力）を上回って、陽子どうしの衝突、つまり水素の核融合が始まる。すると、核融合によって生まれる熱放射の膨張しようとする圧力が、星本体の収縮しようとする重力と釣り合うようになって、原始星の収縮は止まる。そして、安定して光を発するようになる。「主系列星」の誕生である。若い恒星は、表面温度が高いため、青く輝く。

(3) 惑星の誕生　生まれたばかりの恒星の周りには、恒星とならなかったガスと塵が、恒星誕生時の分子雲の回転を受けて、恒星の自転軸に垂直な方向に、「原始惑星系円盤」として円盤状に広がって回っている。

この円盤はほとんどガスでできているが、わずかに岩石や氷の微粒子が存在する。微粒子が付着合体を繰り返し、微惑星に成長する。微惑星も衝突合体を繰り返すが、大きい方が衝突しやすいのは道理、他より少しだけ大きかった微惑星が「暴走成長」する。暴走成長がいくつかの離れた地点で進む結果、多量にあった微惑星は少数の原始惑星に「寡占成長」する。原始惑星も衝突合体していき、最後に、他の天体を排除した公転軌道を持つ「惑星」が誕生する。

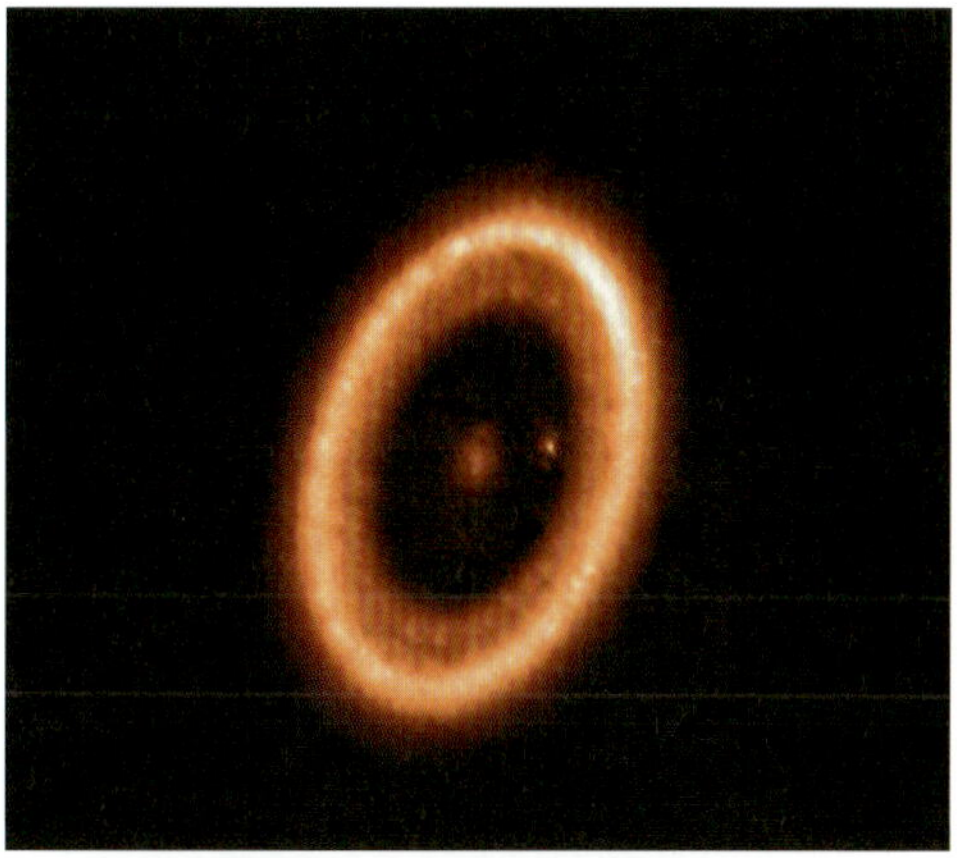

このとき、中心の恒星に近い惑星は、恒星の熱で水が気体・液体となるために、岩石と金属でできた「岩石惑星」となる。一方、恒星から遠い惑星は、水が固体の状態で存在するために氷をも材料として巨大化し、その重力で周囲のガスを引きつけ、「巨大ガス惑星」となる。さらに遠い惑星は、その形成が遅かったため、できたころ周囲にガスはなく、氷だけから成る「巨大氷惑星」となる（ちなみに、地球はもちろん岩石惑星で、何度かの原始惑星どうしの衝突合体を経た後、原始地球と火星ほどの原始惑星が衝突して、現在の地球と月になったと言われている。これを「ジャイアント・インパクト」と言う）。

若い星 PDS70 の周囲の原始惑星系円盤
©ALMA(ESO/NAOJ/NRAO)Benisty et al.

⑷ 生命の誕生

地球型の生命が誕生する可能性があるのは、岩石でできた惑星である。その表面に液体の水が安定して存在するかどうかが、生命が発生するか否かの分岐点になる。地球には海があるけれど、水星・金星・火星の表面に液体の水は存在しない。

水星は太陽に近すぎる。表面平均温度は約180℃だ。金星は、かつては太陽の輝きが現在よりも弱かったので海があったという説もあるけれど、いま、地表に液体の水は見出せない。太陽が光度を増したことに加え、ほぼ二酸化炭素という大気の温室効果もあって、地表気温が約460℃にもなるからである。火星は太古、海があったようだ。だが、磁場がなくなったため「太陽風」（太陽から放出される荷電粒子（プラズマ））を防げなくなり、重力が小さいこともあって、大気を剝（は）ぎ取られていった。結果、保温効果を維持できず、水は宇宙空間に出るか凍るかしかなかった。地表に液体の水を保てなかったので、水星・金星・火星に地球型生命はおそらく存在しない。

地球だけが、太陽から見て水が液体で恒常的に存在しうる適切な距離（「生命居住可能領域（ハビタブルゾーン）」）にあったため、そして一定の大気を保つ重力と、太陽風から大気を護る磁場があったため、生命が生まれ育つ星となったのである。

太陽系 ©NASA/JPL

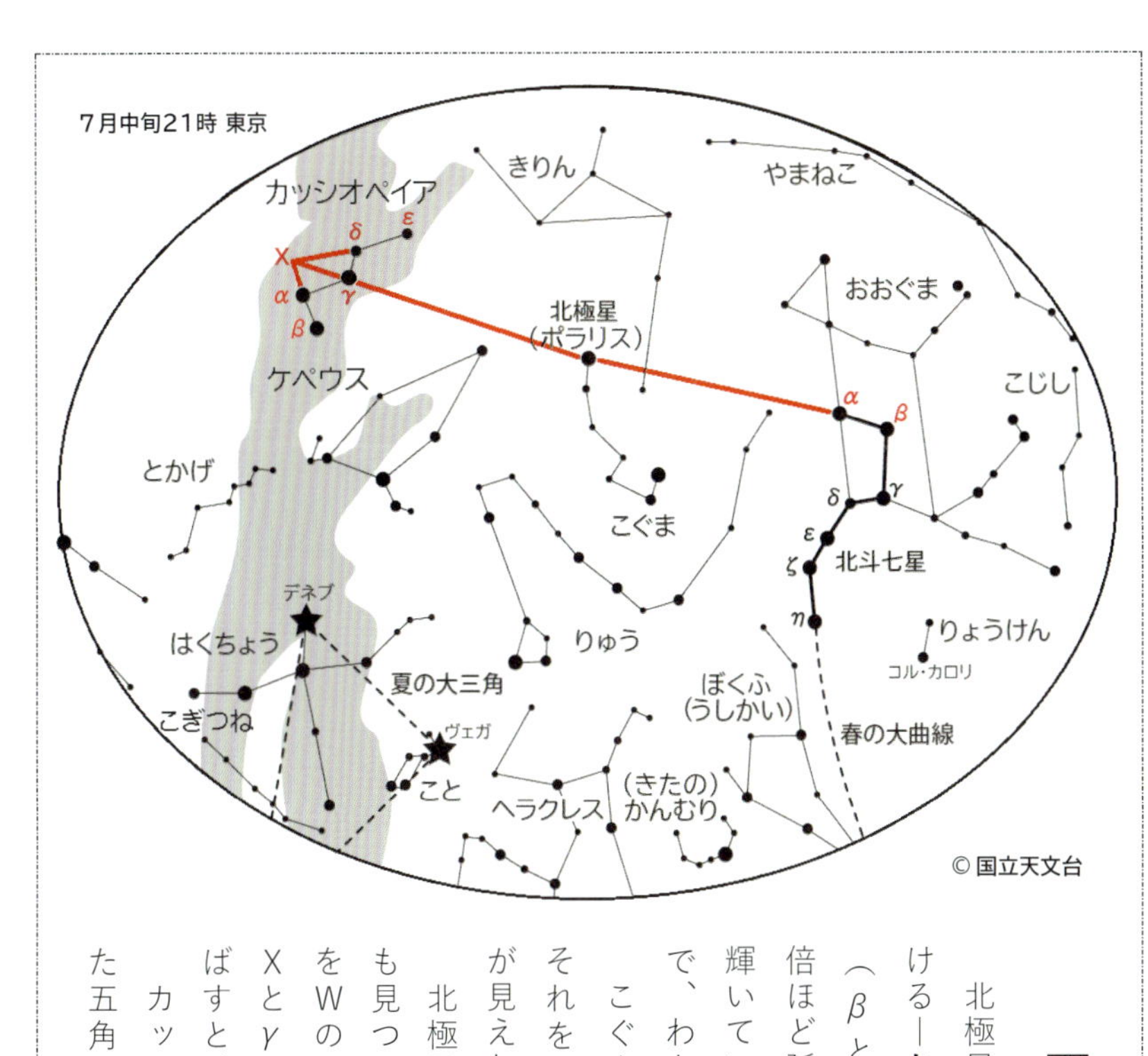

天の北極近くの星空

北極星を見つけるには、まず、北斗七星を見つける─**おおぐま座**。そして、柄杓の枡の前側の星(βとα)をつないで、枡の口の上の方へと5倍ほど延ばしていくと、そこに北極星ポラリスが輝いている─**こぐま座**。周囲に明るい星はないので、わかりやすいだろう。

こぐま座は小さい北斗七星の形をしているが、それをU字形に取り囲むようにうねる長い曲線が見えれば、それが**りゅう座**である。

北極星は、Wの字─**カッシオペイア座**を使っても見つけられる。Wの両端の線(β αとε δ)をWの下の方に伸ばして交差させ、交わった点Xとγ星をつないで、Wの上の方に5倍ほど延ばすと、そこに、北極星がある。

カッシオペイア座のW字の隣に、家の形をした五角形が見える。それが**ケペウス座**である。

神々の話

☆ゼウスと美形たち☆

イオ隠蔽　エウロペ誘拐・・・おうし座

おうし座はオリオンに挑みかかる牡牛の姿になっているが、星座になったのは静かな、おとなしい牛である。その姿には二つの話が重ねられている。いずれもゼウスと牛の話だが、ゼウスが牛に変えた話と、ゼウスが牛に変わった話である。

まずは、牛に変えた話から。或る日、神々の王ゼウスがオリュムポス山の頂上にある宮殿のバルコニーから下界を眺めていると、一人の美しい女がいた。アルゴスのヘラ神殿の神官、イオである。ゼウスは彼女の許を訪れ、交わった。ところがそこへ、妻のヘラがやって来た。ゼウスは慌ててイオを白い牛に変え、その雪のような白さを愛でていたところだと、ごまかした。だが、その言葉の端々に偽りを感じた妻は、その美しい牝牛を貰い受けたいと言い出した。こうなっては、いくら言葉を弄しても、やましい気持ちのある夫は逆らえない。ヘラは、イオである牝牛を曳いていった。ゼウスはその後ろ姿を見送るだけだった。

ヘラは牝牛を神殿の杜深くのオリーブの樹につなぎ、体中に眼を持ち眠らない巨人アルゴスに見張らせた。一方、ゼウスはイオを取り戻すべく、盗みの名人ヘルメス神に牝牛を連れ出すよう命じた。杜に入った泥棒の神はなんとかアルゴスの死角に入ろうとしたが、どこに隠れても、数多くある目の一つには見つけられてしまう。仕方ない。こっそり連れ出すのは諦めて、ヘルメスは大きな石を投げつけてアルゴスを殺した。そのため、これ以降ずっと彼は「アルゴス殺しのヘルメス」と呼ばれることになる。また、アルゴスのたくさんの目はその後、ヘラが孔雀の羽の模様に移したという。

ヘルメスは牝牛に近づき、その首に回された綱をほどいた。そのときだ、杜の中の異変に気づいたヘラが一匹の虻を牝牛の鼻先に放った。虻に襲いかかられて、牝牛は走り出した。まとわりつかれて、杜から出ていった。あっという間の出来事に、ヘルメスは綱を手にしたまま、呆然と立っていた。

高い山を越え、深い谷を行き、広い原を走り、果てない海を泳ぎ、牝牛はエジプトに至った。ここでようやく虻から逃れて、つまりヘラの目から逃れて、イオは人の姿に戻った。そして、ナイル河畔で男児エパポスを産んだ。だが、ゼウスの妻は執念深い。イオ親子を探し出すと、クレタ島の精、クレスたちを使って、生まれたばかりのエパポスをさらった。これを知ったゼウスは怒り、自分が赤子のころクロノス神の目から護ってもらった恩も忘れて、クレスたちを責めた。あげくの果て殺してしまったのだが、それでもエパポスの行方はわからない。イオは、またあちらこちらと歩き回らねばならなかった。長い時が経ち、もう見つけることはできないのかと諦め始めたころ、神のように美しい幼子がシリアにいるという噂を聞いた。急ぎ駆けつけた彼女は、やっと我が子を抱き締めることができた。子どもをエジプトに連れ戻り、イオはその後、テレゴノス王に后として迎えられた。エパポスは王の養子となり、やがて王の跡を継いだ。だからだろう、イオはやがてエジプトで女神として崇められるようになった。彼女の変えられた牝牛の姿を星座にしたものが、おうし座である。

次は、牛に変わった話。或る日、ゼウスがオリュムポス山の頂上から下界を眺めていると、一人の美しい女がいた。彼女は、名をエウロペといい、テュロスの国の王女だった。ちなみに、彼女はイオの玄孫にあたる。どうもこの血筋の女性にゼウスは執心するようだ。後に語るが、エウロペの姪セメレとも関係し、そこからディオニュソス神が生まれている。

暑い夏の日、涼を求めて、エウロペは侍女たちと砂浜に出、波打ち際で戯れていた。そこへ、一頭の牡牛がやって来た。乙女たちは驚いてその場から逃れたが、牡牛は追ってくる様子もなく、立ち止まると、打ち寄せる波に脚を洗わせていた。雪のように白い体の、銀色に光る角を持つ、優しい目をした牛だった。

初めは遠巻きに見ていた娘たちも、輝くような白さに目を奪われ、牛のそばへと少しずつ近づいていった。なかの一人が恐る恐る手を出して、牛の背を撫でた。牛はおとなしい。次の一人は、そっと牛の鼻を撫でた。牛は目を細めた。すると三人目はなんと、牛の背にまたがった。牛はじっとしたままだ。娘たちは安心して、またおもしろがって、代わる代わる牛の背に乗った。やはり牛は動かない。ところが、エウロペの番になって、彼女が背にまたがった途端、牛は駆け出した。王女は慌てて角にしがみついた。侍女たちは大きな声で叫んだ、助けを呼んだ。それを聞きつけて、エウロペの兄たちがやって来た。追われた牛は海に向かって走っていく。牛はそんなに泳げるものではない。兄たちは、これで牛を捕まえることができる、妹を取り戻すことができる、と思ったのだが……なんと、牛は海面を、地を駆けるかのように走って逃げていく。驚いた兄たちは慌てて船を用意しようとしたが、もう遅い。水平線の彼方に、牛はエウロペを背に乗せたまま消えていった。

牛が行き着いたところは、クレタ島だった。牛はエウロペを下ろすと、人の姿に変わった。ゼウスだったのだ。二人はここでしばし暮らし、三人の男の子、ミノス、ラダマンテュス、サルペドンを儲けた。ゼウスが去った後、エウロペはクレタ王アステリオスと結婚したが、男の子たちは王の養子となった。結婚の祝いにゼウスは、必ず獲物を捕まえる猟犬と、投げても失うことのない槍と、島を守る青銅の巨人を贈った。ミノスはクレタの王位を継いで国に繁栄をもたらし、ラダマンテュスは立法家となって、死後、英雄たちだけが至福のうちに永遠を過ごすというエリュシオンの野を治め、サルペドンは人間三代分の長寿を得て、トロイア戦争にもその名を連ねた。

一方、エウロペの三人の兄たちは父王アゲノールに、妹を見つけるまでは国に帰るな、と命じられて彼女を捜す旅に出た。しかし、あちらこちらと捜し歩いたにもかかわらず、誰もクレタにはたどり着かなかった。その結果、彼らは国に戻ることができず、それぞれ新しい土地を拓（ひら）いて、そこの王とならねばならなかった。ポイニクスがフェニキア、キリクスがキリキア、カドモスがトラキアである。

このなかでカドモスについて、その子孫にさまざまな悲劇が起こり、大きな物語を成しているので、触れておこう。彼はやがてトラキアを出て、神託によってテーバイに至る。ここで戦神アレスの子である大蛇を退治し、アテナ神に教えられたとおり、その牙を砕いて土に播いた。すると、地面から鎧に身を固めた男たちが大勢生え出てきた。その集まりの中に物陰からカドモスが、やはりアテナに言われたとおり、石を投げ込むと、男たちは男たちのなかの誰かが投げつけたものと思って、互いに争い始めた。その結果、屈強な五人の戦士が生き残った。彼らをカドモスは配下とし、アレスに償いとして八年間仕えた後、五人を率いてテーバイの王となった。そして、アレスと美神アプロディテの間の娘ハルモニアを、神々の祝福を受けるなか、妻に迎えた。アレスはおそらく反対しただろうが、ゼウスが取り成したものと思われる。

カドモスは、王として長年国を治め、死後は妻とともに、エリシュオンの野で暮らした。だが、二人の姿は大蛇と化している。晩年身内に不幸が続くのを目にして、これが大蛇を殺したことに対するアレスの呪いであるならば、我も大蛇になりたいと願ったためだと言われている。神の呪いは神の娘まで大蛇に変えた。

また、カドモスの子孫に天寿を全うできなかった者が多いのは、結婚の際、工匠神ヘパイストスからハルモニアに贈られた首飾りに、呪いが込められていたせいでもあるそうだ。ヘパイストスは、妻アプロディテをアレスに奪われている(ぎょしゃ座参照)。ハルモニアは、その二人の間に生まれた娘なのだから……

牛に姿を変えたゼウスがエウロペを乗せて走り回った土地は、彼女の名にちなんで、後に「ヨーロッパ」と呼ばれるようになった。そして、ゼウスの変身した姿がおうし座とされた。


牛の星座には「ヒュアデス」および「プレイアデス」と呼ばれる星々の集まりがあるが、いずれもアトラス神の娘たちが星になったものである。

ヒュアデスは、幼いディオニュソスを護った七人姉妹である。ゼウスはセメレから得たディオニュソスを、嫉妬に燃えるヘラの目から逃れさせるために仔鹿に変じたが、その仔鹿を、ヘルメス神に命じて、ヒュアデスの許に連れていかせた(みなみのかんむり座参照)。彼女たちは、人の姿に戻ったディオニュソスを牛乳と蜂蜜で人知れず養い育てた。後に、彼女たちの兄ヒュアスが狩りに出て猪に殺され、その死を嘆き悲しむあまり彼女たちも後を追ったとき、ディオニュソス養育の功で、ゼウスが彼女たちを星にしたのである。ヒュアデスの星が空に昇るようになると、雨＝彼女たちの涙、の季節になるという。

プレイアデスも七人姉妹である。彼女たちは母プレイオネとともに、或るときから、猟師オリオンに追いかけ回されるようになった。困り果てた結果、ゼウスに懇願して鳩に姿を変えてもらい、飛んで逃げようとした。しかし、それでもオリオンは追ってくる。彼女たちは、さらに高く飛んで、星となった。それがプレイアデスの星々である。彼女たちは、天上までは追ってこられまいと考えたのだけれど、オリオンはしつこかった。彼もまた星座とされ、牡牛の星座に向かい合うように置かれたにもかかわらず、彼の関心は牡牛を通り越し、牡牛の肩の位置にあるプレイアデス姉妹に向かい、これを毎夜追いかけている。人々は、プレイアデスが日の出前に昇る季節になると、畑を耕し始める。そして、沈むころがちょうど稔りの季節となる。

プレイアデス姉妹はいつも一緒にいたために、星になってからも固まって輝いている。ところが、七人姉妹なら七つの星であるはずなのに、プレイアデスの星はたいてい六つしか見えない。その理由だが……彼女たち七人の名は、エレクトラ、マイア、タユゲテ、アルキュオネ、ケライノ、ステロペ、メロペという。エレクトラはゼウスと交わり、トロイア王家の祖となるダルダノスを得た。マイアもゼウスと交わり、オリュムポス十二神の一人ヘルメスを産んだ。タユゲテもゼウスと交わった。アルキュオネはポセイドン、ケライノもポセイドン、ステロペはアレス、やはり神と交わった。しかし、メロペだけは人間のシーシュポスの妻となった。しかも、夫は神に抗う(あらが)人間だった(けもの(おおかみ)座参照)。そのことを恥じたメロペが、星になった後、ほうき星となって姿を消したので、星が一つ減ったのだという。いや、そうではなく、我が子の建てたトロイアが戦によって亡ぼされるのを悲しんだエレクトラが姿を消したため、六つになったのだとも言われる。どちらがいなくなったのかわからないが、目のいい人には彼女たちの星も見ることができて、ちゃんと七つだと、いや、それ以上あるとわかるそうだ。

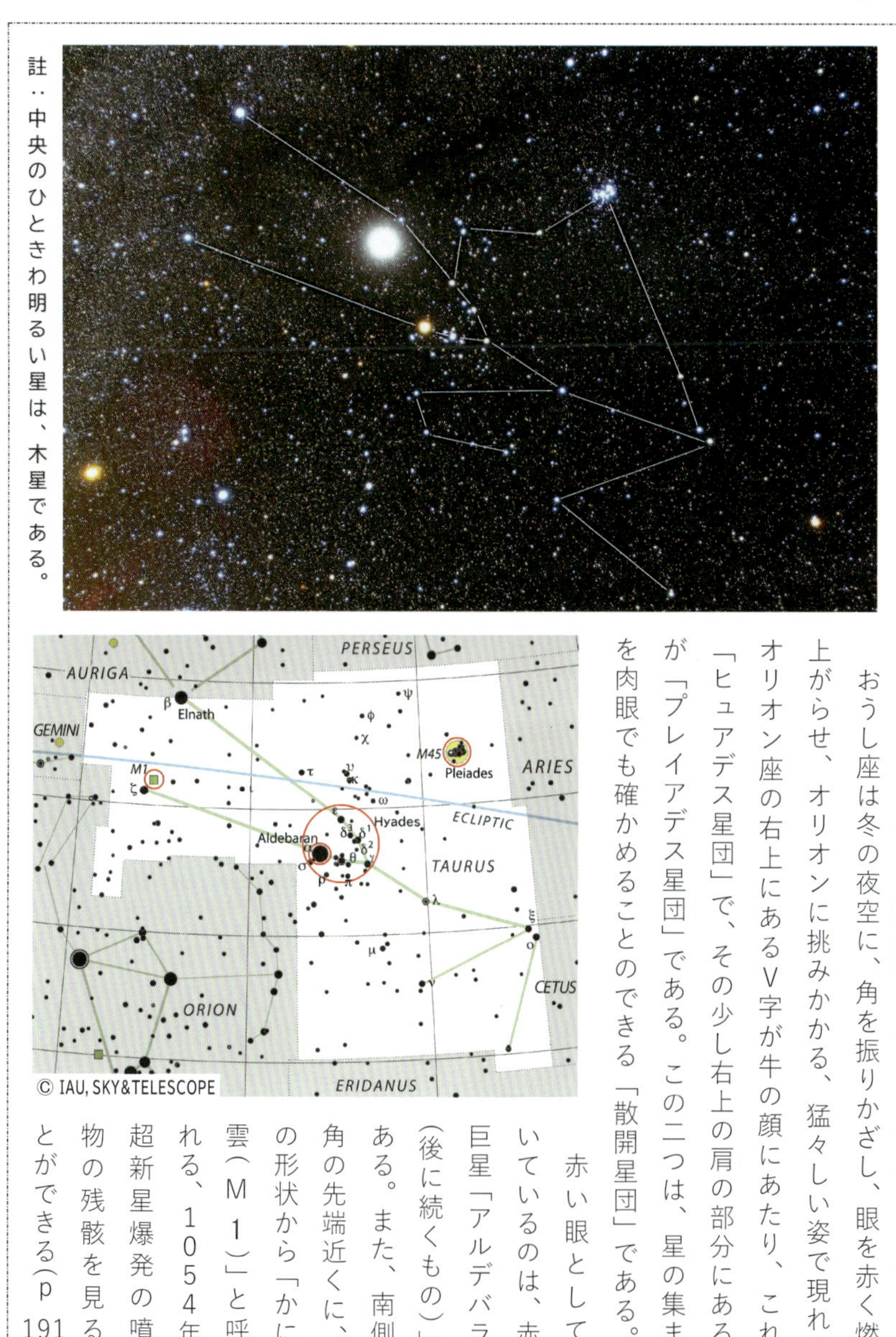

註：中央のひときわ明るい星は、木星である。

おうし座は冬の夜空に、角を振りかざし、眼を赤く燃え上がらせ、オリオンに挑みかかる、猛々しい姿で現れる。オリオン座の右上にあるV字が牛の顔にあたり、これが「ヒュアデス星団」で、その少し右上の肩の部分にあるのが「プレイアデス星団」である。この二つは、星の集まりを肉眼でも確かめることのできる「散開星団」である。

赤い眼として輝いているのは、赤色巨星「アルデバラン（後に続くもの）」である。また、南側の角の先端近くに、その形状から「かに星雲（Ｍ１）」と呼ばれる、１０５４年の超新星爆発の噴出物の残骸を見ることができる（p191）。

M45 プレイアデス星団　©NASA,ESA and AURA/Caltech

散開星団　同じ分子雲から同じ時期に生まれた、近い距離にある、数十から数百個の恒星のまとまりをいう。属する星々は生まれて間もないため高温で青白く輝き、強い紫外線を発し、母体となった分子雲を照らし出す。写真で見たときプレイアデス星団の星々がにじんだように見えるのは、そのせいである。散開星団は天の川銀河の円盤（ディスク）の中に存在する（p247）。星々の結びつきがゆるいため、いずれはみな離れ離れになる。

Mel 25 ヒュアデス星団
©NASA, ESA, and STScI.

註：中央上、赤く明るい星はアルデバランであるが、同じ方向に見えるだけで、ヒュアデス星団の星ではない。

レダとその子どもたち・・・はくちょう座・ふたご座

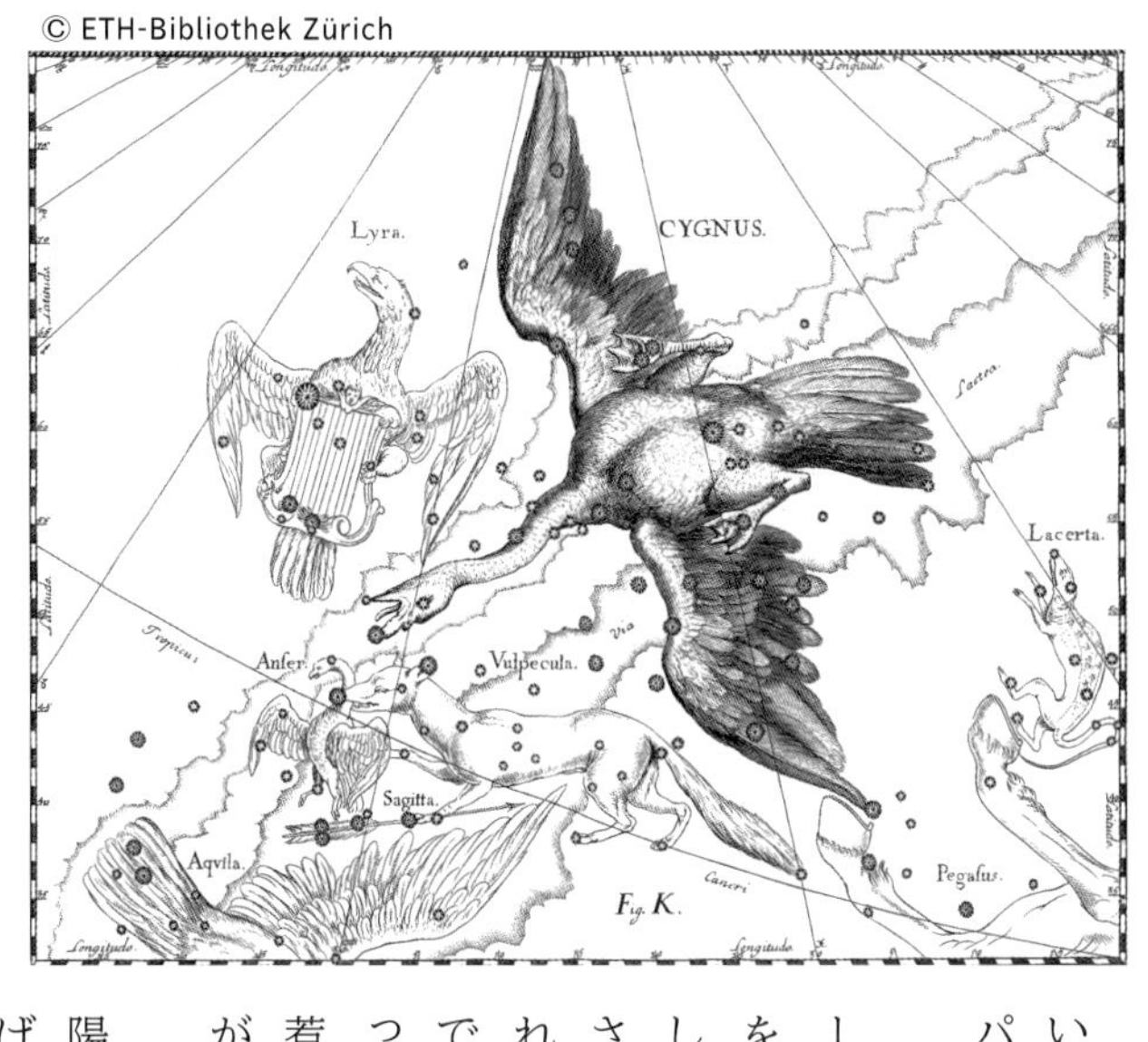

或る日、ゼウスがオリュムポス山の頂上から下界を眺めていると、一人の美しい女がいた。彼女は、名をレダといい、スパルタの国王テュンダレオスの后だった。

昼下がり、レダがタユゲトスの山脈に臨む王宮のバルコニーで休んでいたところへ、一羽の白鳥が飛び込んできた。空を見上げれば、大きな鷲が隙を狙うように舞っている。しかし、レダが近くに置いてあった弓を構えて見せると、鷲はあっさりと、まるで役目を終えたかのように飛び去った。背に隠れていた白鳥を改めて見てみると、嘴（くちばし）の先が鮮やかな青色で、目元が明るい橙色をしている他は、頭から翼の先まで真っ白な、たおやかな姿をしていた。その姿は見る人すべてを惹きつける。レダは白鳥を優しく腕の中に抱きかかえた。だが、これはゼウスの変身した白鳥だったのだ。

しばらくして、白鳥は暮れかかる空に飛び立っていった。陽が落ち、レダが夜空を見上げると、そこには白鳥が羽を広げた姿で、星が輝いていた。これがはくちょう座である。

ほどなくレダは二つの、卵を産んだ。驚いたテュンダレオス王は占い師に問うたが、白鳥は神の変身した姿であるという占いが出たので、卵を育てることにした。十月十日の間、卵は温められ、やがて鳥の雛ではなく、人の赤ん坊が孵った。一つの卵から男と女が一人ずつ、合わせて四人の子どもが生まれた。一方の卵からはゼウスの血を引く、つまり半身は神の子であるヘレネとポリュデウケス。他方からは、同じ日の夜にテュンダレオスが交わったために彼の血を引く、すなわち人の子であるクリュタイムネストラとカストルである。

女の子二人は後に、激しい人生を送ることになる。ヘレネは幼いころからその美貌をうたわれ、十二歳のころにはアテナイの王テセウスに誘拐されもした。このときは、テセウスが冥府に出かけて不在の隙をついた、ポリュデウケスとカストルの軍隊によって無事に救出された。しかし、成人してまた、あまたの求婚者のなかからメネラオスを選んで結婚した後、今度はトロイアの王子パリスにさらわれた（駆け落ちしたという説もある）。そして、ヘラス対トロイアの全面戦争を引き起こす原因となった（わし座〔別伝〕参照）。姉妹のクリュタイムネストラは結婚して穏やかな人生を送り始めていたが、夫を殺され、夫を殺したその男に妻とされ、その後はトロイア戦争の流れに呑み込まれて悲惨な最期を迎える。娘の命を神への生贄として、前夫殺しの現夫によって奪われ、それゆえに夫を殺し、その結果、息子ともう一人の娘によって命を奪われるのだ。

男の子二人は、兄のカストルが馬術と剣の名手、弟のポリュデウケスが拳闘の達人で、スパルタに腰を落ち着けることなく人生を過ごした。コルキスにある金の羊毛を求めて全ヘラスの英雄たちが勢揃いしたアルゴ号の冒険にも参加している（アルゴ座参照）。二人はスパルタの「ディオスクロイ（ゼウスの子）」と呼ばれ、何をするにも、どこへ行くにも一緒という兄弟だった。しかし、従兄弟であるメッセネの、これも双子の王子、イダスとリュンケウスと争った結果、二人は永遠の別れをせねばならない事態に直面することになる。

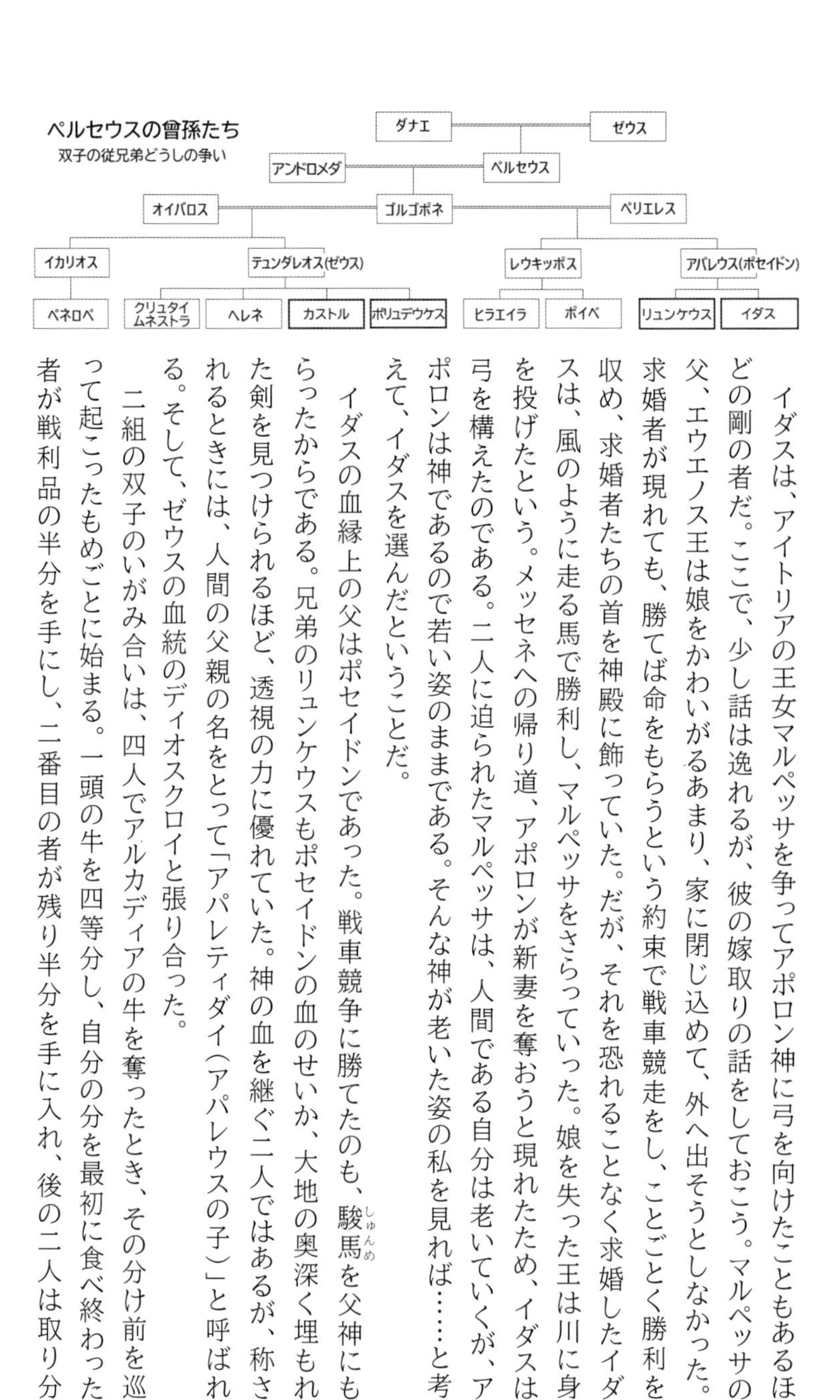

イダスは、アイトリアの王女マルペッサを争ってアポロン神に弓を向けたこともあるほどの剛の者だ。ここで、少し話は逸れるが、彼の嫁取りの話をしておこう。マルペッサの父、エウエノス王は娘をかわいがるあまり、家に閉じ込めて、外へ出そうとしなかった。求婚者が現れても、勝てば命をもらうという約束で戦車競走をし、ことごとく勝利を収め、求婚者たちの首を神殿に飾っていた。だが、それを恐れることなく求婚したイダスは、風のように走る馬で勝利し、マルペッサをさらっていった。娘を失った王は川に身を投げたという。メッセネへの帰り道、アポロンが新妻を奪おうと現れたため、イダスは弓を構えたのである。二人に迫られたマルペッサは、人間である自分は老いていくが、アポロンは神であるので若い姿のままである。そんな神が老いた姿の私を見れば……と考えて、イダスを選んだということだ。

イダスの血縁上の父はポセイドンであった。戦車競争に勝てたのも、駿馬（しゅんめ）を父神にもらったからである。兄弟のリュンケウスもポセイドンの血のせいか、大地の奥深く埋もれた剣を見つけられるほど、透視の力に優れていた。神の血を継ぐ二人ではあるが、称されるときには、人間の父親の名をとって「アパレティダイ（アパレウスの子）」と呼ばれる。そして、ゼウスの血統のディオスクロイと張り合った。

二組の双子のいがみ合いは、四人でアルカディアの牛を奪ったとき、その分け前を巡って起こったもめごとに始まる。一頭の牛を四等分し、自分の分を最初に食べ終わった者が戦利品の半分を手にし、二番目の者が残り半分を手に入れ、後の二人は取り分なし、ということに決めて、四人は食べ始めたのだが、これはメッセネの双子の計略だった。イダスは人並外れた速さで食べることができたのである。あっという間に自分の分を平らげると、今度はリュンケウスの分まで一気に食べてしまった。結果、戦利品の牛はすべてメッセネのアパレティダイのものということになり、スパルタのディオスクロイは歯噛(はが)みして悔しがった。

その仕返しをカストルとポリュデウケスは、これまた従姉妹にあたる双子、ポイベとヒラエイラを巡ってでかした。この姉妹はメッセネの双子と婚約していたのだが、それをスパルタの双子が奪ったのである。イダスとリュンケウスは力ずくで取り戻すことはしなかったものの、婚約の席に乗り込むと、花嫁を奪ったくせに結納金も納めないのかと、出席者の面前でカストルとポリュデウケスを激しく罵(ののし)った。ディオスクロイはその場ではやり返さず、別の日に牛を結納金として納めた。だが、その牛はアパレティダイが食べ比べで掠(かす)め取った牛を盗み返したものだった。刻印を見た二人は怒りに震えた。

二組の双子の不和は決定的なものとなった。イダスとリュンケウスは、牛を納めて帰るディオスクロイを追った。カストルとポリュデウケスはアパレティダイが追ってくるのに気づき、不意打ちしようと、中が洞になった柏の樹に身を隠した。しかし、地中まで透かし視るリュンケウスには、どこに隠れても、その姿は丸見えである。彼はカストルの居場所をイダスに教えた。剛腕イダスの放った矢は樹を貫いて、中にいたカストルの命を奪った。彼はテュンダレスの血を引く、人間だったからだ。怒りに燃えたポリュデウケスは手にした槍をリュンケウス目がけて投げつけ、彼を亡き者にした。すると今度は、イダスが近くにあった墓から墓石を引き抜き、ポリュデウケスに投げつけた。その角がまともに頭に当たり、ポリュデウケスは倒れ込んだ。だが、彼はゼウスの血を引いていて、死ぬことがない。痛みに顔を歪(ゆが)めているポリュデウケスに、イダスが次の一撃を加えようと、別の墓石を頭上に振り上げた。そのとき、我が子を護るため、「天空の監視者」ゼウスが天上からイダス目がけて霆を落とし、その命をこの世から消し去った。かくして、ディオスクロイとアパレティダイ、従兄弟どうしの双子の争いは、ポリュデウケスただ一人が残されて、終わりを迎えることとなった。

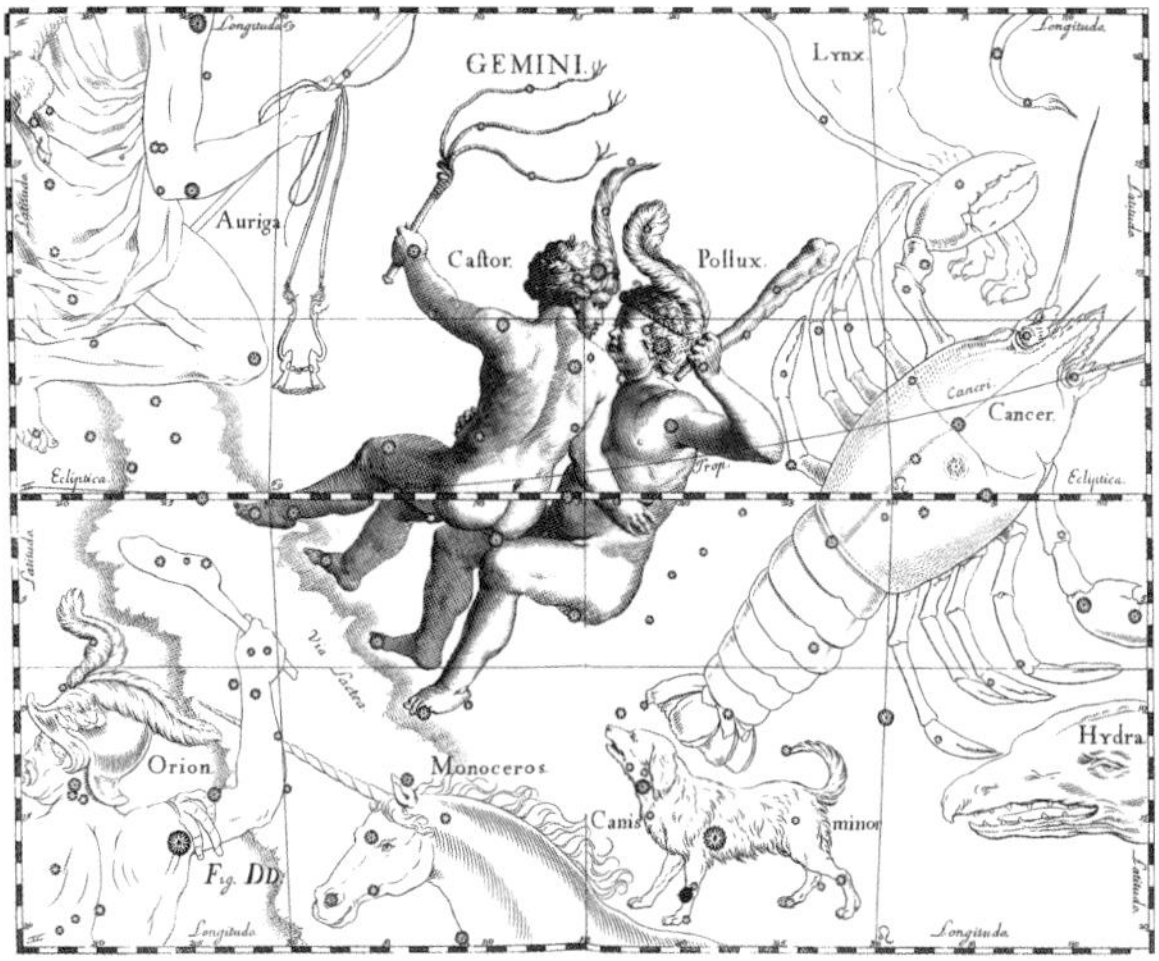

カストルは死んだ、自分は死なない。このままでは、二人は永遠に別れ別れになってしまう――ポリュデウケスは、父ゼウスに、二人がいつまでも一緒にいられるよう願った。我が子の頼みである。ゼウスは、望みを聞き入れ、二人一緒に、一日おきに神々の世界と人間の世界にいることを許した。カストルとポリュデウケスの、天上界にいるときの姿がふたご座である。仲よく寄り添う子どもの姿をしている。

なお、スパルタの王位は、王子が二人とも国を離れてしまったため、王女の夫が継ぐこととなった。この男がメネラオスだ。妻ヘレネをトロイアの王子パリスに奪われたため、全ヘラスを巻き込んだ長い戦いを始める男である。戦闘によって、また戦争前の事件に起因する戦争後の家族内の争いによって、多くの人々が命を落とす。長く放浪しなければ帰国できない者も現れる。ただし、その詳しい話は、機会があれば語ることとして、ここでは触れないことにしておこう。

はくちょう座は夏の空の天頂近く、その十字の形を天の川に浸らせている。「南十字」（みなみじゅうじ座）に対して、「北十字」とも呼ばれる。白鳥の尾の場所には、白色の「デネブ（尾）」が煌めいている。嘴に当たる場所には、「北天の宝石」と称される「アルビレオ（意味不明）」という二重星がある（p82）。右の翼の前の縁には、網目が半弧状に広がる散光星雲の「網状星雲（NGC6992／5）」がある。望遠鏡写真で見ると、「天女の羽衣」に譬えられることに合点がいく（p203）。伸ばした首の真ん中あたり、η星の近くにある「X－1」は、史上初めて見つけられたブラックホールである（p213）。

ふたご座は、冬の空高く輝く。並んだ二つの明るい星が目立つが、青っぽく見える方は「カストル」、橙色っぽい方は「ポルックス（ポリュデウケスのラテン語化）」と呼ばれている。この二つの星をそれぞれの頭として二列に星々が並ぶ様子は、確かに双子の兄弟が寄り添っているように見えるだろう。ε・ζ星には、それぞれ「メブスタ（伸ばしたもの）」「メクブダ（縮めたもの）」という名があるが、ライオンの脚のことだそうだ。古代アラビアでは、いまのしし座とは異なるライオンの星座があったらしい。十二月中旬には「ふたご座流星群」が出現するが、その放射点はカストルの近くにある（p263）。

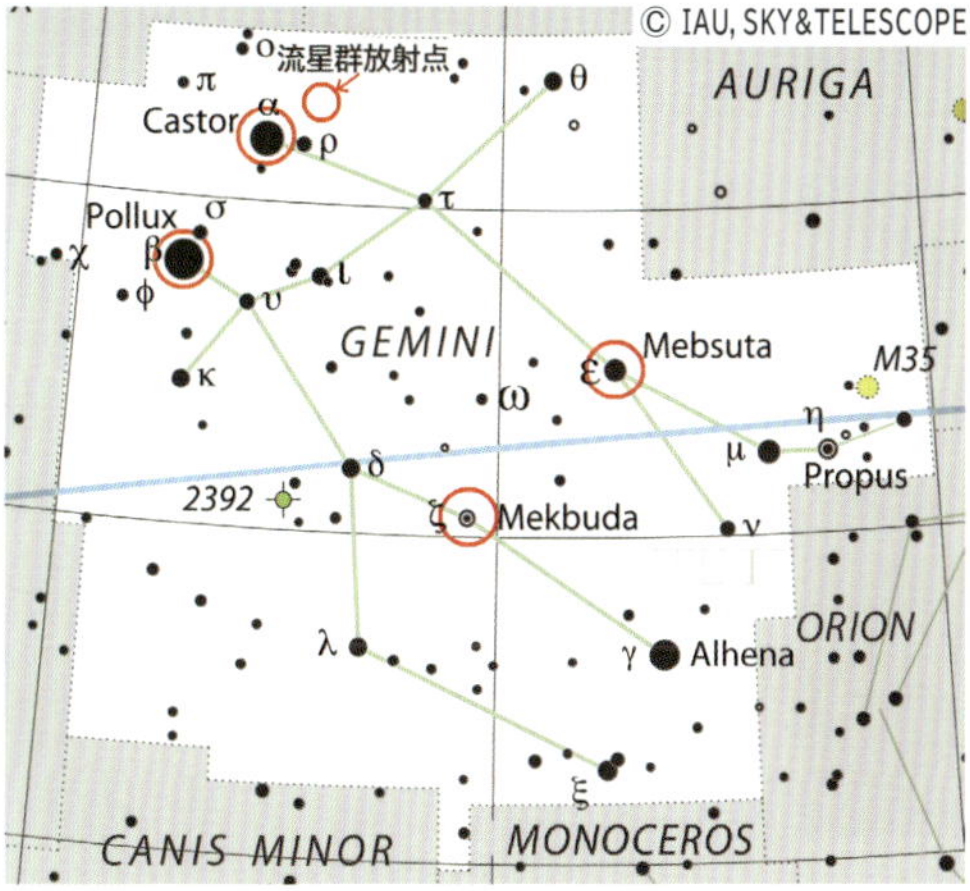

おおぐま座 ミザールとアルコル ©Roberto Mura 円内は ©sebastien lebrigand

二重星　極めて接近して見える二つの恒星のことをいう。二星の見える方向が重なっているだけで重力的な関係のないものは「見かけの二重星」といい、実際に二星が共通重心の周りを回っているものは「実視連星」という。北斗七星のζ星ミザールとアルコルは、馬とその乗り手と見られた代表的な二重星である。また、はくちょう座のアルビレオは、望遠鏡で見たとき、サファイアとトパーズにも譬えられる美しい二重星である。

はくちょう座 アルビレオ ©国立天文台

カリスト哀れ・・・おおぐま座〔別伝〕・ぼくふ（うしかい）座

或る日、ゼウスがオリュムポス山の頂上から下界を眺めていると、エリュマントスの森の中に一人の美しい女がいた。彼女は、名をカリストといい、アルカディア王リュカオンの娘だった。だが、宮殿で女官たちにかしずかれて過ごすよりは、野で獣を狩ることを好み、狩猟の女神アルテミスに仕えていた。この日も神とともに鹿を追っていたが、その途中、仲間から離れて、木陰で休んでいるところだった。

ゼウスはカリストに、アルテミスに変身して近づいた。この「少女を愛する神」は処女性を尊んでいたので、彼女に従う娘たちもみな男を避けていたからだ。微笑（ほほえ）んで迎えたカリストだったが、突然女神が男の姿に変わったので驚き、慌てて逃げようとした。しかし、相手は神々の王である。かなわずに抱きすくめられ、その子を身籠（みご）もってしまった。しばらくしてそれを知ったゼウスは、ヘラの目をごまかすために、カリストを一時、熊の姿に変えた。

しかし、ゼウスの妻ヘラは目ざとい。夫の些細な動き・言葉から、また他の女に心を奪われていることに気づいた。虹神イリスを使って調べた結果、それはアルテミスの従者であるカリストだということがわかった。子まで宿したという。そこで、ヘラは彼女の主人をけしかけることにした——お付きのなかに、男に依（よ）らないと誓って一緒に行動していたくせ、孕んだ者がいる。これを許しておいていいのか。

アルテミスは、すぐにカリストのことだとわかった。いつも、どこへ行くにも供をしてくれていたのに、近頃姿を見せないからだった。どうしたのかと心配していただけに、ヘラの話を聞いて、よけいに腹が立った。アルテミスは、かつての従者で、クレタのミノス王から逃れるため崖から身を投じることまでしたブリトマルテスを、よく操を守ったと神にしてやったことがあるほどの男嫌いである。森で猟をしていたカドモスの孫アクタイオンなどは、彼女が泉で水を浴びているところにたまたま出くわしてしまっただけなのに、男というだけで鹿の姿に変えられ、その結果、自分の猟犬たちに食い殺されてしまっていた。

F

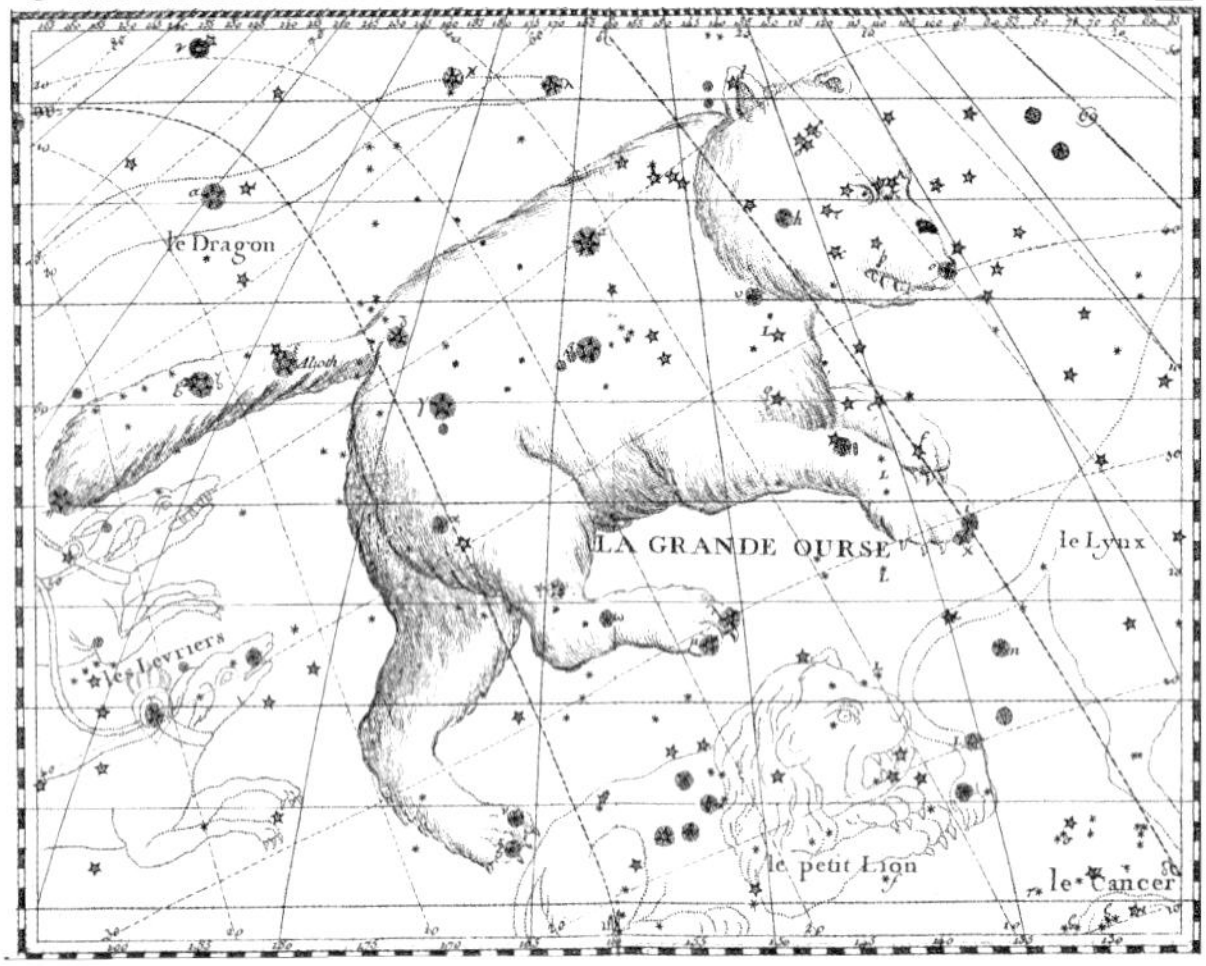

アルテミスは以前にも、ゼウスの子を産んだ従者を射殺(いころ)したことがあったので、今回も同じ目に遭わせることにした。森の中にカリストを捜し、奥まった洞窟の中に、変身させられた熊の姿を見つけると、神々でもわずかの者しか弦を引けない強弓で、女神は矢を放った。

そこへゼウスが、天宮でヘラが薄笑いを浮かべながら経緯を語るのを聞いたので、慌ててやって来た。だが、一足遅かった。既に熊は、いやカリストは背中に矢を受け、倒れていた。ところが、赤ん坊の泣き声が聞こえる。見ると、熊＝カリストはちょうど出産したところだったのだ、人の姿の赤ん坊を。ゼウスはこの子を取り上げるとアルカスと名づけ、ヘルメス神の母親で、プレイアデスの一人であるマイアに預けた。

彼女に育てられたアルカスは少年となって後、祖父のリュカオン王の許に返されたが、ここで伯叔父たちに、つまりカリストの兄弟たちに、言葉にするのもはばかられるような仕打ちを受

註：ぼくふ（うしかい）座の左下は、（ベレニケの）かみのけ座である。

ける。殺され、刻まれ、ゼウス神をもてなす食事の材とされたのである。しかし、神の目はごまかせない。盛られた料理の中身を見抜くやいなや、大神は怒りを爆発させ、兄弟たちを次々と霆で撃ち殺し、父のリュカオンを、監督不行き届きだと獣の姿に変えた。そして、アルカスを元の姿に生き返らせてやった。一人雷撃を免れた末子のニュクティモスが新たな王となったのだが、その治世は父王の時代と比べてどうであったのか。結局は、アルカスが成人して後、アルカディアの王位を継ぐことになった（けもの（おおかみ）座参照）。

王となって後、アルカスが政務の間、狩りで雑事を忘れようと森に入ったときのことだ。開けた叢に出ると、向こう側に大きな熊を見つけた。芝の上に身を横たえ、陽の光を受けて休んでいる。これはよき獲物と、アルカスは矢をつがえ熊を狙った。すると、気配を察したか、熊は身を起こし振り向いた。だが、アルカスの顔を見ると、襲いかかるどころか、立ち上がって前脚を差し出し、ゆっくり一歩二歩と近づいてきたのだ。アルカスは慌てて弓を引き絞った。すると、熊は悲し気な、諦めたかのような表情を浮かべ、踵（きびす）を返すと、四つ脚で樹々の間に走り込んでいった。その背には古い大きな傷があった。アルカスは弓をつがえたまま後を追う。

藪（やぶ）の中、狭い岩場、池のほとり、逃げ惑った熊は、樹々が切り倒され開けた一角に出てしまった。そこには、小さいが立派な祠があった。ゼウスの神域だったのだ。続いてアルカスも、それとは気づかずに踏み込んだ。神域の番人は熊とアルカスを見つけるやいなや、喇叭（らっぱ）を吹いた。たちまち、刀や槍を手にした兵士たちが一頭と一人を取り囲んだ。ゼウスの神域は禁足の土地である。そこに断りなく足を踏み入れた者は、誰であろうと、つまり王であろうと関係なく、アルカディアの法で死罪と定められていたのだ。兵士たちが熊とアルカスに迫る。掟に従い一頭と一人が殺されようとした、まさにそのとき、ゼウスが姿を現した。驚く兵士たちを尻目に、彼は一頭と一人を空へと放り上げた。両者は天に留まり、熊はおおぐま座となり、アルカスは熊の番人の星（アルクトゥルス）―ぼくふ座となって、夜空に輝いた。大熊と牧夫は、牧夫が大熊を見守るように天上を回っている。

　ここで話が終わればまだよかったのだが、この話には続きがある。ヘラは、熊、つまりカリストが星座として人々の頭上にいつまでも光り輝くということを聞いて、人ならば怒りのあまり死んでしまうくらいに怒り狂った。そして、ティタン族との戦いのころ自分を守り、ゼウスの妻となる日まで養ってくれた、海の神オケアノスと、その妻である世界中の川を産んだテテュスに頼んで、おおぐま座の位置を海から離れた天の極近くにするよう、ゼウスに対して言ってもらった。そうすれば、大熊はいつも空高くにいることになり、他の星座のように地面の下、あるいは海面の下に隠れることができなくなる。つまり、大熊は休むことなくずっと空を回り続けなければならなくなる。いまはかたちばかりの夫婦になったとはいえ、妻の恩人の言葉である。ゼウスは逆らえなかった。だから、大熊の姿は天空から消えることがない。ゼウスの妻でありながら「夫なき君」と呼ばれるヘラの憎しみは、永遠に続く。

おおぐま座の北斗七星の柄の先から二番目のζ星「ミザール(腰布)」は、「アルコル(微かなもの)」という暗い星と重なって見える(p82)。視力のいい人なら二つを見分けることができるので、古代アラビアでは兵士の視力検査に使われたという話である。

熊の足先の部分は北斗の部分に比べて目立たない。しかし、対になった星が三組、並んでいるのが見える。それぞれ、「アルラ(第一の(足跡の)星)」・「タニア(第二の星)」・「タリタ(第三の星)」と名づけられているが、走っていく四本脚の動物の蹄の跡を想像させたのだろうか。

ぼくふ（うしかい）座は春の宵、北の空に見える。北斗七星の柄の部分の曲線を、その曲がり方のままで、柄から先へ伸ばしていく（春の大曲線）と、橙色の一等星「アルクトゥルス（熊の番人）」に行き当たる。晩年を迎えて、赤くなってきた巨星である（詳しく言うと「赤色巨星分枝星」）。アルクトゥルスを見つけてから、曲がってきた方へ戻るようにして星をつないでいくと、アルクトゥルスを喉元として、ネクタイのような形を見つけることができる。それが牧夫の胴体である。両手を挙げた「熊飼い」は一日に一回（日周運動）、おおぐま座の後ろから熊を護るように声を上げながら追っていくのだ。

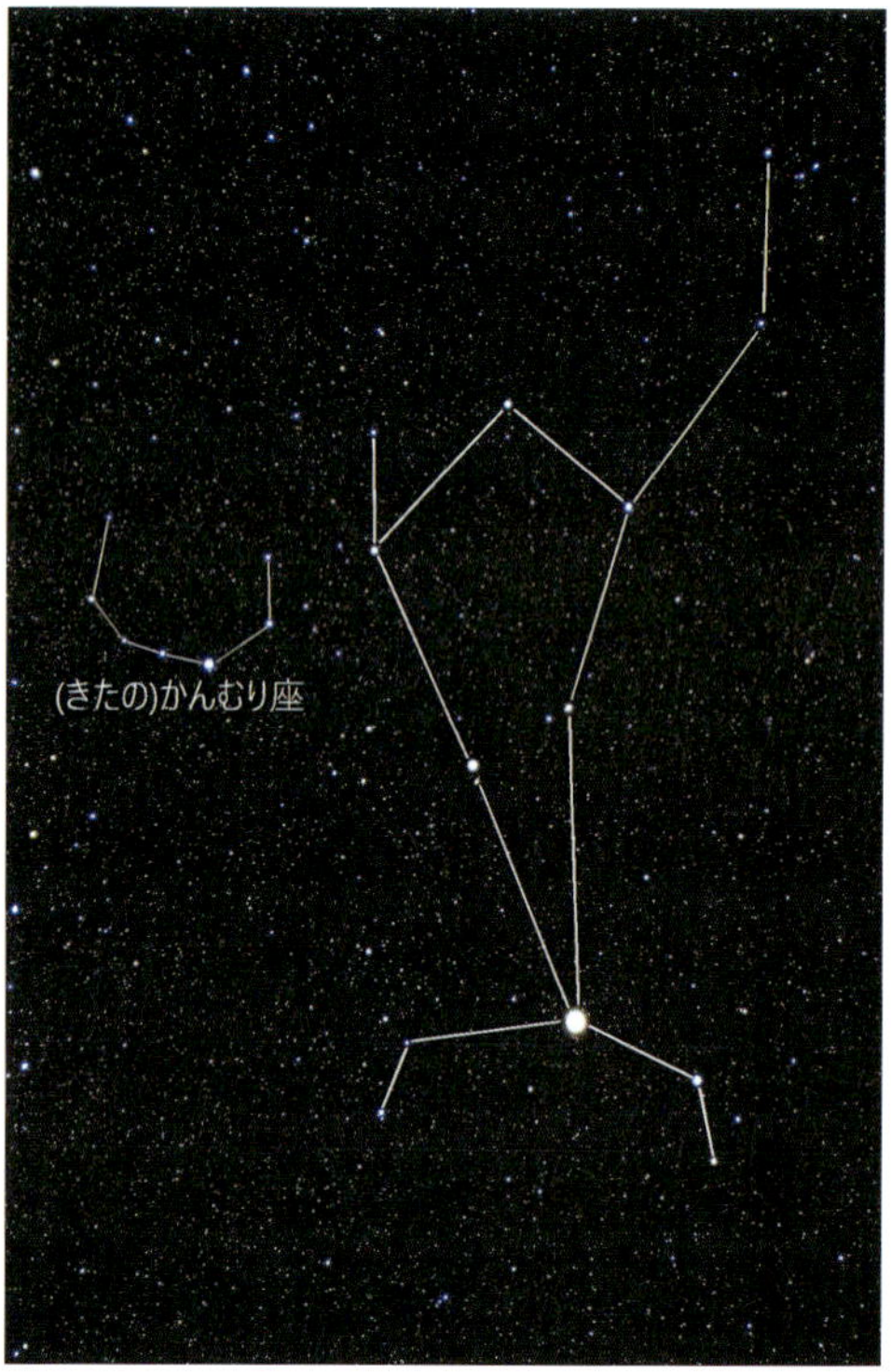

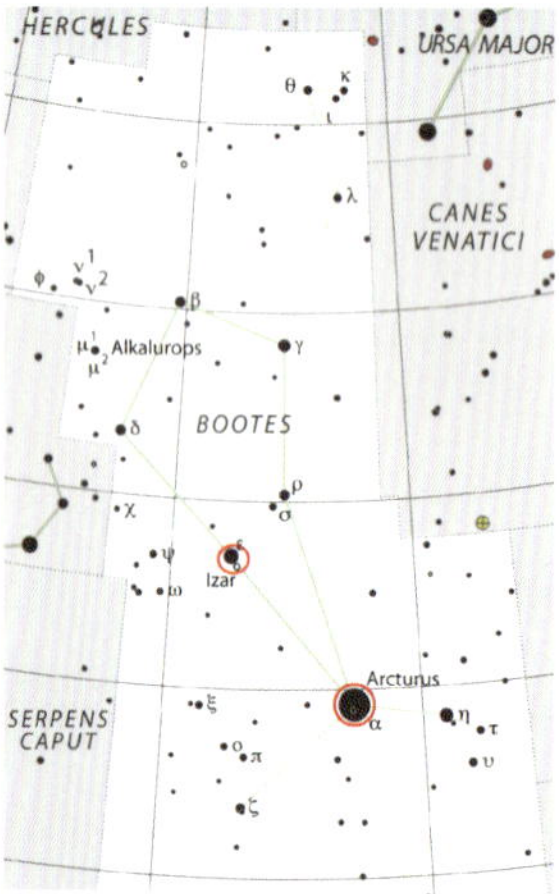

ε星「イザル（腰紐）」は青と橙の二重星で、二重星を研究していたロシアの天文学者によってラテン語で名づけられた「プルケリマ（最も美しいもの）」という別の名前も持っている。

(きたの)かんむり座

© IAU, SKY&TELESCOPE

美童ガニュメデス・・・わし座・みずがめ座

或る日、ゼウスがオリュムポス山の頂上から下界を眺めていると、トロイアの草原に一人の美しい、男の子がいた。彼は、名をガニュメデスといい、トロイアの国の王子だった。

だが、王子とはいっても、立派な王宮で贅沢に暮らしていたわけではない。王宮とはいっても、粗末な木造の平屋造りだった。トロイアに豪奢な石造りの宮殿が建つのは、国が大きく強くなってからの話。当時は、王子であっても仕事を与えられていた。ガニュメデスは羊飼いの仕事だった。

朝、羊たちを小屋から出すと、山の広い野原で草を食べさせる。そして、陽が沈む前に連れて戻る。それがガニュメデスの日課だった。そんな毎日を送っていた、とある秋の日、彼が岩に腰を下ろし、何げなく羊の群れの方に目を遣ったとき、一匹の羊が急に駆け出した。その後を追うように、他の羊たちも次々と走り出した。何かから大慌てで逃げ出したように思えたので、ガニュメデスは羊たちが走っていくのと反対方向の空を見上げた。小さな黒い点が見える。何者かと見ているうちに、点はどんどん大きくなっていく。鷲だ。ふだん見るものよりも二回りも三回りも大きい。鷲は羊の背中を両脚で摑んで持ち上げ、さらっていくというが、実際には、そこまで力が強いわけではない。だが、この鷲ならできるだろう、と思えるほど大きかった。近づく鷲に、ガニュメデスは長い杖を必死で振り回し、羊の群れから引き離そうとした。

だが、鷲の狙いは、羊ではなく、ガニュメデスにあった。彼をさらおうと、ゼウスが大鷲を遣わしたのだった。この鷲はクレタ以来のゼウスの忠実な僕で、ふだんはゼウスの霆を運ぶ仕事をしているが、今日の任務は少年を捕まえることだった。鷲は、杖を取り上げると遠くへ放り投げ、慌てて逃げ出したガニュメデスの両肩を背後から両の脚で強く、しかし痛くはないように摑み、そのまま持ち上げて、いっそう強く羽ばたいた。そして、夕陽に向かって一直線に飛んでいった。その後、草原では羊たちが何事もなかったかのように、草を食んでいた。陽が暮れたとき、空には翼を広げた鷲の星座が輝いていた。

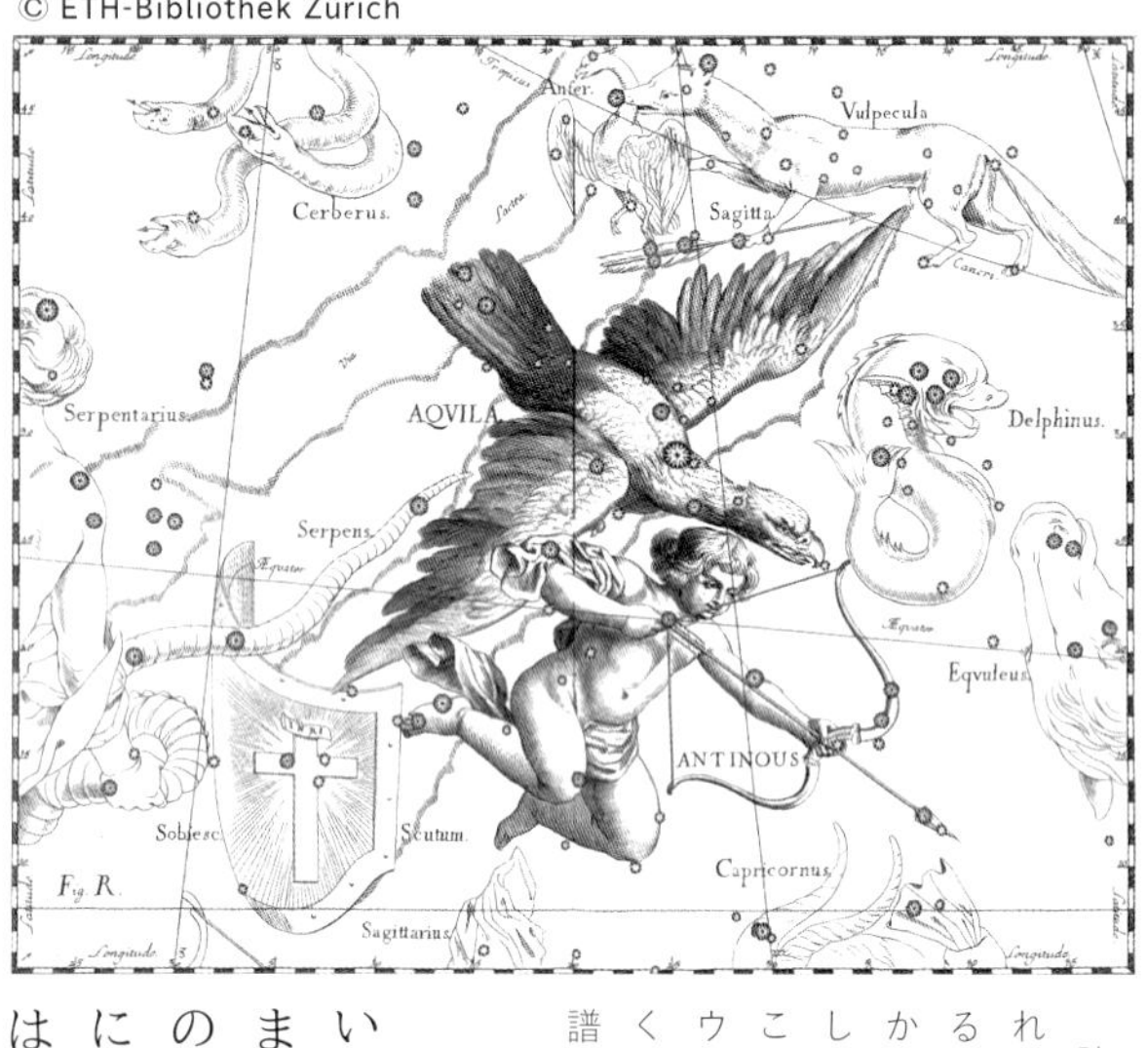

註：わし座の図版で鷲に摑まれている少年は、ガニュメデスではない。これは、ローマ皇帝ハドリアヌスの寵愛を受けた美青年アンティノウスである。わし座とは別のアンティノウス座として、いまは認められていないが、かつてはここに存在したのだ。皇帝が、寵児の突然の死の後、星座としたらしい（昔は、王を喜ばせるためなど、私的な理由で星座が新しくつくられることがあった。現在は、88座に定められている）。中世に入ってアンティノウス座は廃れたけれど、16世紀の星図作成者が図中に復活させたため、多くの星図で少年を抱えた鷲が見られる（ただし、フラムスチードの『天球図譜』の初版は、鷲だけの図（p334）になっている）。

天上に連れていかれたガニュメデスは、そこで、神々が宴を開いたときに酒を注いで回る給仕の仕事をすることになった。それまではゼウスとヘラの間の娘ヘーベが担当していたのだが、神々の王と后の娘に愛嬌を振りまく仕事をさせるとは、ということにでもなったのだろうか、彼女が辞めることになったので、ゼウスはその後釜を捜していたのだった。

ガニュメデスは、地上に戻れないかわりに、永遠の命と永遠の美貌を与えられた。父王トロスは、王子を奪われたかわりに、風のように速く走る馬たちを与えられた。トロイア王家は、その後、この馬たちを使った交易で莫大な富を得、その富を元に国を大きくしていき、ヘラスの全国家に匹敵するほどの力を持つ大国を支配するまでになった。その結果、後に王子パリスがスパルタの后ヘレネをさらったことをきっかけに、実質は地中海貿易の覇権をめぐって、トロイアはヘラスとの全面戦争に至ることになる（わし座〔別伝〕参照）。

ガニュメデスが神々に酒を注いで回るときの姿が、みずがめ座となった。大きな瓶を持っているので「みずがめ」という名になっているのだが、水瓶（みずがめ）とはいっても実は、水など入っていなくて、神々の酒ネクタルを入れる甕（かめ）である。人がこの酒を飲めば、不老不死を得られるという。ただ、ガニュメデスはとんでもない美少年だというのに、星座はそれほど明るくない。秘すれば花、ということか。

わし座には、実はもう一つ、大事な物語がある。やはりゼウスが遣わした大鷲が出てくるのだが、その話は最後にすることにしよう。

わし座は夏の宵、空高く上る。α星「アルタイル（飛ぶ鷲）」は、はくちょう座の十字の形の下の方へ視線を移していけば三ツ星が見えるが、その真ん中の白く明るい星である。元々は、この三ツ星だけを、翼を広げて飛ぶ鷲だと見ていたらしい。その名残で、主星がアルタイルという名になったのだ（p343）。アルタイルは天の川を隔てて、こと座のヴェガと向かい合っているが、秋の夕暮れに西空を見上げると、二つなかよく並んで、はくちょう座の十字がつくる傘の下にいるように見える。

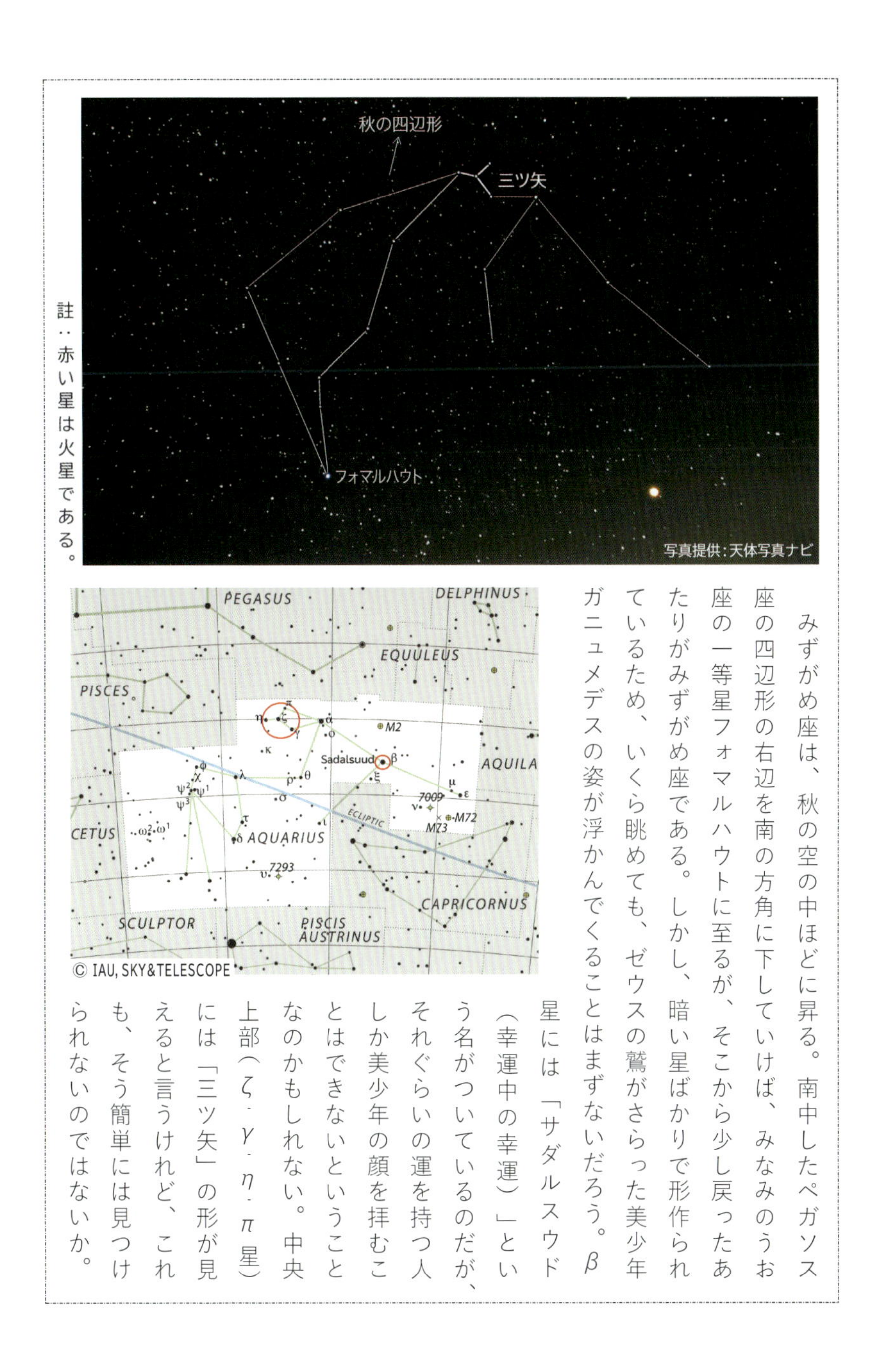

註：赤い星は火星である。

みずがめ座は、秋の空の中ほどに昇る。南中したペガソス座の四辺形の右辺を南の方角に下していけば、みなみのうお座の一等星フォマルハウトに至るが、そこから少し戻ったあたりがみずがめ座である。しかし、暗い星ばかりで形作られているため、いくら眺めても、ゼウスの鷲がさらった美少年ガニュメデスの姿が浮かんでくることはまずないだろう。β星には「サダルスウド（幸運中の幸運）」という名がついているのだが、それぐらいの運を持つ人しか美少年の顔を拝むことはできないということなのかもしれない。中央上部（ζ・γ・η・π星）には「三ツ矢」の形が見えると言うけれど、これも、そう簡単には見つけられないのではないか。

F

☆神々それぞれ☆

ポセイドンの遣い・・・いるか座

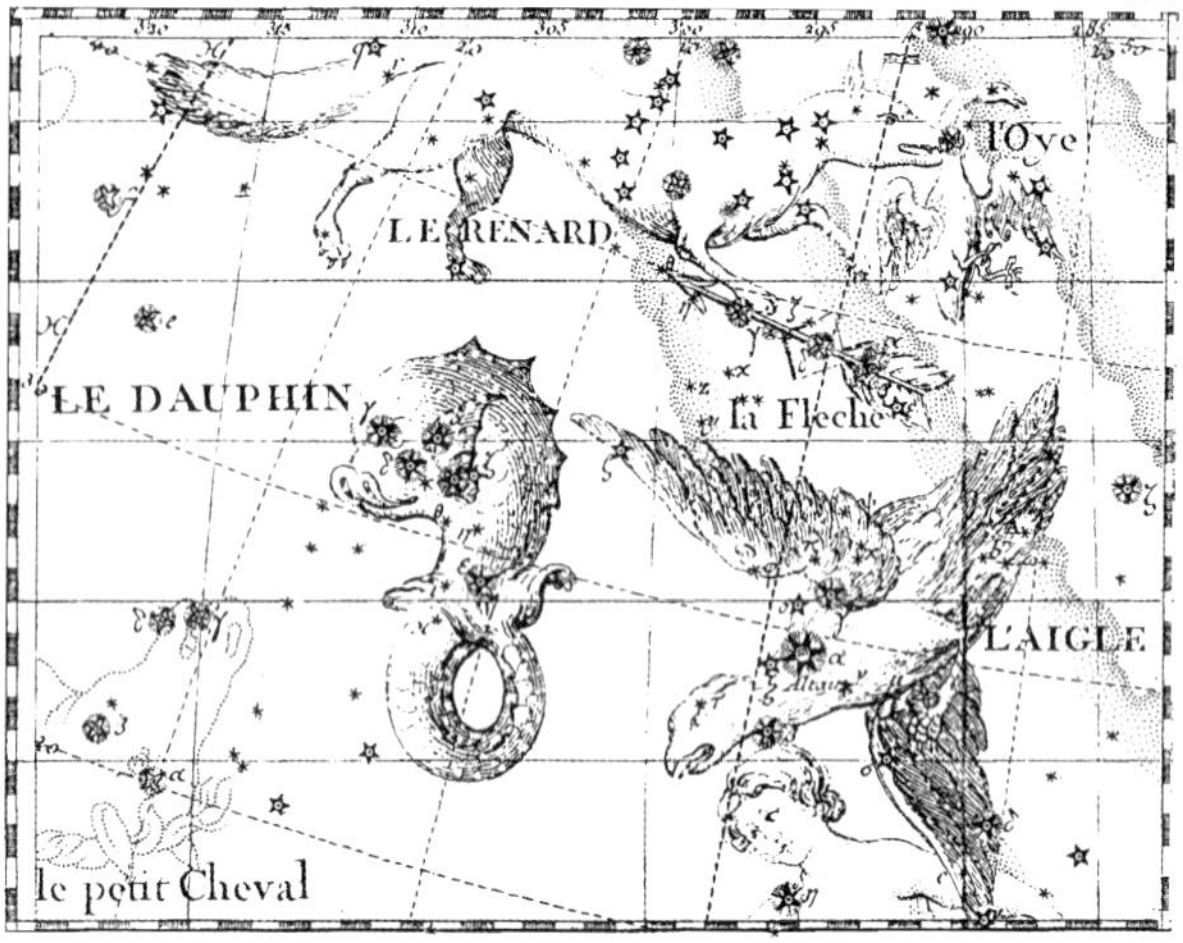

いるか座は小さな、かわいい姿の星座である。海豚（いるか）が星空に置かれた謂れとして、二つの物語が伝わっている。一つ目はポセイドン神の話だ。その戟（げき）（矛）を振るえば、海洋の王として大波を起こし、また同時に「大地を揺るがす君」として地震を起こしもする神。その結婚に際して、海豚が遣いを務めた話である。

ポセイドンが海を見回る途中、ナクソス島を通りかかった。砂浜で踊る娘たちの姿を目にした途端、彼の目は、そのなかの一人の乙女に釘付け（くぎづ）けになった。彼女はアムピトリテ、旧い（ふる）い海の神ネーレウスの娘だった。海洋を支配することとなり、エウボイア島の沖、アイガイアの海深く、黄金に輝く宮殿は建てたものの、まだ独り身だった海洋神は、すぐにネーレウスを通して、正式の妻として迎えたいと結婚を申し込んだ。しかし、アムピトリテは突然の求婚に驚いたのか恥ずかしかったのか、西の海の果て、アトラスの許に逃げてしまった。慌ててポセイドンはアトラスを訪ねたが、アムピトリテは、今度はいずこともなく姿を隠してしまっていた。あちらの岩場、こちらの岬、はたまた誰も立ち寄らぬ断崖の洞窟の中と捜してみても、見つからない。父親の許しを得たから、あとは本人次第なのに、どうして姿を見せてくれないのかと、ポセイドンは途方に暮れた。

　そんなとき、海の宮殿にやって来た海豚たちが、トリナキエの島でアムピトリテを見かけたという話をしてくれた。彼女は見つけられないよう隠れ場所をあちらこちら移して、最後はこの島で、自分の姉妹たちや水の神オケアノスの娘たち、両方合わせて九十九人という女たちに匿ってもらっていたのだった。ポセイドンはすぐに、海豚に案内させて島に向かった。着くやいなや、顔を隠そうとする百人の娘たちを一人一人見て回り、ようやくアムピトリテを見つけた。そして、珊瑚や真珠、翡翠（ひすい）に瑪瑙（めのう）、さらには藍玉（アクアマリン）と多くの贈り物をして、改めて結婚を申し込んだ。ここまで望んでくれるのならということで、贈り物も多いことだし、二度目の求婚をアムピトリテは受け入れた。

　夫婦となってみれば、ポセイドンはかなりの浮気性だったが、アムピトリテにヘラのような嫉妬話はあまり聞かれない。許していたのか諦めていたのか、とにかく二人は王と后として海の世界を治めた。海豚たちは、成婚につながった働きを認められ、以後ポセイドンによって、彼の正式な遣い役とされた。

　海豚はまた、別の場所でも活躍した。二つ目の話である。

　コリントスにアリオンという音楽家がいた。楽匠オルペウスの後継者たる名手である。あちらこちらの競技会に出ては、多くの賞と多くの賞金を得ていた。その彼がコリントスに戻ろうと乗合船に乗ったときのこと、彼が大会帰りであることを知った船乗りたちは、賞金を目当てに、彼を殺してしまおうと企んだ。だが事前に、アリオンは夢で音楽の神アポロンに、危険だと思ったときは船の周りに集まったものたちに身を委ねるよう告げられていた。

はたして船が沖に出ると、甲板で船員たちが短剣を手に詰め寄ってきた。アリオンは慌てず、死ぬ前に一曲弾かせてほしいと乞い、船長が許すと、琴を奏で出した。優しい静かな調べが流れ、さすがに船員たちもおとなしく聴いていた。すると、曲が終わった途端、アリオンは甲板から海へと身を躍らせたのである。船員たちは驚いたが、船の周囲には海豚が集まっていた。船縁（ふなべり）に集まった船員たちを尻目に、海豚たちはアリオンを背に乗せ、船から離れていった。

海豚のおかげでアリオンはコリントスに、乗り合わせた船よりも先に帰り着くことができた。海豚のうち一頭が陸に上がってついてきたが、どういうわけか、アリオンは海に帰さなかったので、死んでしまった。アリオンの話を聞いたコリントス王は、海豚を埋めてやり、そこに記念碑を建てた。

乗合船が港に着いたとき、船員たちを出迎えたのは王の兵士たちだった。アリオンが乗っていたはずだが、と訊かれた船員たちは、彼は海に落ちて死んでしまったと答えた。すると、そこに、海に飛び込んだときの格好でアリオンが現れた。船員たちが捕まえられ罰されたのは言うまでもない。

アリオンを助けた働きをアポロンが称えて、もちろん結婚の際の働きをポセイドンに認められて、海豚は星座とされたのである。

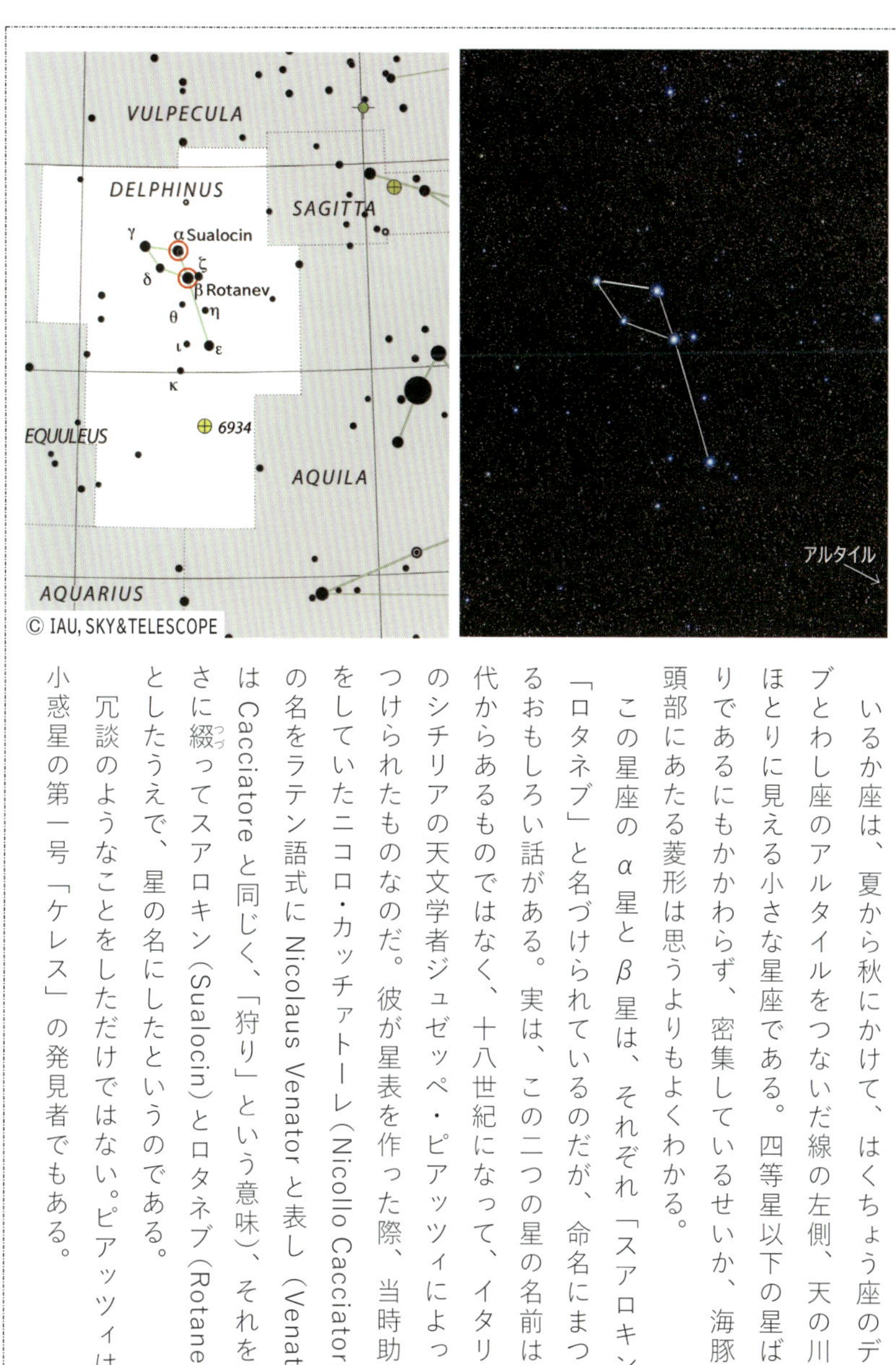

いるか座は、夏から秋にかけて、はくちょう座のデネブとわし座のアルタイルをつないだ線の左側、天の川のほとりに見える小さな星座である。四等星以下の星ばかりであるにもかかわらず、密集しているせいか、海豚の頭部にあたる菱形は思うよりもよくわかる。

　この星座のα星とβ星は、それぞれ「スアロキン」「ロタネブ」と名づけられているのだが、命名にまつわるおもしろい話がある。実は、この二つの星の名前は古代からあるものではなく、十八世紀になって、イタリアのシチリアの天文学者ジュゼッペ・ピアッツィによってつけられたものなのだ。彼が星表を作った際、当時助手をしていたニコロ・カッチァトーレ(Nicollo Cacciatore)の名をラテン語式にNicolaus Venatorと表し(VenatorはCacciatoreと同じく、「狩り」という意味)、それを逆さに綴(つづ)ってスアロキン(Sualocin)とロタネブ(Rotanev)としたうえで、星の名にしたというのである。

　冗談のようなことをしただけではない。ピアッツィは、小惑星の第一号「ケレス」の発見者でもある。

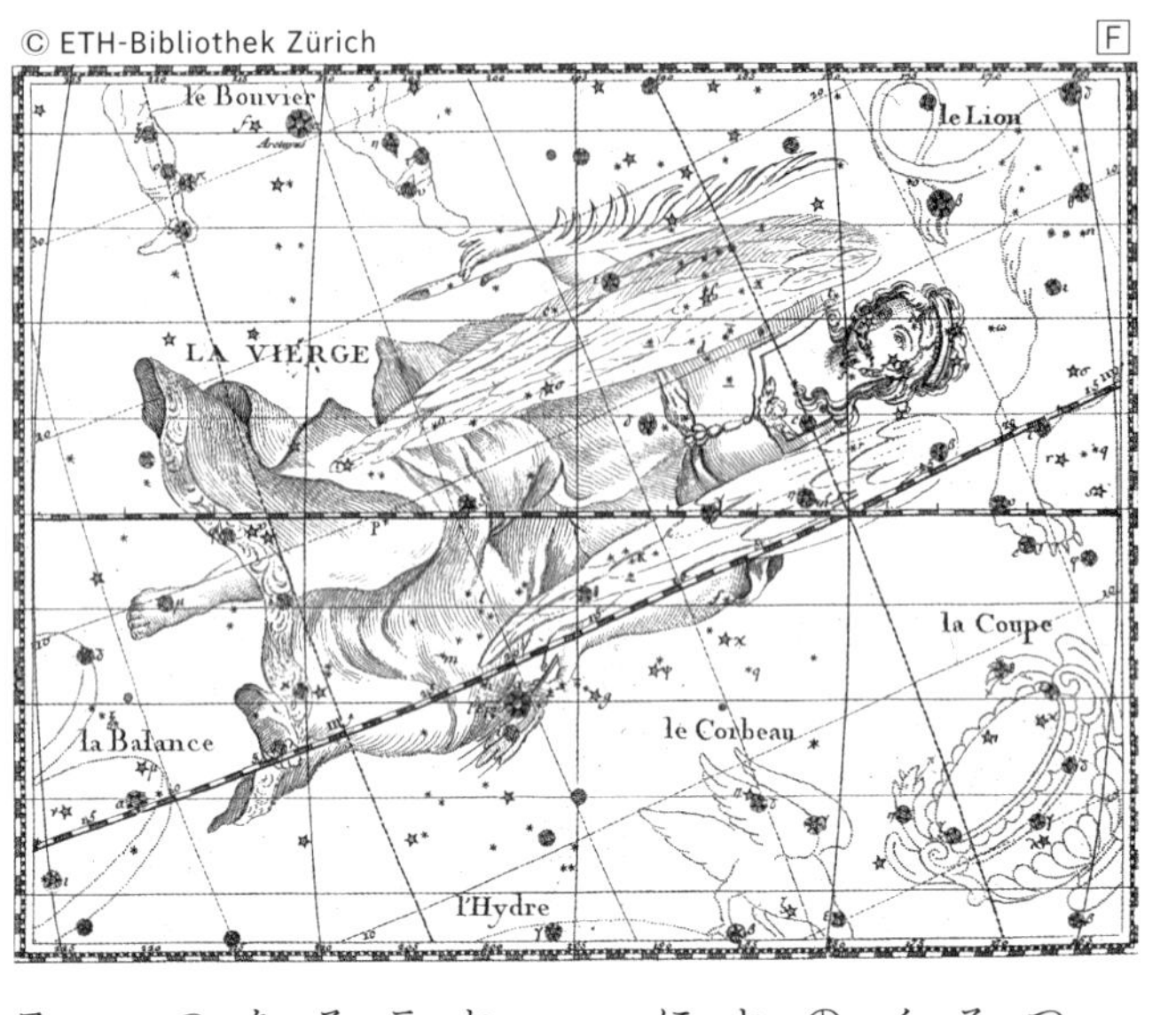

ペルセポネ略奪・・・おとめ座

おとめ座は、二人の女神が重ね合わされた姿だ。右手に持つ羽根ペンと左手の麦の穂がその二人を表している。ペンが語るのは、ゼウスとテミスの娘で、正義を司るディケ（アストライア）。人の死に際して行状を記録するためのペンだ。一方麦の穂は、ゼウスとデメテルの娘、ペルセポネを示している。母とともに大地の稔り（みの）に関わる神だからだ。ここでは、ペルセポネにまつわる話をすることにしよう。

ティタンとの戦いに勝利したゼウスとポセイドンは、それぞれ妻を迎えた。天上神には同じくクロノスとレアの子であるヘラ（ぎょしゃ座参照）、海洋神には海の老賢者ネーレウスの子であるアムピトリテ（いるか座参照）である。だが、陽の当たらぬ冥界を治めることになったハデスにはなかなか相手が見つからなかった……。

或る日、「コレー（乙女）」ことペルセポネは、海の神オケアノスの娘たちと、シチリア島シュラクサイの草原で花を摘んでいた。野薔薇（ばら）や菫（すみれ）が咲き乱れるなか、ひときわ薫る水仙（ナルキッソス）が丘の上に花開いていた。それを見つけたペルセポネは、友から離れて、独り丘の上に登った。すると突然、地面が裂け、そこから四頭立ての黒い馬車が現れた。操っていたのは、妻となる女神を探していたハデスだった。くすんだ色の衣装のハデスは、華やかな衣装のペルセポネを横抱きにすると、馬に鞭をくれ、彼女の叫び声だけを残して、地下へと駆け下っていった。裂け目は閉じ、丘は元どおりとなり、「死の花」ナルキッソスがただ風に揺れていた。

　ガイア、レアを継ぐ「大いなる母」デメテルは、娘の叫び声を聞いたような気がした。名を呼んだが、返事はない。オケアノスの娘たちに訊いたが、花摘みに夢中だったので行方はわからないと、涙ながらの返答だった。彼女は自分でペルセポネを捜し始めた。九日九晩、両手にかがり火を持って、食も取らずに地上を歩き回った。その途中で、ポセイドンが彼女を襲い、馬に変身して逃げた彼女と、自身も馬になって交わり、神馬（しんめ）アレイオンを産ませたという。デメテルは、人であれば心を失っていただろう。

　それでも歩き回るうちにやっと、夜の女神ヘカテが、叫び声を聞いたこと、誰かにさらわれたようであることを教えてくれた。次いで陽の神ヘリオスが、ハデスの仕業であること、ゼウスが認めていたことを教えてくれた。地下の神はエトナ山の火口を見回ったとき、地上のペルセポネを見初めたのだという。

　神々の王が誘拐を認めたというのか。幼いころからアポロンやヘルメス、アレスたちが求婚してきたけれど、浮気性の神などと結婚させたくないから、シチリア島に隠して育ててきたというのに……。デメテルは天界を棄て、地上に降りた。エレウシスの城門近くの井戸のそばに腰を下ろしていると、その姿は、黒い衣装をまとった老女が疲れ果て、立ち上がれないでいるかのようだった。ちょうど王家の娘たちが通りかかったが、哀れな姿を気の毒に思ったのだろう、館へと誘ってくれた。手を引かれるまま、老女は宮殿に入った。王后メタネイラが迎えてくれたけれど、彼女の前でも老婦人は沈んだ表情のままだった。だが、老侍女イアムベがわざと下品な冗談を言ったとき、顔色が少し明るくなったように見えた。その微笑みに后は、滲み出てくる気品を感じて、本性を知らないまま、乳母の仕事を依頼した。

預けられたのは、成人することは難しいであろうと医師に告げられた王子デモポンである。デメテルはまだ赤子の王子を不老不死とすべく、神々の糧アムブロシアを肌に擦り込んで火中に置くということを夜ごと繰り返していた。だが、或る夜、部屋を覗いた后はその光景を見て、仰天した。我が子が焼き殺されると思ったのだ。彼女の叫び声で、王宮中が大騒ぎになった。その騒ぎぶりにデメテルは、神の心がわからないのかと怒り、本来の姿を現して、自分のための祭壇を造るようケレオス王に命じた。神の出現に驚いた王が言われたとおりに築くと、女神はその壇の上で姿を消した。

デメテルは大地に通ずる神、耕地の稔りを司る神である。彼女が姿を隠して以来、地上ではすべての農作物が稔らなくなってしまった。種をまいても芽が出ず、芽が出たとしても育たず、育ちはしても実はならなかった。人間たちは飢えに苦しんだ。

これは天界にとっても、ゆゆしき事態である。供物がなくなってしまったのだ。神もまた飢える。ゼウスは、デメテルがエレウシスにいるらしいことを知って、オリュムポスに呼び出そうと虹の女神イリスを遣いに送った。しかし、デメテルは応じない。一切、返事をよこさない。これは、ペルセポネを母の下に戻すよう、ハデスを説き伏せるしかない。ゼウスは言葉巧みなヘルメスを冥界に遣わした。

ところが、渋るだろうと思われたハデスは、意外にもあっさりとゼウスの求めに応じた。地下の国で泣いてばかりいるよりは、天上で母とともに笑って暮らす方がよかろう——そう言うと、ペルセポネに柘榴の実を差し出した。旅立つ前に少しでも空腹を満たせというのであろうか。冥界の宮殿に連れてこられて以来、食べ物を一切口にしていなかったペルセポネは、思わず四粒、柘榴の種を口に運んだ。このとき、ハデスの口元がかすかに緩んだような……。

地上に戻った娘をデメテルは抱きしめた。そして、行方が知れなくなったとき半身を見失ったような気持ちになったこと、冥界にいるとわかったとき半身を引き裂かれたような思いをしたことを告げた。ペルセポネもまた、光のない中でずっと身は一つであると感じていたと応えた。後は無言で、二人は長い間抱き合っていた。

しばらくして、デメテルは我に返り、娘の両手を握ると、地下で何か食べなかったかと訊いた。ペルセポネは、何にも手を出さなかったけれど、帰る間際に柘榴を口にしたと答えた。その瞬間、デメテルの顔は凍りついた。やっとの思いで口を開くと、どのくらい食べたのかを聞いた。娘は四粒だと答えた。母の表情はわずかに緩んだ。

死者の国で死者の国の食物を口にした者は、地上には帰れない決まりになっていたのだ。柘榴の種一粒は一か月に相当する。ペルセポネは四粒食べたのだから、四か月は地下の国で暮らさなければならない。しかし、逆に言えば、残りの八か月は天上でともに暮らすことができる。落胆と安堵と、デメテルは複雑な思いを味わっていた。

ペルセポネが冥界から戻ったことを聞いて、ゼウスはデメテルの許へ、彼女にとっても、自分にとっても母であるレアを迎えとして送った。ペルセポネが天上で八か月、地下で四か月を過ごすことはやむなし、しかし、デメテルには、望む限りの栄誉を与えよう——そういう言葉とともに。

デメテルはオリュムポスに戻ることにした。その前に、地上ですべての作物を芽吹かせ、花を咲かせ、実を成らせた。エレウシス王家に対しては、デモポンの「治療」を途中でやめてしまったことへの償いだろうか、その兄、トリプトレモスに地を耕す正しい方法とそのための秘儀を教え、それをヘラス中に広めるよう有翼の竜の戦車を贈った。彼の名声が広がるのを妬んだスキュティアの王リュンコスが彼を襲ったときも、デメテルは王を小さな山猫に変えてしまい、トリプトレモスを護ってやった。

このようにデメテルは、本来は人の世話を焼く優しい神である。河神の孫アピスの末裔プレムナイオスの家では、赤子が生まれても産声を上げるやいなや死んでしまうという不幸が続いていたが、それを知り哀れんだデメテルは、他国の女に身をやつして彼の家へ出向き、新たに生まれた子を取り上げ、乳離れできるまで育ててやったことがある。

ただし、大地の稔りを粗末にする者には手厳しい。テッサリアのエリュシクトンがデメテルの杜の樹を材木として必要以上に伐り出したとき、神は、彼が絶えることのない空腹感に襲われるよう呪った。以来、彼は眠る間もなく食べずにはいられなくなってしまった。娘のムネストラが、ポセイドンに変身の術を授けられていたので、家畜に変身しては市場で売られて金を得、人の姿に戻っては食べ物を買って持ち帰るということを繰り返し、父の飢えを満たそうとしていた。しかし、限界はやってくる。それまでにない飢えに堪えきれなくなったエリュシクトンは我が身を食らって死んでしまったという。

話を戻そう。ペルセポネが戻って以来、一年十二か月のうち、「恵みもたらす君」デメテルがペルセポネと暮らす八か月は作物が稔る季節となり、ペルセポネが地下で「見えざる者」ハデスと暮らす四か月は稔りのない季節となった。おとめ座もその間は、天に昇らない。

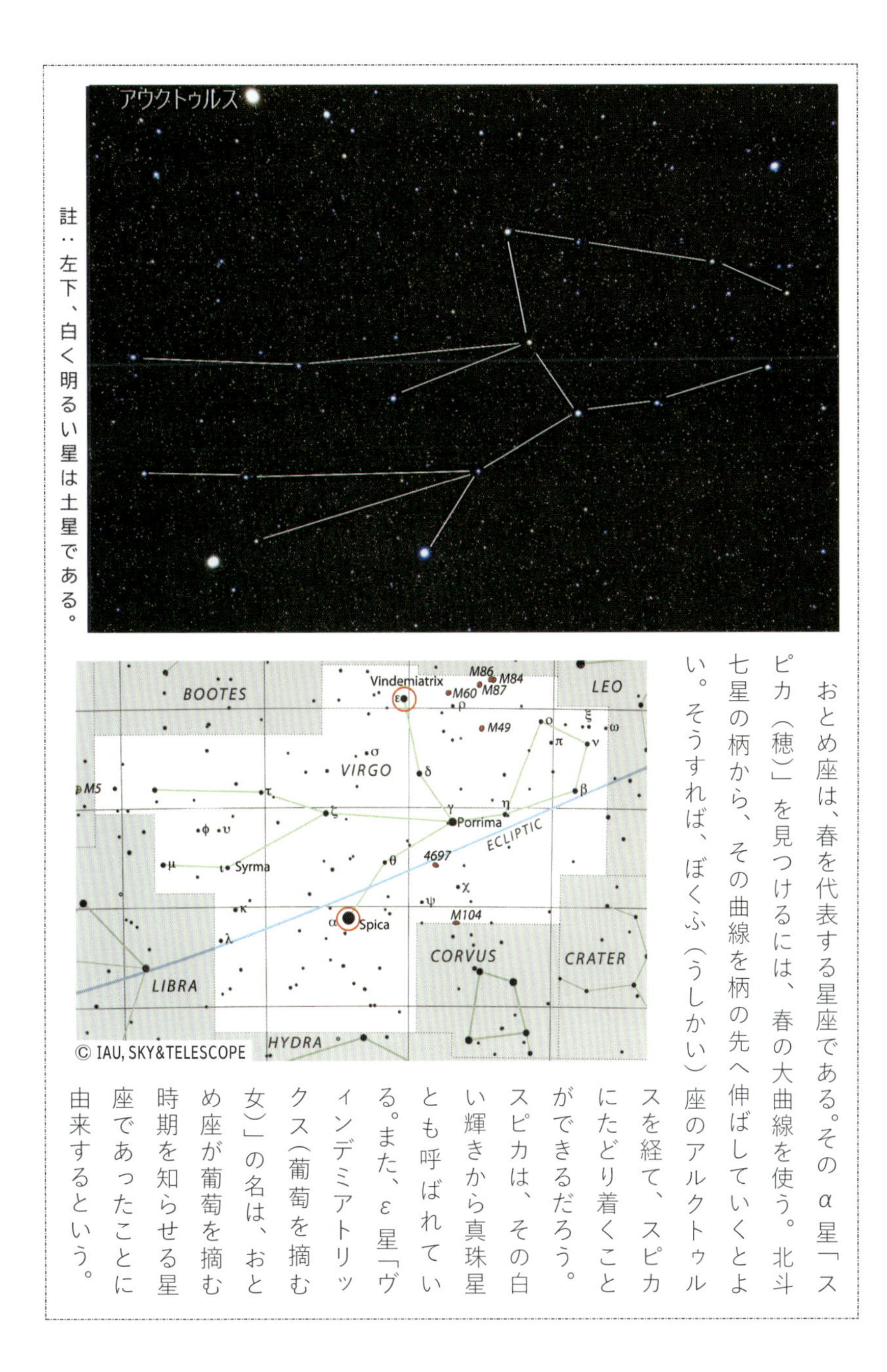

註：左下、白く明るい星は土星である。

おとめ座は、春を代表する星座である。そのα星「スピカ（穂）」を見つけるには、春の大曲線を使う。北斗七星の柄から、その曲線を柄の先へ伸ばしていくとよい。そうすれば、ぼくふ（うしかい）座のアルクトゥルスを経て、スピカにたどり着くことができるだろう。スピカは、その白い輝きから真珠星とも呼ばれている。また、ε星「ヴィンデミアトリックス（葡萄を摘む女）」の名は、おとめ座が葡萄を摘む時期を知らせる星座であったことに由来するという。

アポロン逆上・・・からす座・しゅはい（コップ）座・へびつかい座・へび座

ディオニュソス神とアポロン神は対比されることが多い。ディオニュソスは酒の神とされるが、酒が人を生理的に酔い痴れさせるため、陶酔状態をもたらし主体と客体の間の壁を溶解させてしまう神とも見られるようになった。陶酔―溶解の神ディオニュソスに対し、覚醒―差異の神とされるのがアポロンである。彼は光明神であるため、一切を光の下に明らかにするということで、主客を明確にし、分析解明する神とされたのである。ディオニュソスが神と人の間に生まれたのに対し、アポロンは両親とも神であり、前者が後からオリュムポスに迎えられたのに対し、後者は最初からオリュムポスの中心を占めていたなど、両者は相対するものとして捉えられることが多い。ただ、一方が他方を呑み込もうとする敵対関係にあるのではなく、自身が存在し得るためには対手が存在する必要がある、相補・相即関係にあると見るべきであろう。ディオニュソスの前身ザグレウスがティタンたちに裂かれ焼かれ食われたとき、残った体を拾い集めてやったのはアポロンであり（みなみのかんむり座参照）、アポロンの予言の力の一部は、ディオニュソスが譲ったものだともいう。アポロンはデルポイの神域を、自身がヒュペルボレオイに移る冬季の間はディオニュソスに任せるし、ディオニュソスの信女たちはパルナッソス山の頂上でアポロンの信女としても舞い踊る。

ディオニュソスの話は後に回すとして、ここではアポロンについて話そう。彼は、最高神ゼウスと、ティタン神族のレトとの間に生まれた。だが、すんなりと生まれたわけではない。レトが身重になったとき、ゼウスの妻ヘラは立腹し、娘である出産の神エイレイテュイアに命じて、大地の上ではレトが子を産めないよう手配させたのである。陣痛が始まったにもかかわらず、レトは出産できる「大地でない場所」を求めてさ迷い歩かねばならなかった。

やっとたどり着いたのがオルテュギア島である。この島は、かつてレトの姉アステリアがゼウスを拒んで鶉(うずら)に変身したとき、海に投げ入れられ、さらに島に変わったもので、浮島だった。つまり、地に根差してはいない。だからエイレイテュイアの目は届かない。レトはまず、オリーブの樹にしがみついて純潔の狩猟神アルテミスを産み、続いて、生まれたばかりの彼女の手を借りて光の神アポロンを産んだ。後に、島は名をデロス島と改められ、四本の柱で海底に固定されたという。

この間、ガイア―テミスの神託を与える龍ピュトンが、レトを探し回っていた。自身について神のお告げを求めたところ、レトの子によって殺されると出たためである。やっとオルテギュア＝デロス島で彼女を見つけたのだが、時、既に遅し。子はもう生まれていた。生まれたばかりのアポロンが、託宣どおりにピュトンを射(い)殺(ころ)した。彼はその骨を葬り、ゼウスに浄めてもらった後、神託の役割を、ゼウスの仲介を経てガイア―テミス母子から引き継いだ。以降、神の言葉はデルポイにおいてアポロンが人々に直接告げることとなった。

彼にまつわる星座は、からす座としゅはい座、へびつかい座、およびそれと一体となったへび座である。星座にまつわる話に関する限り、アポロンは理性を司る神だとは到底思えない。むしろ、逆上する神である。激情は理知に先んじるということなのか。

「輝ける君」アポロンは多情な神でもあるが、恋の相手の一人にテッサリアの王女コロニスがいた。だが、いつも彼女の許を訪れるわけにはいかない。神には神としての仕事がある。そこで、鳥をコロニスとの連絡役に

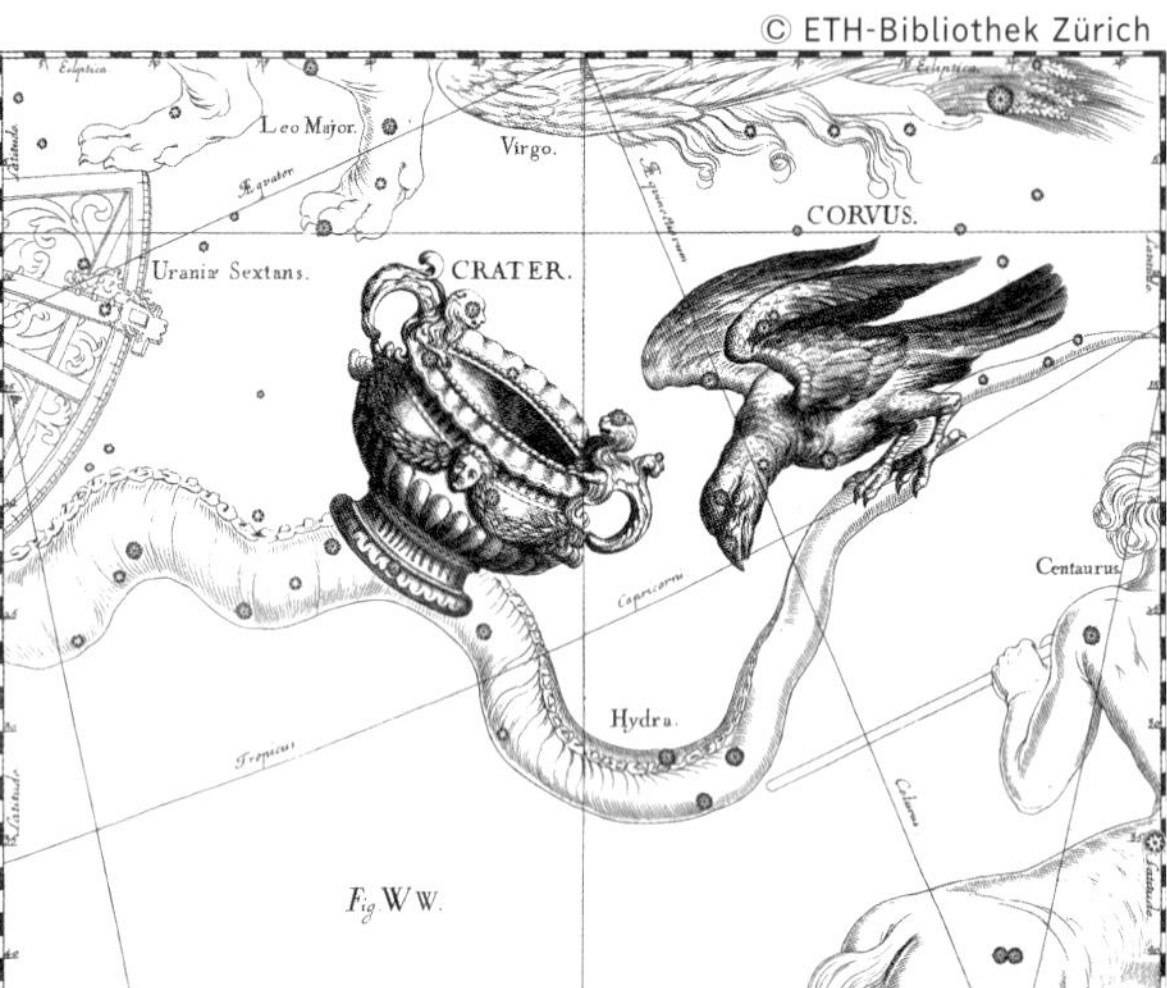

使っていた。当時の烏は真っ白な羽をしており、人の言葉を話したという。或るとき、烏の帰ってくる時刻がいつもより遅かった。アポロンが訳を問うたところ、コロニスの家を他の男が訪れ、ずっといたので、ずっと見張っていたが、それで遅れてしまったのだという。確かに、彼女にはイスキュスというアルカディアの王子が求婚しており、たまにしか来ない神よりも王子の方に彼女の心は傾いていた。烏の話を聞いたアポロンは怒りに震え、突然の死をもたらす「金の矢注ぐ君」、姉神アルテミスに頼んで、コロニスとその周りの人々を射殺させた。烏の方も、腹立ちまぎれに、羽根を喪の色である黒に変え、声もガアガアという鳴き声しか上げられないようにし、その変わり果てた姿を見せしめに星座とした。しかも、からす座のすぐ近くに酒杯の星座を、烏の方に傾いてはいるものの、あと少しで届きそうなのに届かないという、喉の渇いた烏をじらすかのような距離に置いた。

　このような意地の悪いことをしたのは、烏には「前科」があったからだ。以前、アポロンがゼウスに捧げる泉の水を汲みに烏を遣わしたとき、烏は空から、もう少しで実が熟しそうな無花果（いちじく）の樹を見つけると、主命などなんのその、舞い降りて、樹のそばで実が熟するまで待つことにした。いくら経っても烏は戻らない。アポロンは自身で泉まで出向かなければならないはめになった。その間、烏は熟した実を腹いっぱい食べ、満足すると、言い訳になるものはないかとあたりを見回し、一匹の水蛇を見つけた。しめしめと脚で掴んでアポロンの許へ帰り、この蛇が泉の水を汲むのを邪魔したので遅くなってしまった、と言い訳をした。しかし、アポロンは予言の力を持つ神の一人だ。そのときはいつもと違って、怒りを爆発させることなく、何も言わなかったけれど、烏の嘘は見抜いていた。そんな過去があったので、今回の仕打ちとなったのである。

　本筋に戻るとしよう。アポロンは、動かなくなったコロニスを見て、やっと我に返った——怒りのあまり手にかけてしまったが、烏の言ったことは本当だったのだろうか。あいつのことだ、遅れた言い訳に、作り話をしたのかもしれない。いや、今回は様子をよく見ていたので、遅れるのは仕方なかったのかもしれない。様子を見たにしても、勘違いするということもあるかもしれない。ああ、どうしてコロニスに直に聞かなかったのだ。いつも一緒にいられるわけではないから、心変わりしたのかもしれない。いや、ただ会っていただけなのかもしれない。なぜ聞かなかった——いくら考えても、混乱するばかりだった——待て。彼女は私と人間の王子を天秤にかけた。神と人とを比べること自体が罪なのだ。罪は罰さねばならない。これでいいのだ——神アポロンがそう結論したとき、焼かれようとしているコロニスの遺体の腹から泣き声が聞こえてきた。神がそこに両手を当てると、その上には赤子が載っていた。これは我が子だ、この子まで殺すことは忍びない。アポロンは赤ん坊をアスクレピオスと名づけ、ヘラス一の教育者、ケイローンの下で育てることにした。

　アスクレピオスはケイローンから医術と狩猟を学んだ。特に医学に熱心で、医師としては先生以上に詳しく、優れた腕前を持つに至った。蛇の毒を使って——毒も使い道次第で薬になるのだ——たくさんの病人、そして怪我人を治した。アルゴ船探検隊にも参加し、勇者たちの治療に当たった（アルゴ座参照）。

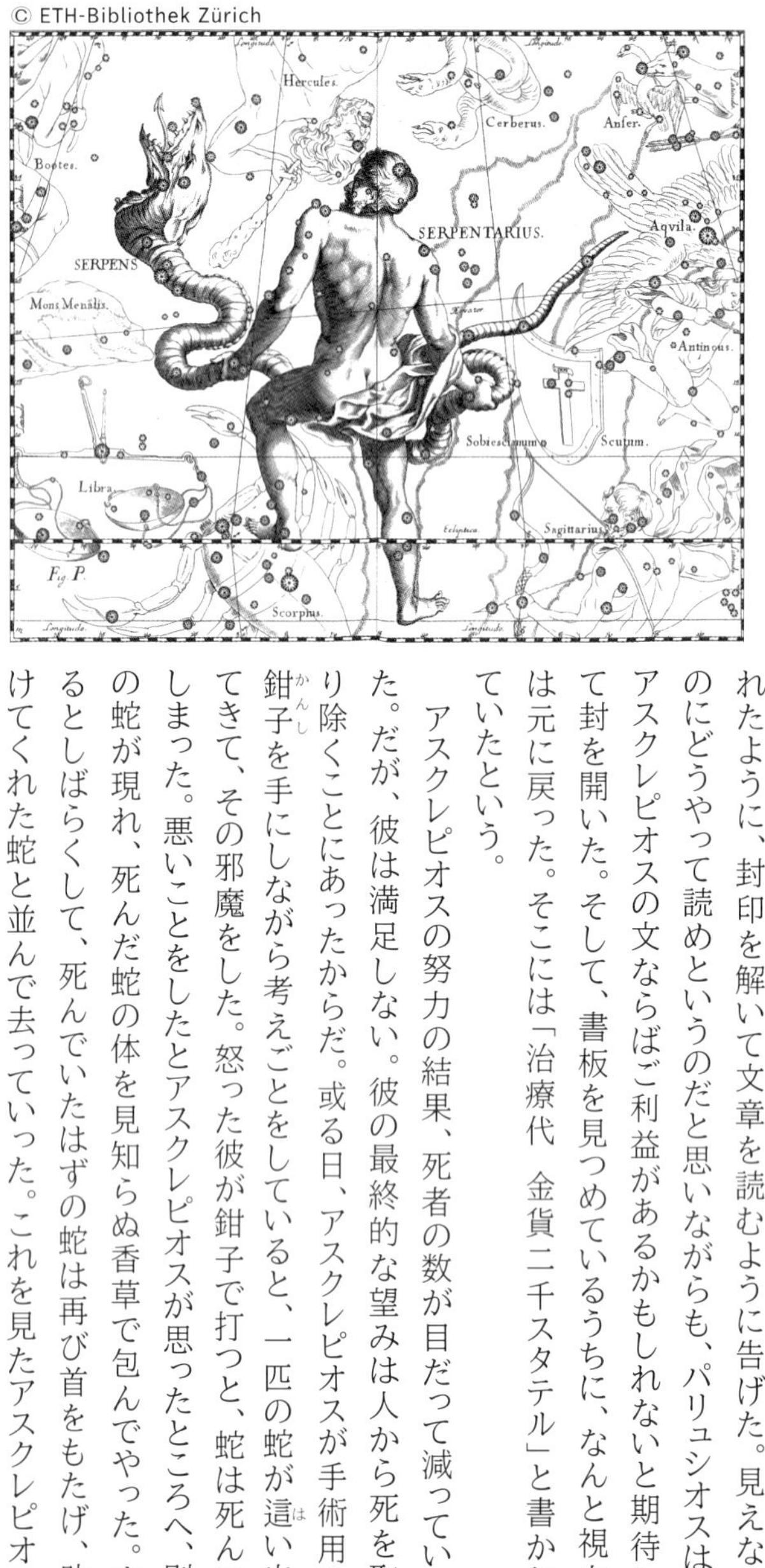

彼の医療で、本当かどうかわからないが、こんな話がある。パリュシオスという男が視力を失ったときのことだ。アニュテという女が彼の許へ、封印したアスクレピオスの書板を届ける夢を見た。何の知らせかと目覚めた彼女の両手には、封印された書板が収まっていた。彼女はパリュシオスの家へ急ぎ出向くと、夢で言われたように、封印を解いて文章を読むように告げた。見えないのにどうやって読めというのだと思いながらも、パリュシオスは、アスクレピオスの文ならばご利益があるかもしれないと期待して封を開いた。そして、書板を見つめているうちに、なんと視力は元に戻った。そこには「治療代　金貨二千スタテル」と書かれていたという。

　アスクレピオスの努力の結果、死者の数が目だって減っていった。だが、彼は満足しない。彼の最終的な望みは人から死を取り除くことにあったからだ。或る日、アスクレピオスが手術用の鉗子（かんし）を手にしながら考えごとをしていると、一匹の蛇が這（は）い出てきて、その邪魔をした。怒った彼が鉗子で打つと、蛇は死んでしまった。悪いことをしたとアスクレピオスが思ったところへ、別の蛇が現れ、死んだ蛇の体を見知らぬ香草で包んでやった。するとしばらくして、死んでいたはずの蛇は再び首をもたげ、助けてくれた蛇と並んで去っていった。これを見たアスクレピオスは同じ香草を探し求め、同じようにしてミノス王の子グラウコスを蘇らせてやった。

さらに効果的な薬を求めて、アスクレピオスは研究を進め、とうとうメドゥサの血を使って——毒はうまく使えば薬になる——より簡単により多くの死者を生き返らせるまでになった。アテナイ王テセウスの子ヒッポリュトスは、この薬で生き返った（きたのかんむり（かんむり）座参照）。

死者は減った、おまけに死んだ者まで生き返る。治療はともかく、復活再生の医療を広められては、死の国に人が来なくなる。これでは、やっていけない。冥界の王ハデスは天界の王ゼウスに訴えた。人は死ぬものなのだ——この定めは絶対である。人はもちろん、神であろうが、逆らうべきではない。意を決したゼウスは、雷霆でもってアスクレピオスを打ち倒した。

だが、彼の医術が人々にもたらしたものは大きい。死なずともよい病で死ぬ人が少なくなった。大きな怪我をしても、元どおりの体に戻すことができるようになった。アスクレピオスの異能ぶりを、ゼウスは認めざるを得なかった。そこで、彼を神の一員に加えるとともに、その姿を星座に加えた。それがへびつかい座とへび座である。蛇を持つ蛇遣いの姿にしたのは、アスクレピオスが蛇の毒を治療に使っていたため、そして脱皮する蛇が再生を象徴するからである。

なお、我が子を殺されたアポロンはゼウスに怒りを覚えたが、さすがに大神に逆らうことはできない。いわば八つ当たりで、アスクレピオスを殺した霆を作ったキュクロプスを射殺した。だが、霆はゼウスの重要な武器である。それを造る者が減らされてしまったことに腹を立てた彼は、アポロンをタルタロスへ落とそうと考えた。しかし、彼の母レトに減刑を嘆願されて思いとどまり、一年の間、人間に仕えることで許してやることにした。結果、アポロンはペライ王アドメトスの下で下僕となって、主に家畜の飼育を一年間担当した。

王は、アポロンの素性を知らずに雇ったのだが、元来穏やかな性格の人であったので、地位に関わりなく大切に遇した。それでアポロンも、王がイオルコス王の娘アルケスティスと結婚する際には陰から助力したし、年季を終えるときには身分を明かして、身代わりがいれば王の死を延ばすことを約束した。ただ、この約束は王の家庭に不和をもたらした。王が若くして死期を迎えたとき、身代わりのことで老齢の両親ともめたのである——老いたのだから代わってほしいと言う王、老いたからこそ代わらないと言う親。結局、王后が申し出て死ぬことになってしまった。そのときたまたまやって来たヘラクレスが死神タナトスから后を取り戻してくれたとはいえ、この王家の家族関係はその後冷え冷えとしたものとなった。


このように人の情けに応えたこともあったが、基本的には、「斜め（心）の君」アポロンは人間に対して実に尊大である。或る人間に「私は知っている、砂浜の砂粒の数も、海の広さも」「神々と対等であるなどと自惚れるな」などと語っているくらいだ。しかし、それはつまり心に余裕がないということの裏返しの発言のように思える。ペレキュデスという男が、いかなる神にも生贄を捧げたことはないが、それでも、百牛の贄をきちんと捧げる者にも負けぬくらい、苦なしに楽しく生きてきた、と広言したとき、それを漏れ聞いたアポロンは彼を、笑って聞き流すどころか即座に、全身を虱に食い荒らされて死ぬという目に遭わせた。

また、自分に挑んでくる者に対してもひどく残忍である。ポルバスという男は拳闘の術に優れていたが、道行く人に試合を強いては殴り殺していた。楽勝続きで彼の慢心は留まるところを知らず、自分の力は神よりも上をいくと公言したため、アポロンは子どもの姿で現れ、ポルバスを一撃で殺した。しかし、これなどはましな方だと思われる。

オイカリア王エウリュトスは弓の名人だったが、腕に自信のある者はより高みを目指すもの。祖父にあたる「遠矢射る君」アポロンと技を競った。もちろん神が勝ったのだが、勝敗が決した瞬間、アポロンはエウリュトスめがけて次々と矢を浴びせかけた。神が手を止めたとき、エウリュトスの背後の石壁には、怯え固まった彼の姿の輪郭を象るように矢が突き刺さっていたという。アポロンは人間の心情を理解せず、児戯に等しい挑戦だと許容できず、挑んだこと自体に立腹するのだ、血を引く孫でさえも。

こんなこともあった。サテュロスのマルシュアスが、吹くと顔が醜くなるということでアテナが捨てた笛を拾って(捨てたものを拾ったということで、アテナに殴られたが)、みごとに演奏するようになり、竪琴のアポロンに勝負を挑んできた。勝者が敗者を思うままに処分できるという約束で始めたが、二人の演奏に甲乙はつけがたかった。すると、アポロンは竪琴を逆さに抱えて奏で、マルシュアスに同じようにすることを求めた。笛を逆から吹いて、音の出るわけがない。ということで、アポロンが勝者ということになった。神はマルシュアスを、皮を剝いで殺し、その皮を高い樹に吊るした。その皮はいまでもケライナイの街にあり、笛でプリュギアの旋律を奏でると震え動き、アポロンの節を吹くとじっとしたままであるという。

アポロンは、神とされる自分に挑んでくること、腕前が自分と同じような高い水準にあることに腹を立てるのだろうか。目覚めている神といいながら、穏やかなのは、光明神たる彼が照らし出す光の世界に限られ、その世界からはみ出した者が棲む、アポロンにとっての闇の世界に対しては、彼は激情・無理解の神である。

からす座は春、南の低い空に見える。見つけるには、北斗七星の柄から春の大曲線に従ってアルクトゥルス、スピカとたどっていき、さらに曲線を伸ばす。帆の形に至れば、それがからす座である。四つの三等星が形作る四角形は小さいけれど、あたりに明るい星がないせいで、けっこう目立つ。α星には「アルキバ（テント）」という名がある。

しゅはい（コップ）座は、からす座の右隣にある。四等星以下の暗い星で大型の酒盃を形作っているのだが、わかるだろうか。古代ギリシアでクラテールと呼ばれ、宴会で葡萄酒（ワイン）を入れておくのに使われた甕（かめ）である。

へび座とへびつかい座は元々一つの星座であったが、古代ローマの天文学者プトレマイオスが、へび座を頭部と尾部に分断する形でへびつかい座を独立させた。しかし、それ以降も一体として扱われることが多く、明確に別の星座とされたのは二十世紀に入ってからのことである。蛇遣いは将棋の駒のような形をしており、夏の空の真ん中に、蠍(さそり)を踏みつけて立っている。蛇は駒の底辺から前後に伸び、その頭は蛇遣いの右側に見える三角形である。全体的に暗い星で構成され、目立つのは駒の頂点の二等星「ラサルハグェ(蛇を持つ者の頭)」くらいだろう。

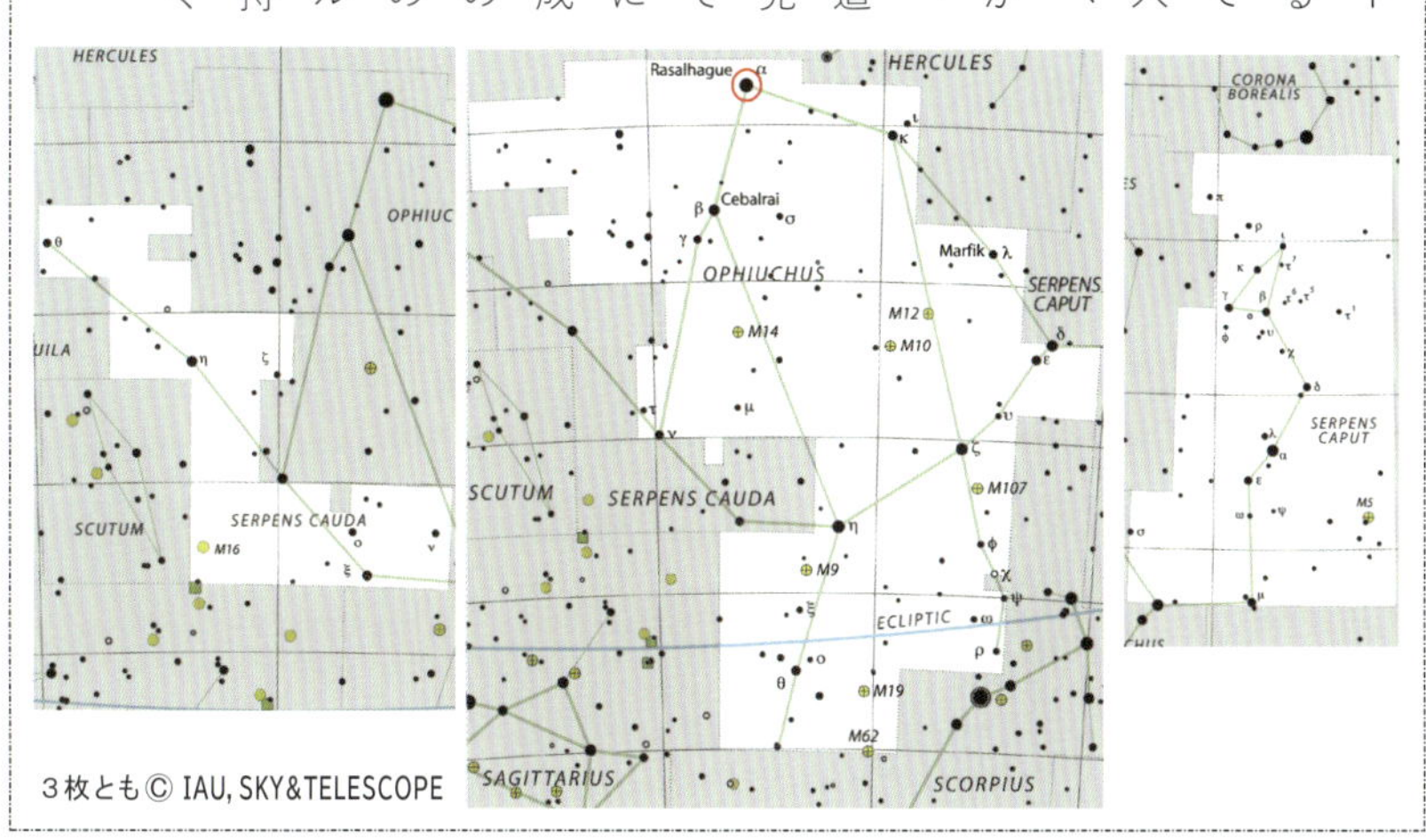

３枚とも© IAU, SKY&TELESCOPE

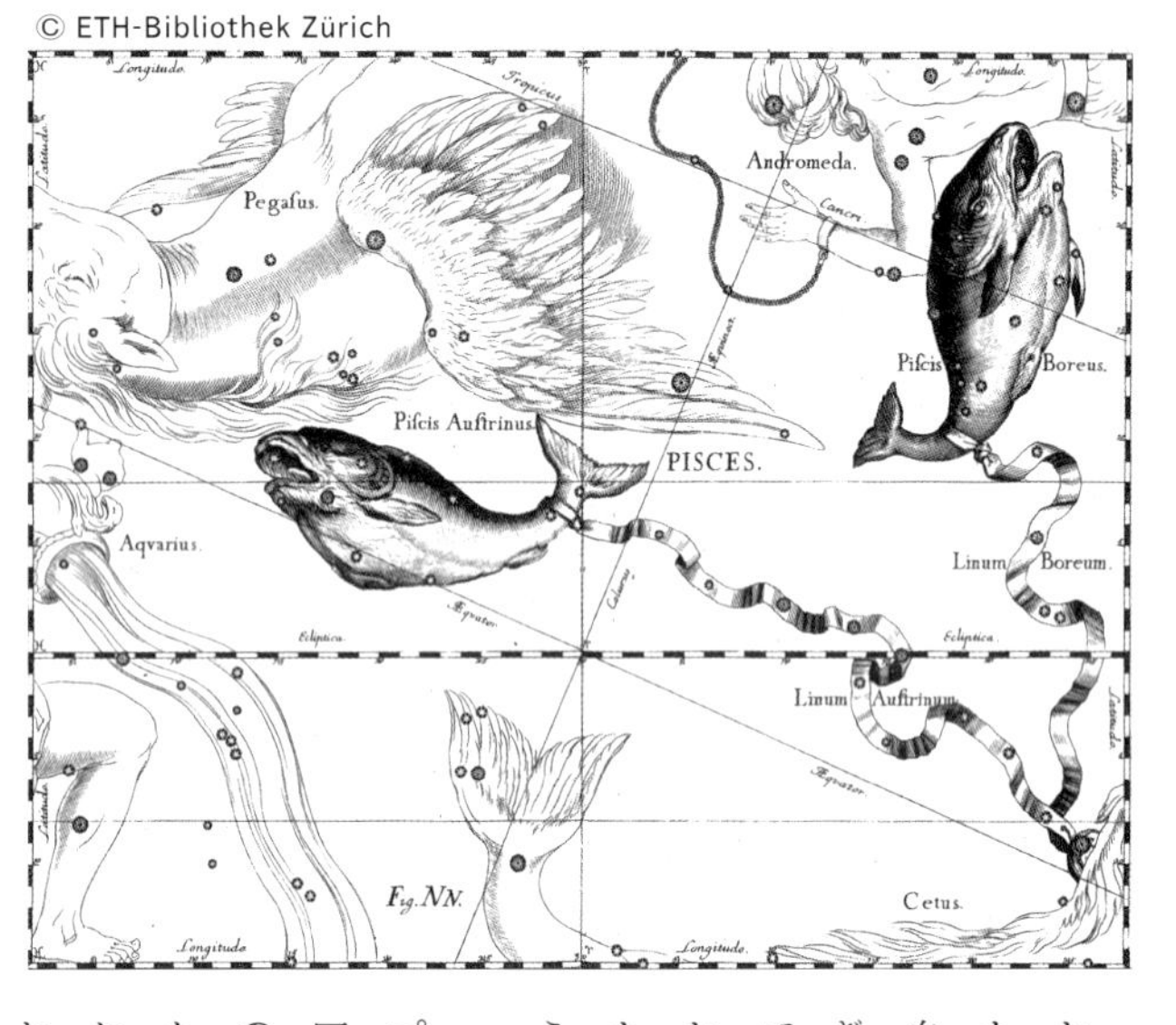

アプロディテ変身・・・うお座・みなみのうお座

ギガントマキアの戦勝を祝って、神々がユーフラテス河のほとりで宴を開いていたとき、半神半獣のテュポンが襲ってきた。驚いた神々は、パン神が山羊（ただし下半身は魚）に変身するなど、さまざまな姿に身を変えて、その場を逃れた（やぎ座参照）。そのなかで、美と愛の神アプロディテは河を前にして魚に姿を変えた。河があるのだから泳いで逃げた方が早いと判断したのだろう。その姿がうお座になったと言われる。ただ、その姿は、美の女神が変わったものであるにもかかわらず、それほど美しいとは思えない。

ところで、うお座には二匹の魚が描かれている。一匹はアプロディテであるとして、もう一匹は誰だろう。二匹がその尾をつなぎ合っていることからすると、もう一匹の魚は彼女の縁者だと考えていいのではないか。となると、彼女の子どものエロス（始源の神ではなく、アプロディテの子として生まれ直した神）も宴に出ていたはずだから、もう一匹はエロスか。親子で一緒に逃げるということはありそうな話だ。ただし、あくまで推測である。縁者というのなら、この宴には、アプロディテの愛人アレス神も出ていた。しかも彼は、鱗で覆われた魚に変身したと伝わっている。彼なのか。混乱したなか、正確なところはわからない。

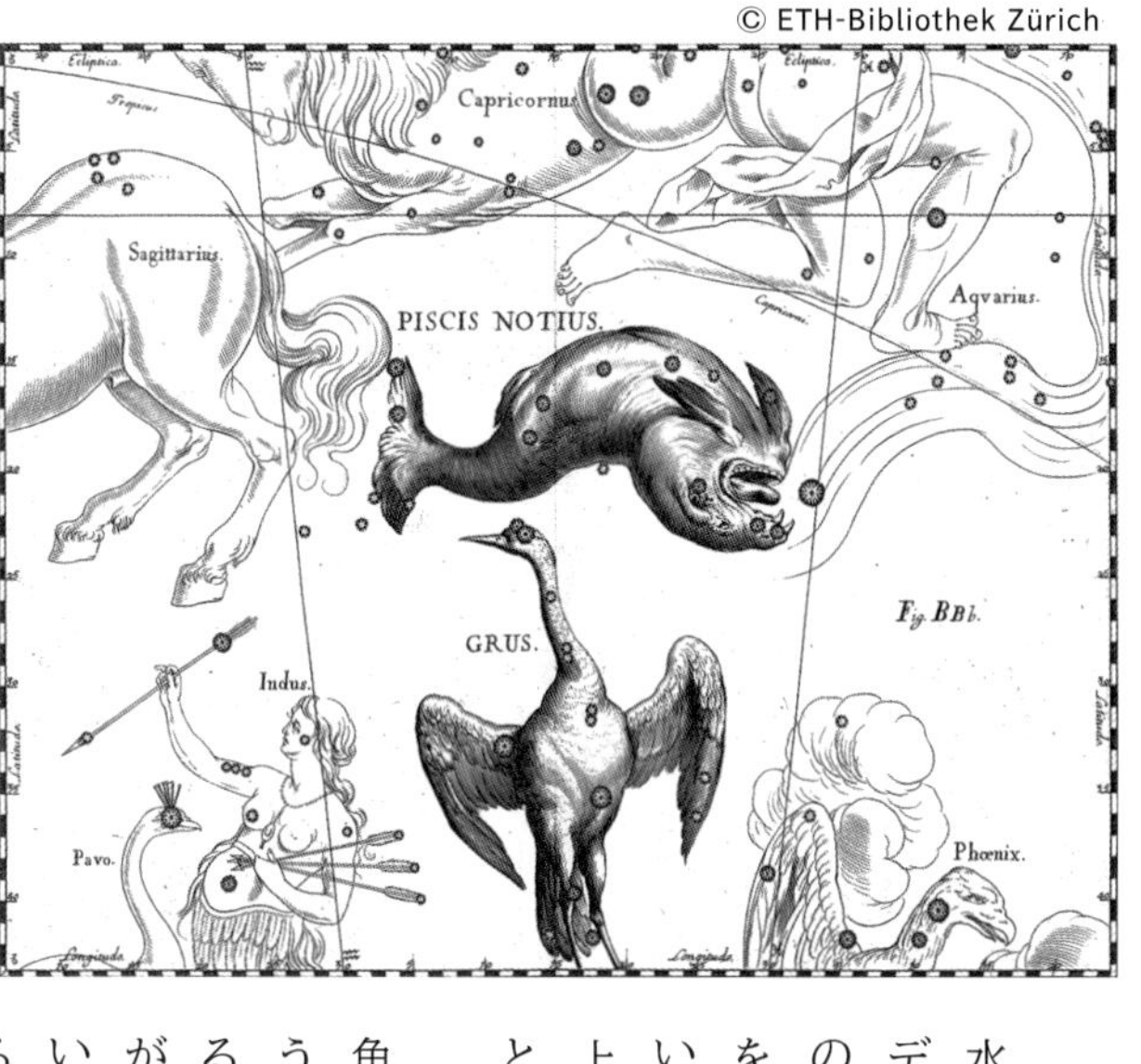

註：みなみのうお座の下は、つる座である。

もう一つ、うお座に関して神々の間で語られる話がある。水に入った神はアプロディテではなく、シリアの稔りの女神デルケト、もしくはエジプトの神オシリスの后イシスだというのだ。テュポンは登場せず、湖の岸辺を歩いていた女神が足を滑らせて水中に落ちたことになっている。彼女がもがいていると、その周りに魚たちが大勢集まり、口先で彼女を押し上げ湖岸に運んでくれたので、女神は無事、土の上に戻ることができたそうだ。

このときの魚たちの働きを称え、後代まで伝えるために、魚たちは星座に上げられた。大きな一匹が親魚で、みなみのうお座となり、みずがめ座の甕から流れ出る水を飲んでいる。子どもの魚はうお座の二匹になった。また、この出来事があって以来、湖の近隣の人々は魚を食べなくなったらしい。神を助けたものを食べるなんて恐れ多い、ということだろうか。

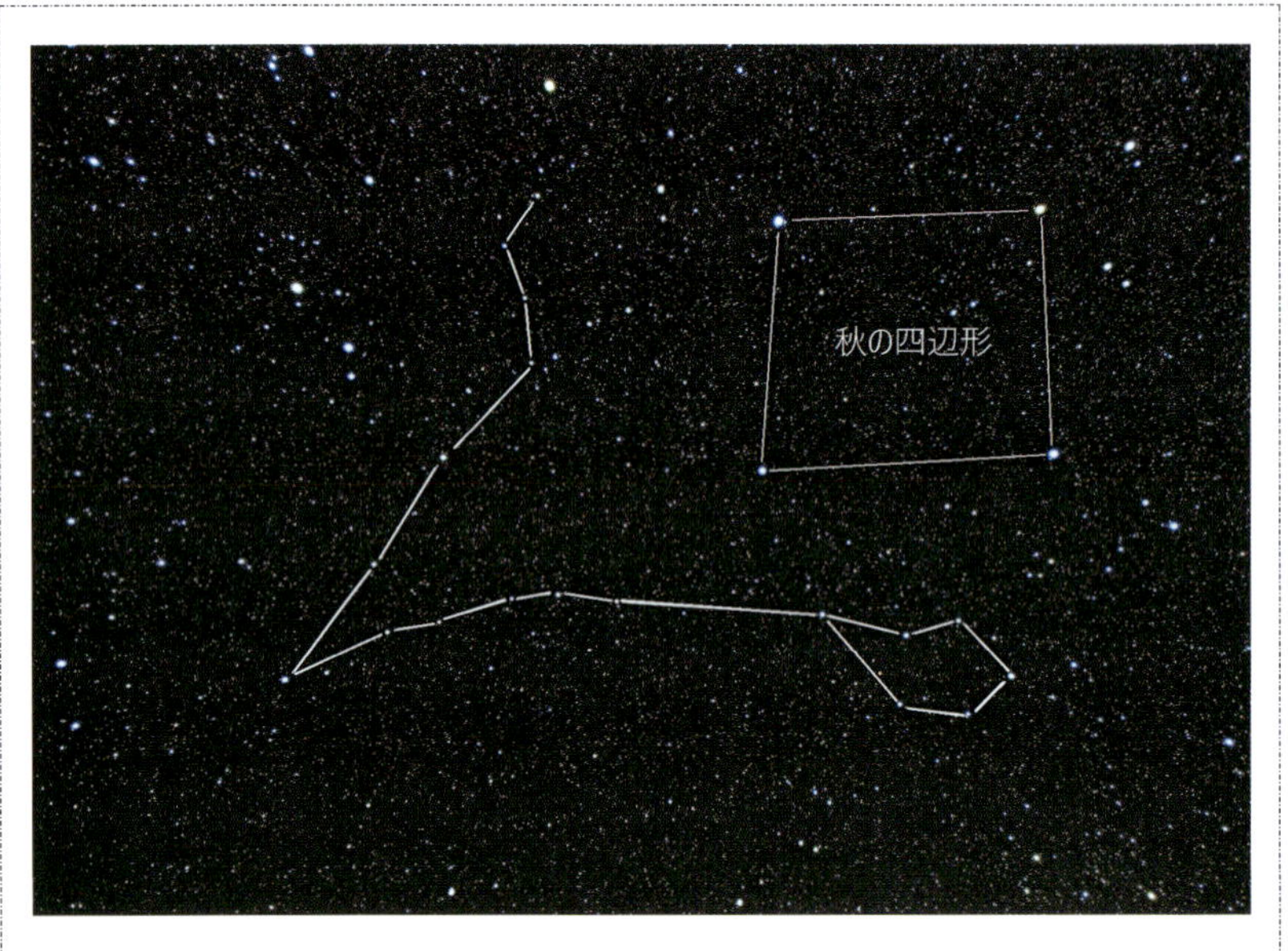

うお座は秋の空高く、ペガソス座の四辺形を左下から挟みこもうとする、パンばさみのような形の星座である。二匹の魚が二本のひもにつながれていて、その結び目にあたるα星は、その名も「アルレシャ（紐）」という。上の魚の形はわかりにくいが、下の魚はいびつな輪の形がなんとかわかる。とはいうものの、明るい星でも四等星なので、うお座の姿をはっきりと捉えるのは、やはり難しい。

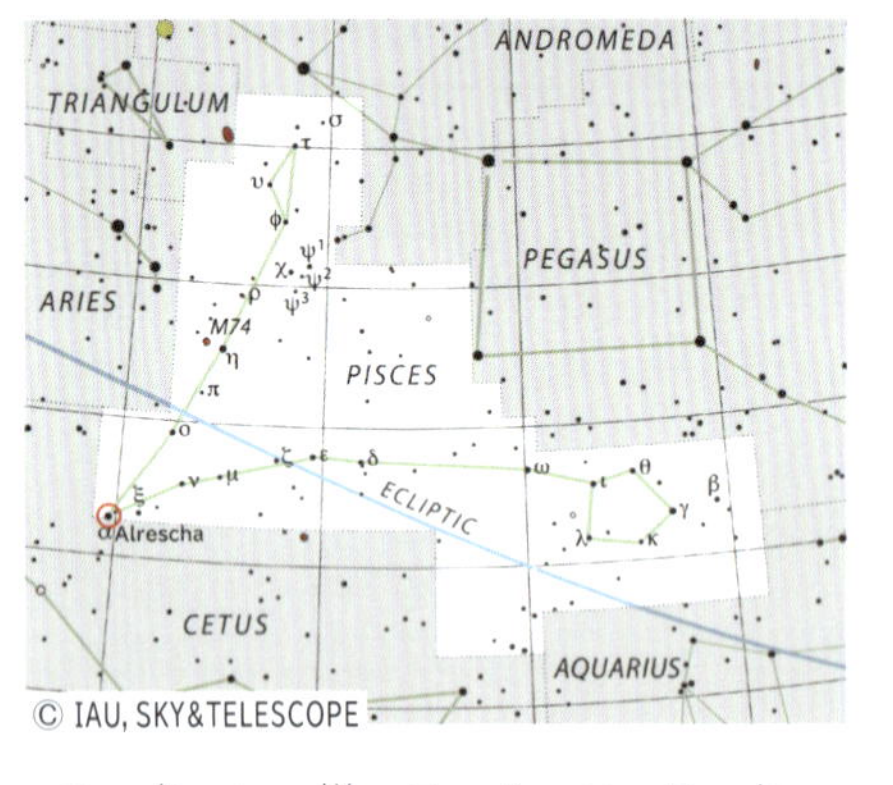

二本の紐が結ばれる形になっているのは、古代バビロニアにおいて、チグリス川とユーフラテス川が合流する様を表していたという。話としては、魚うんぬんよりも、こちらの方が古い。

みなみのうお座は秋の南の空、地平線近くに見える。ペガソス座の四辺形の右側の辺を地平線に向けて伸ばしていけば、暗い星々のなか、一つだけ黄白色の明るい星が見つかる。それが一等星「フォマルハウト（魚の口）」である。だが、それ以外は四等星以下の星で構成されている星座なので、みずがめ座の甕から流れる水を飲んでいる魚の姿を見出すことは難しいだろう。

ただ、フォマルハウトに関しては、秋と言っても夏の大三角がまだ天上にある時期に、南の空低く、周りに明るい星の少ないなか、ポツンと一つだけ光っているように見えるため、北の緯度の高い地方では、南の地への憧れを誘う星として広く知られている。

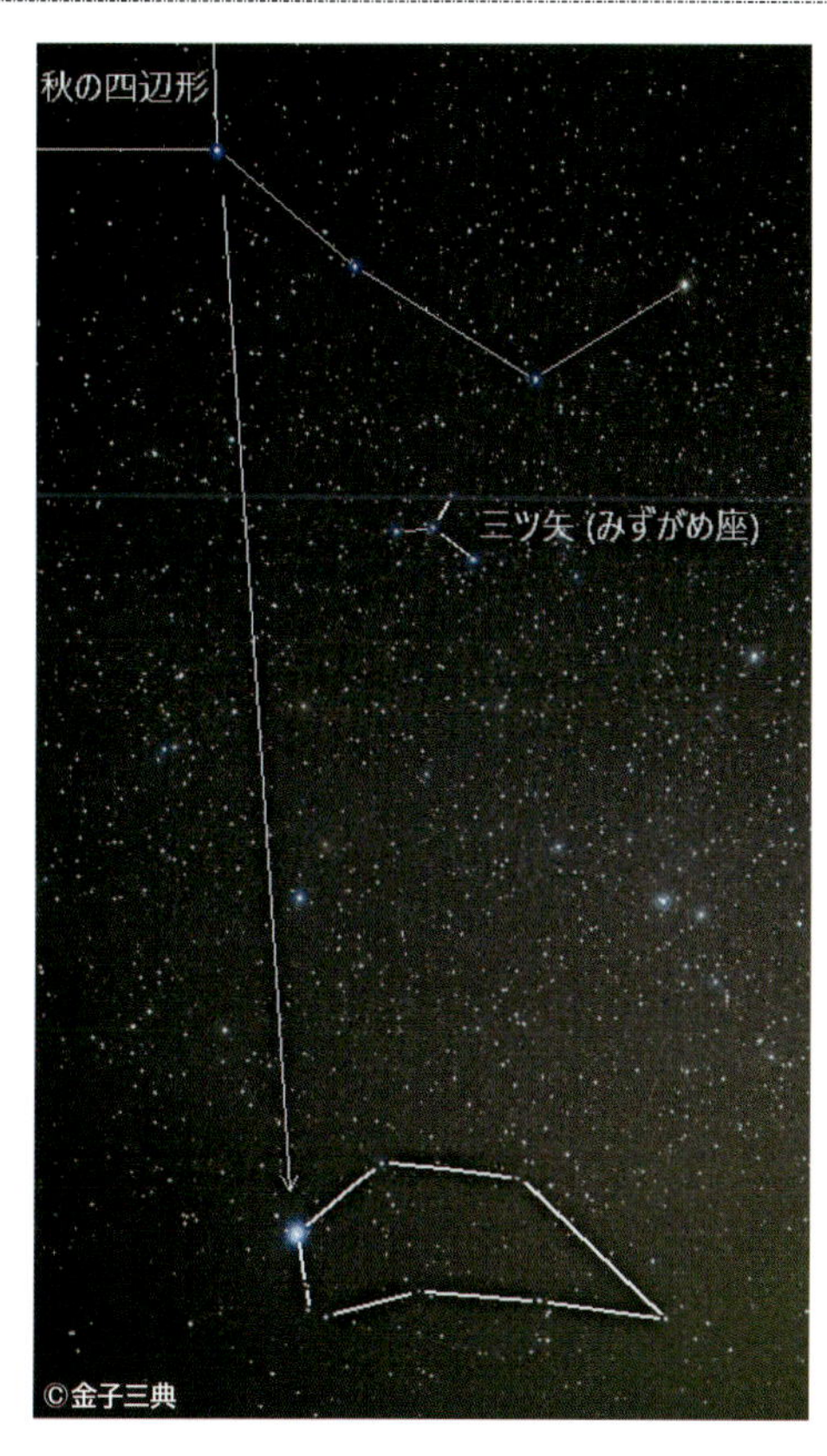

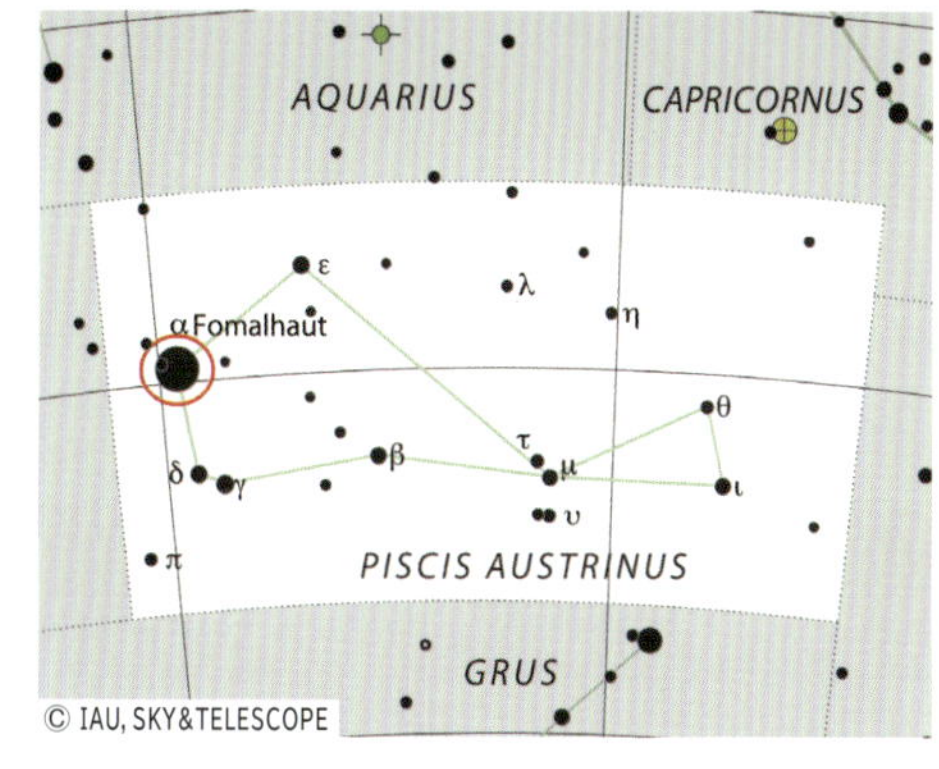

哀しきヘパイストス・・・ぎょしゃ座

馭者（ぎょしゃ）とは馬車を操る者のことである。しかし、星座では、馬車は描かれず、山羊を背負った男の姿だけになっている。この星座には二人の男の話が重ね合わされているのだが、ここではそのうちの一人、馬車を元にして初めて戦車を造った男にまつわる話をしよう。

その人物は、アテナイの古い王、エリクトニオスである。彼は神の血を引いているけれど、下界で暮らす人間として扱われている。彼が生まれた経緯を、少し長くなるが、父とされる工匠の神ヘパイストスの誕生に遡って語ることにする。

ヘパイストスは后神ヘラの子であるが、王神ゼウスの子ではない。ヘラが、形の上とはいえ単独（ひとり）でアテナを産んだゼウスに負けまいと、交わることなく産んだ子どもである。だが、生まれたばかりの赤子の姿を見た彼女は、がっかりした。その顔かたちが、神であるというのに、美しくないのだ。加えて、なんともみすぼらしい体つきをしている。私が単独で産むと、こんな子か……

註：ここにあげた図版では、馭者は山羊を背負っているが、他の図版には、抱き抱えているものもある。

なんとヘラは、赤ん坊をオリュムポスから下界へと投げ落とした。赤子は一昼夜かかってアイガイアの海に落ちたが、幸い、海の女神テティスとエウリュノメに助けられた。彼女たちに引き取られ、ヘパイストスと名づけられ、育てられ、そのなかで彼は匠の技を身につけ、「名高き職人」と呼ばれるまでの腕になった。だが、海面にぶつかったときの怪我が元で、脚をひきずって歩くようになっていた。

成人となったヘパイストスはテティスの助けもあってオリュムポスに迎えられたのだけれど、ヘラに対しては相反する感情を同時に抱いていた。確かに自分を生んでくれた母ではある。しかし、気に入らないからと、自分を棄てた母でもある。このとき、ヘラがヘパイストスに対してすまない気持ちを見せていたなら、その後の話は変わっていただろう。だが彼女は、投げ落としたときのまま、我が子を相手にしなかった。

或るとき、ヘラがヘラクレスの船に逆風を送り帰国を妨げたことが原因で、ゼウスと言い争いになった。最後に妻に、ヘラクレス誕生のいきさつ（ヘラクレス座参照）を持ち出されれば、後ろめたい夫は口を閉ざさざるを得ない。口喧嘩はヘラの勝ちとなった。だが、根に持ったゼウスはヘパイストスに命じて、特殊な椅子を秘密のうちに作らせた。

この椅子の話をする前に、ゼウス・ヘラ夫妻の話を少しだけしておこう。いま、二人の間には諍いが絶えない。ゼウスはあちらこちらで浮気をしているし、当然ながらヘラは嫉妬心を隠さない。形式的には夫婦であっても、心を通わせ合うことの少ない関係になっている。だが、この彼と彼女もかつては恋で結ばれた二人なのだ。「白い腕の君」ヘラに恋した「黒雲寄せる君」ゼウスが郭公（かっこう）に変身して彼女の気を引き、追ってきたところで求愛したらしい。ただ、二人が結婚したことで、それまでヘラが持っていた権限の多くがゼウスに移ってしまい、ゼウスの権力が以前にも増して大きくなったことは確かである。だから、それがゼウスの恋の目的であったのか、とも思えてしまう。結果的にそうなっただけなのかもしれないが。

　話を戻そう。ヘパイストスは、技を極めた匠の神である。きらびやかな椅子を作った。黄金造りの本体に、紅いルビー、緑のエメラルド、紫のアメジスト……多彩な宝石が散りばめてある。最高女神以外は座ってはならないような雰囲気を醸し出していた。これは私のための椅子だ――得意気にヘラが腰を下ろした。その途端、椅子から鋼鉄の綱が出て、両手を縛り上げ、見えないどこかから吊り上げて、彼女を宙吊りにした。椅子は錘（おもり）となって、彼女の足を引っ張る。

　ヘラの悲鳴を聞き、苦しむ姿を見て、神々は大騒ぎになった。だが、ゼウスは知らん顔をしている。これでは、周りの神はうかつに手を出せない。どうすればいいのか戸惑ううちに、或る神が、こんな仕掛けを作れるのはヘパイストスをおいて他にないと気づいた。戒めを解いてもらわなければと、神々は、ゼウスには知られないようにして、匠の神の許へ遣いを送った。

　まず送ったのは、どういうわけか、説得には最も不向きだと思われる戦神アレスだ。案の定、ヘパイストスは応じない。自分など生んでくれねばよかったのだ、自分に母はいないとまで言い切った。そこで、これが最初からの狙いだったのだろう、アレスは力ずくで連れ出そうとした。だが、期待は外れた。凝り固まった匠の神の力は戦の神より強かった。

　神々は次に、ディオニュソスを遣わした。今度はバッコス（酒神）の力で、つまりは酒で酔わせてなんとかしようとしたのであろう。今度の目論見（もくろみ）はみごとに当たった。勧められて酒を酌み交わすうち、酔っぱらったヘパイストスは真情を、母に子として迎えられたい気持ちを語ったのである。この機会を逃してはならない。ディオニュソスはヘパイストスを騾馬（らば）に乗せてオリュムポスに連れてきた。憎しみも抱いているとはいえ、宙吊りになった母を見ては、子としてできることは一つしかない。ヘパイストスは仕掛けを解いて、静かに母を地に下ろした。綱をほどかれたヘラはヘパイストスを見つめた。そこには、視線を母の足下に落とした息子の顔があった。

そのときだ、ヘパイストスは強い力で背後から抱え上げられた。首を捻じって見ると、ゼウスの顔があった。彼の怒りは収まっていなかったのである。よくも勝手に下ろしたな。ゼウスはヘパイストスを下界へと投げ落とした。なんと、母のみならず、形式的であるとはいえ父にも、彼は棄てられたのである。ゼウスはじっと地上を見下ろしていた。

また一昼夜かかってレムノス島に落下した彼を、またテティスが救ってくれた。また天上へ戻してくれた。けれども、彼の脚は両方とも逆方向に捻じ曲がってしまっていた。以前にも増して不自由な歩き方しかできなくなり、それをあからさまにからかう神も、陰で笑う神もいた。悲嘆に暮れるヘパイストスに、ところが、望むものは何でも与えようという許しが出た。どの神から出たものなのかはわからない。とにかく、許しが出たのである。

何を求めればよいか、ヘパイストスが考えていると、海神ポセイドンが、処女神アテナを妻に求めるようけしかけた。彼はアテナと競って負けることが多く、彼女に対して敵意を抱いていた。お高く留(と)まった女神を冴えない男神の妻にして笑ってやろうというのだろう。このとき、ヘパイストスは妻である美の神アプロディテを戦いの神アレスに奪われていた（道理で、彼の説得など元から聞くはずはなかったのだ）。一見不釣り合いに見える二人が、どういうわけで夫婦になったのかは知らないが、とにかくいまヘパイストスは独り身だった。彼は黙ったまま、しばらく立ち尽くしていた。

余談になるが、工匠(こうしょう)の神は以前、アプロディテとアレスに対しても、ゼウスがヘラにしたのと同じような復讐をしている。陽の神ヘリオスから、二人が他の神々の目を忍んで暮らしている住処(すみか)の場所を聞いたヘパイストスは、密かに住まいに忍び込み、寝台に仕掛けをして裸の二人を宙吊りにしたのである。そして、大声で神々を呼び集めた。顔を背け立ち去る神もいれば、笑いながら眺める神もいた。アポロンなどはにやつきながらヘルメスに、神々の目にさらされてもアプロディテの脇にいたいかと問うと、ヘルメスは、やはりにやつきながら、ずっと強い網で縛り付けられようともアプロディテに添い寝したい、と答えた。それを聞いて、神々の中に大きな笑い声が起こった。ただ、ポセイドンだけは笑っていなかった。理由はわからないが、ヘパイストスに戒めを解いてやるよう頼んできた。アレスに償いをさせるから、もしものときは自分が立て替えるからとまで言われて、ようやくヘパイストスは二人を解放した。「流し目の君」アプロディテは地上に下ろされるや否や走って逃げ出し、「血まみれの神」アレスも照れ笑いを浮かべながらそそくさと立ち去った。ヘパイストスとアプロディテの夫婦関係はこれで完全に終わった。

本筋に戻ろう。ヘパイストスが願ったのかどうか、願いが聞き入れられたのかどうかはわからない。とにかく、アテナがヘパイストスの工房にやって来た。彼女は戦いの神でもある。ただし、ただの戦闘好きであるアレスと違って、知恵の神でもある彼女は、敵を沈黙させるための新たな武器を注文しようとしたのである。

ヘパイストスはアテナの姿を認めると、手にしていた工具を放り出し、襲いかかった。力ずくで自分の妻にしようとした。だが、アテナは「戦の担い手」、そしてヘパイストスは脚が不自由である。ほんのわずかもみ合っただけで、戦いの神は匠の神を投げ倒した。このとき、摑みかかったヘパイストスが漏らした精液がアテナの脚にかかっていたので、怒った女神は毛皮でふき取ると、大地に叩きつけ、憤懣(ふんまん)やるかたない様子で帰っていった。ところが、大地の神ガイアはヘパイストスの精を受け入れた。そして、赤ん坊が生まれた。これが、話の初めに出てきたエリクトニオスなのである。

生まれたものに罪はない。アテナはこの子を不死にしようとした。特別な箱に入れ、中を見ないようにと命じてアテナイ王ケクロプスの三人の娘たちに預けた。しかし、見るなと言われれば見たくなるのが人情というもの。長女のパンドロソスだけは我慢したのだが、妹のアグラウロスとヘルセはこっそり箱を開けた。すると、中には下半身が蛇となっている赤ん坊がいた。これは、本当にそうだったのか、守護者として一緒に入れられていた蛇を見誤ったのか、実際のところはわからない。いずれにせよ二人は驚きのあまり、また命に背かれたアテナの怒りもあって気が狂い、パルテノンの丘から身を投げて死んだ。残ったパンドロソスはその後もアテナに忠実に従い、最後は女神の神官となった。

エリクトニオスは、アテナの下で神々の目から隠されて育てられ、成人して後、アテナイで前王を追放し、新しい王となった。彼は女神のために神殿を建て、女神の祭を始めた。そもそも国の名前「アテナイ」が彼女にちなんだものである。また、彼はヘリオスの馬車を手本に、四頭立ての戦車を発明した。もしかすると、脚の不自由なヘパイストスの子どもだったからこそ考えついたのかもしれない。この戦車をゼウスが褒め称え、エリクトニオスを馭者として天に置いた。そして神として扱うこととした。それがぎょしゃ座である。

さて、話をもう一つ。エリクトニオスに背負われている山羊のことだ。これは、アマルテイアという名の山羊である。このような話が伝わっている。

オリュムポス神族の前、ティタン神族が支配者だったころ、クレタ島のイデ山の洞窟に、当時の神々の王クロノスの妻レアは、生まれたばかりのゼウスを隠した。夫が、生まれた我が子をみな次々と呑み込んでいたからである。それは、自分の子どもに神々の王の座を奪われるという呪いが、クロノスに対しウラノスによってかけられていたためである。ゼウスは島の王メリセウスの娘、アドラステイアとイデであるとも、島のニュムペ、ヘリケとキュノスラであるともされる、二人の乳母に託された。

洞窟の中で赤子のゼウスは育てられたが、その泣き声をクロノスに聞かれてはならない。ゼウスがむずかると、乳母が毬を作って与え、それで遊ばせた。どうしても泣きやまないときには、クレスという島の精たちが守りを固めると同時に、槍で盾を叩(たた)いて大きな音を出し続け、ゼウスの鳴き声が外に漏れないようにした。後には、天にも地にも海にも見つけられないよう、天でも地でも海でもない、宙にぶら下げられた揺籠の中で、ゼウスは養育された。彼はアマルテイアの乳で育てられたのだが、この山羊の角はアムブロシアとネクタルに満ちていた。アムブロシアとネクタルというのは神の食べ物と飲み物で、それを口にした者は不老不死となる。あるとき、その角の片方が折れてしまったが、この角は所有者を望むがままに飲食物で満たす力を持っていた。後に、人の手から人の手へと渡っていき、それを手にした人に多くの富をもたらしたという。

成人したゼウスは、ティタン神族と戦うことになるが、山羊アマルテイアの皮から盾を作った。これがゼウスの最初の武具である。アマルテイア自身については、残った骨から生き返らせて、後に星座としてやった。それが馭者エリクトニオスの抱く山羊である。星には、「牝仔山羊」を意味するカペラという名前がつけられている。では、どうして馭者が山羊を背負うことになったのか……私はすべてを知る者ではない。

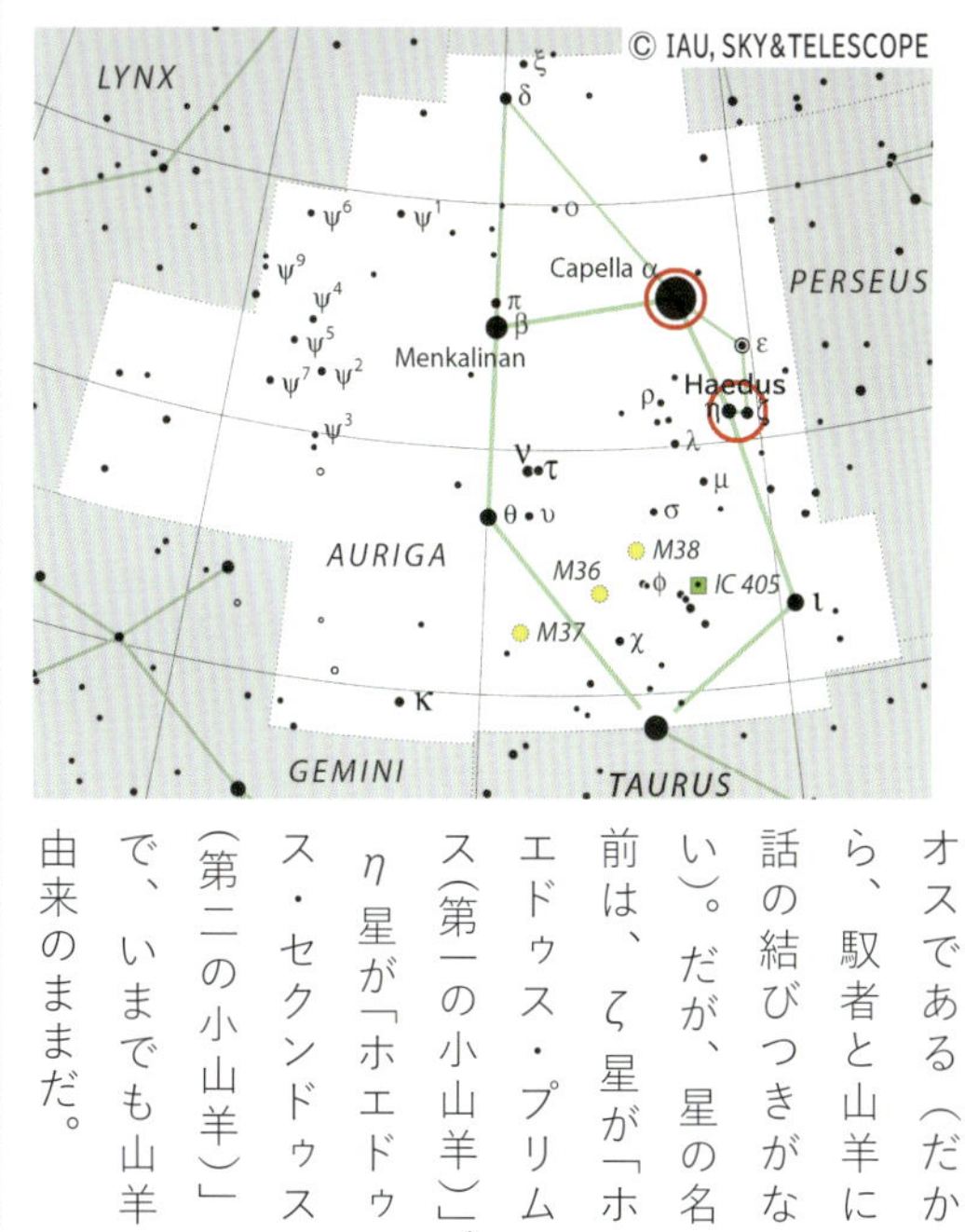

ぎょしゃ座は冬の夜遅く、視線をオリオン座から天頂に向けたときに見える、五角形の星座である。五つの頂点のうち最も明るいのが黄白色の「カペラ」だ。その下に見える小さな三角形（ε・ζ・η星）が、馭者の背負っている仔山羊にあたる部分で、古代ギリシアでは独立した星座だったという。一つにまとめたのはプトレマイオスである（だから、馭者と山羊に話の結びつきがない）。だが、星の名前は、ζ星が「ホエドゥス・プリムス(第一の小山羊)」、η星が「ホエドゥス・セクンドゥス(第二の小山羊)」で、いまでも山羊由来のままだ。

彗星　太陽系の内側でガスやダスト（塵）を放出する氷天体をいう。中心部から明るく広がる「コマ」と、コマから太陽の反対側に流れる「尾」に分けられる。太陽に近づくにつれ、太陽風を受けて尾は長くなり、輝きを増していく。太陽から遠ざかるときは、尾の向きが逆になる。コマの中心部には、ガスやダストを供給する氷と、ダストからなる彗星核があって、よく「汚れた雪玉」に譬えられている。

ヘール・ボップ彗星 1997.3.29 クロアチア イストラ パジン

彗星は突然出現することが多いが、その由来は太陽系の外縁部にある。惑星となれず「オールトの雲」や「（エッジワース）カイパーベルト」天体（p 344）となった微小氷惑星や原始惑星の一部が、木星の重力などによって軌道を変えられ、さらには太陽系の内側に向けられ、彗星として太陽に接近するのである。

彗星のなかには、回帰するものがたくさんある。なかでもハリー（ハレー）彗星は、76年ごとに地球に接近するので、よく知られている。次は、2061年である。

☆ディオニュソス席捲☆

母セメレに与えた冠(しるし)・・・みなみのかんむり座

或る日、ゼウスがオリュムポス山の頂上から下界を眺めていると、一人の美しい女がいた。彼女は、名をセメレといい、テーバイの王女だった。このテーバイはカドモスが建てた国だ。彼は、ゼウスが化けた牡牛にさらわれたエウロペの兄である。妹を捜す旅に出て、見つけることができなかったため母国に帰ることができず、新たな国をつくったのだった（おうし座参照）。妻のハルモニアとの間に四人の女の子と一人の男の子を儲けたが、その一人がセメレである。このエウロペの姪の許を、ゼウスは今回、人の姿で訪れた。幾度か逢瀬(おうせ)を重ねるうちに、彼女は身籠もった。

神々の噂からこのことを知ったゼウスの妻ヘラは、嫉妬心を激しく掻き乱された。エウロペとセメレは、かつてゼウスが見初めたイオの末である。三人を続けて愛したということは、夫はこの一族に特別な愛着心を抱いているのか。ならば私が、その報いを与えよう――ヘラは、ゼウスが関わった女たちに数多くの惨(むご)い扱いをしたことで知られるが（元はと言えばゼウスが悪いのに、仕返しは必ずゼウスの相手に向けられる）、セメレやその子どもに対する仕打ちはこれまでになくひどいものとなった。

残酷な結末を確実にもたらしたかったのだろう、今回は、珍しくもヘラ自ら動いている。彼女はセメレの許を、かつての乳母の姿で訪れると、告げたのだ――いま通ってきている男はゼウスだと名乗っているそうですが、ただの人間が騙(かた)っているだけかもしれません。神ならば本当の姿を見せてほしいと頼んでみるべ

ゼウスと関わる家系

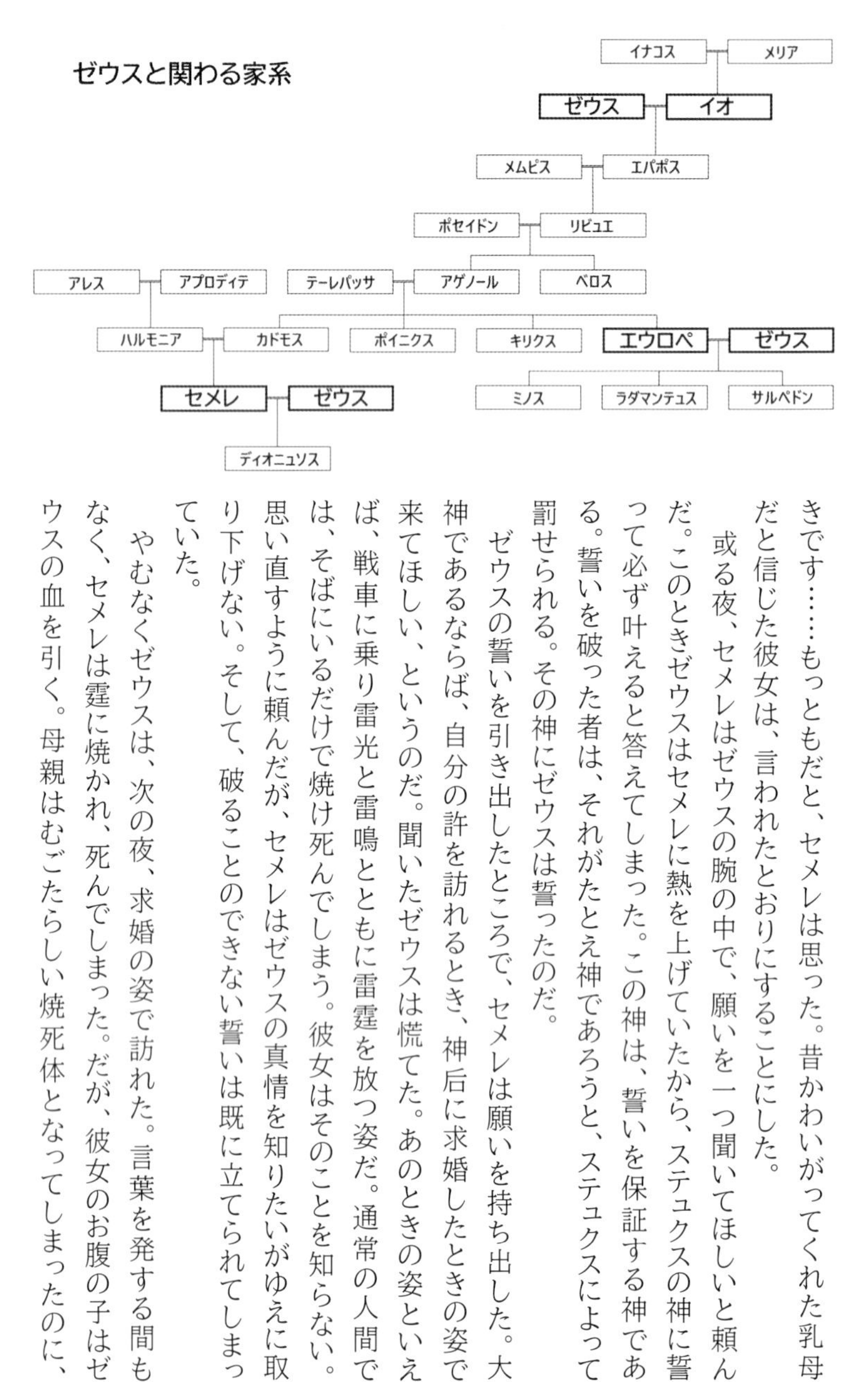

きです……もっともだと、セメレは思った。昔かわいがってくれた乳母だと信じた彼女は、言われたとおりにすることにした。

或る夜、セメレはゼウスの腕の中で、願いを一つ聞いてほしいと頼んだ。このときゼウスはセメレに熱を上げていたから、ステュクスの神に誓って必ず叶えると答えてしまった。この神は、誓いを保証する神である。誓いを破った者は、それがたとえ神であろうと、ステュクスによって罰せられる。その神にゼウスは誓ったのだ。

ゼウスの誓いを引き出したところで、セメレは願いを持ち出した。大神であるならば、自分の許を訪れるとき、神后に求婚したときの姿で来てほしい、というのだ。聞いたゼウスは慌てた。あのときの姿といえば、戦車に乗り雷光と雷鳴とともに雷霆を放つ姿だ。通常の人間では、そばにいるだけで焼け死んでしまう。彼女はそのことを知らない。思い直すように頼んだが、セメレはゼウスの真情を知りたいがゆえに取り下げない。そして、破ることのできない誓いは既に立てられてしまっていた。

やむなくゼウスは、次の夜、求婚の姿で訪れた。言葉を発する間もなく、セメレは霆に焼かれ、死んでしまった。だが、彼女のお腹の子はゼウスの血を引く。母親はむごたらしい焼死体となってしまったのに、六カ月を迎えた赤ん坊は生きていた。それを見たゼウスは、死体から赤子を取り出すと、すばやく自分の太腿(ふともも)に縫い込んだ。そしてセメレの遺体の方は、これを手厚く葬った。

三カ月後、ゼウスは「出産」した。人間のセメレから、そして大神ゼウスから、二度生まれた赤ん坊が、バッコスと呼ばれることもある、後の酒神ディオニュソスである。赤子をヘラの目から隠さねばならない。ゼウスはディオニュソスをまずセメレの姉夫婦、イノとアタマスに預けて、少女の姿で育てさせた。しかし、ヘラはこれに気づき、この夫婦を狂気に陥れた。二人はそれぞれ我が子を、父は長男を鹿と思い込み弓で射て、母は次男を羊だと思って煮えたぎった大釜に投げ込んで、殺してしまったのである(おひつじ座参照)。慌てたゼウスは、ディオニュソスを仔鹿の姿に変えて、すんでのところで救い出した。そして今度はヒュアデスの娘たちのところへ、ヘルメス神に連れていかせた。彼女たちの許でディオニュソスは、ヘラに気づかれないようにひっそりと育てられた。後に、その功に報いるべく、ゼウスは彼女たちを空に上げた。いまは、ひとまとまりの星団となって輝いている(おうし座参照)。

青年となったディオニュソスは、葡萄の実から酒ができることを発見した。しかし、その直後ヘラに見つけられ、狂気に落とされ、シリアとエジプトを風に吹かれるまま、さ迷い歩かねばならなかった。エジプトにいるとき王に迎えられ、後にキュベレの地で、大地母神ガイアにつながる、ゼウスとヘラの母レアに浄められ、やっと正気に戻ることができた。そして、彼女から秘密の教えを学んだ。さらに、自身の教えをも見出した。

彼は、ヘラスの地に、陶酔の宗教と葡萄酒作りを広めて回ることになる。行く先々で多くの人々が彼の教えに惹かれ、彼と行動をともにした。ディオニュソスは、人間のセメレの血を引くけれど、最高神ゼウスの血も流れており、しかも他でもないゼウスの体から出現したので、神と見なされたのだ。

またこれは密かに語られている話だが、ディオニュソスはザグレウスという神の生まれ変わりであるという。ザグレウスとは、ゼウスが蛇となってペルセポネ神と交わり、その間に生まれた子どもだ。自分を超える子どもを望まない神王が、このときだけは我が子に王位を譲る気でいたらしい。だが、そのことを知ったヘラがティタンたちをタルタロスから連れ出し、ザグレウスを襲わせた。彼はいろいろな姿に変わって逃れたが、牡牛になったところで捕らえられ、肉体を七つに裂かれ、焼かれ、食われてしまった。気づいたゼウスが霆でティタンたちを焼き殺すと、アポロンがティタンの食べ残したザグレウスの体を集め、アテナがティタンの灰の中から焼け残ったザグレウスの心臓を取り出した。心臓の方をゼウスは呑み込み、そして後にセメレと交わった際、彼女の胎内に移した。その結果、セメレはディオニュソスを身籠もったというのである。繰り返すが、これは秘教として語られている話だ。決して口外してはならない。

ディオニュソスは酒を手段として、人々が自己と他者の間の障壁をなくし、一つに溶け合うことを説いた。だがしかし同時に、陶酔はときとして狂気を呼ぶ。彼の行く先々で、大勢の人がそれまでの人生を狂わされた。ただ、これを「悲劇」と呼ぶのは、醒めた者の言い分かもしれない。酔える者にあっては、覚めているときの基準は消滅してしまっている。一切の区切りはないのだ。ただ事が起こるだけである。これらの「悲劇」については、後に語ろう。

ディオニュソスは神と称され始め、十二神の座を炉の神ヘスティアから譲られたとも言われ始めた。彼女は家の守り神として「最も初めに捧げものを受けるべき」神ではあったけれど、アポロンとポセイドンの求婚を断り、処女であることを誓うなど、「神々のなかで最も目立たない」神でもあったので、こういう話が生まれたのだろう。やがてディオニュソス神は、惨く悲しい死を遂げた母セメレを神の国に迎えたいと思うように

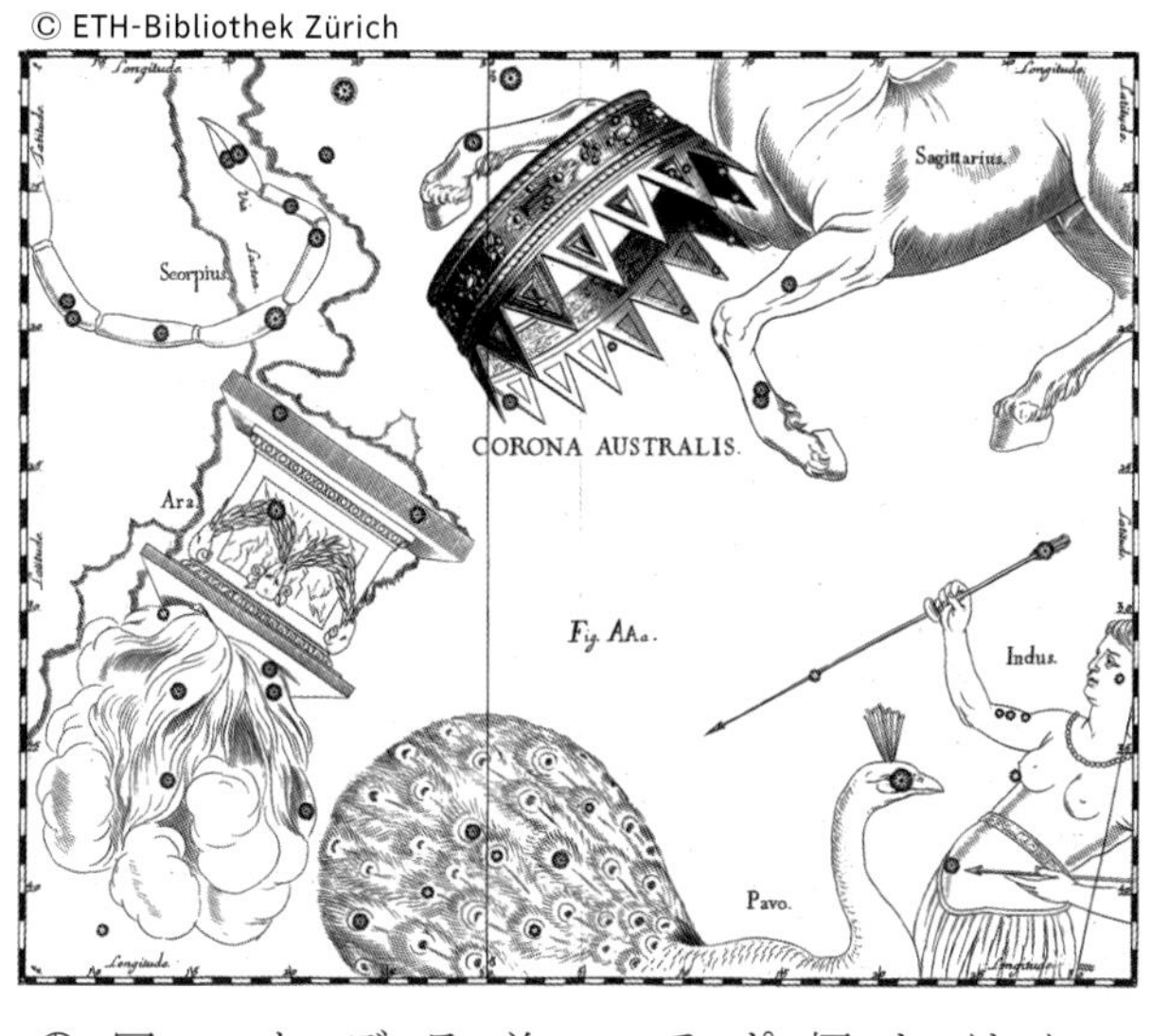

なった。そこで、冥界への入口を知っているという男に、戻れたら褒美を与えると約束して、その場所を聞いた。プルトンの山の麓の洞窟であるという。踏み入る前にディオニュソスは、母の頭上に被せるつもりでアプロディテにもらった冠を穴の外に置いた（……冠を「死の穢れ」とやらで汚したくないとでも思ったのか）。

冥界の宮殿にたどり着くと、ディオニュソスは冥王ハデスに、セメレを神として天上に上げることを求めた。死者の王は、死んだ人間を冥界から去らせることに、まして神とすることに当初難色を示したが、ディオニュソスが葡萄畑で取れた極上の蜂蜜を差し出すと、たちまち要求を認めた。妻ペルセポネが「蜂蜜の花嫁」と呼ばれるくらい、蜂蜜を大好物としていたからである。冥王は后に弱い。

晴れてセメレは、神としてオリュムポス山に迎えられた。名前は、人ではなくなったからか、あるいはヘラにはばかったか、テュオネと改めたけれど。このとき、天に迎えるしるしとして、ディオニュソスがセメレに冠した冠、あの洞窟の前に置いた「穢れていない」冠が、みなみのかんむり座となった。

ただ、この冠はきたのかんむり座の冠であるとも言う。同じ冠なので、話が重なり合い、捻れたのかもしれない。次のきたのかんむり座では、別の冠の話をすることにしよう。

みなみのかんむり座は夏、いて座の「ティーポット」の下の地平線あたりに顔を出す。いて座の足下にあるせいか、射手の頭から滑り落ちた「射手の冠」と呼ばれることもある。北の空に見える（きたの）かんむり座と対にされるのだが、どちらも元は、宝石を散りばめた冠というよりも、草花を束ねて作ったリースが想定されていたようだ。しかし、冠（リース）にあたる半円形を見出すことは、南の冠座が暗い星ばかりで構成されているうえ、その高度も低いため、（北の）冠座にも増して難しいだろう。

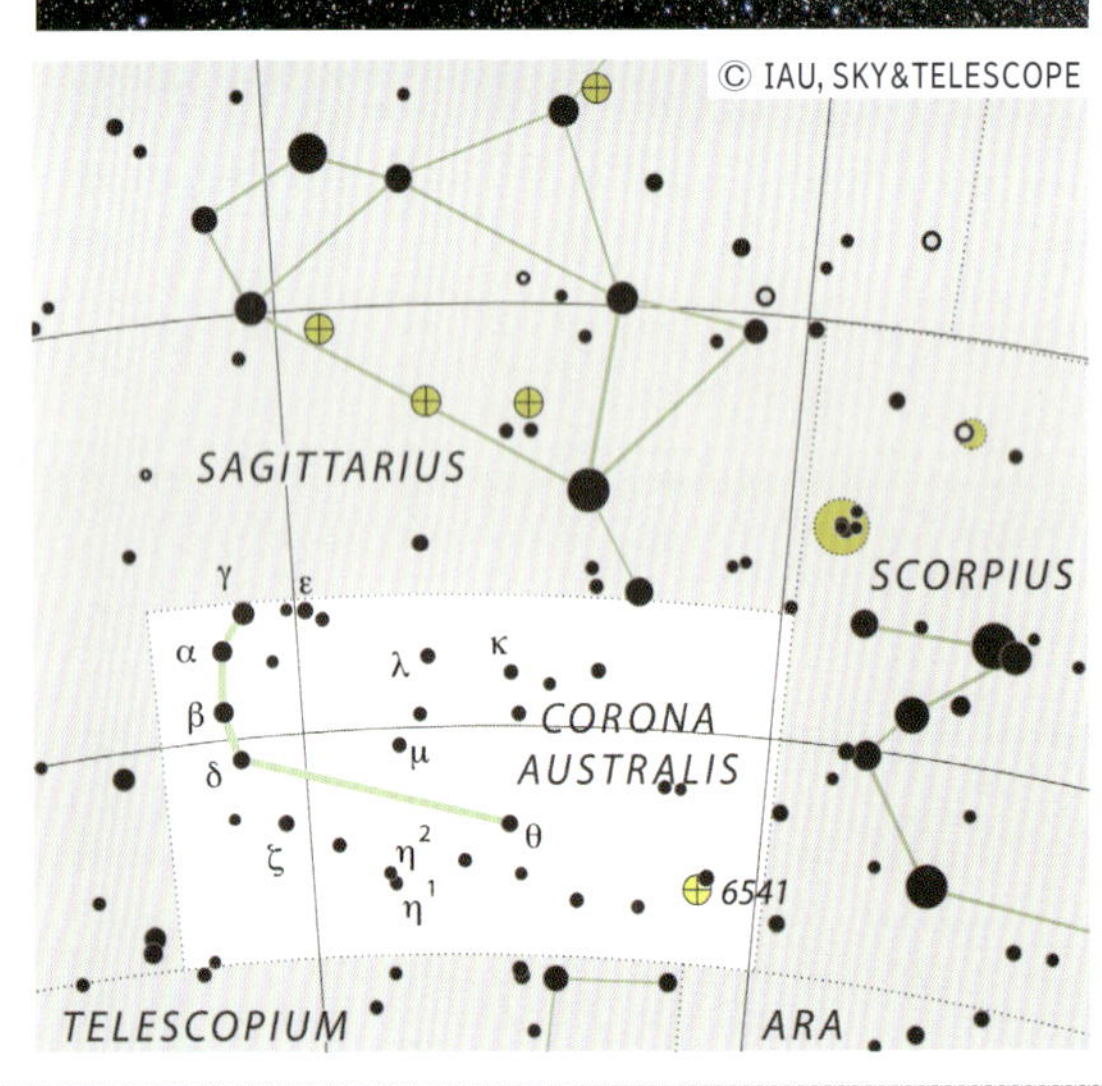

アリアドネとの結婚の冠(しるし)・・・きたのかんむり(かんむり)座

クレタ島の王ミノスにはアリアドネという娘がいた。彼女は豊穣と狂乱の神ディオニュソスの妻となるのだが、神と出会うまでには、心躍る恋と心沈む別れがあった。その物語である。

まずは主人公に登場してもらおう。先の二人ではない。テセウスという名の若者だ。彼は、トロイゼンの王女アイトラとアテナイの王アイゲウスの間の子どもであるが、血縁上の父親は海神ポセイドンであると言われる。アイトラがアテナ神の夢のお告げに従いヒエラ島に渡ったとき、着くや否やポセイドンが彼女と交わったというのだ。彼女はその夜、神託によって島を訪れたアイゲウスとも交わり、テセウスを産んだ。

アイトラがアテナイに移り住むことはなく、テセウスは、トロイゼンの母の下で父を知ることなく育った。幼いころは少女と見まがうほど可憐だったが、そのことをからかった屋根工事の職人たちに、傍(かたわ)らにいた牛を彼らのいる屋根よりも高く放り上げてみせるほどの、剛健な若者に育った。そして十六歳のとき、母から父の話を聞き、アイゲウス王に王子として認めてもらおうと、陸路でアテナイに向かった。その道中で、残酷なやり方で旅人を殺していた多くの盗賊や殺人鬼を、彼らと同じやり口で成敗している。

すなわち、鉄棒で襲って金品を奪い取る者は、その棒で打ちのめし、二本の撓(たわ)めた松の間に人をつないで体を裂く者は、その松で引き裂き、高い崖から海に突き落として殺す者は、その崖から海に投げ込み、レスリングに誘って絞め殺す者は、その首をへし折り、寝台に合わせて手足を伸ばしたり切ったりする者は、その手足を切り落としたのだ。また、これは人ではないが、近隣を荒らしまわる牝猪も仕留めた。

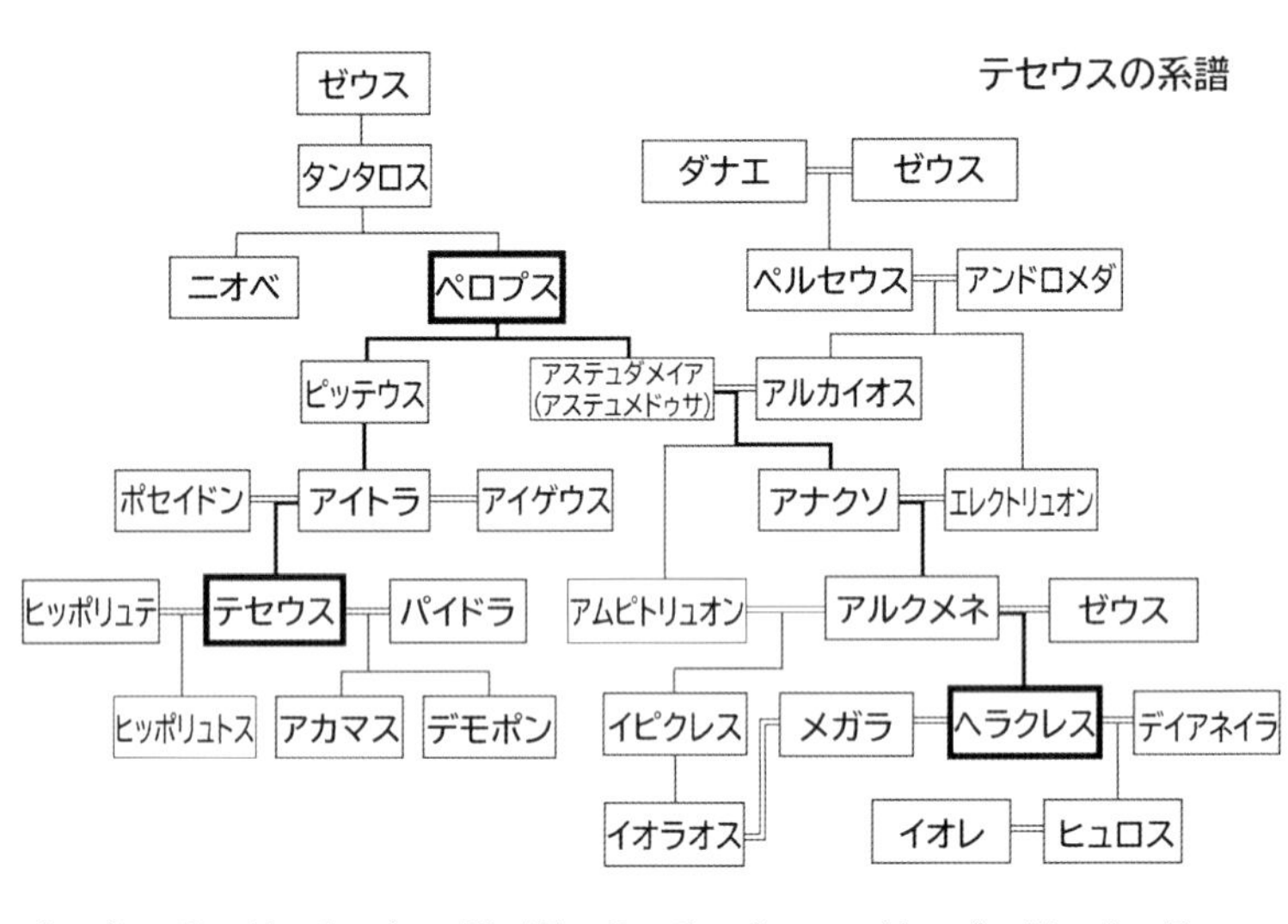

このあたり、テセウスはヘラクレスを強く意識している。ヘラクレス一の英雄はあちらこちらを旅するなかで、多くの悪人を、悪人のやり方でやり返して退治しているが、テセウスはそれと同じことをしたのだ。ヘラクレスも自分と同じく、神々に愛されたペロプスの末裔であるということも、その理由だろう。この意識は、テセウスがまだトロイゼンにいたころに始まる。

或る日、ヘラクレスが王宮を訪ねてきた。客間では歓迎のための子どもが大勢待っていた。ヘラクレスは子ども好きなのである。俺は遊んでいるのだよ、いつも苦労の合間に息抜きをするのが好きなのだ——と、子どもたちとよく戯れていた。客間に通されたヘラクレスは、鎧代わりの獅子の皮を脱いだが、床に置かれた獅子の皮は生きているとしか思えないような鋭い目つきで周りを睨(にら)んでいた。その目に怯えて、部屋にいた子どもたちがみな逃げ出したにもかかわらず、ただ一人幼いテセウスは、そばにいた番兵の斧を取ると、その斧を獅子の頭に振り下ろそうとした。その様子を見たヘラクレスは、豪快に笑うと、テセウスを片腕で抱き上げ、大きな手でその頭を撫でた。そのときから、テセウスにとってヘラクレスは、憧れの人であり、乗り超えたい人になったのだった。

　話を戻そう。テセウスはアテナイの宮殿に着いた。国王は正体を知らず一人の若者として迎えたが、王后は知っていた。彼女はあの、魔術に秀でたメディアだった（アルゴ座参照）。イアソンと別れた後、アテナイ王の后となり、王子メドスを生んでいた。彼女の企みで、若者はマラトンの猛牛退治を命じられた。食い殺されるように謀られたのだ。しかし王后の目論見は外れ、彼は牛を倒した。やむを得ず開いた祝宴で次にメディアは、若者が王位を奪おうとしていると夫をだまし、若者に毒入りの酒を飲ませようとした。アイゲウス王が酒杯を若者に渡したとき、王は彼の腰の刀が気になったので、その由来を尋ねた。若者は杯を傾けかけていたが、手を下ろして、その刀が父の残していったものであること、とある大きな岩の下から取り出したものであることを告げた。すると王は若者の手から、杯を払い落とした――それは私が息子のために用意した刀だ。そして、若者の顔をまじまじと見た後、両の腕で強く抱きしめた。王の背後では、王后が憎々しい目で二人を眺めていた。王は振り返ると、はっきりとした声で言った――これは私の子、テセウスだ。それを亡き者にしようとしたおまえは許せない。命だけは助けてやるから、どこへなりと出ていけ。メディアは一瞬、どこか寂しそうな薄ら笑いを浮かべると、みなに背を向け、広間から出ていった。我が子を連れ、故郷のコルキスへ帰ったのだと言われる。一方、アイゲウス王は部屋にいるみなに宣言した――テセウスこそ正当なアテナイ王の後継者である。

　ところでこのころ、アテナイはクレタの国に貢ぎ物をしていた。かつてクレタ王の息子アンドロゲオスがパンアテナイア祭の競技会に来て優勝したとき、当時のアテナイ王は王子の力量を認めて、先の猛牛を退治することを依頼したのだが、これを受けてマラトンに出向いたクレタ王子は牛を倒せず、逆に自分の命を落とすことになってしまった。その報せを聞いて悲嘆し激怒したクレタ王は、精鋭を集めた軍隊をアテナイに送り、その軍を散々に打ち破った。その結果、それ以降、アテナイはクレタに貢ぎ物を贈らねばならないことになったのである。

貢ぎ物とは、七人の少女と七人の少年である。クレタの王宮にはラビュリントスと呼ばれる迷宮があり、そこに住むミノタウロスには生贄が必要だったからだ。このミノタウロスは、王后パーシバエが生んだ子である。アステリオンという名があるにもかかわらず、「ミノスの牛」と呼ばれて怪物扱いされ、迷路の奥深く閉じ込められていた。それは、彼が、首から下は人間で頭は牛という異形で生まれてきたためである。かつてミノスが王座に就いたとき、祭儀で神々に捧げるための牡牛をポセイドン神に求めたところ、贈られたのは白い輝きを放つ美しい牛だった。王はその命を奪うのが惜しくなり、別の牛を祭壇に供してしまった。これに腹を立てた神は牡牛に対する欲情をパーシバエに抱かせた。牡牛の麗しさに魅入られた王后は工人ダイダロスに命じて、牝牛そっくりのからくりを作らせ、その中に入って牡牛と交わった。そして生まれたのがミノタウロスなのである。生まれた子を見たミノスがやはりダイダロスに命じて、一度入った者は二度と出られない迷宮ラビュリントスを造り、その奥に押し込めていたのだった。

アテナイの若者の命が奪われること、父がそれを受け入れていることに憤りを感じたテセウスは、その元凶であるミノタウロスを倒そうと自ら願い出て、父王が止めたにもかかわらず、十四人のうちの一人となった。少年少女を運ぶ船には国民の悲しみを表す黒い帆が張られていたが、無事に帰ってきたときには白い帆を張るように、王は命じた。そして、出航する船を王宮のバルコニーから見送った。

重苦しい航海の後、船はクレタに着いた。テセウスを含む若者たちはまず王宮に連れてこられ、奉納のために開かれた競技会に参加させられた。この競技会で、テセウスは出場したすべての種目において、第一人者と目されていたクレタの将軍タウロス（「牛」の意）を破り、勝者となった。これを観客席から見ていた王女アリアドネは、彼の強さと凛とした佇（たたず）まいに、たちまち恋に落ちた。彼をなんとか助けたい、決して抜け出せないと言われるラビュリントスから救い出す方法はないかと、ダイダロスから脱出方法を聞き出した。そして、迷宮の入口にテセウスたちが並ばされたとき、彼にこっそりと手紙と短剣と、そして細い糸が巻き付けられた糸巻きを手渡した。どんな迷路であろうとも、伸ばしていった糸を逆にたどれば、元の入口に戻ることができる。兵士たちに見つけられぬよう手紙を読んだテセウスはこっそりとアリアドネの瞳を見つめて、ゆっくりとうなずいた。一行が迷宮に入るとき、兵士が背中を向けた隙に、テセウスは糸の端を入口の扉に結びつけた。そして、糸を伸ばしながら、奥へ奥へと入っていった。

たどり着いた一番奥の部屋にミノタウロスはいた。その姿を見て、他の若者たちが悲鳴を上げ、逃げ惑うなか、テセウスは短剣を抜くと挑みかかった。テセウスが剣をふるえば、ミノタウロスは角で突き返す。最後は素手の取っ組み合いになり、テセウスは牛の角を折り取って、その胸に突き刺し、ミノタウロスを倒した。恐ろしさのあまり抱き合ってただ震えていた若者たちは、歓声を上げた。

　後は、迷宮を脱出するだけである。伸ばしてきた糸を頼りに、一行は迷路を駆けた。ラビュリントスの外に出た。慌てて駆けつけてきた兵士たちを倒しながら、最後には、競技会で敗れた恥をすすごうと立ちはだかった将軍タウロスをも再び倒して、テセウスたちは船へと走った。港にはアリアドネが待っていた。テセウスはアリアドネを一瞬見つめると、笑顔で船に乗せた。こうしてアテナイの青年たちは無事に国へ帰ることとなったのである。

しかし、この恋は悲しい結末を迎える。帰路、ナクソス島に立ち寄ったとき、テセウスは夢の中で、アリアドネはアテナイに悲しみをもたらす、という神のお告げを得た。彼女は自分たちアテナイ人を助けてくれた人だ、その人がなぜアテナイに悲しみをもたらすというのか……。随分と悩んだけれども、最後は神の言葉が勝った。テセウスはアリアドネを島に置き去りにして、アテナイへと帰っていったのだ。悲しい気持ちで帰った彼は、白い帆に替えることを忘れてしまう。港に入る黒い帆の船を見たアイゲウス王は、息子がミノタウロスに殺されたものと思い、絶望して海に身を投げた。それ以降、その海は「アイガイオン海(アイゲウスの海。エーゲ海のこと)」と呼ばれるようになった。

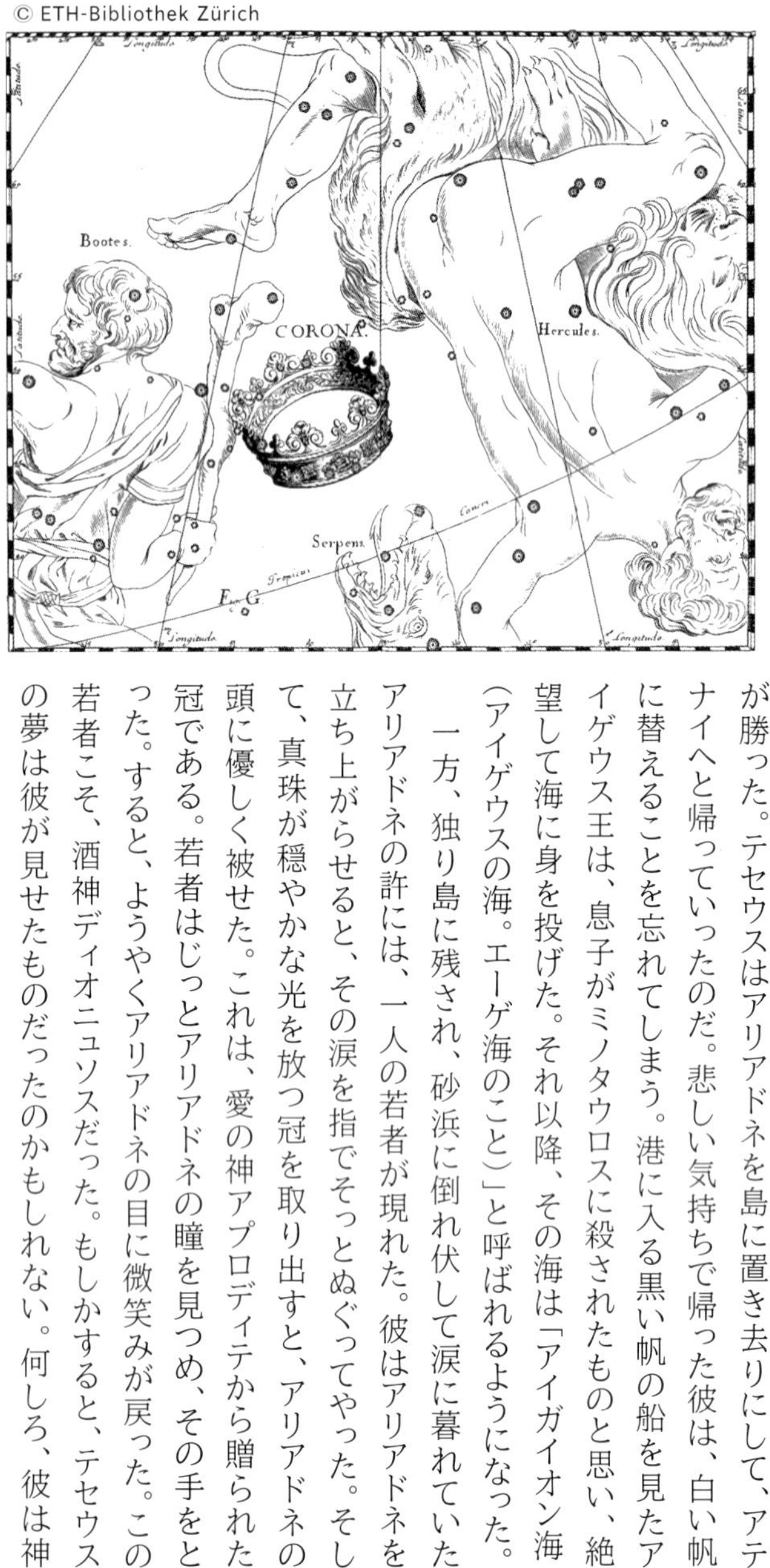

一方、独り島に残され、砂浜に倒れ伏して涙に暮れていたアリアドネの許には、一人の若者が現れた。彼はアリアドネを立ち上がらせると、その涙を指でそっとぬぐってやった。そして、真珠が穏やかな光を放つ冠を取り出すと、アリアドネの頭に優しく被せた。これは、愛の神アプロディテから贈られた冠である。若者はじっとアリアドネの瞳を見つめ、その手をとった。すると、ようやくアリアドネの目に微笑みが戻った。この若者こそ、酒神ディオニュソスだった。もしかすると、テセウスの夢は彼が見せたものだったのかもしれない。何しろ、彼は神

なのだから。

ディオニュソスは杯に神々の酒ネクタルを注ぐと、アリアドネに差し出した。これに彼女が口をつけ永遠の命と若さを得て、二人はめでたく夫婦となった。二人の結婚を祝して、冠が空に上げられ、星座となった。そこにはやはり真珠が輝いている。


以上がきたのかんむり座の謂れなのだが、ちなみに、ミノタウロスとアリアドネを失ったミノス王は、王女にラビュリントスから抜け出す方法を教えたダイダロスを、その息子イカロスとともに、迷宮に閉じ込めた。もちろん糸巻きは取り上げて、である。だが、ダイダロスは匠の神へパイストスに迫るほどの腕を持つ工人である。どこから集めたのか知らないが、羽根と膠から翼を作り上げると、迷宮の中心にある塔から空へと飛び立った。

当然、イカロスも一緒である。ところが彼は、さすがに若い。飛んでいるうちに、逃げていることを忘れ、飛び回るおもしろさに心を奪われてしまった。父から、高く飛ぶと太陽の熱ゆえに膠が溶ける、低いと海の湿気を吸って羽根が剝がれる、中空を同じ高さで飛べ、と言われていたにもかかわらず、どんどんと高みへ上っていった。案の定、見上げれば芥子粒ほどの大きさになったとき、膠が溶け出して翼がばらばらになり、イカロスは真っ逆さまに海面へ……。逃げおおせたのは父だけだった。

だが、ミノスの追跡は終わらない。巻貝に糸を通したものには褒美を与えるというお触れを出したのだ。名人ダイダロスならこういう難題には答えずにはいられないと踏んだのである。すると、カミコスの王コカロスが応じてきた。ミノスがカミコスの王宮を訪れ、コカロスに巻貝を渡すと、彼はいったん別室に下がり、再び現れたときには、糸の通った巻貝を手にしていた。ミノスはほくそ笑んだ。狙いどおりだ。こんなことができるのはあの名匠をおいて他にはない。ダイダロスを引き渡していただきたい、さもなくば精強なクレタの軍隊をカミコスに差し向ける、とミノスはコカロスを脅した。

実際、彼はダイダロスを匿っていた。別室で、貝の先端に穴を開け、その先に蜜を置き、蟻に糸を結びつけて貝の中に入れたのはダイダロスである。これ以上ごまかすことはできない。コカロスは引き渡しを約束し、宴席を用意した。その前にとミノスに風呂を勧めたが、今度はコカロスの罠だった。ミノスが服を脱いで湯船に浸かろうとしたとき、コカロスの娘たちが短刀を手に、一斉に襲いかかり、彼を亡き者にした。クレタは強力な王を失ったのである。

もう一つちなみに、アリアドネと別れ、アテナイに帰ったテセウスのその後についても触れておこう。彼はアマゾンの女王の妹アンティオペと結婚し、一子ヒッポリュトスを得た。しかし、妻を早くに亡くしたため、新しい妻を迎えることになったのだが、その女性パイドラはなんとクレタの王女だった。つまり、棄てた女の妹を妻にしたのである。姉アリアドネの面影があったからだろうか。クレタからしても、怪物とはいえ王子を殺し、王女をさらい、王の死の遠因となった男に嫁がせたのである。結婚話を進めたのは、ミノス王の跡を継いだ息子デウカリオン（プロメテウスの子であるデウカリオンとは別人）だったけれど、事件の後、彼はテセウスと親しくなっていたのだ。意見のすれ違う親子だったということだから、父とは反対の態度をとったのだろうか。腑に落ちにくい話ではある。しかし、そういうものだ。

テセウスの新しい妻パイドラは、母パーシパエ、姉アリアドネに続いて、悲しい恋をした。先妻の子ヒッポリュトスに魅かれたのである。だが彼は純潔のアルテミス神に憧れる身、パイドラを厳しく拒む。意趣返しで彼女は、息子に迫られたとテセウスに嘘をつく。怒った王は王子を追放し、なんと、その死をポセイドン神に願う。ヒッポリュトスは馬車で国を出るが、海神が送った怪物に驚いた馬が暴走したため、転落して命を落とす。その報せを聞いて悔いたパイドラは王に真相を明かし、自ら命を絶つ。テセウスはアスクレピオスに頼んで、息子を生き返らせてもらう（死者を蘇らせたアスクレピオスはゼウスに命を奪われる）。しかし、蘇生した息子は父に背く。国を離れ、一生戻ることはなかった。

長男を失ったテセウスの晩年は、前半生を反転させたように寂しいものとなる。詳しく語る時間はないが、国を空けた隙に、さらわれた妹ヘレネを取り戻しに来たディオスクロイの軍に敗れるなどして国民の信頼を失い、王位を奪われ、他国に逃れるものの、そこの王に高い崖から突き落とされ殺されたのだ。葬儀も営まれず、墓の所在も不明となった。だが、後の時代に全ヘラスとペルシアの大きな戦争が起こったとき、マラトンの野でヘラス兵のなかに、黒光りする甲冑に身を固め、冷たい光を放つ剣を振りかざし、先頭に立ってペルシアの陣に斬り込むテセウスの姿を、多くの兵士が目にしたという。

話の本筋とはまったく関係がないのだが、一つ問題を提起したい。テセウスがクレタ島への航海に使った船はその後も長く使用されたが、長年使えば痛んでくるのはあたりまえのこと。部材が腐ったり壊れたりするたびに、新しいものと取り換えられていった。その結果、船自体の姿は変わらないものの、船を造った当時の部材はすべて新しい部材に置き換えられてしまった。さて、この船を「テセウスが乗った船」と呼んでいいものかどうか……あなたは、どう考える。

（きたの）かんむり座は、春の深夜の東の空、ぼくふ（うしかい）座のアルクトゥルスの左隣にある、半円型を見つけることができれば、それがアリアドネの冠である。ただ、そのα星は「アルフェッカ（欠けた皿）」と呼ばれる。半円を、割れた皿に見立てた呼び方だろう。だが、別名の「ゲンマ（宝石）」の方が、他の星との明るさの違いから、また冠という名称から、ふさわしいように思われる。

隣のヘラクレス座との間には、「グレートウォール」と呼ばれる銀河フィラメント（p35）が発見された。現在知られているなかで最大の、宇宙の大規模構造である。

酩酊・陶酔・狂乱の神・・・こいぬ座

まだ神として人々に認められる前のディオニュソスは、その教えを広めるためにヘラス中を回っていた。彼とその信者たちが初めてアテナイの地を訪れたとき、多くの人々が一行との関わりを避けるなか、イカリオスという男だけが神をもてなしてくれた。そのお返しに、ディオニュソスは彼に葡萄の苗木を与え、その実を醸造して酒を造る方法を伝えた。葡萄酒(ワイン)は彼の教えの鍵となる飲み物だった。

幾年(いくとせ)か過ぎ、育った葡萄から酒を造ったイカリオスは、村の会所で人々に振る舞った。ディオニュソスの教えを広めようとしたのである。しかし、村人たちは葡萄酒を口にするのが初めてだった。その甘さゆえにしこたま飲んだが、酒であるがゆえに、気分が高揚すると同時に、意識が朦朧(もうろう)としてきた。こうなったのは毒を飲まされたからに違いないと、勘違いをした村人たちは、高まった気分のままイカリオスを打ち殺した。けれども、酔いが醒めると恐ろしくなって、死体を人里離れた山中の樹の下に埋め、何もなかったことにした。

イカリオスの娘エリゴネは、父が酒の革袋を持って出かけたまま翌日になっても戻ってこないので、村の人たちに聞いて回った。もちろん、誰も教えてはくれない。そこで、愛犬マイラとともに隣街、川向こう、谷の奥、林の中と、眠ることなく食べることなく探し回った。だが、七日七晩たっても父は見つからない。村から遠く離れた山まで来て、彼女は疲れ果て、切り株に腰を下ろし、途方に暮れていた。そこへ、先に行っていたマイラが駆け戻ってきた。エリゴネの袖をくわえて、一本の樹の下に引っ張っていった。そして、悲しい声で鳴き始めた。もしやと思って、彼女がその樹の根元を掘り返すと、そこにはもう目を開けることのない父がいた。絶望したエリゴネは、その樹に縄をかけ、縊(くび)れて死んだ。マイラも、その場を動くことなく死んだ。

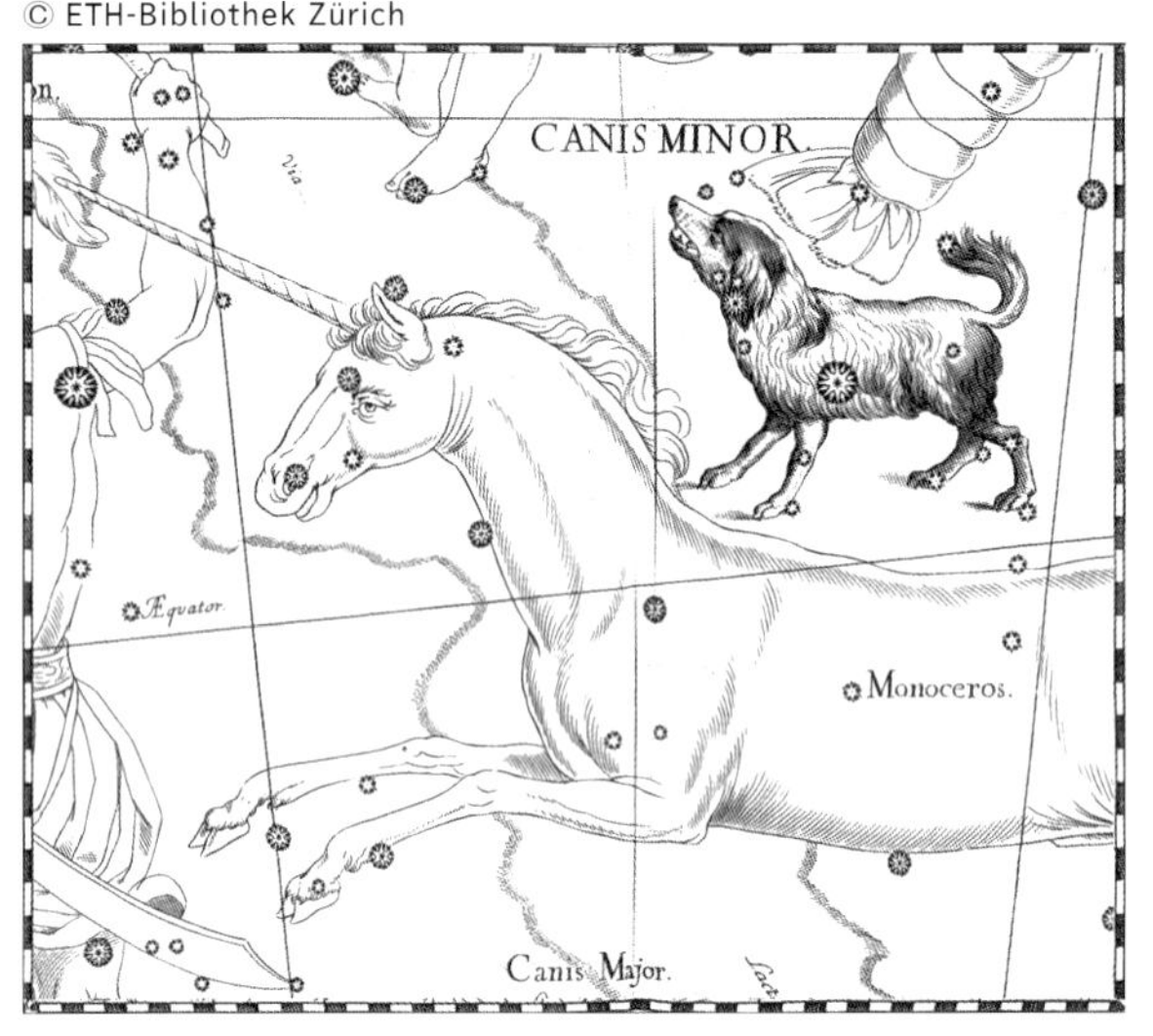

イカリオスとエリゴネ、そしてマイラの死を知ったディオニュソスは激しく怒り、アテナイの女たちを狂わせた。女たちは叫び声を上げながら街中で暴れ回ったあげく、みな首を吊って死んだ。さらなる不吉を感じたアテナイの人々が神託を求めると、神は、イカリオスとエリゴネをないがしろにした罰であるという。そこで人々は、イカリオスを打ち殺した村人たちを樹から吊るし、エリゴネのための祭りを毎年開くことを神に約した。祭りでは、多くの人形が樹からぶら下げられるという。マイラの方は、ディオニュソスによって星とされた。それが「犬の星」である。

これをこいぬ座とする者も、シリウス星だとする者もいる。ついでに言うと、エリゴネがおとめ座でイカリオスがぼくふ座だとするときもある。しかし、酒神ディオニュソスのせいで酔っ払っていたときに聞いた話なので、私にはどれが本当の話なのかよくわからない。こいぬ座に関しては、オリオン座に付き従う位置にあるから、オリオンの小犬と言っておけば、外れはないのだが。

ディオニュソスは酒を手段として用いる陶酔の神である。だが、酩酊（めいてい）はときに狂気をもたらす。その話をいくつか語ることにしよう。

リュクルゴスが王であるエドノス人の国トラキアを、ディオニュソスは訪れた。彼の行脚には、野獣のような山野の精サテュロスたちや、狂ったように浮かれ踊る女信者マイナスたちがつきものだったが、一行が城門をくぐったとき、王は彼らを捕らえ、牢につないだ。サテュロスは、遊戯を好み色を好むが、悪を企むような力はない。マイナスは、狂気を帯びて踊り回るが、自ら罪を犯すようなことはない。しかし、理解できないものは危険なものであるとして、王は取り締まったのである。そして、まだ若いディオニュソスには侮蔑の言葉を浴びせかけたうえで、国外へ追放した。ディオニュソスは、海の老賢者ネーレウスの娘テティスの許にいったん逃れたが、落ち着きを取り戻すとエドノスに戻り、逆にリュクルゴス王の目から光を奪い、気を狂わしめた。王は捕らえたサテュロスやマイナスたちを解き放つと、彼らとともに舞い踊ったあげく、それを止めようとした息子ドリュアスを葡萄の樹だと思い込んで、その頭に斧を振り下ろし、その手足を枝だと思って切り落としたのだ。それが原因だろうか、その年は国中で穀物が実らなかった。人々が集まって神意を問うたところ、狂えるリュクルゴスを王座から除けとの神託が出た。人々は王を山まで引っ張っていくと、丸太に縛り付けて転がし、馬で踏みつぶしたという。

ティリュンス王プロイトスの娘たちは、ディオニュソスの祭礼を受け入れなかったため、みなディオニュソスによって狂わされた。蔦の冠をつけ、獣の皮だけを身にまとい、生肉を食らって、山野を踊り歩いて回った。メラムプスという予言者――鳥の声から未来の出来事を知って、機会を待つために一年間牢で過ごすような、したたかな予言者――が薬と浄めで治療しようと王に申し出たが、報酬として王の権利の三分の一を求めたので、王はこれを断った。しかし、娘たちの狂気はますます昂じ、国中の女たちまで巻き込んでいった。家を棄て、乳飲み子を殺し、その肉を食らい、荒地をさまようバッケー（バッコス＝ディオニュソスの供の女。マイナスのこと）たち。やむを得ず、王はメラムプスに任せてみることにした。だが、今度の報酬には、彼の兄弟ビアスにも彼と同じだけの国土を譲ることが付け加えられてしまった。狡猾な予言者は屈強な若者を集めると、彼らとともにバッケーを追い、その間に治療を施していった。その結果、王の長女は死んでしまったものの、あとの娘たちは正気に戻ることができた。プロイトス王はメラムプス兄弟に、国土だけでなく、娘たちをも妻として与えなければならなかったという。

オルコメノス王ミニュアスには三人の娘がいた。みな勤勉な質であったため、酔うことをよしとせず、酔い痴れるマイナデス（マイナスたち）を罵ったことがあった。それを知ったディオニュソスは少女に姿を変えて三人の許を自ら訪れ、祭儀に加わるよう伝えた。けれども、彼女たちは機を織るばかりで、話を聞こうとしなかった。そこで神は牡牛、獅子、豹と変身して娘たちを驚かし、加えて彼女たちの織機に木蔦をからみつかせ、籠には蛇に巣を作らせ、天井からは葡萄酒を滴らせた。だがそれでも、娘たちはディオニュソスに従わなかった。ついに神は、彼女たちに狂気を送った。すると三人は、一人の娘の幼い息子を仔鹿と思い込んで引き裂くなど、狂態を演じながら山に入っていった。だが、そこではマイナデスに追われることとなり、逃げる三人はそれぞれ、蝙蝠、梟、木菟に変わって飛び去ったという。

ペンテウス王のテーバイを訪れたとき、バッケーたちは国の女たちを巻き込み、キタイロンの山へと連れ出した。ディオニュソスが杖で大地を突き刺すと、葡萄酒が泉のごとく湧いた。常春藤を巻き付けた杖からは、甘い蜜が滴り落ちた。それを口にした女たちは牛を素手で八つ裂きにし、その肉を生のまま食らった。牧人が槍で突いても、女たちの体から血は出ない。逆に女たちは牧人を襲って、その血を蛇になめさせた。

　王は山を兵で取り囲み、人の出入りができないようにした。だが、ディオニュソスのもたらす陶酔はたやすく囲みを乗り越える。王の母アガウエやその姉妹イノとアウトノエもバッケーとなり、山へと去った。ペンテウス王は、母と叔母を連れ戻すべく、自ら山へ出向かなければならなかった。実は、アガウエとイノ、アウトノエはディオニュソスの母セメレの姉妹である。つまりペンテウスはディオニュソスの従弟なのだ。しかし、陶酔の神の狂気は、血のつながりなどものともしない。「人間にとってこれほどに優しい神も、またこれほどに恐ろしい神もいないことを思い知れ」。狂わされた心で息子・甥を野獣だと思い込んだ母と叔母たちは、ペンテウスの四肢を引き抜き、骨の見えるほど肉を抉り、その肉を投げ合って戯れたという。

　ディオニュソスは、平穏平板なアポロン像を好む者たちにとっては、恐ろしい神である。彼らに受け入れることができるのは、せいぜい次のような話くらいのものだろう。

　プリギュアの王は、「王様の耳は驢馬の耳」の話で知られたミダスである。ディオニュソスとの関わりを話す前に、なぜ驢馬の耳になったかを話しておくと……あるとき、アポロン神とパン神が笛の技を競った。その審判に、トモロス神と一緒に加わったのがミダス王である。トモロスがアポロン優勢と見たのに対し、ミダスはパンの方が上だと主張した。神の格でいけば、主神ゼウスの子である「輝ける君」アポロンの方が、額に角を生やし山羊の蹄を持つ家畜の神パンよりもずっと上である。怒ったアポロンは理不尽にもミダスの耳を、愚かな耳だとして、驢馬の耳に変えてしまったのだ。

　このミダス王のディオニュソス神との関わりは、彼の従者を一人、助けたことに始まる。神の一行のなかには、マイナスたち、サテュロスたちの他に、「シレノス」と呼ばれる毛むくじゃらだが豊かな智恵を持った老人がいた。彼が一行からはぐれてしまったとき、ミダスが手厚くもてなし、一行の許まで送り届けてやったことがあったのである。このことに感謝したディオニュソスは、望みを一つ叶えてやることにした。ミダスが望んだのは、触れる物すべてが黄金となることであった。神は笑ってうなずいた。

　ミダスが王宮に戻り、玉座に触れると、途端にそれは黄金の椅子となった。王の印を持てば黄金の印となり、印を押す紙までが黄金色に輝いた。これで国の富は保証されたと王は思ったのだ……が、この能力はたいへんな不都合でもあることに気づくのに時間はかからなかった。夕食となって、パンをちぎると、それは黄金のパンのかけらになり、肉に触れれば肉の形の黄金になり、林檎を持ち上げれば黄金の林檎になった。このままでは食事をとれない。ということはつまり、飢え死にしてしまう。

　慌ててミダス王はディオニュソス神に、この特殊な能力を消し去るよう願った。神は笑い声を上げると、王をパクトロス河に連れ出し、河の水で体を洗わせた。すると、河は金色になって流れるようになり、そのかわり、ミダスが物に触れても、その物が黄金に変わることはなくなったという。

　ディオニュソスを理解可能な神にしてはならない。彼はすべての壁を壊すのだ。壁を壊すことを望む、その思いまで壊してしまう。創造のためにはそれに耐えなければ、という思いさえ壊してしまう。

こいぬ座はα・β星以外に明るい星のない小さな星座である。だから、冬の寒空にいくら眺めていても、犬の姿は浮かんでこない。しかし、薄黄色のα星「プロキオン（犬の前）」は、オリオン座のベテルギウス、おおいぬ座のシリウスとみごとな冬の大三角を描いている。「犬の前」という名であるのは、季節の境目を告げる犬の星シリウスの前触れとして昇ってくるからである。シリウスが大犬とされたので、それと対になる小犬とされ、二匹ともオリオンに従う猟犬と見なされるようになった。β星が「ゴメイサ（涙ぐんでいるもの）」というのは、元はα星の名で、シリウスの輝きに負けているせいだという。

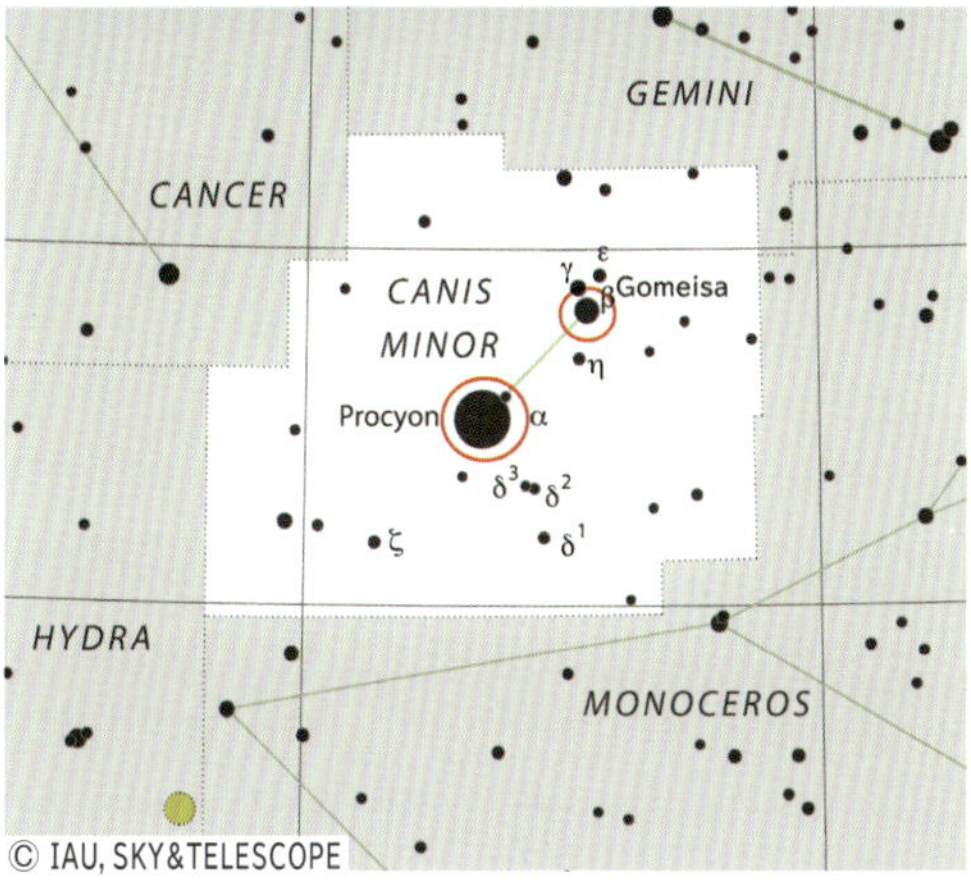

© IAU, SKY&TELESCOPE

春の星空

北の空に北斗七星を探せば、柄杓の形は、すぐに見つけることができるだろう。

北斗七星から春の大曲線を使って、橙色のアルクトゥルスを見つける。**ぼくふ（うしかい）座**の腰あたりである。さらに大曲線を伸ばして純白のスピカを見つける。**おとめ座**の手にする麦の穂である。さらにさらに伸ばして帆の形を見つけると、それが**からす座**である。帆の西隣に見えるのが、台つきの盃の形をした**しゅはい（コップ）座**で、烏と酒杯の南に見える星々をつないで西へ伸ばしていくと、**ヒュドラ（うみへび）座**の頭の小さな五角形に出会う。だが、烏以外の二星座は、形を捉えにくいだろう。

牧夫の東隣には、星が一つだけ明るい半円形が見える。**（きたの）かんむり座**である。

アルクトゥルス、スピカから春の大三角を使って、白色のデネボラを見つける。ここが獅子の尾で、尾の西に見える疑問符記号「?」を裏返しにした形が上半身である—**しし座**。そして、記号の点の位置に白く輝くのがレグルス。デネボラから「春のダイアモンド」を使えば、コル・カロリも見つかる。

レグルスのさらに西を見て、いったんカストルとポルックスが並んでいるところまで行き、そこから行きの半分ほど引き返したあたりをよく見れば、星がぼんやり群がっている場所がある。プレセペ星団である—**かに座**。次に、レグルスから真っすぐ南に向かうと、北半球なら地平線あたりに**アルゴ座（とも・ほ・りゅうこつ座）**がある。その主星カノープスは北の緯度の低い地域でないと見られない。南の空が開け、地平線に明かりのないところで、おおいぬ座が真南にくるころ、そこから視線を地平線近くに落としたときに赤みがかった星を見つけることができれば、それがカノープスである（p240）。

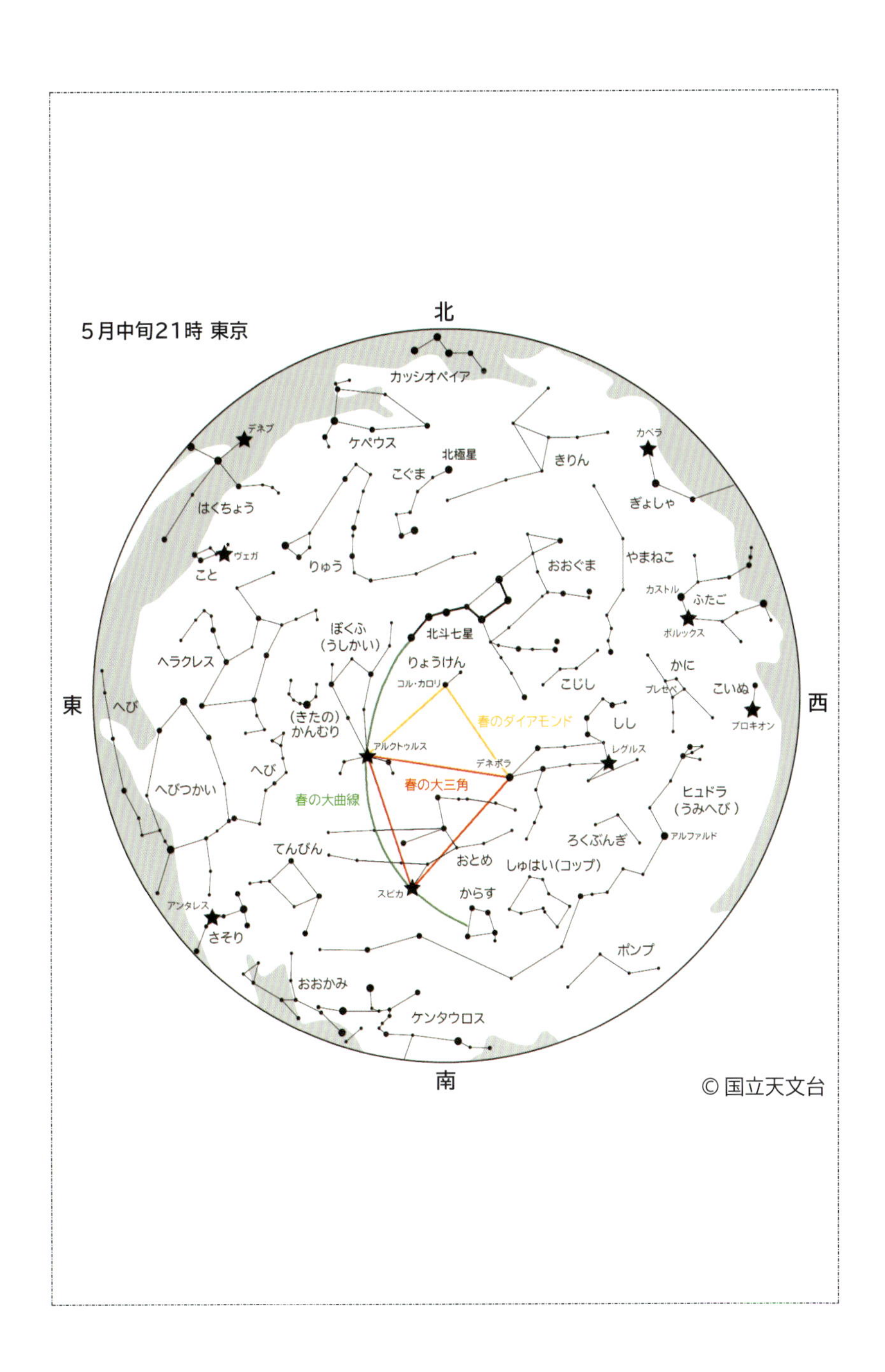
5月中旬21時 東京
北
東
西
南
カッシオペイア
ケペウス
デネブ
はくちょう
こぐま
北極星
きりん
カペラ
ぎょしゃ
ヴェガ
こと
りゅう
おおぐま
やまねこ
カストル
ふたご
ポルックス
ぼくふ
(うしかい)
北斗七星
りょうけん
ヘラクレス
へび
コル・カロリ
こじし
かに
プレセペ
こいぬ
プロキオン
(きたの)
かんむり
春のダイアモンド
しし
アルクトゥルス
レグルス
デネボラ
へび
へびつかい
春の大三角
春の大曲線
ヒュドラ
(うみへび)
アルファルド
ろくぶんぎ
てんびん
おとめ
しゅはい(コップ)
スピカ
からす
アンタレス
さそり
ポンプ
おおかみ
ケンタウロス
© 国立天文台

夏の星空

天頂を見上げると、天の川の中に白く明るい星が浮かんでいる。デネブである。それを頂点の一つとして、天の川に浸かる十字の形が**はくちょう座**である。

十字架の縦棒から目を南にやると、青白いアルタイルを真ん中にした三ツ星が見つかる—**わし座**。鷲から少しだけ十字の方向に戻ると、小さいYの形が見える—**や座**。鷲の東隣には小さい菱形がある—**いるか座**。アルタイルの、天の川の向かい岸に、青白いヴェガがあるが、そのそばには小さい平行四辺形がある—**こと座**。三星座とも小さいけれど、小さくまとまっているせいか、思いの外わかりやすい。

琴の西隣に、大きなHの形があるが—**ヘラクレス座**、こちらの方がわかりにくいかもしれない。その南には、大きな将棋の駒の形がある。そして、駒の底面から左右に長く星の線が延びているのだが、これもたどりにくい—**へびつかい座**と**へび座**。

夏の大三角のデネブとアルタイルを結ぶ線を地平線に向けて伸ばしていくと、南斗六星が見える—**いて座**。射手の足下には半円形の**みなみのかんむり座**がある。射手の西側には、赤いアンタレスを真ん中にした三ツ星があり、三ツ星を含めてS字の形が見える—**さそり座**。その西隣には**てんびん座**がある。蠍のずっと南には、蝶番の形がある—**さいだん座**。射手と蠍以外は、その形を捉えづらいだろう。

蠍のさらに南には**おおかみ座**と**ケンタウロス座**があるが、どちらも北緯の高い土地では全体像を見ることができない。ケンタウロス座には一等星が二つ（リギル・ケンタウルスとハダル）あり、その近くには（みなみ）じゅうじ座も見えるのだが、かなり南下しない限り、どちらも地平線の下である。

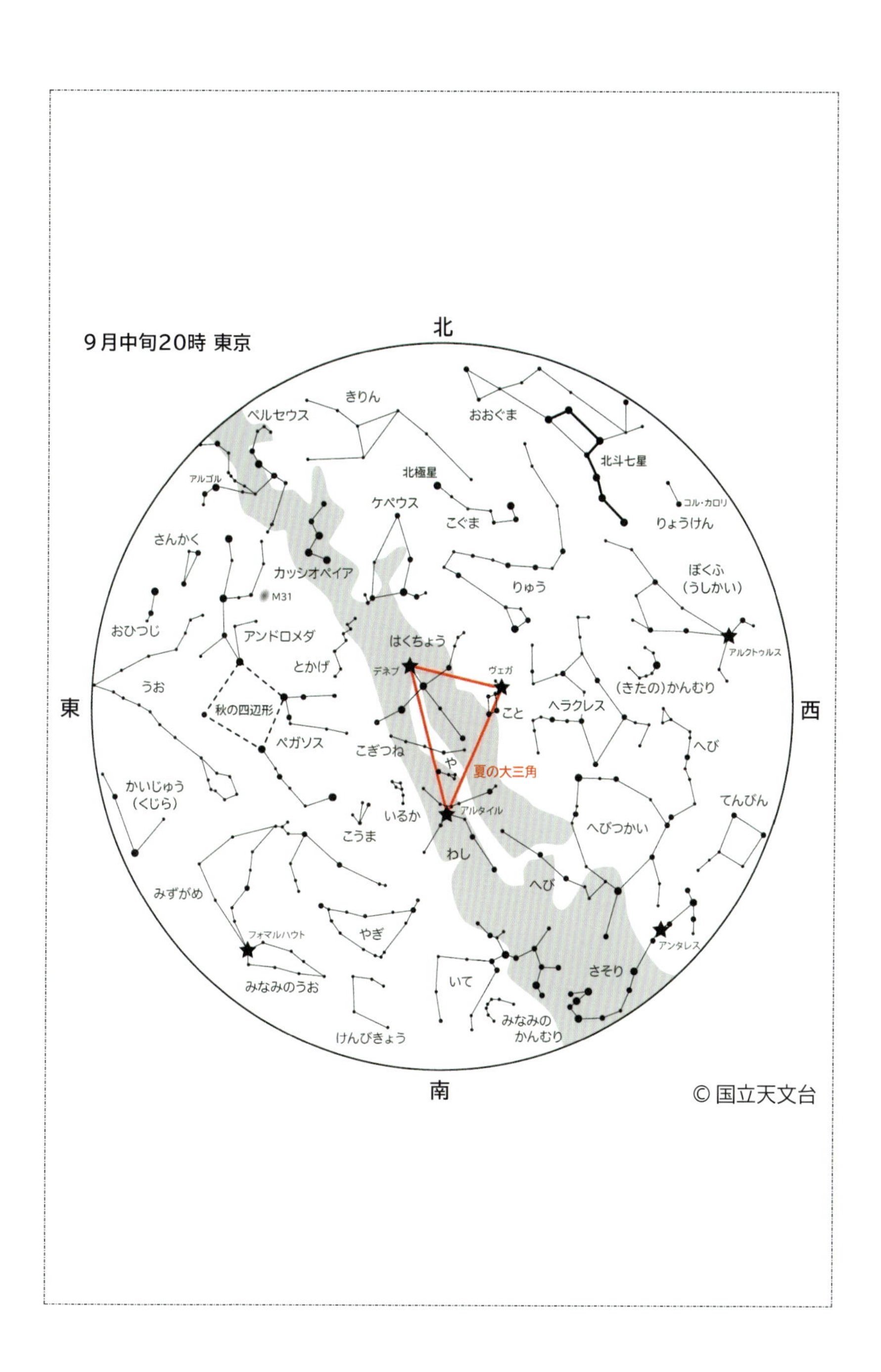

9月中旬20時 東京
北
南
東
西
きりん
ペルセウス
おおぐま
北斗七星
アルゴル
北極星
ケペウス
こぐま
コル・カロリ
りょうけん
さんかく
カッシオペイア
りゅう
ぼくふ
(うしかい)
M31
おひつじ
アンドロメダ
はくちょう
アルクトゥルス
とかげ
デネブ
ヴェガ
(きたの)かんむり
うお
秋の四辺形
こと
ヘラクレス
ペガソス
こぎつね
へび
や
夏の大三角
かいじゅう
(くじら)
てんびん
いるか
アルタイル
こうま
へびつかい
わし
みずがめ
へび
フォマルハウト
やぎ
アンタレス
さそり
みなみのうお
いて
みなみの
かんむり
けんびきょう
© 国立天文台

英雄たちの話

☆世に聞こえた主人公たち☆
アタマス家の惨劇・・・おひつじ座

ボイオティアの王アタマスが、我が子プリクソスを生贄に供しようとしたときのこと、ゼウスは、空飛ぶ黄金の羊を遣わして――これは、かつて羊に姿を変えたポセイドン神とトラキアの王女テオパネが交わって生まれた神の羊である――プリクソスをその妹ヘレとともに逃がそうとした。

　祭壇で神官が神々に祈りを捧げた後、まさにプリクソスの首が刎(は)ねられようとした瞬間、あたりに突然の靄(もや)が立ち込めた。衆人がざわめき、役人たちが慌てるなか、羊は姿を現した。そして兄妹を背に乗せると、一瞬のうちに、人の目の届かぬ高さまで舞い上がった。羊は東へと向かったが、あまりに空高くを飛んだので、下を見たヘレはめまいを起こし、思わず羊の背から手を放してしまったため、海に落ちて死んだ（ポセイドンが助けたという話もある）。彼女が落ちた海は、後に「ヘレスポントス（ヘレの海）」と呼ばれるようになった。

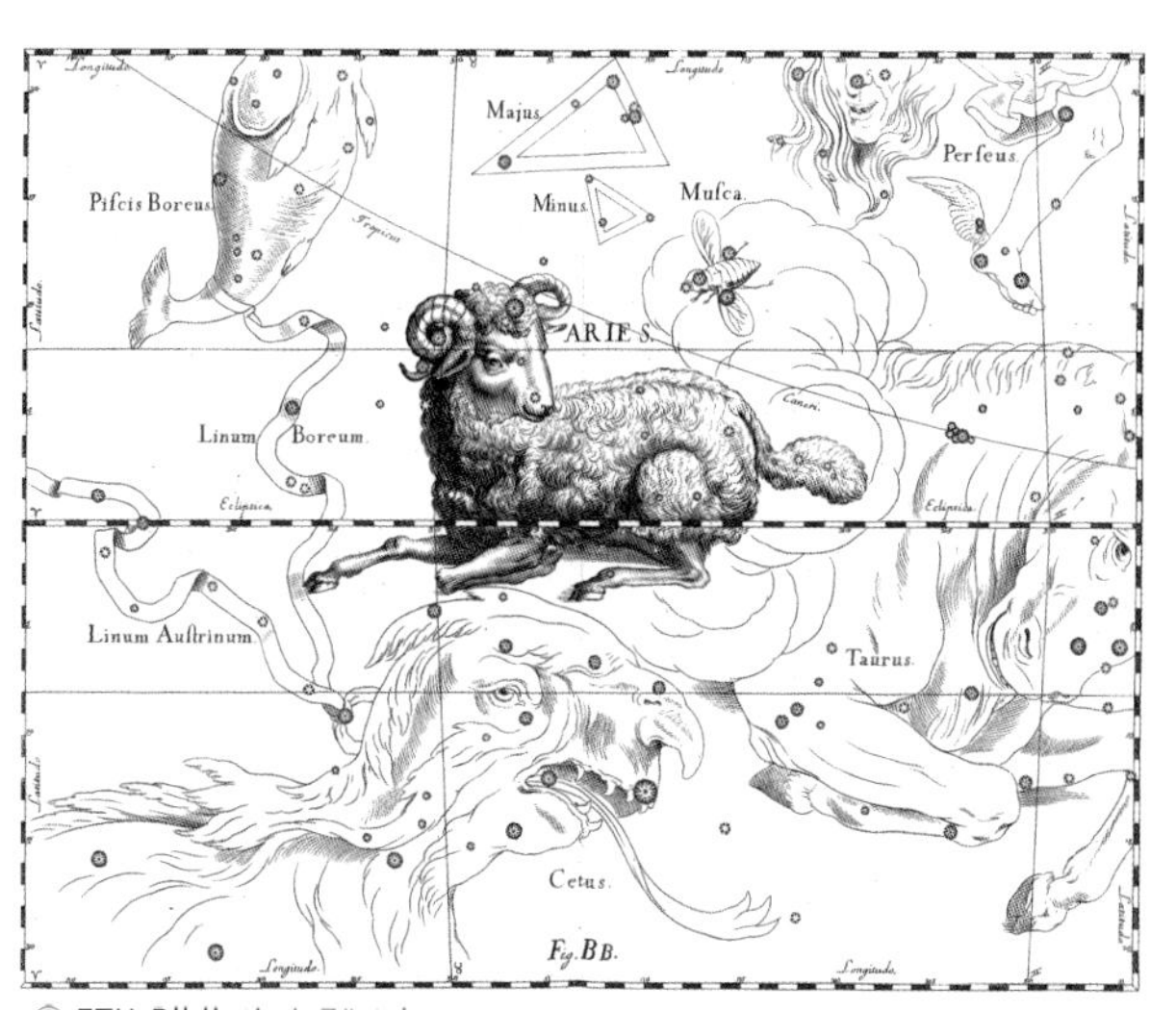

一方、逃げおおせたプリクソスはコルキスの王アイエテスに迎えられ、後に王女カルキオペの婿となるのだが、王には本来、災いを招きそうな他国の王子など受け入れる気持ちはなかった。けれども、プリクソスを受け入れるよう、ゼウスがヘルメス神を遣いとしてよこしたからには、その頼みを断るわけにはいかない。羊を贄として捧げることを条件に聞き入れた。と言っても本心は、自分の財産を増やすことにあった。羊を生贄に捧げれば、後に金の毛皮が残る。それが狙いだったのだ。王は、黄金の毛皮をコルキスの国の杜の樫の樹の枝にかけ、眠ることのない竜に守らせた。一方、羊自体は、王の下心とは関わりなく、空に上げられ、おひつじ座となった。

牡羊が出てくる場面はこれでおしまいだ。だが、ここに至るまでの、そしてここから後の、忌まわしい話こそ本題である。我が子かわいさに囚われてしまった人たちと、そこに狂気を吹き込む神々の物語である。

そもそもアタマス王はなぜ我が子を生贄に差し出そうとしたのか。そこから話を始めねばなるまい。王にはイノという后がいたのだが、プリクソスとヘレはイノが産んだ子どもではない。兄妹の母親はネペレといい、先の后だった(雲から作られたヘラの似姿とは別の女性)。理由はわからないけれど、彼女は子どもを残してアタマスの許を去っていた。そこで王は二番目の后として、テーバイ王カドモスの娘を迎えていたのだった。

イノは当初、ネペレの置いていった子どもたちをかわいがった。しかし、それは短い間のことだった。王との間に二人の男の子、レアルコスとメリケルテスが続いて生まれると、自分の産んだ子どもばかりを大事にし、先の妻の子どもに対しては、手のひらを返したかのごとく、食事を抜くなど、酷(ひど)い扱いをするようになったのである。そんなときだった。国中で、麦をまいても、まったく芽が出ないという、たいへんな事件が起こった。

このままでは、多くの人が飢えて死んでしまう、人がいなくなれば、国も滅んでしまう。稔りを取り戻そ

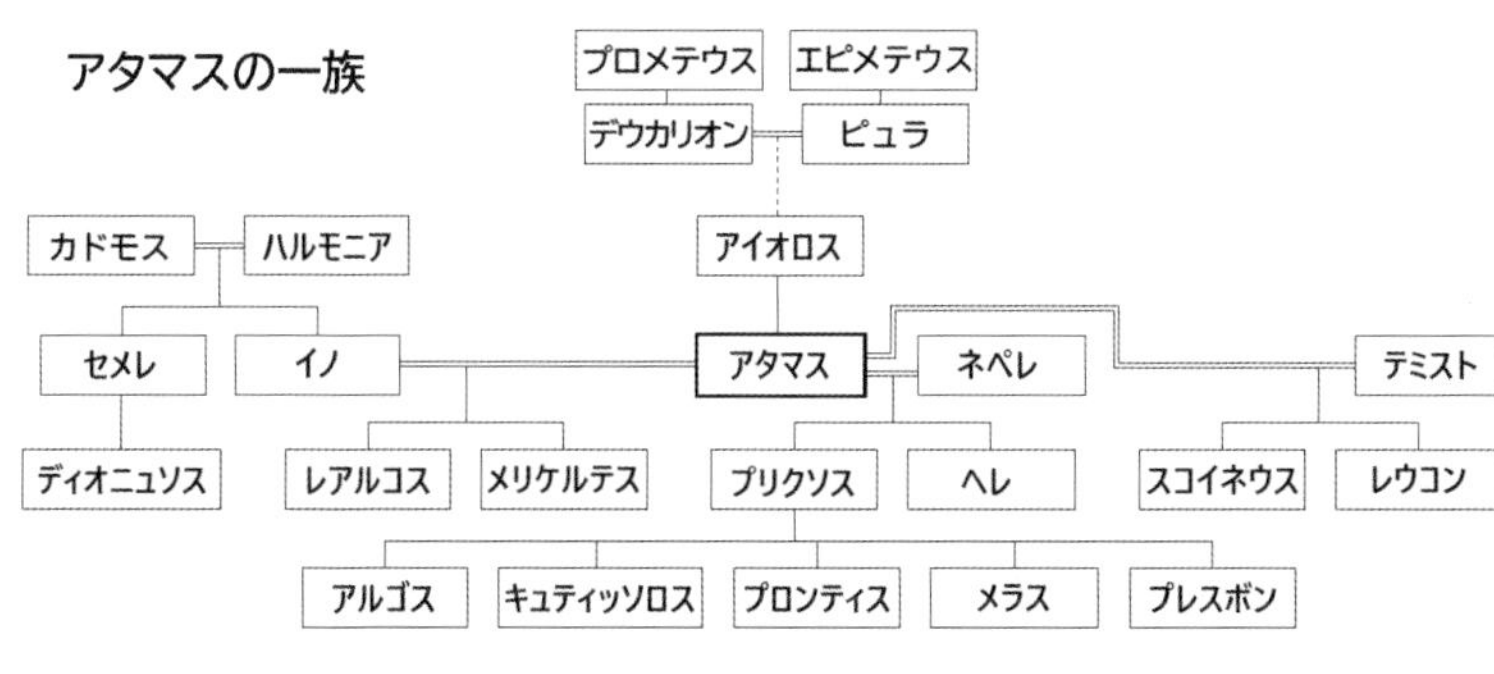

うと、あれもこれも、手は尽くしたものの、効果は出なかった。万策尽きたアタマス王は、どうすればよいのか、神の言葉を聞くためデルポイのアポロン神殿に遣いを送った。その遣いが持ち帰った神のお告げというのが、プリクソスをゼウスの生贄に差し出すようにというものであったのだ。国を救うために我が子を供せというのか。王は頭を抱えた。

実は、すべてイノが企んだことだった。麦が芽を出さなかったのは、彼女が密かに命じて、また惑わして、女たちに種麦を煎らせていたからである。プリクソスを生贄にせよという神託も、使者に金を渡して言わせたものである。イノは自分の産んだ男の子に王の座を継がせるために、先妻の子を取り除こうと考えたのだった。

麦を元どおり稔らせることを人々に強く請われたアタマスは、国を選んだ。プリクソスを生贄に差し出すことに決めたのである。跡継ぎの息子を引き立て、祭壇の前に跪かせた。黄金の羊が現れたのは、このときだった。ヘルメスが羊を、ゼウスの命を受けて連れてきたのだ。ゼウスの指示は、どういうつてがあったのかわからないが、産みの母ネペレの願いを聞いてのものだった。

だが、ネペレの訴えは、隠れて耳を澄ましていたゼウスの妻ヘラの耳にも届いていた。その中で彼女は、ゼウスがセメレに産ませたディオニュソスを少女の姿にして、セメレの姉妹であるイノと夫のアタマスに匿わせていることを知った。

あの憎い女の子どもをよくも――ヘラは、はらわたの煮え繰り返る思いがした。この夫婦に思い知らせてやらねば――彼女は、乱心の神アテをアタマスとイノの許に送り、二人の耳にそっと、思わぬときに突然生じる狂気を吹き込ませた。

飢饉（ききん）も落ち着いた或る日、狩りに出たアタマス王は、通りかかった鹿を弓で射た。そして、肉を採ろうとその体を小刀で切り裂いた。だが、一息ついた王が見たのは、イノの産んだ子どもレアルコスの無残な死骸だった。同じころイノは、もう一人の子どもメリケルテスを、煮えたぎる大釜の湯の中に放り込んでいた。羊肉の塊（かたまり）に見えたのだ。息子の叫び声で我に返った彼女は、自分のしたことに気づくと、我が子の亡骸を抱いて海に身を投げた。このとき幼いディオニュソスも危うかったのだが、ヘラの目から逃れさせるためゼウスによって仔鹿に変えられ、ヘルメスによって連れ出され、辛（から）くも難を逃れることができた。後にゼウスは、ディオニュソスを匿ってくれたことに報いるために、イノとメリケルテスを、レウコテアとパライモンという名に改めたうえで、海の神にしたという。

このような事件を起こしたせいで人々の信を失い、アタマスは王といえども国を去らねばならなかった。そこで、どこへ行けばよいのか、神にお告げを求めたところ、獣が食べものを与えてくれる場所に住め、という答えを得た。着の身着のままで国を出たアタマスが、腹をすかし、野をさまよっていると、狼たちが肉を食べているところに出くわした。狼たちは、人の気配に気づいて、肉を残したまま逃げていった。その肉を貪（むさぼ）り食ったアタマスは、ひもじさが収まると、ここが「獣が食べものを与えてくれる場所」だと気づき、その場に人々を集め、街をつくり、王となった。そして、三番目の妻にテミストを迎えた。

話は終わらない。テミストは二人の子ども、レウコンとスコイネウスを産んだ。二人を育てるために、アタマスは一人の乳母を雇った。彼女は自分の子どもを二人連れてきたが、その子たちは、アタマスが亡くした子どもたちと同じ年頃だった。そのせいだろうか、彼はこの子たちに優しかった。しかし、妻テミストにすれば、自分の子どもがいるというのに、夫が他人の子どもをそれ以上にかわいがるなど、おもしろくない。彼女は乳母の子どもを亡き者にしようと考えるようになった。

或る日、子どもたちが散歩に出るとき、テミストは乳母に、自分の子には白い服を、乳母の子には黒い服を着せるように言いつけた。そして、密かに弓兵を呼ぶと、人目のないところで黒い服の子を射殺するように命じた。四人の子どもたちが山間（やまあい）の道に出たとき、兵士は薮の中から、黒い服の子ども二人を弓で射た。兵士の報告を聞いて城からやって来たテミストは、だが、倒れている子どもの顔を見ると、眼も口も大きく開いたまま固まってしまった。そこに横たわっていたのは二人の我が子だったのである。女主人の謀（はかりごと）を察した乳母が白と黒の服を取り替えて、子どもたちに着せていたのだった。我を失ったテミストは兵の刀を取り上げるると、自らの胸に突き刺した。事件の知らせが城中に届き、いきさつを知ったアタマスが乳母を捜させたが、彼女は既に姿を消していた。二人の子どもも消えていた。残っていたのは、前妻が好んで使っていた髪留めだけだったという。

アタマスはデウカリオンの曾孫（ひまご）、つまり私の兄プロメテウスの血を受け継ぐ者である。私エピメテウスの血も娘ピュラを介して流れている。この血族からは、神々、つまるところはゼウスに抗う者が多数出た。そしてみな、地獄に落とされるか、狂気に見舞われるかした。それらの話は別の機会にすることになるだろう（けもの（おおかみ）座参照）。

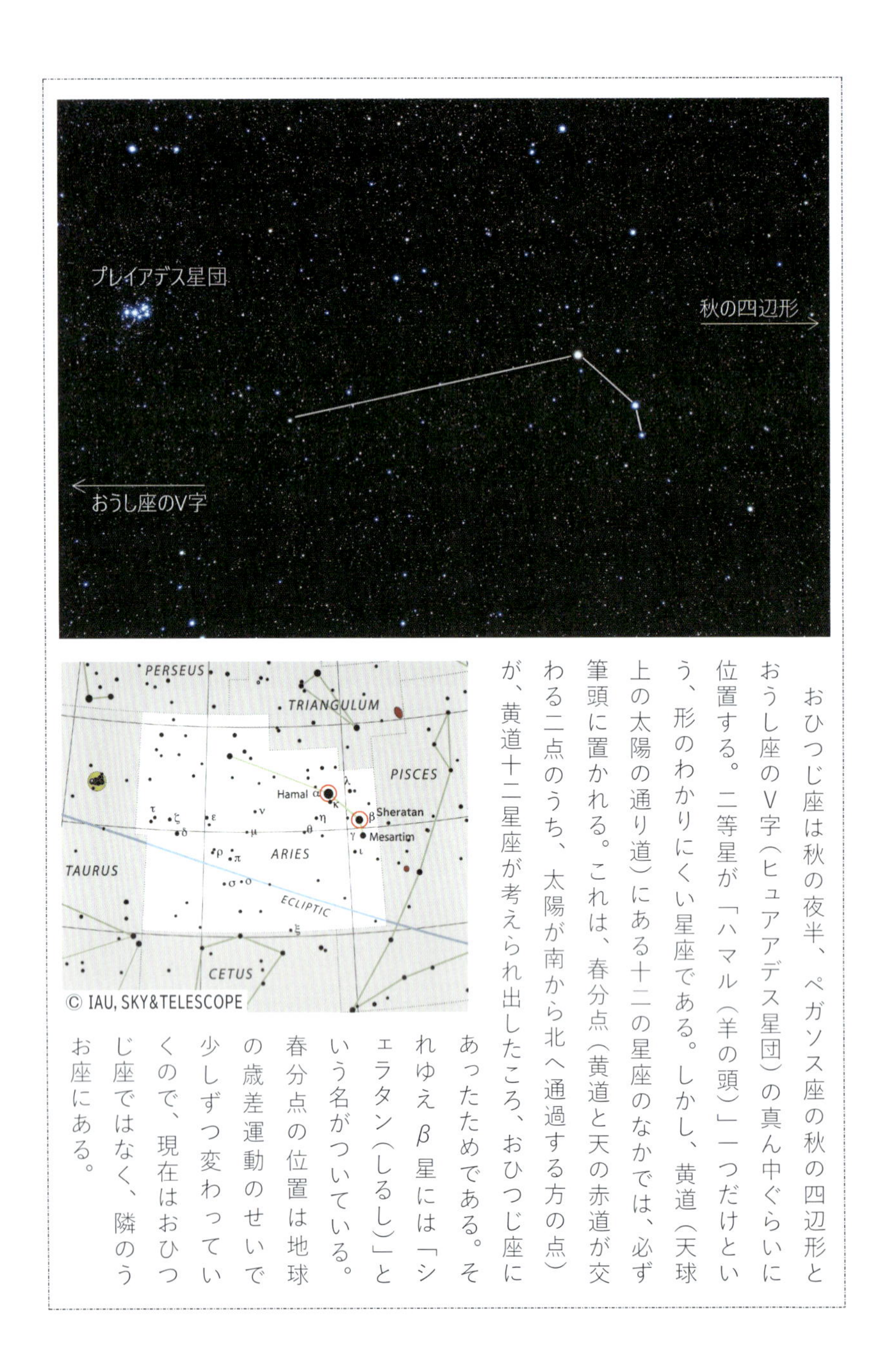

おひつじ座は秋の夜半、ペガソス座の秋の四辺形とおうし座のV字（ヒュアアデス星団）の真ん中ぐらいに位置する。二等星が「ハマル（羊の頭）」一つだけという、形のわかりにくい星座である。しかし、黄道（天球上の太陽の通り道）にある十二の星座のなかでは、必ず筆頭に置かれる。これは、春分点（黄道と天の赤道が交わる二点のうち、太陽が南から北へ通過する方の点）が、黄道十二星座が考えられ出したころ、おひつじ座にあったためである。それゆえβ星には「シェラタン（しるし）」という名がついている。春分点の位置は地球の歳差運動のせいで少しずつ変わっていくので、現在はおひつじ座ではなく、隣のうお座にある。

オルペウスとエウリュディケ・・・こと座

竪琴(たてごと)を初めて作ったのはヘルメス神である。この、伝令、通行、商業、加えて盗み、騙りの神は、キュレネ山で生まれたとき、まだ赤子であるというのに籠から脱け出し、ピエリアでアポロン神の牛を群れごと盗んだ。そして一頭の肉を食らった後、その腸から弦を作り、それを近くにいた亀から剥がした甲羅に張り、楽器としたのである。アポロンは、牛の盗難がヘルメスの仕業だとわかると、その母マイアの許を訪れ、激しい口調で責め立てた。ところが、その横で幼子が竪琴を爪弾いた途端、気が変わった。牛を竪琴と交換することにしたのだ。牛を追う鞭もつけてやった。この鞭は、絡み合って争う二匹の蛇の間に置かれると、どちらもおとなしく別れたという鞭で、それ以降、平和をもたらす杖としてヘルメスが携えるものとなった。

アポロンが得た竪琴はやがてオルペウスの琴となる。彼は、河神オイアグロスと芸術神ムーサの一人カリオペの間に生まれた子どもである。抒情詩の神を母とするだけあって、音楽面で人を超えた才能を持っていた。まだ幼い彼が歌うと、それまで牙を見せ吠えたてていた野獣も首を垂れるほどだった。そこで、彼こそがこの楽器にふさわしいと、音楽の神でもあるアポロンは竪琴をオルペウスに与えたのである。彼はたちまちにして名手となり、風にざわめく草木も、まさに溢れんとする大河も、崩れ落ちようとする山稜も、彼の琴の音によって静かに、穏やかに、動きを止めた。

オルペウスは、イアソンのアルゴ船探検隊にも加わった。彼は他の隊員たちのように武芸に秀でていたわけではない。しかし、彼の琴の音は勇者たちの荒ぶる心を落ち着かせ、挫(くじ)けそうな心に力を与えた。実際に危機を救ったこともある。船がセイレンの島を通りかかったときのことだ。セイレンとは、上半身が女で下半身が鳥という怪物である。その歌声は人の心を思いのままに操ることができた。このとき怪鳥たちはアルゴ船の乗組員たちを上陸させ、取って食おうとしたのである。彼女たちに対抗して、オルペウスは琴を奏でながら力強く歌った。すると、乗組員たちは怪しい歌声に心奪われることなく、島を通り過ぎることができた。山川草木まで静める楽匠には、さすがのセイレンも叶わない（アルゴ座参照）。

探検から帰って後、オルペウスは妻を迎えた。ニュムペのエウリュディケである。二人は、何をするのも、どこへ出かけるのも一緒という、仲睦まじい夫婦となった。ところが、幸せな時間は得てしてすぐに終わるもの。エウリュディケは暴漢に襲われ逃げようとしたとき、叢に潜んでいた毒蛇に足首を咬まれ、あっけなくこの世を去ったのである。

悲しみに暮れ閉じこもるオルペウスの家の戸を、或る日、叩く人がいた。外へは出たくない、放っておこうと思ったオルペウスだったが、繰り返し静かに叩くリズムを聴いているうちに、思わず腰を上げた。戸を開けると、そこに立っていたのは、見知らぬ老人だった。老人は名乗ることもせず語り始めた。

――夕陽に向かって多くの街を過ぎ、いくつもの山を越えたところに、ひときわ高くそびえ立つプルトンの山がある。その麓には小さな洞窟があり、これは冥界への入口である。長く続く坂道を行けば、死者の国に至る。死者を預かるのは冥界の王ハデス。彼の心次第で、死者を生き返らせることもできるはず。おまえの琴をもって願えば、頑なな王も心を開き、エウリュディケを蘇らせてくれるやもしれぬ。

老人の言葉が終わるや否や、オルペウスは冥界へと向かった。ほんのわずかでも妻を蘇らせる可能性があるのならば、それに賭けずにはいられなかった。言われたとおりの長い道のりを歩き通し、足を血だらけにしながらも、洞窟にたどり着いた。これからまだ途方もない坂を下らねばならない。だが、エウリュディケを生き返らせることができるのであれば、永遠も無に等しい。暗闇の中を歩き続けて、オルペウスはアケロン河と呼ばれる大きな河のほとりに出た。地の底にはステュクスという大河が冥界を七巻きして流れているが、生者の国と死者の国の接点となるのはアケロン河のこの場所だけだった。

歩いてはもちろん、泳いでも渡れない。周りを見ると、一艘の小舟がこちら岸につながれており、傍らに一人のみすぼらしい服を着た老人が腰を下ろしていた。彼はアケロン河の渡し守、カロンだった。渡し賃を取って、死者を運ぶ。オルペウスは三倍の金を出して舟に乗せてくれるよう頼んだが、渡し守は聞かない。この舟は死者だけを運ぶ舟だからだ。生者を乗せるわけにはいかない。そこでオルペウスは琴を取り出すと、奏でながら、言葉を歌に載せて頼み込んだ。すると、どうだろう。カロンは涙を流している。オルペウスの痛切な願いが届いたのだった。ただ一度の例外（ヘラクレスが無理やり乗り込んだことがある）を除いて、生きた人間を運んだことのない渡し守が、舟に乗せてくれた。

無事に河を渡り終え、また長い道のりを行き、向こうに死者の街がかすかに見えるところまでやって来た。しかし、もう少しだと思った瞬間、雷鳴のような怒声でオルペウスは吼え立てられた。声の主は冥界の番犬、ケルベロスだった。ただの犬ではない。三つの首を持ち、首の周りには無数の蛇の首が生え、尾も蛇の形をしている。何より大きさが、牛をさらに一回り大きくしたほどの大きさだ。その怪犬が恐ろしい形相で、まるで炎を吐くかのように吼えかかってくる。常人であれば、その前を通る勇気など出てくるはずもなく、すぐに逃げ帰るだろう。しかし、オルペウスには琴があった。カロンのときのように、琴を弾き、歌を歌った。すると、カロンのときのように、ケルベロスは吼えるのをやめ、尻尾を巻いて、うなだれて静かに引き下がり、通してくれた。

こうして二つの関門を通り抜けたオルペウスは、ようやく死者の国の城に入った。生者がやって来たというので城中はざわついたが、何とか王の間に通された。玉座にはハデスが暗い顔をして座っていた。その前で、オルペウスは、どれだけエウリュディケを愛しているかを語り、どうか生き返らせてくれるよう願った。だが、死者を蘇らせるようなことはできない。そんなことをすれば、人の世の秩序が崩れてしまう。冥王はもちろん首を横に振った。そこでオルペウスは琴を奏でながら再び願った。このとき、冥界のさらに下、地獄は時を止めた。イクシオンの火炎車は回るのをやめ、タンタロスは喉の渇きを忘れ、ダナオスの娘たちは水を汲む手を止め、鷹はティテュオスの肝をついばむことをやめ、シーシュポスの岩はその場に止まった（けもの（おおかみ）座参照）。地獄の責め苦を味わっている者たちも、琴の音に、その苦しみを忘れることができたのである。しかし、ハデスは許しを与えない。彼は、支配する領域を三神で決めた籤（くじ）以来ずっと冥界で、暗い場所で過ごしてきた。だから、他の神々と違い、明るいところにいる者の心はわからなくなっていたのだ。

ところが、そのとき、ハデスの隣で涙を流している女神がいた。ハデスの后、ペルセポネである。彼女は元々地上で暮らし、いまも一年の三分の二は天上で暮らしている。だから、人の心を解する。オルペウスに代わって夫に、エウリュディケを生き返らせてやってほしいと頼んだ。冥王には后に、強引に冥界に連れてきた負い目がある（おとめ座参照）。加えて、彼は彼女一筋だった。他の男神が数多くの女神や人間の女たちと交わっているのに比べ、結婚する前に二人のニュムペと付き合っていただけに過ぎない（もっとも、冥界の王と通じたいと思う女はあまりいないだろう。一人は早くに死んで白ポプラに変えられ、もう一人はペルセポネに踏みつぶされ薄荷（はっか）草になった。彼女の方もハデスを夫として認めるようになっていたということだろう）。神々の取り決めで、妻とは一年の三分の一しか暮らせない。そんな彼女の頼みとあらば、聞かないわけにはいかない。

通常許されない黄泉還（よみがえ）りを今回に限り許すことにした。

ただし、条件がある。ハデスは付け加えた——すぐに地上に戻しはしない。洞窟の出口まで歩いて帰るのだ。オルペウスが前を、エウリュディケが後ろを歩け。そして、オルペウスは洞窟を出るまで決して振り返ってはならない、口を利いてはならない。そのまま出ることができたなら、エウリュディケは再び生者となれる。条件を守らねば、そのときは永遠の別れとなる。

オルペウスに異存はない。エウリュディケが生き返るなら、何でもするつもりだった。振り返らない、口を利かない。二つのことは必ず守ると約束した。そしてハデスの許を辞すると、来た道を戻り始めた。彼の心は、これ以上はない喜びに満ち溢れていた。

ケルベロスはおとなしく座っていた。カロンも黙って舟に乗せてくれた。あとは、出口まで歩いていくだけだ。ところが、……この道のりが長いのだ。来るときは何とか生き返らせたいという望みばかりで時間が短く感じられたのに、帰りは不安がどんどん大きくなって時間の進みが遅くなる。不安というのは、本当にエウリュディケは後ろからついてきているのだろうかという不安である。確かに約束した相手は神だ。破ることはまずないだろう。しかし、ときに神は人を騙しもする。もしかすると、後ろには誰もいないかもしれない。何しろ息や衣擦（きぬず）れの音はおろか、足音ひとつ聞こえないのだ。振り向きたい、後ろにいるのを確かめたい。その気持ちは出口が近づくにつれ、強くなっていった。だが、振り向けば、約束を破ったことになる。本当についてきているのであれば、生き返らせることを自分でだめにしてしまうことになる。確かめたい、いやだめだ。振り向きたい、いや振り向いてはならない。オルペウスの気持ちの振れ幅は、歩を進めるごとに大きくなっていった。

初め、点のようだった出口の光が次第に大きくなってきた。硬貨の大きさ、人の顔ほどの大きさ、出口の向こうが見通せる大きさ、そして出口の周りが見えるほどの大きさ……あと数歩で出られるというとき、オルペウスは後ろを振り向いた。洞窟からまだ出てはいない。しかし、出口はついそこだ。出たと言ってもいいだろう。気持ちの緩みが不安を打ち消すと同時に、約束を忘れさせてしまったのだ。

確かに、間違いなく、そこに、エウリュディケはいた、これ以上はないという悲しい顔をして。ほんの少しとはいえ、洞窟から出る前に、オルペウスは振り向いてしまったのだ。気づいたときには、もう遅い。駆け寄るオルペウスに両手を差し出しながら、エウリュディケの姿は暗闇の奥深く吸い込まれていった。

エウリュディケ！　叫びながら、オルペウスはまた冥界への道を走った。アケロンの河まで来たとき、カロンに頼んだが、舟には乗せてくれない。琴をかき鳴らし頼んだが、カロンは素知らぬ顔をするばかりだった。

……その後の記憶は、オルペウスにはない。気づいたときには、家にいた。あちらこちらが破れた服を着て、足だけではなく、腕も胴も血にまみれていた。竪琴は、あちらこちらに傷ができ、弦は切れていた。もう何をする気にもなれなかった。死ぬことさえ、うっとうしかった。オルペウスは家に閉じこもったまま、食事もとらず、時の過ぎゆくに任せていた。

籠(こも)ることが幸いしたのか、やがてオルペウスはディオニュソスの秘教を自身で発見した。それがきっかけとなって外に出るようになり、少年や青年たちに事物や神々の起源を歌い教え、彼らを冥界の秘儀に参加させた。しかし、妻を失ったオルペウスは女性との愛を絶っていたため、その教えはディオニュソス自身が説くものとはどこか違っていた。実際、彼は毎朝、夜明け前に山に登ると、陽の光を浴びることを習わしとしていたのだが、光とはつまりアポロン神、ディオニュソスの対抗者である。

トラキアでディオニュソスの祭があったとき、オルペウスは招かれ、琴の演奏を求められた。しかし、彼の奏する曲は、狂乱の祭にふさわしくない、むしろアポロンにこそふさわしい、心を静めるようなものばかりだった。妻を失って以来、彼は、本来心弾ませるはずの曲さえ、そんなふうにしか演奏できなくなっていたのだ。だが、落ち着いた曲は、にぎやかに盛り上がる祭りには似合わない。ディオニュソスの顕現を感じ恍惚（こうこつ）状態にあったトラキアの女たちは、それを妨げられたと怒り、オルペウスを捕まえると、怒りのまま八つ裂きにした。そして、彼の体も琴も、ヘブロス河へと投げ込んだ。

首と琴は、歌を歌い奏でながら河を流れ下って海に出、レスボス島まで流れ着いた。島人はオルペウスの死を悼んで、彼の首をディオニュソスの神殿に葬り、琴はアポロンの神殿に保存した。以来、レスボス島は、オルペウスの加護によって多くの文人・芸術家が輩出する場所となる。ふさわしい持ち手を失った琴は後に、オルペウスの死を悲しんだアポロンによって天に挙げられ、こと座となった。夏の夜、こと座を静かに見上げていると、どこからともなくオルペウスの琴の澄んだ音が聴こえてくるという。

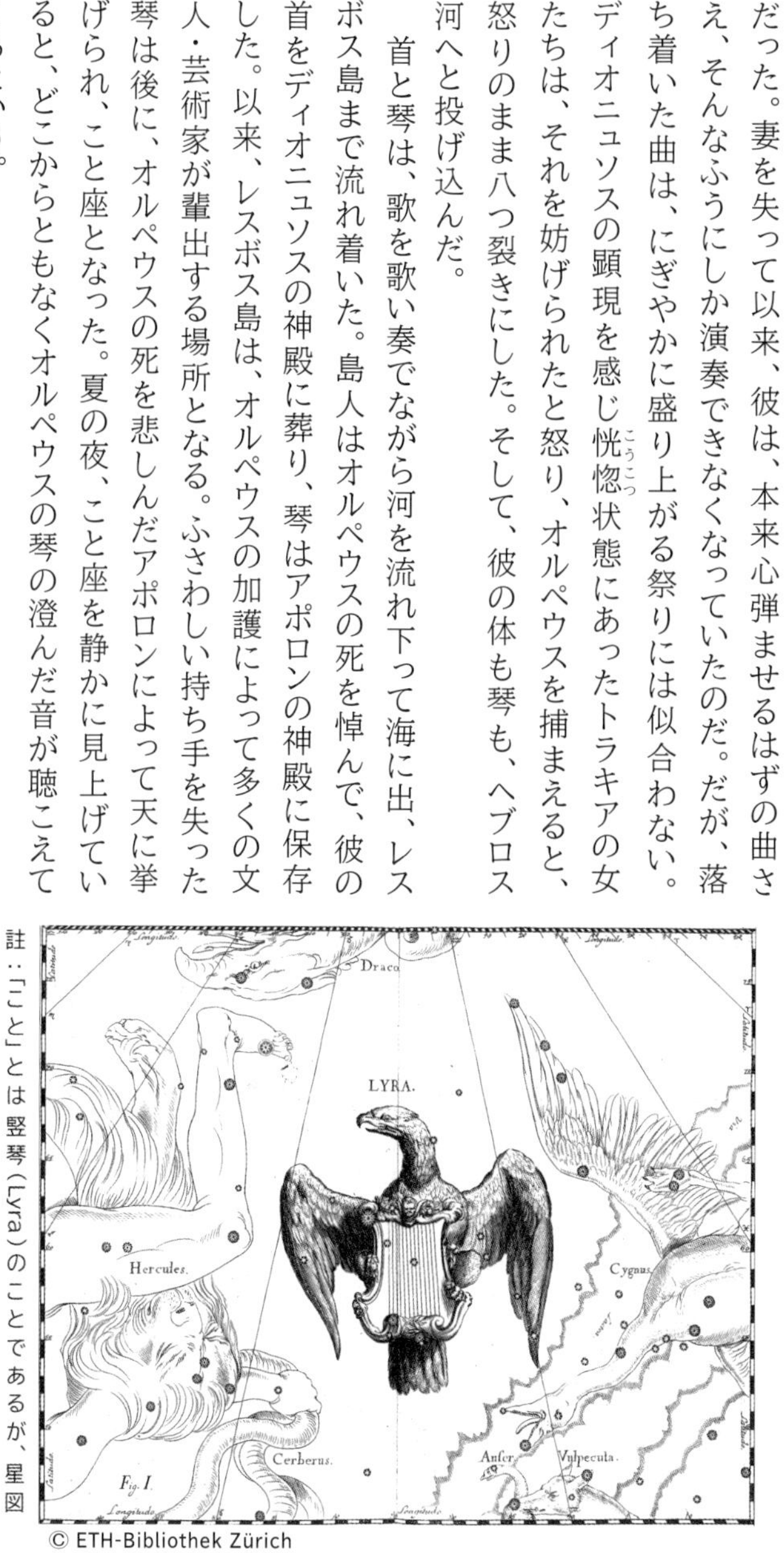

註：「こと」とは竪琴（Lyra）のことであるが、星図では、鷲が抱えていることが多い。

こと座は夏の空高く昇り、天頂を通る。首が痛くなるほど夜空を仰ぎ見れば、そこに夏の大三角が見つかるだろう。そのとき、はくちょう座の十字の左側にくるのがわし座のアルタイルで、右側にくるのがこと座のα星「ヴェガ（落ちる鷲）」である。ヴェガのすぐ近くには、暗い星ばかりではあるが、琴の骨格を形作る平行四辺形が思いの外はっきり見える。平行四辺形の底辺上に、「環状（リング）星雲（M57）」と呼ばれる「惑星状星雲」がある。望遠鏡写真で見ると、橙色の輪が青い中心部を取り囲んで輝いている。中心にかすかに見えるのが、星雲のガスを噴き出し白色矮星となった元の星である。

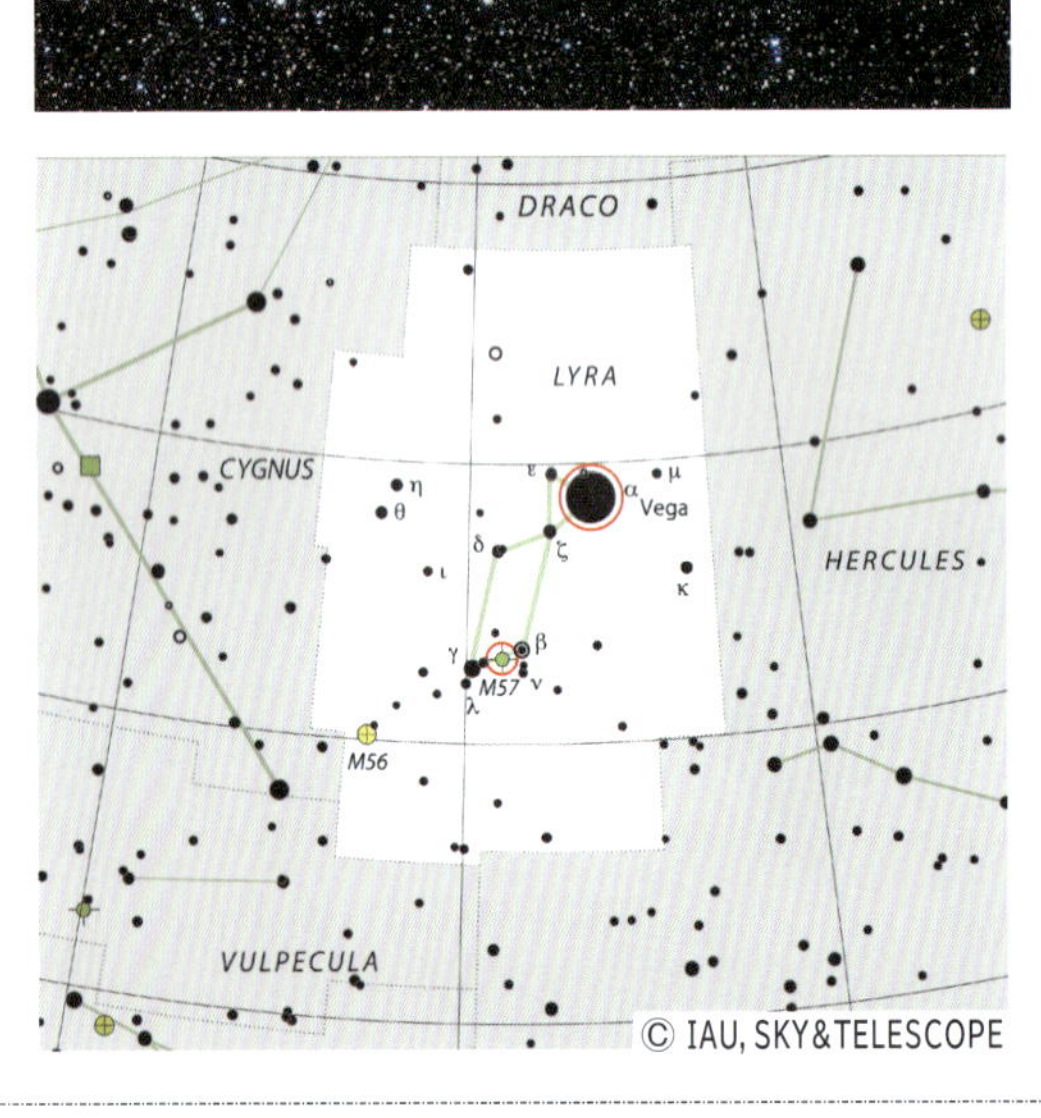

惑星状星雲　赤色巨星が噴き出した外層のガスが、中心星からの紫外線で電離され、光って見えることをいう。この呼び名は、小さな望遠鏡で観測していた時代に、惑星のように見えたことの名残である。現代の望遠鏡による高分解能写真だと、そのさまざまな輝きがわかって、美しい。ガスは宇宙空間に拡散していき、中心星も白色矮星となって光を失っていくので、惑星状星雲は最終的には見えなくなる。

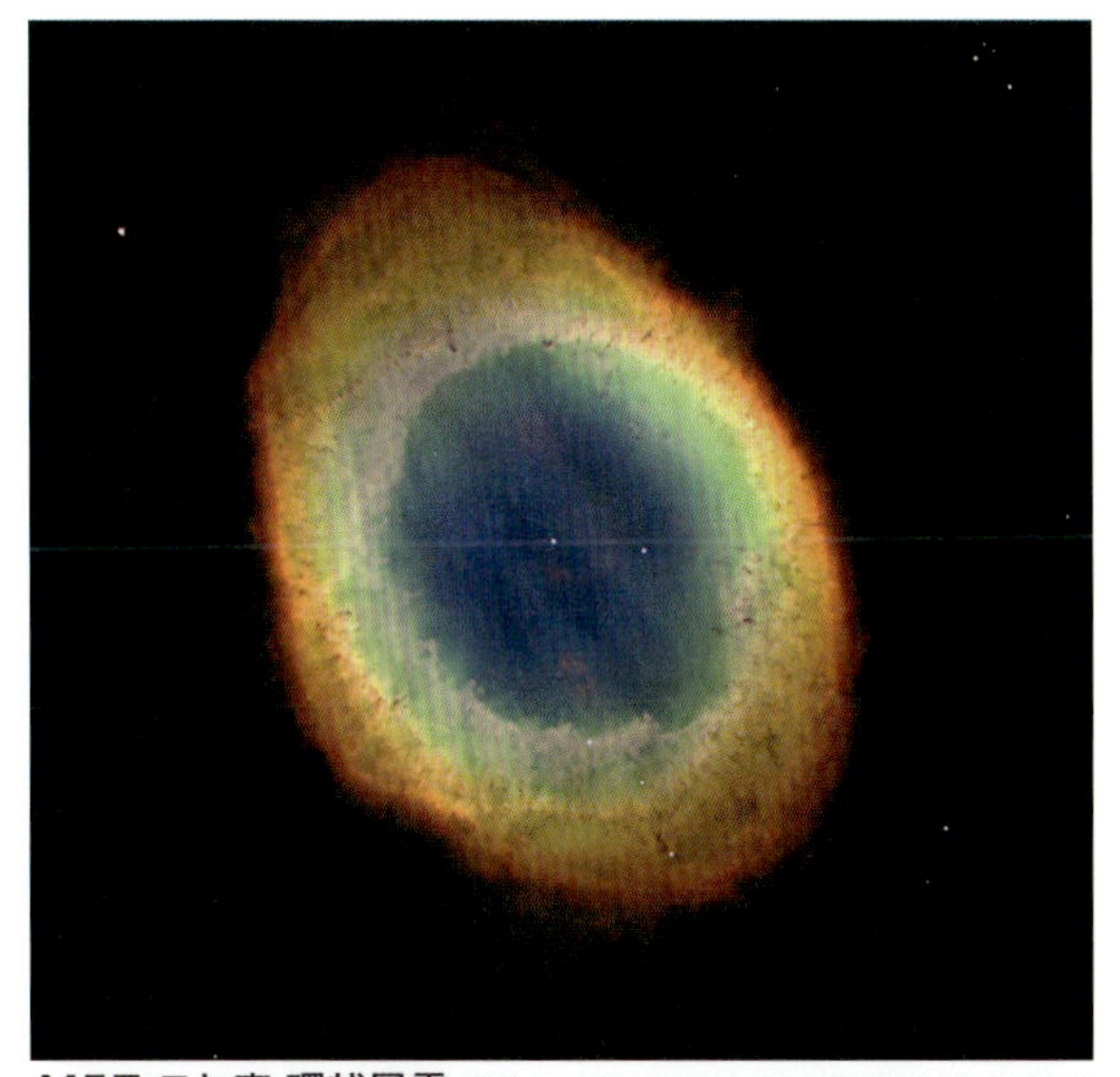

M57 こと座 環状星雲 ©The Hubble Heritage Team(AURA/STScI/NASA)

M27 こぎつね座 亜鈴状星雲 ©Fryns

ペルセウスとエティオピア王家・・・
ペルセウス座・ペガソス座・かいじゅう（くじら）座・アンドロメダ座・ケペウス座・カッシオペイア座

或る日、ゼウスがオリュムポス山の頂上から下界を眺めていると、一人の美しい女がいた。彼女は、名をダナエといい、アルゴスの国の王女だった。

ところが、王女であるにもかかわらず、ダナエは宮殿の中庭にある、窓が一つあるだけの、青銅の壁の建物に閉じ込められていた。それは、父であるアクリシオス王が、娘の産む男の子に命を奪われるという神のお告げがあったためだ。何をしてもかわいい一人娘ではある。しかし、彼女が母となることによって自分が殺されてはたまらない。娘が誰とも出会わないよう、鉄格子の窓から漏れる光以外はほぼ闇に沈んだ部屋に、世話をする乳母をつけはしたけれど、王は泣く泣く閉じ込めたのだった。

だが、人のなす努力など、神の前では無に等しい。ゼウスはまんまと青銅の部屋に忍び込んだ。小さな窓の隙間から黄金の雨となって、ダナエの膝に降り注いだのだ。日が経ち、赤ん坊の泣き声が王に届いた。娘は男の子を産んでいた。孫を抱き上げて王は考えた、私はこの赤ん坊に殺されるのか。いまこの子の首を絞めれば、私は助かる。だが、この子は愛（いと）おしい娘が産んだ、愛おしい孫だ。

結局、王は娘と孫の命を奪うことはできず、かといってお告げは無視できず、二人を自分の知る土地からいなくなるようにした。小さな舟に乗せて海へと流したのだ、赤ん坊にペルセウスという名前を与えて。

小舟はしばらくしてセリポス島に流れ着き、その島の漁師ディクテュスに、親子は助けられた。そして彼の下で、ペルセウスは立派な青年に成長した。だが、このころ、ディクテュスの兄で島の王であるポリュデクテスがダナエに目をつけた。彼女の美しさは年月を経ても変わらない。女好きの王には知られないよう、できるだけ人目は避けていたのだが、ディクテュスが漁で怪我をしたため、やむを得ず代わりに市場に買い物に出たとき、たまたま見回りに来た王に見つかってしまったのだった。

王はディクテュスの家を訪れ、ダナエに自分のところに来るよう告げたが、評判の悪い人間の言葉に彼女はもちろん、ペルセウスもディクテュスも従うわけはない。そこで悪知恵を働かせたポリュデクテスは弟に、今度結婚することになったのだが、祝いには何を贈ってくれるのか、と尋ねた。こういう場合は、馬を贈るのが相場だった。しかし、ただの漁師をしているディクテュスに高価な馬が贈れるわけはない。返事に困っていると、横からペルセウスが答えた、メドゥサの首を持ってきましょう、と。

メドゥサとは、まとめてゴルゴンと呼ばれる三人姉妹の怪物の下の妹である。姉二人は不死身であったが、メドゥサだけは不死身ではなかった。かつては美しい娘で、ポセイドンと結ばれたというが、アテナの神殿で交わったために女神の怒りを買い、怪物に変えられていた。黄金の翼と青銅の手を持ち、顔を竜の鱗に覆われ、裂けた口から猪の牙のような歯がのぞき、その昔、風になびいていた艶やかな髪は、一本一本が蛇となっていた。その顔を直に見た者は、恐ろしさのあまり石に変わってしまうという。

実は、ペルセウスの答えこそポリュデクテスの望んでいた返事だった。無理なことを自分から言わせ、できないとなれば、かわりにダナエを自分のものにしようというのである。若いペルセウスは策略に見事にはまってしまった……

わけではない。王の底意はわかっていたけれど、メドゥサの首を持ち帰る成算もあった。ペルセウスは、自分が神々の王の子であることを母から教えられて知っていた。だから、ゼウスに頼めば、神々の力を借りることができるはずだと考えたのだ。そして、まさにそのとおりだった。メドゥサの棲む島に出かける前に、アテナからは鏡のように輝く青銅の盾、ヘルメスからは鉄さえ斬れる金剛の鎌を借りることができた。剛毅（ごうき）な息子は案ずる母の涙に笑顔で応え、メドゥサの首を求め旅立った。

しかし途中で、メドゥサを倒すためには道具が不足していると考え直し、その道具を持つニュムペたちの居場所を知るために、グライアイの島に立ち寄った。グライアイというのは、ゴルゴン三姉妹の三人の妹たちで、生まれつき老婆の姿をしており、しかも三人で一つの眼、一つの歯しか持たず、これを回して使っていた。そこでペルセウスは、三人が眼と歯をやり取りするときに、これを奪い、返すかわりにニュムペたちのところへ通じる道を教えるよう迫った。眼と歯がなくては生きていけぬ。グライアイはペルセウスに道を示した。

ニュムペたちの許で借りたものは、空を飛べるヘルメスのサンダル、元はハデスのものである姿の見えなくなる帽子、そして、何でもそのままで入れられる袋キビシスである。ゴルゴンの島の正確な場所も聞いて、ペルセウスは改めて出発した。

ヘルメスのサンダルで空を飛んでいくと、海の向こうの、向こうの、そのまた向こうの西の果てに、ゴルゴンの島が見えてきた。密かに島に降り、あたりを見回すと、島は石の人物像でいっぱいだった。刀を抜こうとしたり、槍で突こうとしたり、弓を構えたり、みんな、何かを狙っていた。そう、すべて、メドゥサを倒そうとやって来た者たちだった。元からの石像などではなく、ゴルゴンの顔を直に見てしまったために、石となってしまった武人たちだった。直接見ずに済む方法は……ペルセウスはアテナの盾を鏡の代わりにして、そこに映るメドゥサの姿を見ながら、足音を立てないようゆっくりと進んでいった。

　石像の林を抜けて、ペルセウスがゴルゴンの方へ近づいていくと、彼女たちは犬のように鼻が利いたので、何かが島にやって来たと騒ぎ出した。けれども、臭いはするのに、姿は見えない。ペルセウスがハデスの帽子を被っていたからである。彼は二人の姉の間をすり抜けた。そして、メドゥサの吐く息がかかるまでの距離になったとき、ヘルメスの金剛の鎌で彼女の首を掻(か)き落とした。転がった首を急いで何でも入るキビシスに収めると、その場から空飛ぶサンダルで飛び上がった。首の落ちた妹の姿を見て、姉二人が大騒ぎになったけれど、姿のない相手を追うことはできない。ペルセウスはゆうゆうとゴルゴンの島を後にした。

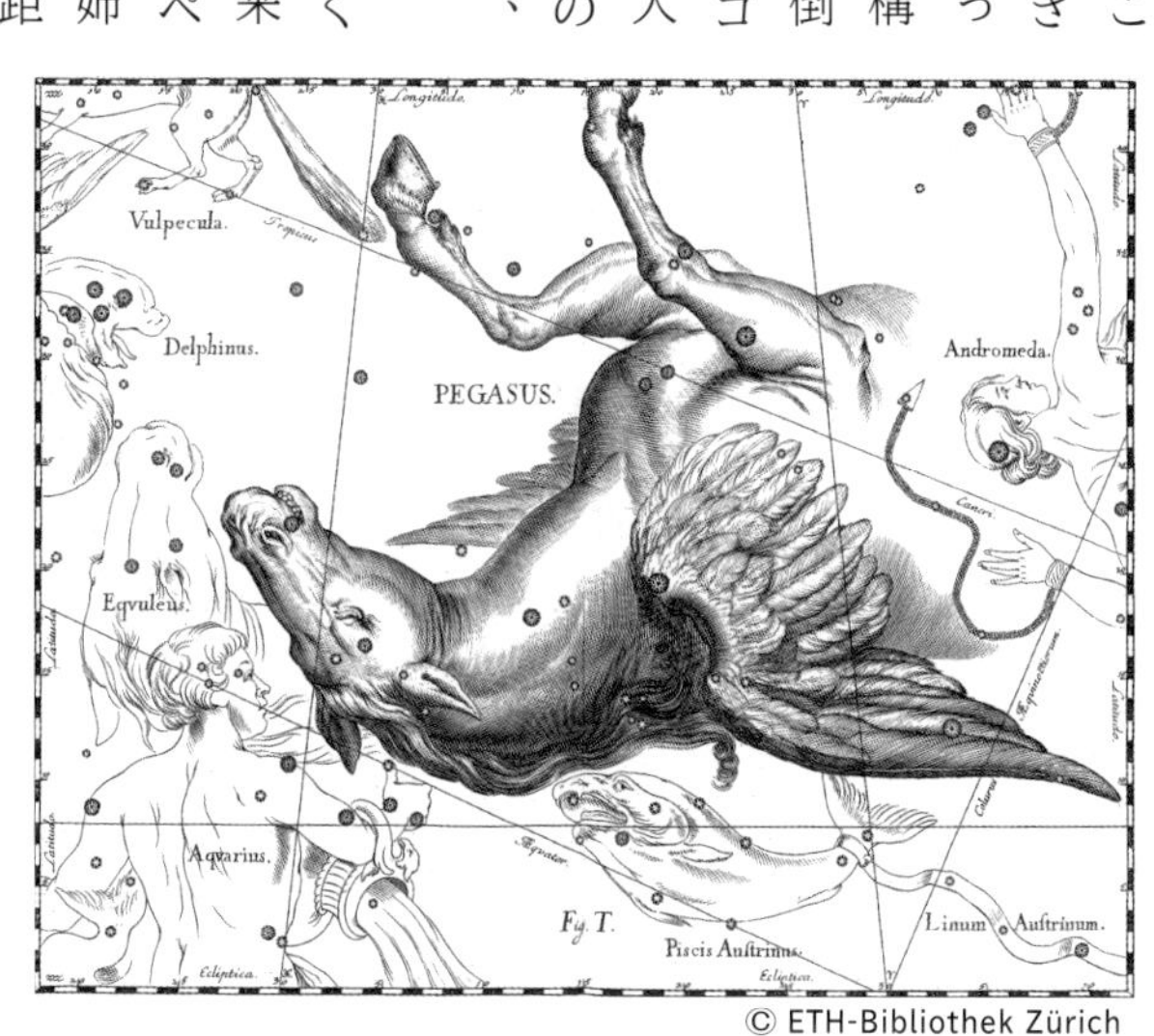

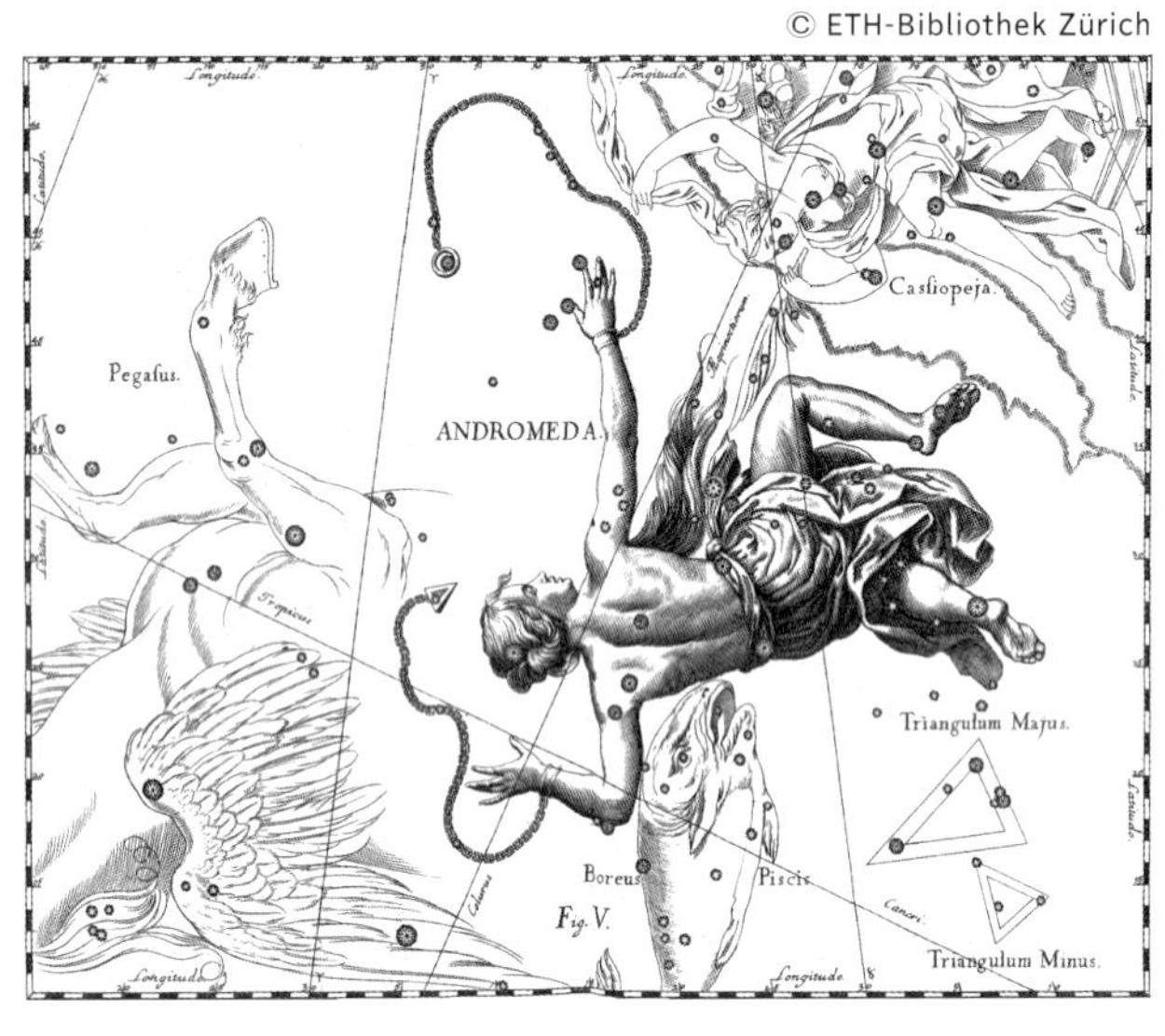

メドゥサが首を落とされたとき、その切り口から血しぶきとともに飛び出してきた黒い塊と白い塊があった。黒い方はやがて黄金の剣を持った人の姿となり、ひとしきり剣を振り回すと、その場から離れていった。後に三頭三身の怪物ゲリュオンの父となる怪人クリュサオルである。白い方は真っ白な、背に翼を持った馬となり、空高く舞い上がって、どこへともなく飛んでいった。天馬ペガソスである。どちらも、メドゥサとポセイドンの間にできた子どもだと言えよう。

母の待つセリポス島へと急ぐ途中、ペルセウスは、海辺の大きな岩に鎖で縛りつけられている花嫁姿の若い女を見つけた。波をかぶり、風に髪は乱れ、その衣装とは裏腹に、すべてが終わってしまうかのような佇まいだった。海の老神ネーレウスの娘たちは波間で涙していた。どうしたのかと思い、ペルセウスは舞い降りると、娘の鎖をほどいてやり、訳を聞いた。女の名はアンドロメダといい、エティオピアの王女だという。彼女が話すところによると……

彼女の母、王后カッシオペイアは目鼻立ちの整った女性だったが、自分の容貌を鼻にかけるところがあった。そんな或る日、調子に乗りすぎて、神々のなかでも美しいとされる海のニュムペたちよりも自分の方が美しいと、口に出してしまった。「不遜の思いに心を汚す者は、神々の憎むところとなる」。ニュムペたちの訴えを聞いた海神ポセイドンは、彼の妻アムピトリテも海のニュムペの一人であったから、おおいに腹を立て、エティオピアの国に一頭のクジラを送って、家や畑を荒らして回らせた。クジラといっても、よく知られている

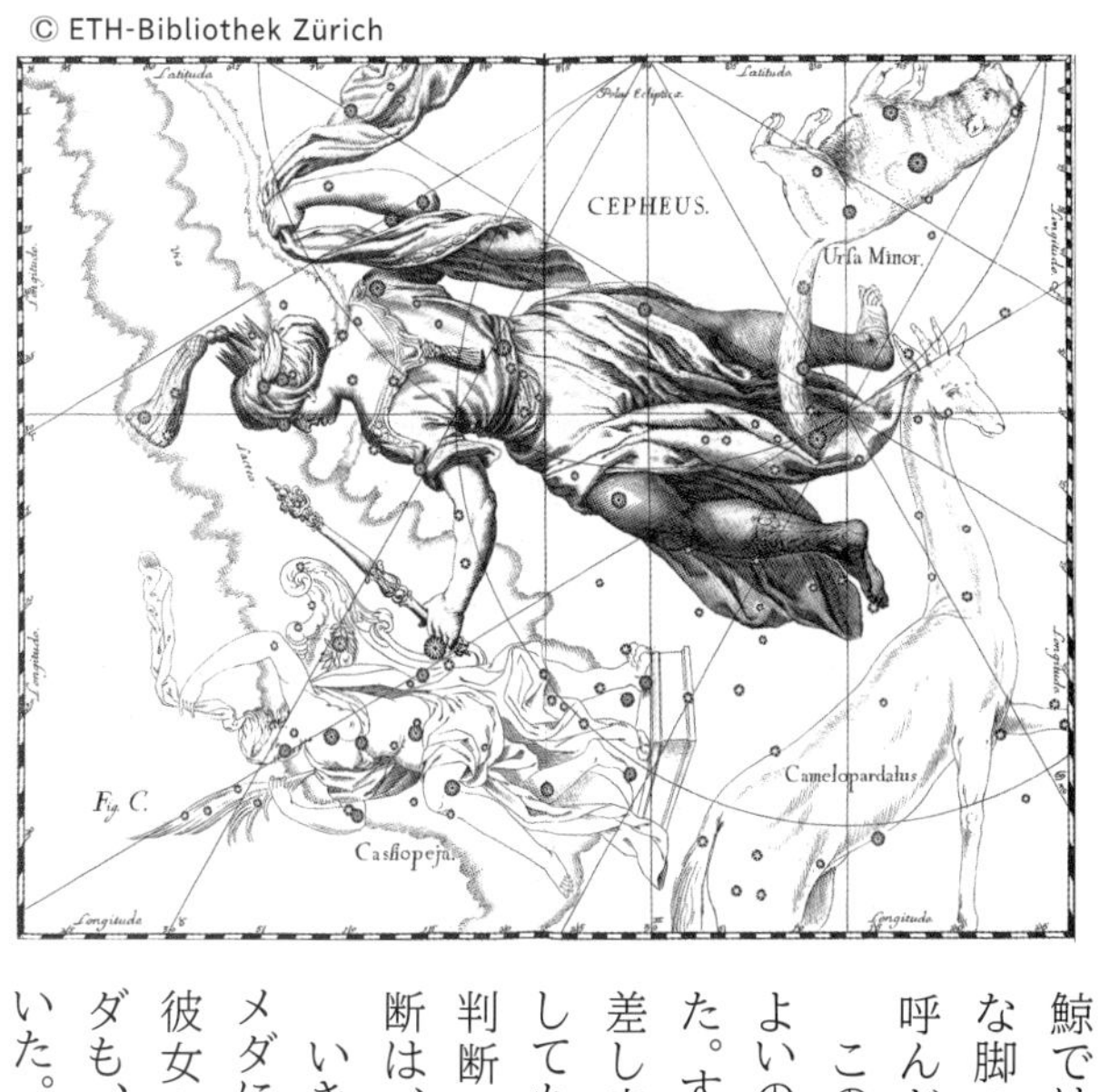

鯨ではない。大きな鯨よりなお大きく、大きな首を持ち、大きな脚のような鰭で陸地を歩き回ることもできる、海の怪獣と呼んだ方がいいような怪物クジラだ。

　このままでは、やがて国は荒れて亡んでしまう。どうすればよいのか、困ったエティオピア王ケペウスは神々に言葉を求めた。すると、もたらされた神託は、娘のアンドロメダを生贄に差し出せばクジラは鎮まるというものであった……。国を滅ぼしても娘の命をとるか、娘一人の命で国全体を守るか。王は判断せねばならなかった。三日三晩悩んだあげく、下した決断は、娘を海岸の大岩に鎖でつなぐことだった。

　いきさつを聞いたペルセウスは、クジラを倒すことをアンドロメダに約束した。倒したときには結婚してほしいとも告げた。彼女を見つけたときから、心を惹かれていたのだ。アンドロメダも、怪物を倒そうとするくらい勇気のある人ならと、うなずいた。

浜で二人が待っていると、水平線の上に小さな黒い点が現れた。その点は見る間に大きな塊となり、目の前に来たときには山のような姿となった。ペルセウスは、ヘルメスのサンダルでクジラの周りを上へ下へ、右へ左へ飛び回りながら、ヘルメスの鎌で切りつけた。だが、相手は大きな山だ。鎌で斬られるくらいはなんともない。ペルセウスの方を向くと、大きな口を開け、呑み込もうとした。そのときだ、ペルセウスはアンドロメダに眼を閉じるように叫ぶと、キビシスからメドゥサの首を取り出した。もちろん、自分も首から眼を背けて。メドゥサの顔は人だけでなく、あらゆる動物を恐怖で固まらせてしまうことができた。怪物は大きな口を開けたまま石、というより巨大な岩になると、そのまま海の底へずぶずぶと沈んでいった。

ペルセウスは、クジラを退治したことを知らせ、アンドロメダとの結婚の許可を得るために、ケペウス王の宮殿を訪れた。娘を、そして国をも救ってくれた男だ。王が反対するわけがない。二人はめでたく結婚式を迎えた。しかし、これに腹を立てた者がいる。アンドロメダを妻に迎えようとしていた、そのくせ何もしなかった王弟ピネウスだ。彼は「花嫁泥棒」を襲おうと仲間を集めた。だが、結末は単純だった。ペルセウスはメドゥサの首をピネウスたちに見せたのだ。もちろん、自分は見ないようにして。

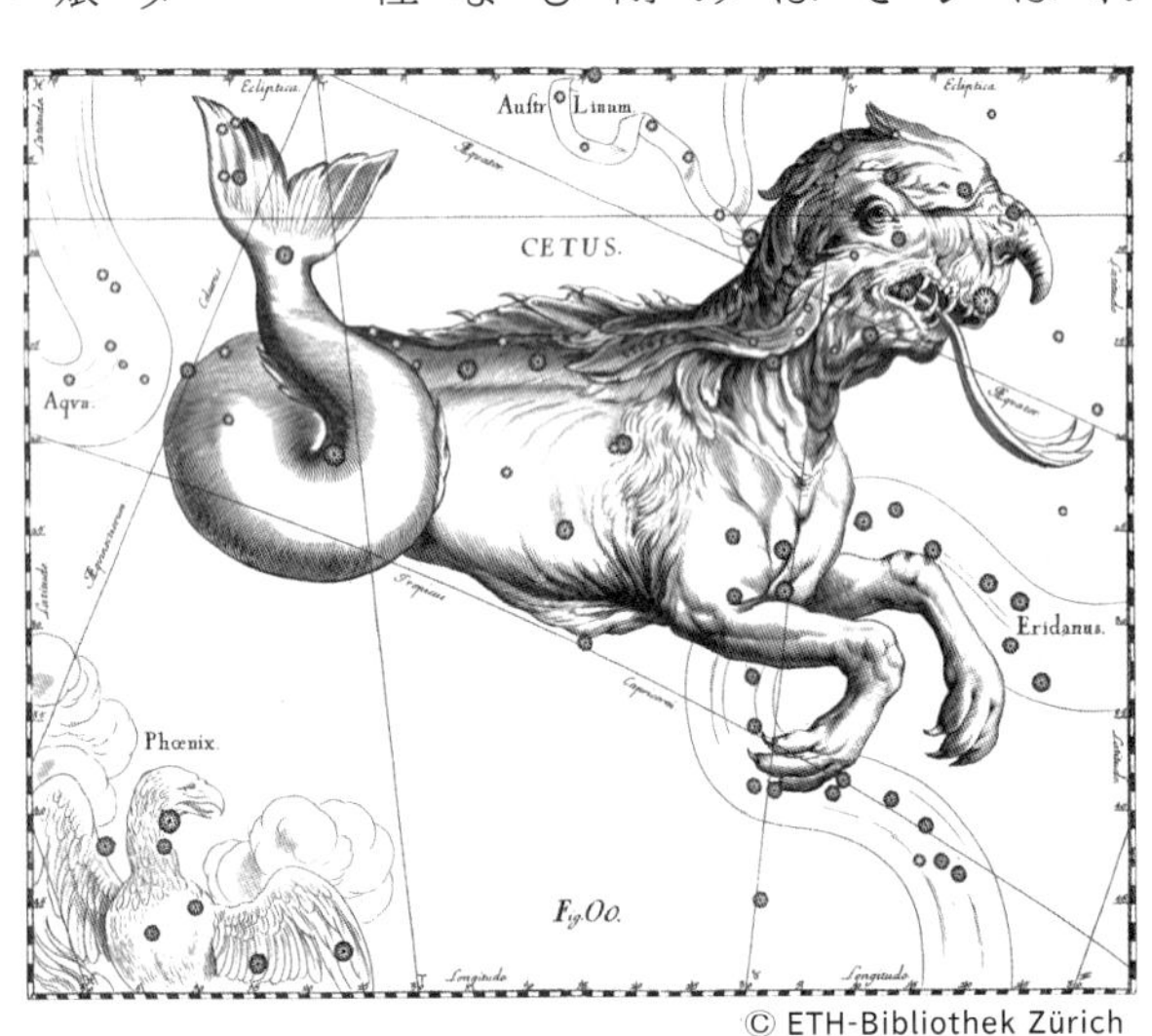

© ETH-Bibliothek Zürich

新婚の二人はエティオピアで暮らし、一子ペルセスを儲けた。そして、彼を王家の後継ぎと決めた後、セリポスで帰りを待つ母、ダナエの許に向かった。ペルセウスがメドゥサを倒した、海獣クジラまで退治し、新妻を連れて戻ってくる、という噂は、二人が帰るより先に島の王ポリュデクテスの耳に入った。王は企んだ。戻ったばかりのペルセウスに、帰還の祝宴を開くからと、館に来るよう遣いを出した。彼がやって来て王の間に入ったら、扉の陰やカーテンの陰、王座の後ろに潜ませておいた兵に、一斉に襲わせようというのである。だが、あくどい王であることを、ペルセウスはもう知っている。誘いには応じたけれど、メドゥサの首も持って行った。そして、王の間に入る前に、キビシスから首を取り出し——もちろん自分は目を背けて——戸を開けると同時に、部屋の中に向けて突き出した……首が袋に収められたとき、兵たちは刀を抜こうとしたまま、槍で突こうとしたまま、弓で狙ったまま、石になっていた。そして王は、恐怖に口を開けたまま椅子に座っていた、もちろん石と化して。その後、島の王には、ペルセウスを育ててくれたディクテュスが就いた。平気で嘘をつき、ごまかし、言うことを聞かないと牢屋に入れるポリュデクテスに困っていた島の人たちは、喜んで新しい王を迎えた。

ペルセウスは、借りていた道具・武器を神々やニュムペたちに返した。メドゥサの首はアテナに献上した。彼女はその首を自分の盾の真ん中につけたが、それ以来、その盾はあらゆる攻撃をはね返す最強の盾となった。「パラス・アテナ」と呼ばれる彼女は、知恵だけではなく、戦いの神でもある。

さて、ペルセウスは妻と母を連れて、母の故郷アルゴスに還った。すると、そこにアクリシオス王の姿はなかった。立派になった孫には会いたいが、孫によって命を奪われるというお告げが頭を離れなかったからだ。空位となった王の座は、孫が継ぐことになった。

王とはなっても、ペルセウスは筋骨隆々の競技者だ。なかでも得意なのは円盤投げで、さまざまな大会に出ては、勝利を重ねていた。ラリッサで開かれた競技会に出たときも、予想では、彼が一人抜きん出た優勝候補だった。他の競技者が投げ終え、やっとペルセウスの番になった。彼は、青銅の重い円盤を持つと、腕を伸ばし、体を素早く回転させ、その勢いをすべて円盤に乗せて投じた。ところが、どうしたことだ。それまでの大会では、誰よりも遠くへ真っすぐに飛んでいった円盤が、風のせいか、この日に限って大きく曲がり、人でいっぱいになった観客席の方向に飛んだ。風に乗って飛距離も出ており、観客たちの中に落ちてしまいそうだ。逃げろ、とペルセウスが叫んだときは、もう遅かった。円盤は一人の老人の頭に当たり、その命を奪ったのだ。地味な服装の老人だった。大騒ぎとなって連れを探したが、一人で来たらしく、どこの誰だかわからない。だが、血に汚れた顔を観客の一人が拭いてやったとき、別の観客が騒ぎ出した――これは先代のアルゴス王だ。私は王宮出入りの商人だったので、見覚えがある。アクリシオスさまだ。間違いない……アクリシオス王は、孫がメドゥサを倒し、王位を継ぎ、しかも競技会で活躍している、その姿を一目でいいから見てみたいと、お告げのことも忘れてはいなかったけれど、孫と関わらないよう目立たない格好をして観客席にいたのだった。しかし、悪いお告げは現実のものとなってしまった。

神の予言からは逃れられないとはいえ、事故であるとはいえ、自分の祖父を死に至らしめてしまった。ペルセウスは、アルゴスの多くの人が引き留めたけれど、自分には祖父の跡はもう継げないと、いとこのメガペンテスにアルゴスを任せ、自分はいとこの国ティリュンスに移った。そしてそこで、競技からは離れ、一生を送った。アンドロメダとの間には七人の子どもが生まれたが、その子孫にはヘラクレスや、カストルとポリュデウケスのディオスクロイなどがいる。

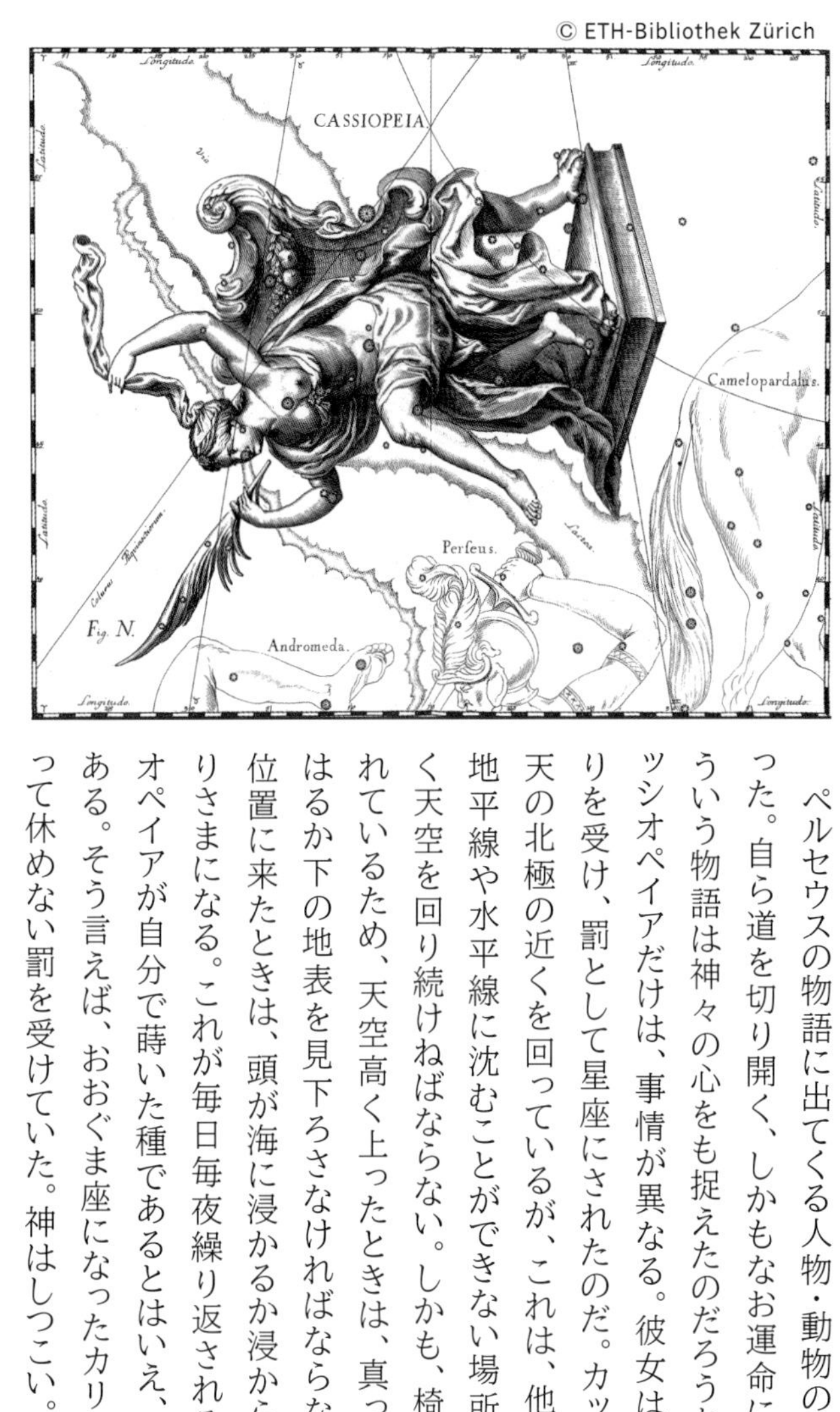

ペルセウスの物語に出てくる人物・動物の多くが星座となった。自ら道を切り開く、しかもなお運命には抗えない。そういう物語は神々の心をも捉えたのだろうか。ただ、王后カッシオペイアだけは、事情が異なる。彼女はポセイドンの怒りを受け、罰として星座にされたのだ。カッシオペイア座は天の北極の近くを回っているが、これは、他の星座のように地平線や水平線に沈むことができない場所だ。休むことなく天空を回り続けねばならない。しかも、椅子に縛りつけられているため、天空高く上ったときは、真っ逆さまになってはるか下の地表を見下ろさなければならないし、最も低い位置に来たときは、頭が海に浸かるか浸からないかというありさまになる。これが毎日毎夜繰り返される。確かにカッシオペイアが自分で蒔いた種であるとはいえ、厳しい仕置きである。そう言えば、おおぐま座になったカリストも、ヘラによって休めない罰を受けていた。神はしつこい。

註：ペルセウス座で、ペルセウスが左手に持っているのがメドゥサの首である（p174）。キビシスに入れないで持ち歩くのはこの上なく物騒だと思うのだが、図では裸で持ち歩いている。どうか、しげしげと眺めることのないように。

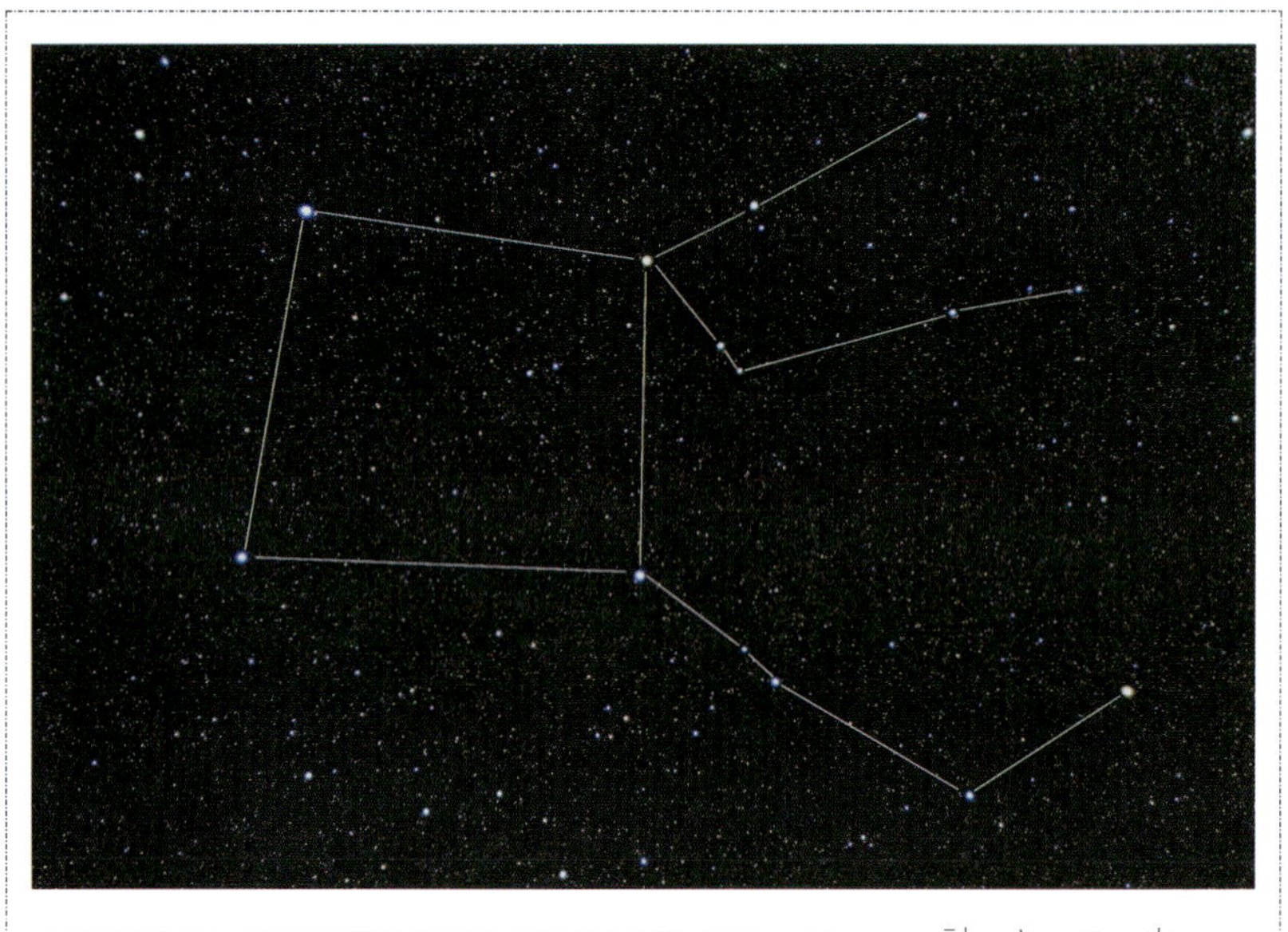

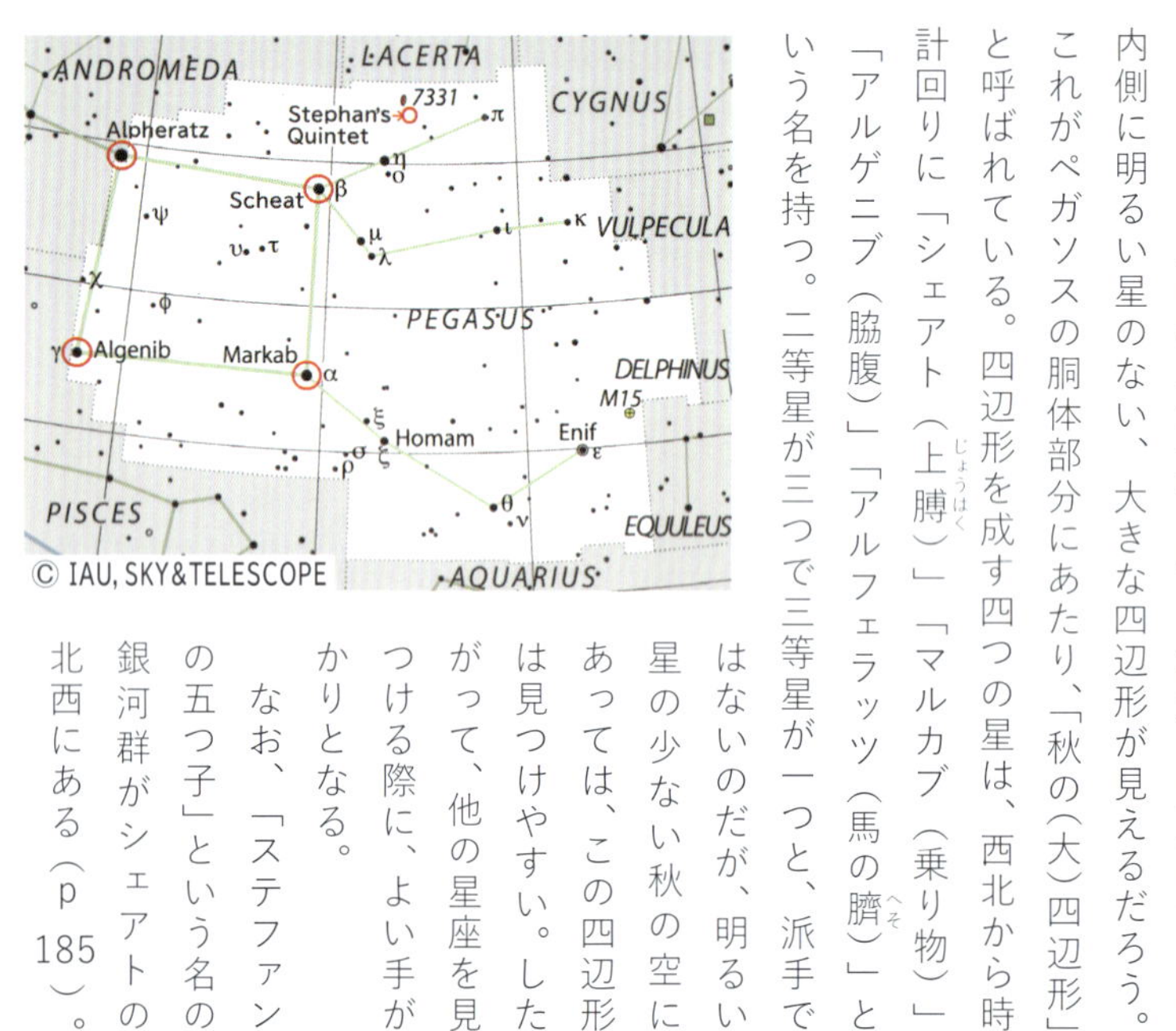

ペガソス座は秋、天頂近く昇る。夜空を見上げたとき、内側に明るい星のない、大きな四辺形が見えるだろう。これがペガソスの胴体部分にあたり、「秋の(大)四辺形」と呼ばれている。四辺形を成す四つの星は、西北から時計回りに「シェアト(上膊)」「マルカブ(乗り物)」「アルゲニブ(脇腹)」「アルフェラッツ(馬の臍)」という名を持つ。二等星が三つで三等星が一つと、派手ではないのだが、明るい星の少ない秋の空にあっては、この四辺形は見つけやすい。したがって、他の星座を見つける際に、よい手がかりとなる。

なお、「ステファンの五つ子」という名の銀河群がシェアトの北西にある(p185)。

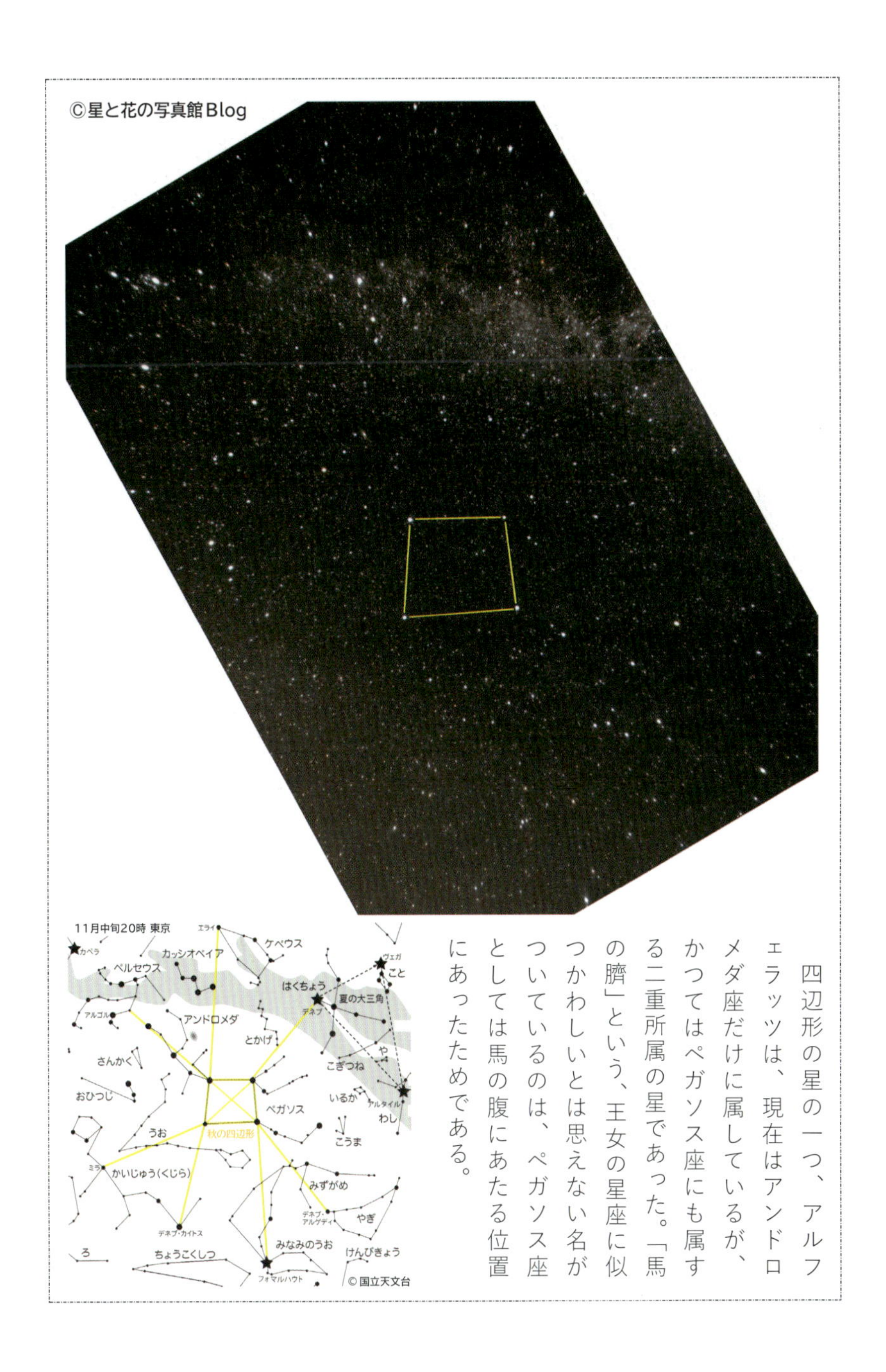

四辺形の星の一つ、アルフェラッツは、現在はアンドロメダ座だけに属しているが、かつてはペガソス座にも属する二重所属の星であった。「馬の臍」という、王女の星座に似つかわしいとは思えない名がついているのは、ペガソス座としては馬の腹にあたる位置にあったためである。

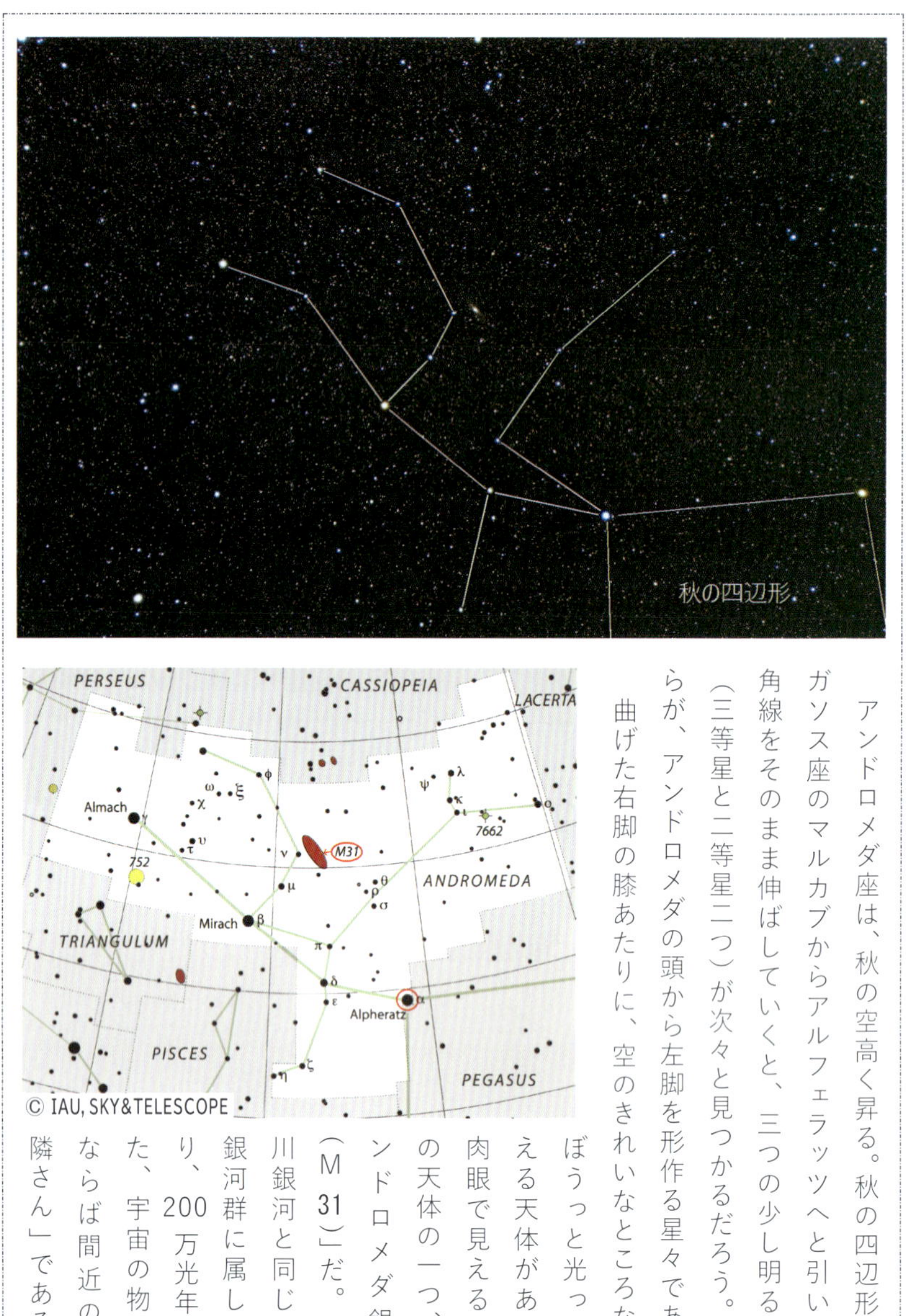

© IAU, SKY&TELESCOPE

アンドロメダ座は、秋の空高く昇る。秋の四辺形でペガソス座のマルカブからアルフェラッツへと引いた対角線をそのまま伸ばしていくと、三つの少し明るい星（三等星と二等星二つ）が次々と見つかるだろう。これらが、アンドロメダの頭から左脚を形作る星々である。曲げた右脚の膝あたりに、空のきれいなところなら、ぼうっと光って見える天体がある。肉眼で見える最遠の天体の一つ、「アンドロメダ銀河（M31）」だ。天の川銀河と同じ局所銀河群に属しており、200万光年離れた、宇宙の物差しならば間近の「お隣さん」である。

© NASA, ESA, and the Hubble SM4 ERO team

上：M31 アンドロメダ銀河
左：NGC7317~7320 ペガソス座
ステファンの五つ子銀河群

アンドロメダ銀河は、「アンドロメダ大星雲」とも呼ばれる。英語での呼び方が「nebula」から「galaxy」に変わったので、天の川銀河の中に存在するガス・塵の塊「星雲」と、天の川銀河の外に存在する星の集まり「銀河」とを区別するという理由で、「銀河」と称することにしたようだが、星の集まりとわかってからも、「銀河系外星雲」である「大星雲」として親しまれている。

「ステファンの五つ子」は発見者に因(ちな)んだ名称だが、そのうちの四つは初めて発見されたコンパクト銀河群である。

ペルセウス座は、アンドロメダ座に伸ばした、ペガソス座の秋の四辺形の、マルカブ－アルフェラッツの対角線を、さらに伸ばしていくと、「アルゴル（悪魔の頭）」を見つけることができる。そのあたりがペルセウスの左手の部分で、「食変光星」アルゴルは、ペルセウスが手に持つメドゥサの首の眼にあたる。しかし、全体像については、少し明るい星はあるものの、どの星とどの星をどう結べばペルセウスの姿になるのか、正確に捉えるには慣れが必要だろう。

振りかざす剣を握る手には、双眼鏡で見ることのできる二重星団（NGC869／884）がある（p188）。また、八月半ばに極大期を迎える「ペルセウス座流星群」はγ星の近くに放射点がある（p263）。

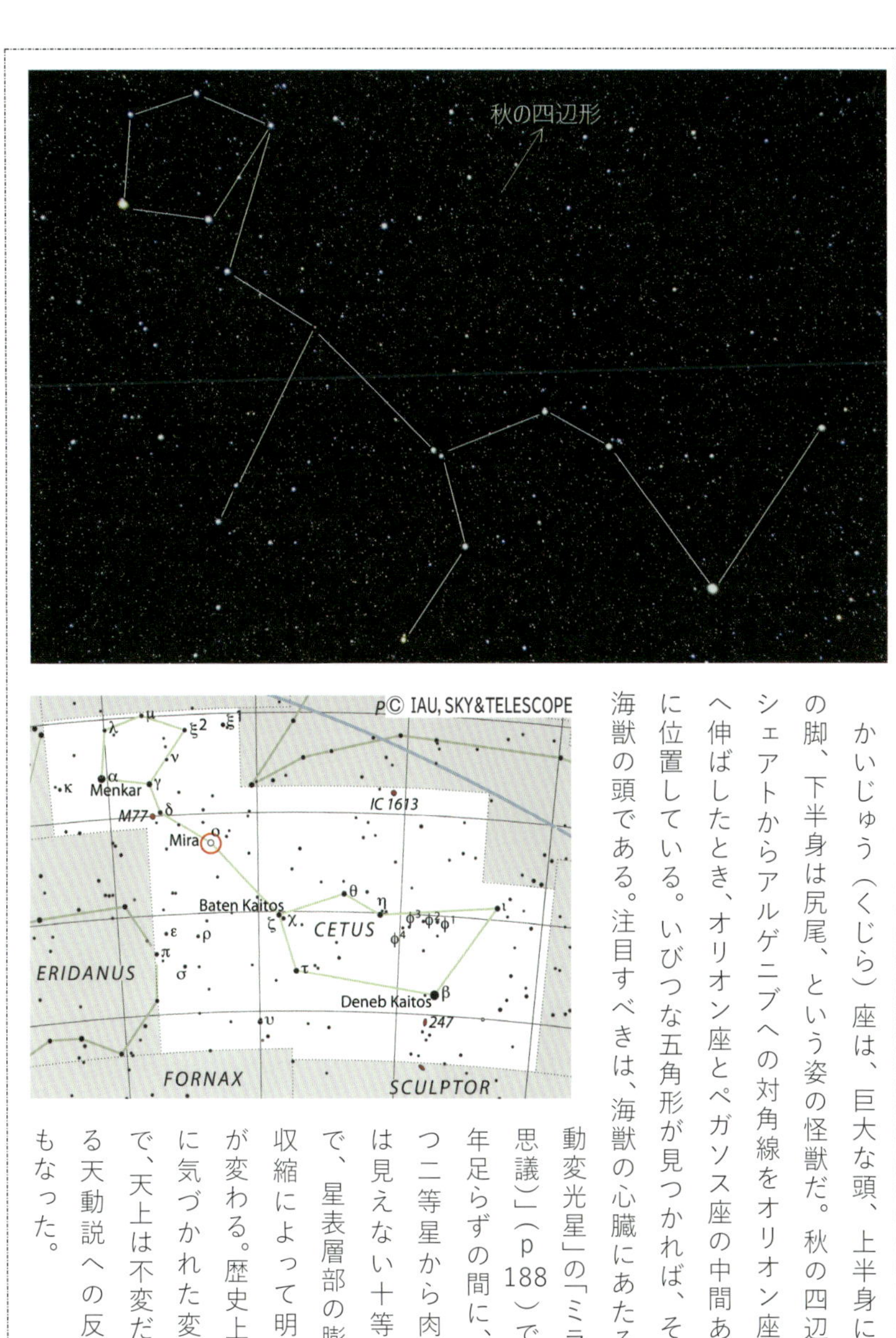

かいじゅう（くじら）座は、巨大な頭、上半身に二本の脚、下半身は尻尾、という姿の怪獣だ。秋の四辺形のシェアトからアルゲニブへの対角線をオリオン座の方へ伸ばしたとき、オリオン座とペガソス座の中間あたりに位置している。いびつな五角形が見つかれば、それが海獣の頭である。注目すべきは、海獣の心臓にあたる「脈動変光星」の「ミラ（不思議）」（p188）で、一年足らずの間に、目立つ二等星から肉眼では見えない十等星まで、星表層部の膨張・収縮によって明るさが変わる。歴史上最初に気づかれた変光星で、天上は不変だとする天動説への反証ともなった。

NGC869・884
ペルセウス座 二重星団 ©Marc Van Norden

かいじゅう（くじら）座
ミラの変更（2008~9年）©富山市科学博物館

ペルセウス座にある二重星団は、二つの散開星団が近接しているため「二重（double）」と呼ばれる。紀元前から「恒星ではない、微かな光の塊」として認識されていたが、望遠鏡が発明され、観測によって二つの星団であることが明らかになった。

脈動変光星ミラは、収縮・膨張によって明るさが変わるが、明るくなるのは縮んで高温となったときであり、暗くなるのはその逆の膨らんだときである。

オリオン座ベテルギウスの変光（左上の赤い星） ©H.Raab(User:Vesta)

変光星　明るさが変化する恒星のこと。星自身が膨張・収縮する「脈動型変光星」、連星で一方が他方に周期的に重なる「食変光星」、連星相手からのガス流入によって爆発的な現象を起こす「激変星」、フレア活動（恒星表面での爆発）による「フレア星」、黒点や周囲のガス円盤の変化による「Tタウリ型星」など、変光の原因によって分類される。かいじゅう（くじら）座のミラは脈動型変光星（二〜十等星に変化）、ペルセウス座のアルゴルは食変光星（二〜三等星）としてよく知られている。また、オリオン座の赤色超巨星ベテルギウスも、老齢期を迎えて不安定であるせいか、零等星から二等星まで変化する。

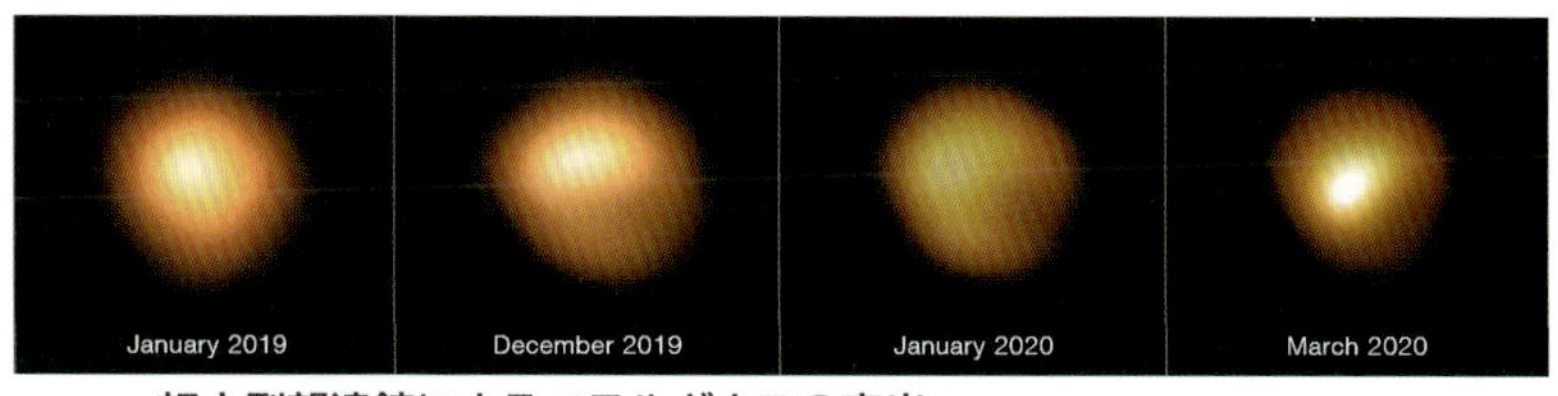

超大型望遠鏡によるベテルギウスの変光 ©ESO/M.Montargès et al.

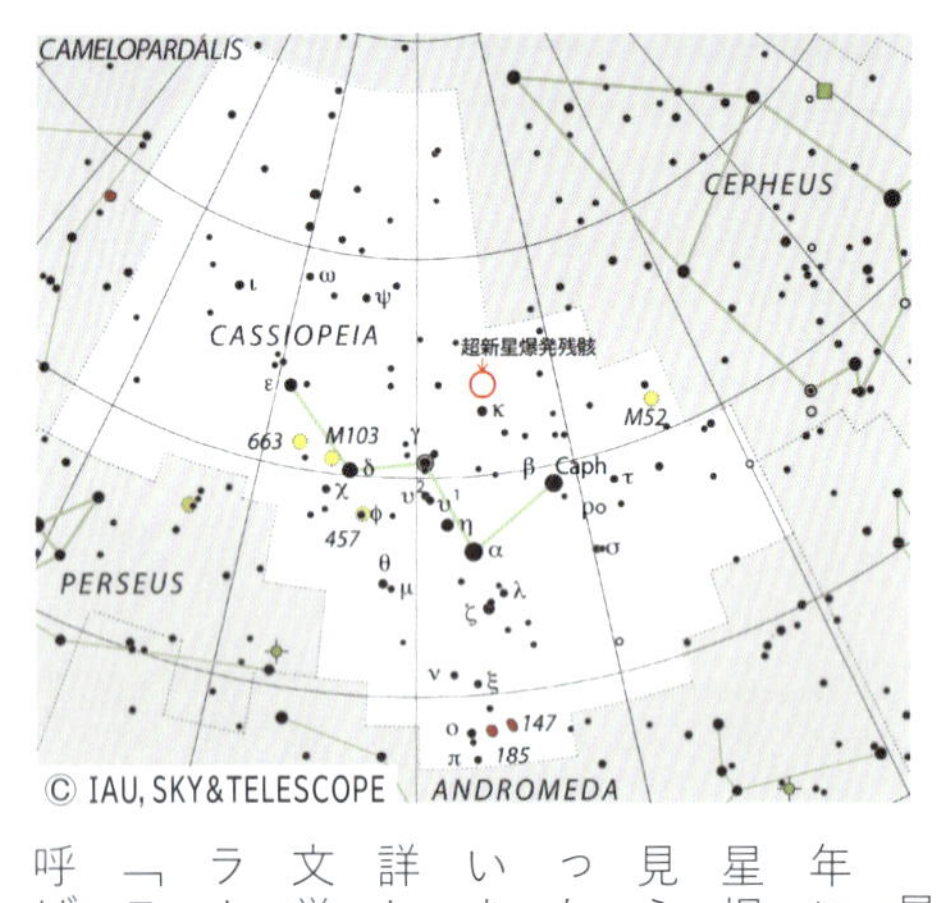

カッシオペイア座は、北緯の高い地域では地平線・水平線下に沈まない「周極星」の星座なので、見る時間を問わなければ、どの季節でも見ることができる。空を見上げてW(M)の形を見つけることは、その周りに明るい星がないため、たやすいだろう。おおぐま座の北斗七星と同様、北極星を見つけることのできる、つまり北の方角を知らせる星座である(p63)。

星座内で1572年に起こった超新星爆発は昼間でも見えるほど明るかったと言われる。いまは残骸だが、詳しく観測した天文学者ティコ・ブラーエにちなんで「ティコの星」と呼ばれている。

超新星(爆発)残骸　超新星爆発の跡に残された星雲状の天体。爆発時に恒星の外層のガスは吹き飛ばされ、周囲の星間ガスとの間に衝撃波を発生させる。すると、ガスは加熱されて高温になり、その後数万年にわたり輝き続ける。超新星残骸の中心には中性子星やブラックホールがある。有名な「蟹星雲」の中心には「パルサー（自転し、それに同期して周期的な電磁放射をする中性子星）」がある。

カッシオペイア座 超新星爆発(ティコの星)残骸

M1おうし座 蟹星雲
Acknowledgement:Davide De Martin(ESA/Hubble)

ケペウス座は、カッシオペイア座の隣にある星座である。夫婦そろって北極星の近くで周回しているのだが、夫の家形の五角形は、見極めはできるものの、妻のWの形に比べれば、印象が薄い。神話をなぞっているかのようだ。この星座には、地球の歳差運動のために将来、天の北極に近くなり北極星となる星がγ星「エライ（羊飼い）」、β星「アルフィルク（羊の群れ）」、α星「アルデラミン（右腕）」と、三つもある（p 43）。だが、いずれも三、四等星で、やはり印象は薄いだろう。しかしこの星座は、紀元前6世紀のカルデアで既に知られていたほど古い星座なのである。またδ星は、宇宙の距離を測る目安となる変光星に「ケフェイド（ケフェウス＝ケペウス座型）」の名を冠（かん）させたほど重要な星である。

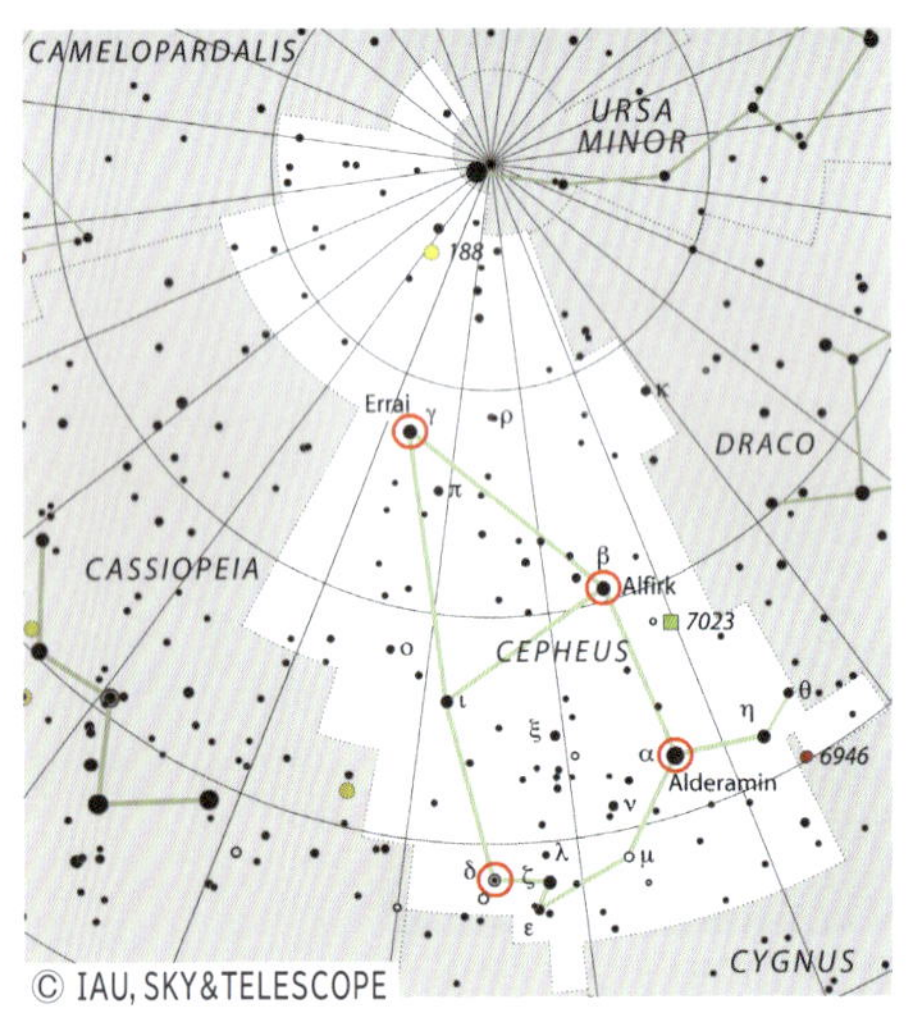

驕れるオリオン・・・オリオン座・さそり座

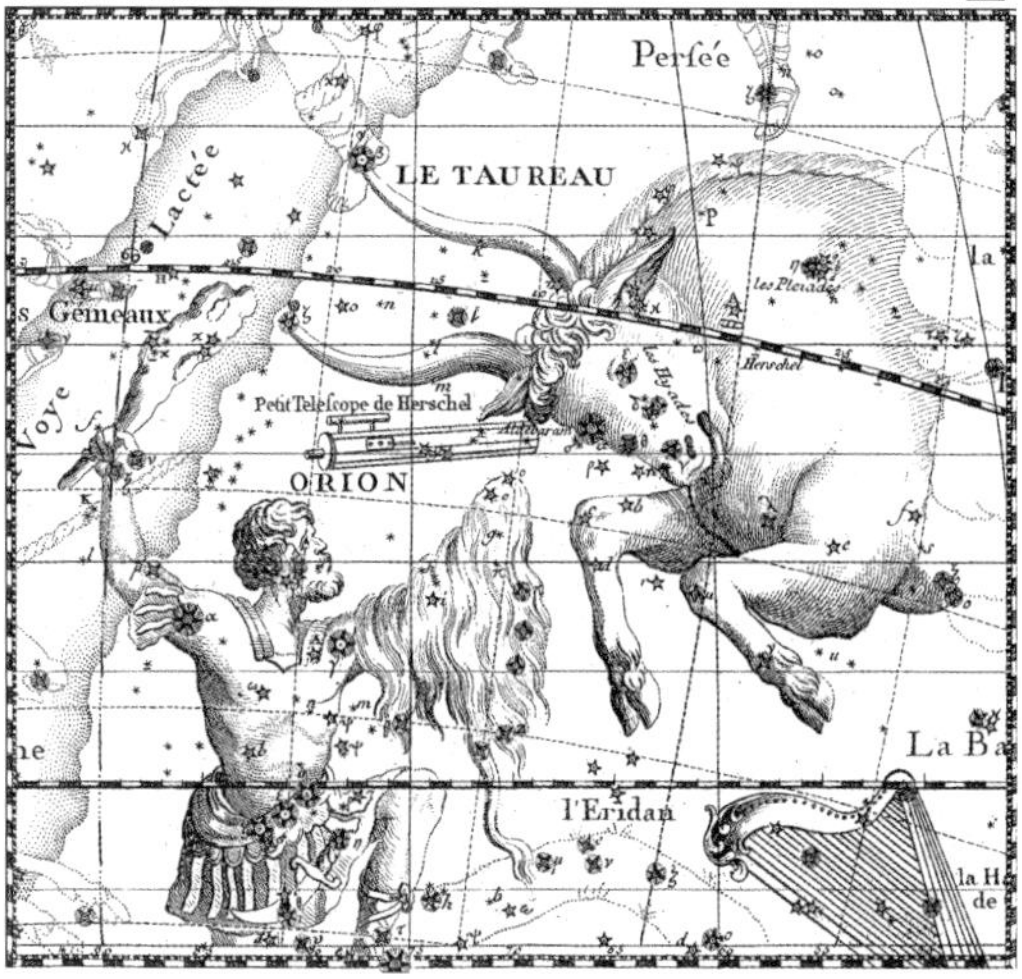

ボイオティアにオリオンという名の猟師がいた。彼はヒュリエウスという老人に育てられたのだが、その生まれ方はとても変わっている。天空神ゼウスと海洋神ポセイドンと伝令神ヘルメスが旅をしたとき、ボイオティアの王位を退き隠棲（いんせい）していたヒュリエウスの小屋に泊まったことがあった。ていねいなもてなしを受けたので、神々はその礼に、願いを一つ叶えてやろうと言い出した。妻を亡くし、子が跡を継ぎ、つましい暮らしをしていた元王は、自身の生きがいとするために、妻を得ることなく子どもを得たいと望んだ。すると三人の神は、自分たちに供された牛から取った皮に小水をし、これを地中に埋めておくよう命じた。ヒュリエウスがそのとおりにしたところ、九カ月後に大地から赤ん坊の泣き声が聞こえてきた。こうして生まれたのがオリオンなのである。

F

　ヒュリエウスの下でオリオンは、大きくたくましく、かつ美形の青年に育った。ポセイドンの血を引いたのだろうか、海面を歩くこともでき、他の狩人とは比べものにならないほど腕の立つ猟師となった。ただし、一人の女性を愛した養い親とは逆しまに、惚れっぽく冷めやすい、移り気な性格でもあった。

やがてオリオンは、シデという美しい娘を妻に迎えた。ただこの娘は、猟の腕前を驕るオリオンに似合っているというか、容姿を鼻にかけるところがあった。自分は神后ヘラよりも美しいはずだと広言しだし、女神と容色を競おうとした。神は高慢を嫌う。ヘラは怒って、シデを奈落タルタロスに落とした。かくして、オリオンはあっさりと妻を失った。

独り身となったオリオンは、あちらこちらの国を回る暮らしを始めたが、キオス島に立ち寄ったとき、島の王オイノピオンの娘メロペに一目惚れをした。そこで、狩りに出かけては獲物を彼女に贈り、ついには結婚を申し込んだ。しかし、王女はもちろん、父王も尊大なオリオンを快く思わなかったので、島を荒らしているライオンを退治することができれば結婚を考えてもよいと応じた。兇暴なライオンだから、オリオンは殺されてしまうだろうと踏んだのである。

ところが、死を望まれた求婚者は、ライオンを難なく射止めてしまった。宮殿に赴きその毛皮を献上すると、嫌がるメロペにしつこく迫った。娘が危ない。王は言葉巧みにオリオンを酒席に招き、しこたま飲ませて眠らせた。そして、彼の両眼をえぐり、海岸に打ち棄てた。

起きたオリオンは、光を失ったことに慌てたが、或る言い伝えを思い出した。大洋の東の果ての国に行って、海から昇るときの陽の光を眼に受ければ、どんな盲人も目が見えるようになる、というものである。そこで、彼は鍛冶の神キュクロプスの打つ槌の音を頼りに東のレムノス島に向かった。そして、巧の神ヘパイストスの鍛冶場でケダリオンという男の子をさらい、この子を肩に載せ、陽の昇る方向へ案内させた。

オリオンがやっと大洋の東の果てに着いたとき、その姿かたちを目にした曙の女神エオスは、彼に恋をした。彼女は、かつて戦神アレスと恋仲になったが、彼が元々アプロディテの愛人だったため、愛の神の仕返しを受け、絶え間なく恋に身をやつすよう魔法をかけられていたのである。この間までは、トロイアの王子ティトノスが恋人だった。愛するあまり彼の不死をゼウスに頼み込み、願いが聞き入れられたまではよかったのだが、彼女は大事なことを一つ忘れていた。不老を願わなかったのだ。したがってティトノスは死なないものの、その体は次第に朽ちていき、最後は声だけになってしまった。部屋の中に蝉のような声だけが響くようになったころ、エオスはオリオンと出会ったのである。妹が再び元気になったのを見た太陽の神ヘリオスは、妹の新しい恋人の眼を治してやった。

癒えたオリオンは、オイノピン王に対し恨みを晴らそうとキオス島に戻った。しかし、彼の気性を知る島の人々は王を娘メロペとともに、ヘパイストスが造った地下室に隠した。そして、二人の居所を教えろと、どれだけ強く迫られても、知らぬ存ぜぬで押し通した。仕方なく独りで、オリオンは島中を捜しまわったけれど、二人を見つけることはついにできなかった。

彼は復讐を諦め、エオスの許で暮らすことにした。曙の神の仕事は、陽が昇る前に、その先駆けを務めることだが、オリオンが来て以来、仕事を早く終わらせてしまうようになった。少しでも長く彼と一緒にいたいためである。その結果、夜が次第に明けていく暁の時間は短くなり、暗い夜からいきなり明るい朝となることが多くなってしまった。

ただ、エオスの想いとは裏腹に、オリオンは、彼女と暮らしながらもプレイオネとその七人の娘たちを追いかけ回すなど、移り気なのは相変わらずだった。七姉妹はゼウスに懇願して母とともに鳩となって逃げたが、それでも追ってくるオリオンから逃れるため、さらに高く昇って星となった。それがプレイアデス星団である（おうし座参照）。

そんなころ、オリオンの許へやって来たのが月光神アルテミスである。夜明けの時間が短くなったのを不審に思い、東の果てまでエオスの様子を見にきたのだった。ところが彼女は居合わせず、宮にいたのはオリオンのみ。狩猟の女神と人間界随一の狩人は瞬時に恋に落ちた。乱暴、傲慢（ごうまん）なオリオンに、気位の高い、従者が男と交わっただけで理由も聞かず射殺（いころ）してしまう男嫌いのアルテミスが恋をする。わけはわからないが、そういうものなのだろう。

オリオンはエオスを棄て、アルテミスの許に走った。二人はともに馬を駆り、鹿を追った。その睦まじさは、神々の間でも噂になるほどであった。だがそのなかで一人、顔をしかめる神がいた。アルテミスの弟、光明神アポロンである。彼は、オリオンが移り気で、ときに乱暴であることを嫌い（これは、鏡に写っている自分を嫌うようなものだと思うが、誰しも自分のことはわからないものだ、たとえ神であっても。いや、神だからこそ）、また姉が男を避けるべき地位にあり、本人もそれを自覚しているのだから、オリオンからは離れなければならないと考えていた。二人の仲は認められないものであるとアルテミスに、ときには罵ってしまうほど説いたが、恋する者に忠告は無駄である。

このころオリオンは以前にも増して傲慢になり、自分に獲ることのできない獣はいない、神々よりも腕は確かだ、と語るようになっていたが、そのこともアポロンを怒らせていた。神は高慢を嫌う。この思い上がった男をなんとか除こうとして、光り輝く神は或る策略を思いついた。

神は一匹の蠍を、肩を怒らせて歩くオリオンの足下に放った。蠍はちっぽけな虫である。だが、その尾の毒は大きな馬を一瞬にして殺してしまうほど強い。獣は平気なくせに虫を嫌って、オリオンは慌てて海へと逃げた。確かに、海に入れば、蠍は追ってこられない。しかし、これはアポロンの思惑どおりの動きだった。

このとき、アルテミスは海岸近くの森に、狩りに出かけていた。しかし、よい獲物を見つけることができないまま海に出てしまい、この日は諦めて帰ろうとしていた。そこへ、海の上を一頭の白く大きな鹿が駆けてきた。最後にこんな大物に出会うとは。彼女は矢をつがえた。「遠矢射る」アルテミスが的を外すことはない。放たれた矢はみごとに大鹿を倒した。

獲物は浜に打ち上げられ、アルテミスは心躍らせ近づいていった。だが、倒れているものを見据えた瞬間、両手で顔を覆って、砂浜に崩れ落ちた。その、鹿だったはずの死体は、オリオンの死体だったのだ。アポロンは、姉が出かける前、忌まわしい男に蠍を放つと同時に、彼女の目をこっそりと曇らせていた。結果、アルテミスは自分の手で恋しい人を殺してしまった。

狂わんばかりのアルテミスはアスクレピオスに、オリオンを生き返らせるよう頼んだが、冥府の神ハデスが許すはずはない。しばらくして少し落ち着いたとき、今度はゼウスに、オリオンを星座にするよう頼んだ。星となって輝いていれば、自分は夜、月の光を担当するのだから、いつでもその姿を眺めることができる。ゼウスは聞き入れた。娘かわいさのせいなのかと余人には思われるほど、これ以上はないという華やかな姿の星座にした。

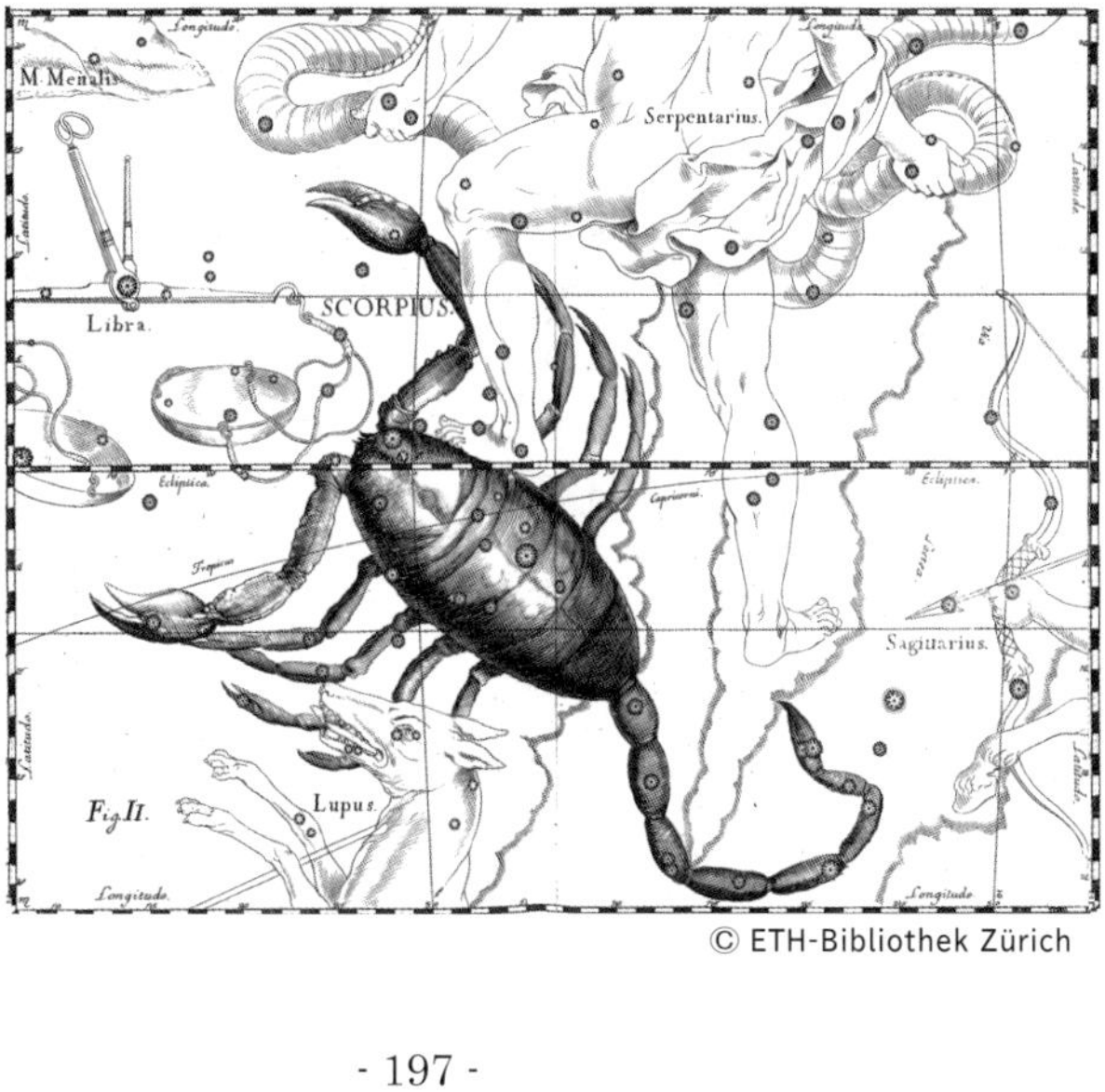

© ETH-Bibliothek Zürich

それ以来、オリオン座は、兎の星座を踏みつけ、犬の星（シリウス）を従え、鳩の星々（プレイアデス星団）を追う、星座のなかで最も目立つ姿で、冬の夜空を飾ることとなった。「プレイアデスとヒュアデスとオリオンが沈むころ、田を鋤き、種を蒔け」「オリオンが初めて姿を現すころ麦の脱穀を始めよ」と、農耕の目安にもなっている。

ただし、死につながるきっかけとなった蠍に対する恐怖心は消えることがないようだ。オリオンを倒した功で星座となった蠍が現れる夏になると、そそくさと夜空から姿を消す。華々しく輝けるのは、人の出が少なくなる冬のみ。ゼウスの本心は、オリオン座をさそり座の対極に置くことで、人間の高慢に対する戒めとすることにあったのかもしれない。ちなみに、オリオン本人は冥界の野原で毎日、青銅の体と化した、生前打ち殺した獣たちを、棍棒を持って追い込んでいるらしい。

後日談：オリオンには、母親の素性はわからないのだが、メティオケとメニッペという娘がいた。二人は母親に育てられて、機織りの上手な美しい乙女に育った。そのころ、彼女たちの住む国に疫病がはやった。王がアポロンに神託を求めると、死者がきちんと埋葬されなかったことに冥王ハデスが立腹している、ということだった。加えて、その怒りを鎮めるためには二人の娘を犠牲に供さねばならない、という託宣が下された。それを聞いて、国中の娘たちがみなしり込みするなか、オリオンの娘たちは、人々のためになるのならと、人身御供となることを自ら申し出た。二人の命が地下の神に捧げられようとしたとき、その后ペルセポネはこれを哀れんで夫に働きかけ、彼女たちの体を消し去り、かわりに星として大地から飛び立たせた。これが彗星であるという。

さそり座は夏、地平線からあまり高くない南の空に、天の川に垂らされた釣り針にも見える細長いSの字の姿を現す。さそり座が夜空に昇る季節になると、星座の王オリオン座は姿を消す。蠍の心臓部に位置するα星「アンタレス」は、その名のとおり（アンチ・アレス。すなわち、火星に対抗するもの）赤さにおいて、近くに来ることのある火星に見劣りしないが、同時に、両隣の星を支えて赤い顔で踏ん張っているようにも思える。この三星は夏の三ツ星として、オリオン座の冬の三ツ星とちょうど真反対の場所に位置するので、両者は、金輪際顔を合わせないようにしている仲の悪い兄弟に譬えられることもある。

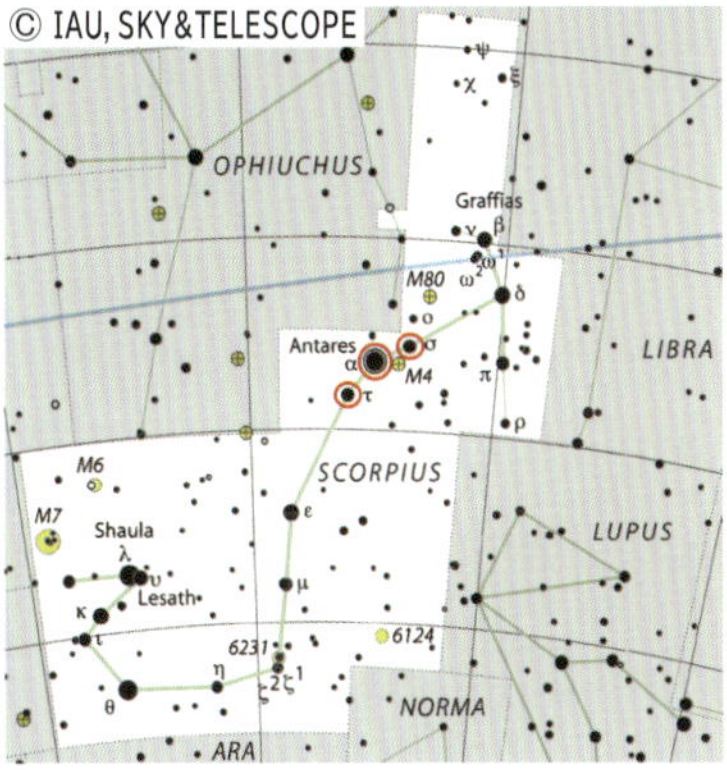

オリオン座は冬の星座のなかでいちばん目立つ星座である。いや、すべての星座のなかでこれほど豪勢な星座は他にない。ベルトにあたる三ツ星「ミンタカ（帯）・アルニラム（真珠の紐）・アルニタク（帯）」を真ん中に、右肩の「ベテルギウス（ジャウザーの手）」と左膝の「リゲル（ジャウザーの左足）」が赤と白で対峙（たいじ）している。そして、左肩の「ベラトリックス（女戦士）」も右膝の「サイフ（剣）」も明るい星であるために、星座全体としてみごとな鼓の形になっている。頭部には「メイサ（輝くもの）」が光り、三ツ星の下、縦に並んだ「小三ツ星」は、腰に下げた短剣である。

冬、夜空を見渡せば、案内がなくとも、すぐに見つけることができる。星座のなかで、オリオンは絶対の王である。

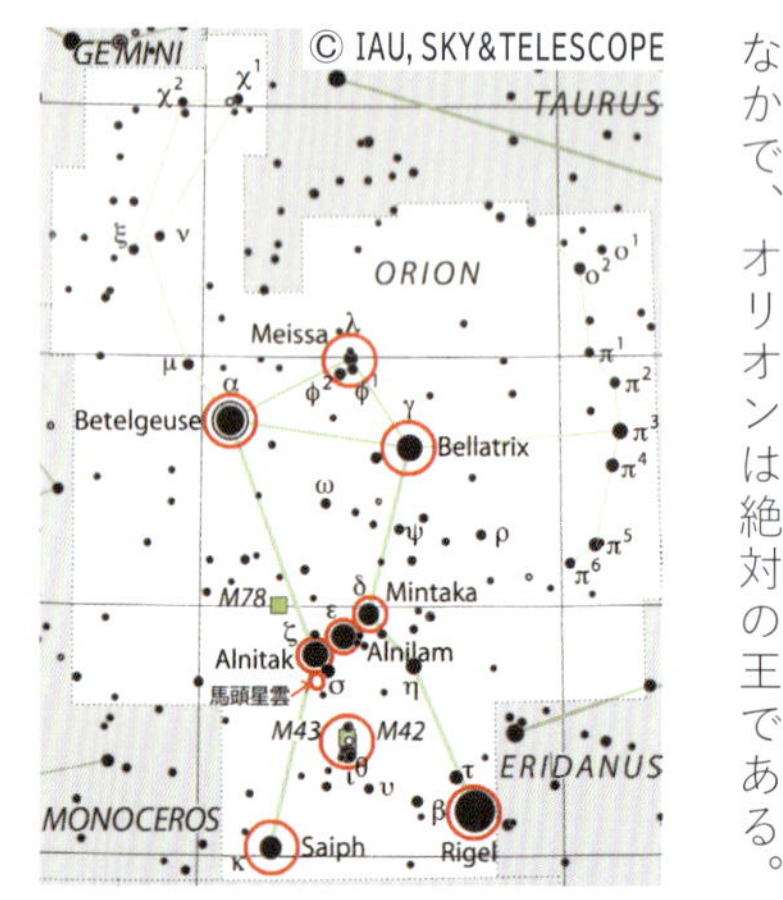

オリオン座は見た目だけではなく、天文学上の話題にも事欠かない。

右肩のベテルギウスは赤い色をしているが、老いた恒星は赤く輝くから、かなりの老いた星である。核融合が不安定で、発生するエネルギーの伝わり方にむらがあるので、星自体が膨らんだり縮んだりして、輝きは不定期に変化する。一等星とされているけれど、三ツ星を挟んで向かい合う零等級のリゲルに匹敵する明るさになることもあれば、敗色漂わせる二等星なみの明るさになることもある（p189）。

また、ベテルギウスは、太陽系に置くと木星のあたりまであるほど巨大であるため、やがては超新星爆発を起こし、跡に中性子星を残すだろうと言われている。輝きの不安定さから見て、その爆発の時期は近いのか、それともまだ先なのか、あるいは既に起こしたのか（地球からの距離が５５０光年だから、我々が目にしているのは５５０年前の姿だ。いま現在の姿ではない）、話題になっている。

なお、ベテルギウスに向かい合うリゲルは青白く、まだ若い星だが、質量の大きい恒星であるゆえ、早くに赤色の超巨星になるだろうと予測されている。そうなれば、三ツ星を挟んで、老人と若者の対立ではなく、老人どうしの睨み合いになるかもしれない。これもおもしろそうだ。

オリオン座には、次々と新しい恒星が生まれている「星のゆりかご」もある。それは小三ツ星のあたりにある「オリオン大星雲（M42）」（p203）のことで、散光星雲の中で多くの星が産声を上げている。肉眼でも、夜空の暗いところであれば、星雲のぼうっとした輝きを見ることができるだろう。

一方、光のない暗黒星雲もオリオン座にはある。三ツ星の左端の「馬頭（ばとう）星雲」である（p202）。馬の首の形は望遠鏡写真でしかわからないけれど、その黒いシルエットを眺めていると、不気味な想念が湧いてくる……。

暗黒星雲　宇宙空間には、「(星間)分子雲」と呼ばれる、周囲よりも星間ガスや宇宙塵が高密度に集まった領域がある。この分子雲が、太陽系から見たとき、背後の天体からの光を遮って黒い雲のように見える場合を「暗黒星雲」と呼ぶ。可視光では暗く(黒く)見えるが、赤外線では熱放射で光って見える。有名な暗黒星雲には、オリオン座の馬頭星雲や、(みなみ)じゅうじ座の「コールサック(石炭袋)」がある。

オリオン座 馬頭星雲 ©Hewholooks

(みなみ)じゅうじ座 コールサック(中央の黒い部分) ©ESO/Y.Beletsky

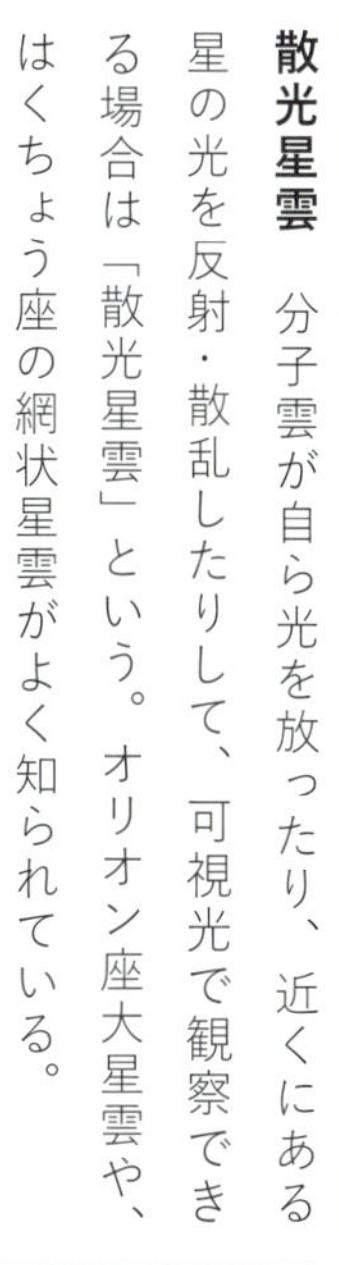

散光星雲　分子雲が自ら光を放ったり、近くにある星の光を反射・散乱したりして、可視光で観察できる場合は「散光星雲」という。オリオン座大星雲や、はくちょう座の網状星雲がよく知られている。

M42 オリオン座 大星雲 ©Ole Nielsen

NGC6992-5 はくちょう座 網状星雲 ©Nielander

パエトーンは沈んだ・・・エリダノス座

　エティオピアの国にパエトーンという王子がいた。太陽神ヘリオスとクリュメネ（私の母と同じ名であるが、別人である。系譜にはよく出てくる名前だ）の間にできた子どもなのだが、身籠もった母がメロプス王に嫁いだため、王の子どもと見なされていた。だが或る日、彼は宮殿で、自分の血のつながる父親は太陽神であるという噂を耳にした。それを信じて学友たちに話したところ、友人たちは冷たく笑った。彼らは、嘘をつけ、神の子であるならば、その証拠を見せてみろ、と言う。売り言葉には買い言葉だ。パエトーンは、嘘ではない、神の子の証拠を見せてやる、と意地を張った。親友のリグリア王キュクノスがやめさせようとしたが、引き下がらなかった。館に帰った王子は母に問うた。だが、メロプスの王后という立場もあり、あからさまに答えることはできない。クリュメネは太陽神に直接聞いてみるがよいと返した。そこでパエトーンは、神の住む東の果ての宮殿に出かけていった。

　ヘリオスは彼を、遠い道のりをよく来たと、喜んで迎えた。顔を見るのは初めてだったが、ひと目で自分の血を引く者であるとわかったのだ。同居するヘリオスの娘たち、つまりパエトーンの異母姉たちも、かわいい弟が来たと喜んだ。父は息子に笑顔で、望みがあるのならば何でも叶えてやろうと、ステュクスの神に賭けて誓った。するとパエトーンは、太陽の戦車の手綱を取りたいと言う。その姿を見れば、友人たちも、自分が太陽神の子であることを信じざるを得ないと思ったからだ。太陽の戦車とは、太陽を曳く馬車のこと。ヘパイストスが作った、黄金と宝石に輝く四頭立ての馬車である。ヘリオスは毎日この戦車を御している。だが、道は険しい。東の空の息も絶え絶えになる坂を上り、目も眩（くら）むほどの高みを走った後、西の空の転がり落ちそうになる坂を下るのである。そんな厳しい仕事をこなすだけに、馬たちの気性は荒い。戦車の扱いに慣れた者でさえも、四頭の足並みを揃えるよう操ることは容易ではない。現に神々のなかでも、太陽の戦車を操作できるのは、ヘリオスの他、ゼウスやアポロンなど、ごくわずかの神だけだった。だから別の望みにしてほしいと、父は息子に願いを替えることを望んだ。

しかし、倅(せがれ)は聞かなかった。ヘリオスが望みを叶えてやると誓ったことを盾に、一日でいいから戦車を操りたいと強く願った。その真剣な表情を見れば、父としてこれまで何もしてやれなかったことが辛い。姉たちはみな心配したけれど、太陽神はやむなく息子に、戦車の手綱を取ることを許した。天空を渡るときは、空を見上げることなく、地を見下ろすことなく、ただ私の轍(わだち)だけを見て進め、と忠告して。

夜明け前、パエトーンは勇んで太陽の戦車に乗り込んだ。手綱を握りしめ、馬に鞭をくれた。馬は駆け出し、東の空の急坂を上っていく。朝のうちはまだいい。ひたすら昇るだけだし、坂も次第に緩やかになっていく。ところが、そのかわりに、真昼になれば天の最も高いところを戦車は進む。地上に人の姿を見つけられないほどの高みにまで昇ったとき、つい下界を見たパエトーンは、めまいがするほどの高さに震え、思わず手綱を放してしまった。途端に馬が暴れ出す。鞭の入れ方にいつもと違うものを感じていたところに、手綱が緩んだのだから、荒い気性のまま好き勝手に走り始めた。

地上から見ていると、太陽は急に高くなったり低くなったり、とんでもない軌道を描き始めた。太陽が近づいたとき、リビアの緑成す土地は砂漠となり、アイガイア海中の山は島となって姿を現し、ポセイドンも海深くに逃れなければならなかった。逆に太陽が遠くなったとき、ヘラスの山野は氷に覆われ、河は凍りつき流れを止め、人々は火を起こしたにもかかわらず寒さに震え上がった。このままいけば地上の生き物が死に絶え、神々の世界まで荒れたものとなってしまう。天上の惨禍を恐れたゼウスは霆を持ち出すと、パエトーンを戦車から撃ち落とした。

　太陽神の息子は炎を引いてエリダノスの大河に落ち、二度と浮かんではこなかった。軌道を外れた太陽の戦車にはヘリオスが飛び乗り、暴れる馬を抑え、いつもの道へと戻した。ただ、手綱は取りながら、目はずっとエリダノスの河面を見つめていた。ヘリオスの娘たちは、弟の死を知って、嘆き悲しんだ。河のほとりで昼夜を問わず泣き叫んでいるうちに、彼女たちはポプラの樹と化し、その涙は琥珀（こはく）となった。また、親友キュクノスもずっと水に潜ってはパエトーンの遺骸を捜していたが、見つけることはできず、強い嘆きから白鳥に姿を変えた（遺骸の方は、後にヘラクレスが見つけ、手厚く葬ったそうだ）。白鳥が水面を泳ぎながら水の中に首を入れるのは、キュクノスがパエトーンを捜す姿を写しているのだという。白鳥は死に際して悲し気な歌を歌う。

　人は神の領域に手を出してはならない。この事故の教訓を人間たちに忘れさせないために、ゼウスは河をそのまま天に上げて、星座とした。それがエリダノス座である。

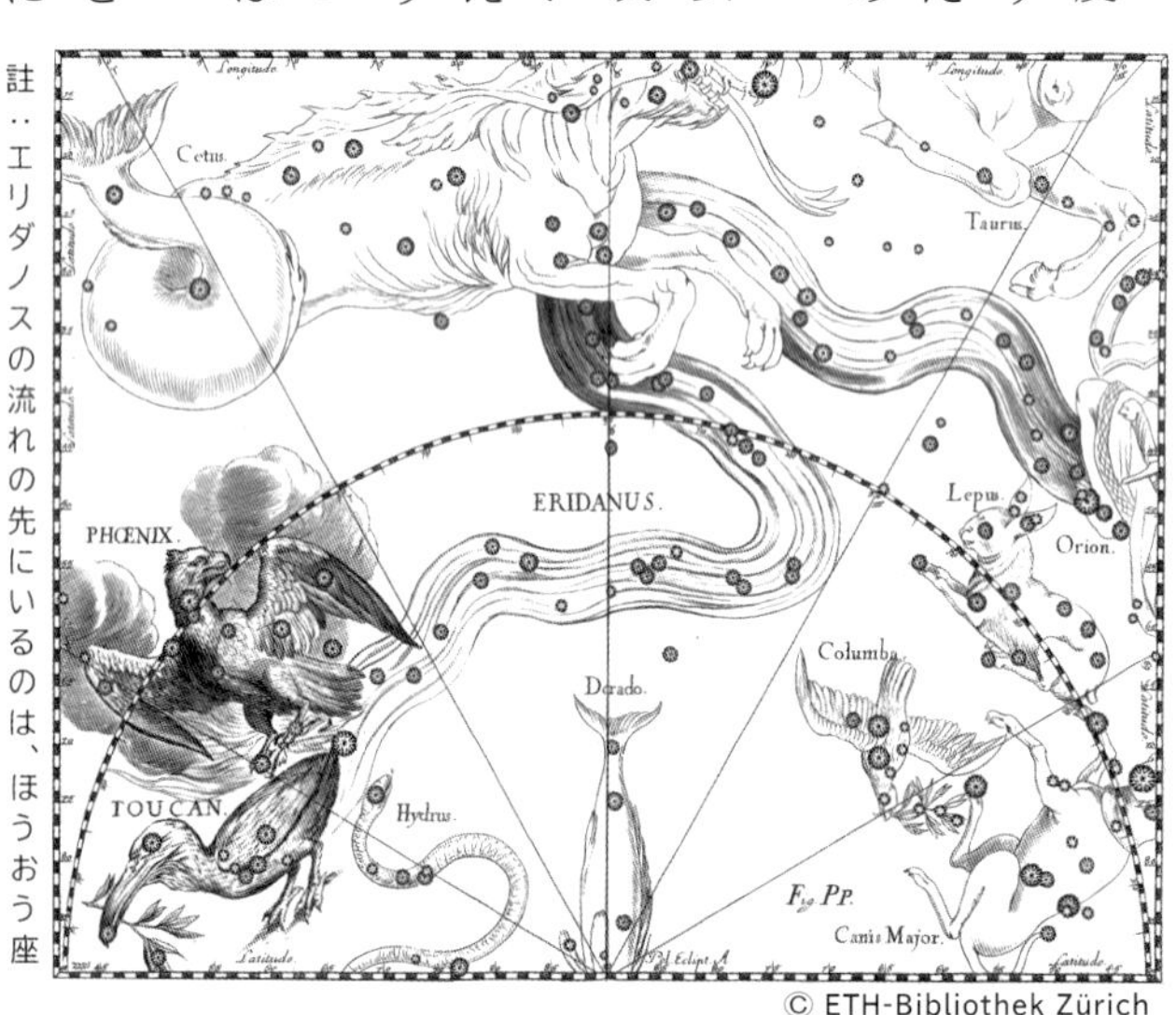

註：エリダノスの流れの先にいるのは、ほうおう座と、きょしちょう座である。

エリダノス座は冬の空、オリオン座のリゲルのあたりに始まり、「S」の字を裏返して崩した形に蛇行し、地平線に姿を消す。その先には青く輝くα星「アケルナル（川の果て）」があるのだが、北半球では、赤道に近い地方でないと見ることができない。ゆえに、古代ギリシアではα星は知られておらず、いまは「アカマル（川の果て）」と呼ばれるθ星が当時の「アケルナル」だったという。現在のアケルナルは、自転速度が異常に速いため、赤道方向の直径が極方向の直系の一・五倍に膨らんでいるそうだ。

註：上の写真ではカノープスが明るいが、これはニュージーランドで撮影されたためである（P240）。

☆広く知られずとも☆

ライラプスのパラドックス・・・おおいぬ座

ライラプスという名の犬がいた。これは、匠神ヘパイストスがゼウスのために創った、必ず獲物を捕まえるという力を持つ犬であった。ゼウスが、自ら真っ白な牡牛に化してさらったエウロペをクレタ島に残したとき、彼女を護るために、島を見回る青銅の巨人タロスと、狙ったものに必ず当たる投槍(なげやり)とともに、彼女に贈った犬である(おうし座参照)。

後にエウロペがクレタ王アステリオスと結婚したときから、巨人も槍も犬も、代々のクレタ王が所有するものとなった。タロスは日に三度島を巡って、不審な者を見つけると大石を投げつけて倒した。石をかわした者は捕まえ抱き抱え、我が身から高熱を発して焼き殺した。ただ、槍と犬は、ミノスが王であったとき、トリコスの王ケパロスの妻であるプロクリスに与えられた。彼女は夫に浮気を疑われてクレタに逃れてきていたのだったが、医術の知識を生かしてミノスの病を癒やしたからである。彼女が帰国し復縁してからは、ケパロスが槍と犬を使うこととなった。

その当時テーバイに、義理の父となるはずのミュケナイ王を事故とはいえ殺(あや)めてしまったため国を追われた、王女アルクメネの婚約者、アムピトリュオンがいた(ヘラクレス座参照)。彼がテーバイ王に、故国に戻るために兵を貸してほしいと頼んだとき、王は請け合ってくれたが、そのかわりに、国を悩ます一匹の牝狐(めぎつね)を捕らえてほしいと言ってきた。この牝狐は畑を荒らし、家畜を襲い、人を殺し、それを抑えるためには毎月一人の子どもを犠牲に供さなければならないほど強く賢かった。アムピトリュオンは退治を引き受け、王の兵たちと大人数で狐を追った。だが、狐の逃げ足は速く、捕まえることができない。

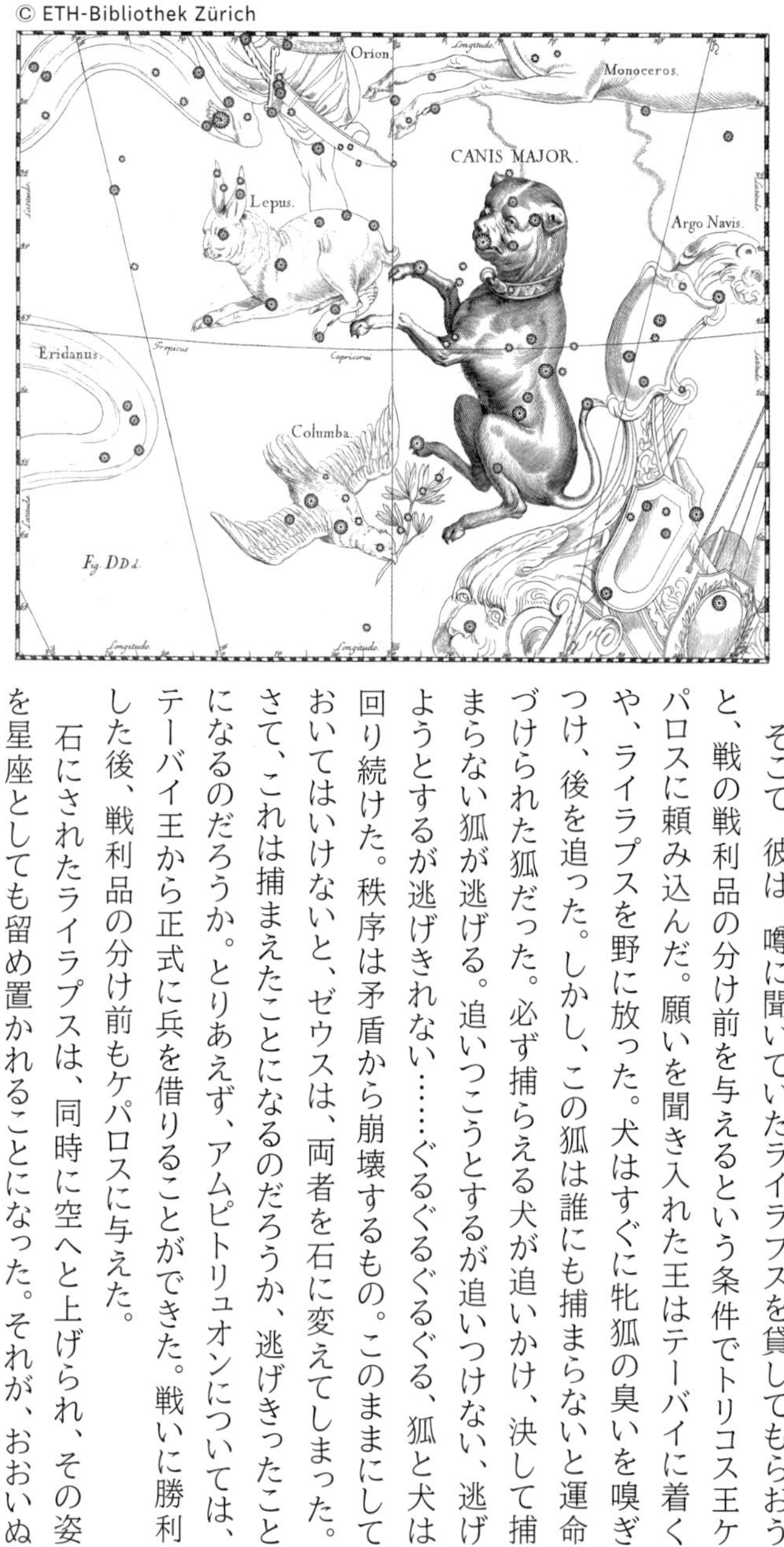

そこで、彼は、噂に聞いていたライラプスを貸してもらおうと、戦の戦利品の分け前を与えるという条件でトリコス王ケパロスに頼み込んだ。願いを聞き入れた王はテーバイに着くや、ライラプスを野に放った。犬はすぐに牝狐の臭いを嗅ぎつけ、後を追った。しかし、この狐は誰にも捕まらないと運命づけられた狐だった。必ず捕らえる犬が追いかけ、決して捕まらない狐が逃げる。追いつこうとするが追いつけない、逃げようとするが逃げきれない……ぐるぐるぐるぐる、狐と犬は回り続けた。秩序は矛盾から崩壊するもの。このままにしておいてはいけないと、ゼウスは、両者を石に変えてしまった。さて、これは捕まえたことになるのだろうか、逃げきったことになるのだろうか。とりあえず、アムピトリュオンについては、テーバイ王から正式に兵を借りることができた。戦いに勝利した後、戦利品の分け前もケパロスに与えた。

石にされたライラプスは、同時に空へと上げられ、その姿を星座としても留め置かれることになった。それが、おおいぬ座である。星空ではこいぬ座とともにオリオン座に付き従い、うさぎ座を追っている（だが星空にあっては、この兎も捕まらない兎だ）。その鼻先に強く輝く星は、他のすべての星を集めたほどの熱を放つと言われる。夏は、この星が太陽とともに上るため、大地は焼かれ、池の水底が現れ、草木はしおれ、獣は影を求めて移動するようになるのだそうだ。星の名はシリウスという。意味は「焼き焦がすもの」。

きつねの方は星座にされなかった。矛盾を象徴させるなら、こちらも星にせねばならないはずだが、神は矛盾を好まないのか。彼らの行動からして、そんなことはないと思うのだが。おお、これが矛盾か。

註：現行の星座に「こぎつね座」がある（p46星図）。しかし、これは17世紀にヘベリウスによって設定されたもので、「トレミーの48星座」には含まれていない。したがって、こぎつね座の狐は「絶対に捕まらない狐」ではない。

ここで、別の話になるが、必ず当たる投槍の話もしておこう。先に触れたミノスの「病」というのは、彼が妻以外の女性と寝ようとすると、体から蛇や蠍が現れて相手の女性を襲うというものだった。おそらく妻パーシバエがかけた魔法であると思われるが、トリコス王后プロクリスは薬草の力をもってこれを打ち消したのである。その結果彼女は、槍と犬を貰い受けた。ついでに、ミノスと床をともにすることを拒むこともできた。

プロクリスは、このままクレタに居続けては、パーシバエが恐ろしいと思い、トリコスに戻った。そして、槍と犬を差し出して夫に謝った。このとき、夫ケパロスの方にも、後ろめたさがあった。妻の浮気相手というのは、実は巧みに変装した彼自身だったのだ。自分以外の男に妻がなびかないか心配になった彼は、確かめるために、別人になりすまして妻を誘惑したのである。誘いを何度も繰り返して、とうとうプロクリスが心を許したかに見えたとき、ケパロスは正体を明かして、妻の浮気を責めた。だが、妻がいなくなった後、今度は自分自身を責め続けていた――私は妻を試した、疑い試すようなものが愛といえるのか。落ち着きどころのない心のまま、二人はまた夫婦として暮らすことにした。

しかし今度は、プロクリスの方がケパロスを疑い出した。自分がいない間、夫は他の女性と臥所をともにすることはなかっただろうか。夫は結婚する前、暁の女神エオスと浮名を流したほどの美男子である。女性の方から誘う機会がたくさんあったとしても不思議ではない。不安な彼女もまた夫を試すことになった。変装して別人になりすまし、ケパロスを誘惑したのである。何度か繰り返した後、彼が誘いにのったように見えたところで、プロクリスは正体を現し、夫の移り気を責めた。ケパロスは謝ったが、同時に思っていた――妻は自分と同じことをした、私を信じていなかった、これはお互いさまなのか、それとも二人の関係の限界なのか・・・。夫を責めながら、プロクリスも同じことを思っていた――これが妻と夫というものなのだろうか。とりあえず、二人は夫婦を続けた。

或る日、夫婦は狩りに出かけた。二人とも、昔から狩りが好きだったのだ。結ばれたころに戻るきっかけにできるのではないかと考えたのかもしれない。狩場に着くと、プロクリスは先んじて狐を追い、林の奥へ入っていった。遅れたケパロスが近くの藪の傍らを通ろうとしたとき、中で葉のこすれる音がした。反射的に彼は例の、必ず当たる槍を音の聞こえた方へ投げつけた。確かに、何かが倒れる音がした。ケパロスが藪をかきわけ、音のした場所に近づくと、そこにはプロクリスが槍を背に受けて事切れていた。

狩りに向かうなかで、二人がどんな会話を交わしたのか、ことの真相はわからない。しかし、妻殺しとなったケパロスは、王といえども、トリコスの人々によって裁かれ、国から永遠に追放されたという。その後のことは、これもわからない。

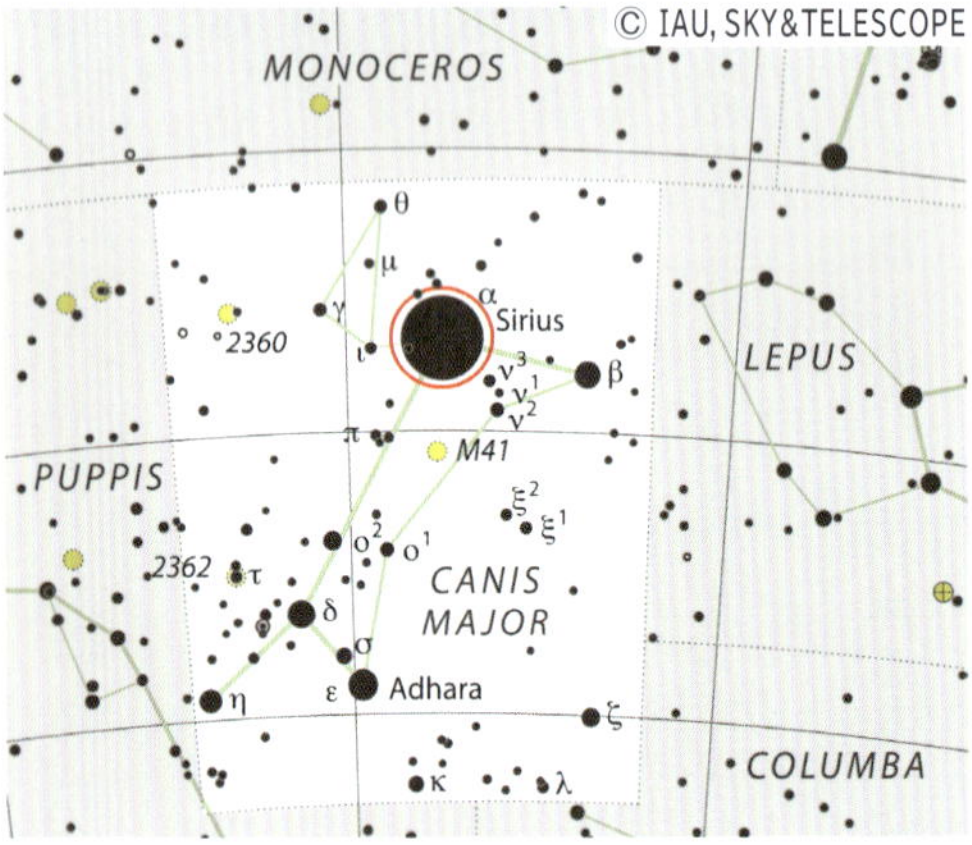

おおいぬ座は、何といってもα星「シリウス」である。マイナス一・五等星という、太陽を除けば全天一明るい恒星で、冬の空を見渡せばすぐに見つかる。シリウスを犬の鼻に見立てれば、大犬の姿を比較的容易に捉えることができよう。シリウスの青白さは印象的だが、古代ローマ期の天文学者プトレマイオスはシリウスを赤い星だと記している。その謎はまだ解かれたわけではないが、当時シリウスの伴星である白色矮星に主星シリウスからヘリウムが流れ込み、そこで一時的に核融合を起こしたため赤く見えたのだ（だが、核融合はすぐに終わり、いまは元の青色に戻っている）という説が挙げられている。

© IAU, SKY&TELESCOPE

おおいぬ座 シリウスAとシリウスB
©NASA, ESA, H. Bond(STScI), and M. Barstow(University of Leicester)

連星　見かけの方向が同じだけの二重星とは異なり、重力的に結合している、つまり共通の重心の周りを回る、二つ(以上)の天体のことをいう。明るい方を主星、暗い方を伴星と呼ぶ。

二つの星の組み合わせはさまざまで、おおいぬ座の主系列星シリウスは、その軌道の揺れ方から伴星の存在が予想されていたが、観測で確認された伴星は白色矮星であった。

また、はくちょう座X1は、強力なX線を発し、ブラックホールとして認められた最初の天体であるが、実は青色超巨星とブラックホールの連星系であると考えられている。

一つの太陽＝恒星の下にある我々からすれば不思議に思えるかもしれないけれど、肉眼で見える恒星の半数以上が連星系であるという。つまり、そこに惑星があったとすれば、太陽が二つ見えることになるのだ。

ところが、三つ以上の恒星が重力的に影響し合っている連星系もあり、よく知られた星で言えば、リゲルは三連星、カペラは四連星、カストルに至っては六連星である。だが、上には上があるもので、ジャバハーという名を持つ、さそり座ν星は、七重連星系である。

はくちょう座X-1の想像図
©NASA, ESA, Nartin Kornmesser(ESA/Hubble)

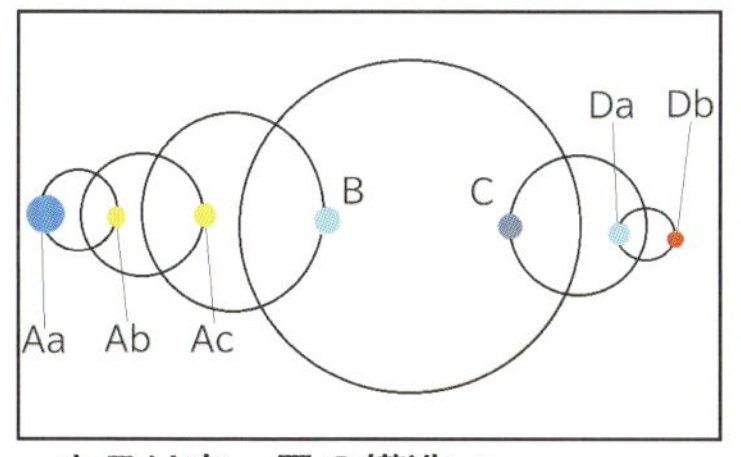

さそり座ν星の構造 ©Koki 0118

人は身勝手・・・うさぎ座

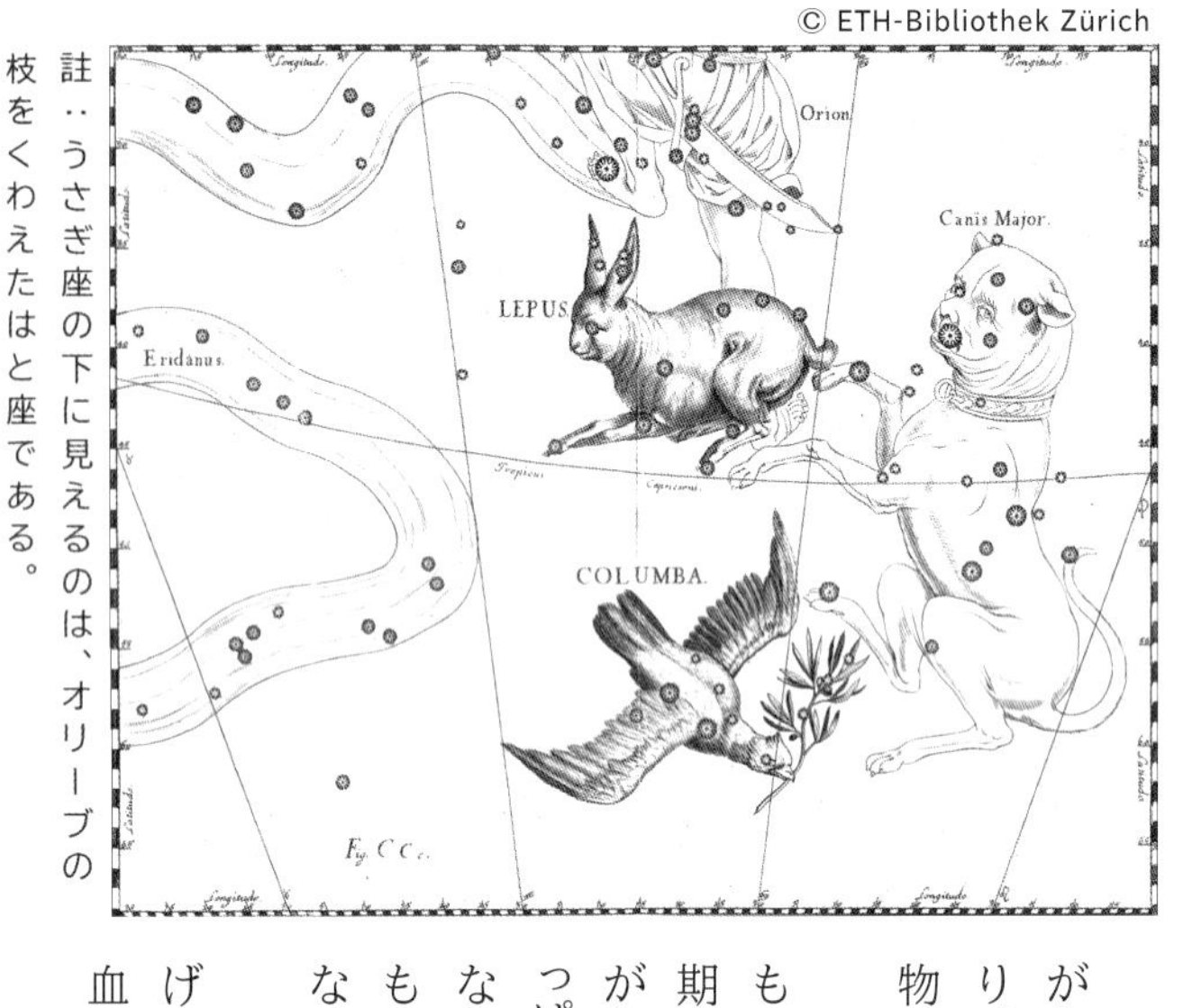

註：うさぎ座の下に見えるのは、オリーブの枝をくわえたはと座である。

アイガイア海のさらに南、イカリア海にレロスという名の島があった。住民のほとんどが農民だったが、土地は痩せており、いくら畑を耕しても、人々の胃袋を満たすほど十分に食べ物があるとは言えない島だった。

そこで一人の島民が、食肉を増やそうと、お腹の中に子どものいる兎を本土から持ち込んだ。兎は多産で、しかも妊娠期間が短い。したがって、他の家畜と比べて増やすことに手間がかからず、その肉をたやすく手に入れられる。これなら腹いっぱいになることもできる、と考えたのだろう。元々島に兎はいなかったのだが、生まれた子を分けて飼い始め、そのまた子どもを分けて……というふうにして、島中の人が兎を飼うようになり、あっという間に島は兎でいっぱいになった。

人々は食べる肉に困らなくなり、空腹のあまり鍬（くわ）を振り上げるとよろけてしまうようなこともなくなった。島に、血色のよくなった笑顔が広がった。

しかし、その笑顔はわずかの間輝いたに過ぎない。飼われる数が増えてくると、捨てられたり逃げ出したりする兎も多くなった。そして、人の手の及ばないところで、子を産み育てるようになった。兎を捕食する大型の獣がいれば、そうならなかったのかもしれないのだが、島には犬や猫さえいなかったため、野生に戻った兎はどんどん数を増していった。数が増えれば当然、食べ物もたくさん要る。兎は、草原に生えている草だけでは足らずに、畑に育つ作物まで食べるようになった。人がいくら追い払っても、目を離した隙に畑は荒らされる。いくら捕まえても、それ以上に兎の子は生まれる。人が口にできる穀物や野菜は目に見えて減っていった。島の人々は、兎を飼う前よりもずっと、飢えに苦しむことになってしまった。

　多くの島民が島での生活に見切りをつけ、行く当てもなく島を離れていかねばならなかった。残った人々は、畑を耕す時間以上の時間を兎退治に割かねばならなかった。兎を持ち込んだのは自分たちだというのに、当の自分たちが住処から追い出される、自分たちで野兎を根絶（ねだ）やしにしなければならない。過ぎたるは及ばざるがごとし・・・というよりも、その場・その時だけの損得勘定で物事を判断する身勝手さが引き起こした事件だと言った方がいいかもしれない。ゼウスは人々を戒めるため、兎を星座とした。それが、うさぎ座だと言われている（待て。身勝手さへの戒めとするのであれば、人ではなくむしろ神々自身に向けてなすべきではないか。彼らの気まぐれがどれだけ彼ら自身を、そして人々を振り回してきたことか……そうか、神というものは反省しないものなのだった）。

　星となってから兎は、オリオンの猟犬（大犬、小犬）に追われ、オリオンには踏みつけられている。ふつうに子を増やそうとしただけなのに、よけいなことをしたのは人間の方なのに、彼らの戒めのために、なぜこんな目に遭わなければならないのか、と星空で溜息をついているかもしれない。

うさぎ座は、冬、おおいぬ座のシリウスの右隣、オリオン座のリゲルの真下に見えるV字が、その顔にあたる。V字を耳だと見れば、思いの外簡単に兎の姿を思い浮かべることができるだろう。オリオンと大犬・小犬のそばで、星座になっても、兎はたいへんだ。

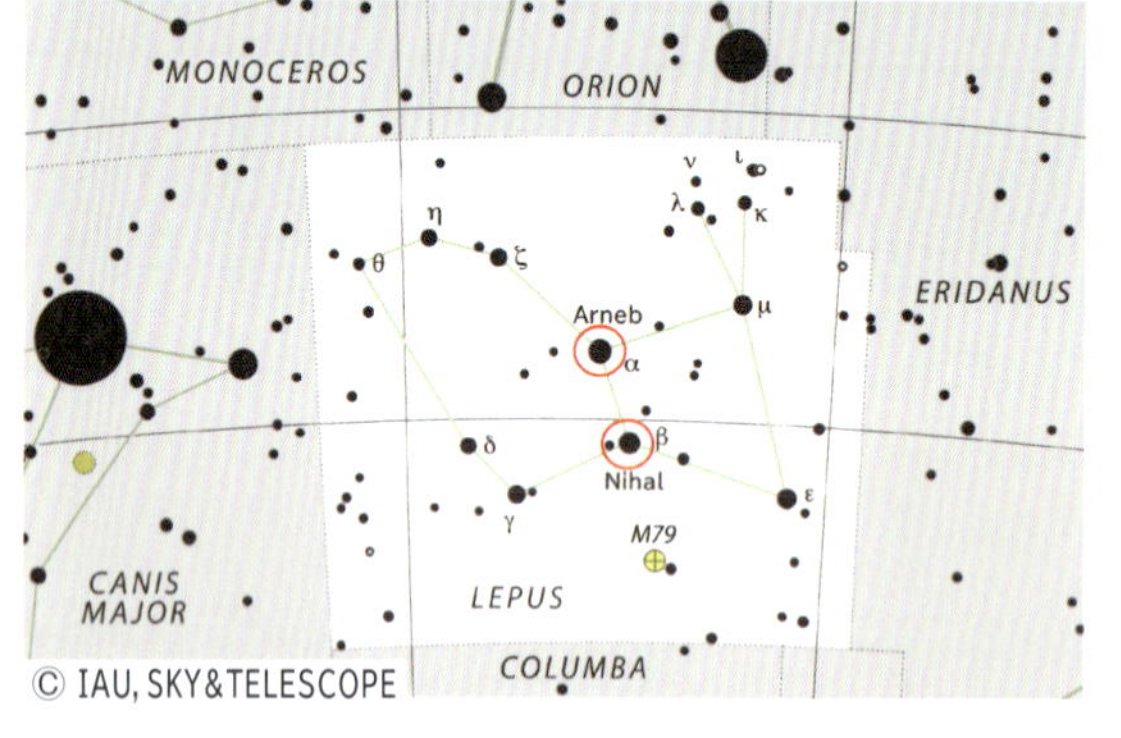

© IAU, SKY&TELESCOPE

α星には「アルネブ（兎）」という星座そのものの名前がつけられている。ところが、β星の「ニハル」という名は、「喉が渇いた駱駝（らくだ）」という意味だそうだ。α・β・γ・δ星でできる四辺形をアラビアで駱駝に見立てたことに由来するらしい。

姿は同じでも・・・ケンタウロス座

星座のなかには、変わった格好をしたものがある。やぎ座がその代表格だろう。山羊の姿は前脚までで、後ろ半身は魚の尻尾になっている。ただ、二種類の生き物をくっつけた形は他にもあって、上半身は人間で下半身は馬という姿の星座が二つある。その一つがケンタウロス座だ。ただし、星座にされた者と星座に名を与えた者とは別の人物で、どちらも同じ姿かたちをしてはいるものの、同じ一族にまとめるのはおかしいと思えるほど、両者の履歴は異なっている。星座にされた方の話から始めよう。

マレアの岬に、ヘラス一の賢人とうたわれたケイローンがいた。彼はゼウスに先立つ神々の王クロノスと大洋の神オケアニスの娘ピリュラの間に生まれた子どもである。クロノスは自分の赤子たちを次々と呑み込んでいたが、末子（ゼウス）だけはもしかすると腹に収めることができなかったのではないかと疑うところがあった。そこで、ときおり、心当たりを捜し回っていたのだが、その道中でピリュラを見初めたのだった。だが、正妻レアの目から逃れようと馬の姿で通ったため、ピリュラは半人半馬の姿の赤ん坊を産むこととなった。我が子が異形であるのを見て、どう思ったのか、彼女はまだ幼いゼウスに密かに頼んで、我が身を菩提樹に変えてもらったという。だから、ケイローンは、神々の戦い（ティタノマキア）に敗れた父はもちろん、母も知らずに育った。そのかわり、ゼウスの代になって、神々がみな親代わりとなった。

たとえばアポロンは音楽、医術、予言の術を、アルテミスは狩猟を教えた。その結果、その姿格好からケンタウロス族に含められるケイローンだが、粗暴な他のケンタウロスたちとは違って、学問全般にわたる深い教養を身につけた。のみならず、武芸に関しても秀でた存在になった。
それゆえ、ケイローンは多くの英雄を教えることとなる。ヘラクレスに武術を（彼は神よりも強くなった）、カストルに馬術を（比類のない乗り手になった）、アスクレピオスに医術を（最後には死者まで蘇らせた）教え、幼いイアソン（若年ながらアルゴ船の冒険を率いた）やアキレウス（トロイア戦争で第一の武人となった）を育てた。アキレウスの父、ペレウスが女神テティスを娶（めと）る際に、女神がどんなに変身しても決して離さぬよう助言したのもケイローンである。だが、彼は多くの英雄を育てたことを誇ることもなく、ペリオン山の洞窟に住まい、麓で薬草を栽培しながら村の人々を助けて暮らしていた。

他の半人半馬の一族の出自は、ケイローンとまったく異なっている。最初のケンタウロスの父親はイクシオン、結納金惜しさに妻の父親を殺し、ゼウスの后ヘラを犯さんとしたため、いまはタルタロスの地獄で火の車に縛り付けられ空中を引き回されるという業罰を受けている男である（けもの（おおかみ）座参照）。そして母親は、ゼウスがヘラに似せて雲から作ったネペレ（ボイオティア王アタマスの最初の后とは無関係）である。イクシオンがネペレと交わって生まれた子から、ケンタウロスの一族は始まった。

もう一人、出自の違う半人半馬の人物がいた。山野の精シレノスと、梣（とねりこ）の木のニュムペの間に生まれたポロスである。イクシオンの血は引いていないので、穏やかな質だった。ヘラクレスがエリュマントスの猪狩りに行く途中、訪れたときも、喜んで迎えている。そのとき、ケンタウロス共有の酒の壺を開けたのだが、匂いを嗅いだ他の粗暴なケンタウロスたちまでやって来た。そうなれば、諍いが起こるのは、当然のことだろう。しかし、ヘラクレスに敵はない。招かざる客たちに燃え木を投げつけ、彼らがひるんだところを、弓で何人か倒した。残りのケンタウロスは慌てて逃げ出し、逃げ惑ったあげくに、ケイローンの暮らす洞窟へと逃げ込み、その中に身を潜めた。だが、ヘラクレスは見逃さない。洞窟に着くや否や、中のケンタウロス目がけて弓を引いた。放たれた矢はみごとに、一人の腕に命中した。けれども、ヘラクレスの矢は強い、強すぎる。腕を突き抜けて、後ろにいた恩師の膝をもかすめてしまったのだ。ただの矢であったならば、たいしたことにはならなかっただろう。ところが、この矢にはヒュドラの猛毒が塗ってあった。ケイローンはあまりの痛みに転げ回ったが、体に流れる神の血は彼に死ぬことを許さなかった。このままでは永遠に苦しみ続けねばならない。彼はゼウスに死を願った。

願いは叶えられた。不死の能力はプロメテウスが引き継ぐこととなり、ケイローンは息を引き取ることができたのである。彼に教わった弟子たちは、その死を惜しみ、悼んだ。彼の業績を知るゼウスが、ケイローンを夜空に上げ、星座とした。

付け加えると、この争いの中で、ポロスも命を落とした。事件の後片付けでヘラクレスの矢を拾い上げたとき、手を滑らせて、自分の脚の上に落としてしまったのだ。彼はヘラクレスによって手厚く葬られた。ケンタウロス族と生まれの異なる半人半馬の二人は、同じときにこの世からいなくなってしまった。

残ったのは乱暴者のケンタウロス族のみ。彼らはこの後も、多くの英雄たちと争いを起こしている。テッサリアのラピテス族の王ペイリトオスの結婚式に呼ばれたときは——なぜこのような荒っぽい連中を招いたのか。彼らの祖は悪名高いイクシオンだが、彼は形式的にペイリトオスの父でもある(血縁の父はゼウス)。だから、ペイリトオスにとってケンタウロス族は親族ということになって、気がかりでも招かざるを得なかったのだ。しかし、不安は的中した。ケンタウロスたちは酒に酔ったあげく、花嫁や女客を襲おうとしたのである。

当然ラピテス族が止めに入り、結局は両族の戦いになってしまった。このとき、ラピテス側には、ヘラクレスに並ぶ英雄、テセウスがいた。彼はペイリトオスの親友だったので、式に呼ばれていたのだ。これでは、ケンタウロス族に勝ち目はない。多くのケンタウロスが倒され息絶えた。

こんな連中なのに、星座の名には、どういういきさつか知らないが、彼らの名が使われた。星座になったのは賢人にして教育者のケイローンだから、「ケイローン座」とすればよさそうなものなのに、大酒のみで好色で、賭博好きな「ケンタウロス座」である。そのためだろうか、夜空に描かれた姿は、獣を槍で突き刺す荒々しいものとなっている。

実は、ポロスの許での諍いでヘラクレスの矢から逃れ、ラピテス族との戦いでもテセウスから逃げおおせたケンタウロスが一人いた。彼は後に、ヘラクレスに災いをもたらすことになる。それはヘラクレスの話のところで語ることにしよう。

ケンタウロス座は春、おとめ座スピカが真南に来たとき、その下、地平線近くに上半身が見える。一等星が二つ、黄色い「リギル・ケンタウルス（ケンタウロスの足）」と青白い「ハダル（地面）」があるのだが、脚先にあるため、北半球では緯度の低い地方でないと見られない。この二星の右隣には「（みなみ）じゅうじ座」がある。南半球で四つの一等星を天の川の中に、視線を動かすことなく見ることができれば、壮観だろう。

馬の腹あたりにある「ω星団（NGC5139）」は、澄んだ空なら肉眼でも見える、一つの星と見間違えられるほど明るい球状星団である。

付け加えていくうちに・・・いて座

上半身が人間で下半身が馬という星座のもう一つは、いて座である。ケンタウロスと同じ格好なのだが、いて座の人物はその一族ではない。ケンタウロスたちは弓を使わないのに、この男は隣のさそり座を狙って弓を構えているからだ。それどころか、元々の姿は四つ足でさえなかったという。では、この男は誰なのか、どういうわけで元の姿ではなく、半人半馬の姿になったのか。

ボイオティアにあるヘリコン山は、女神、ムーサたちの住まうところであった。彼女たちは大神ゼウスと記憶の神ムネモシュネの間に生まれた九人の姉妹で、詩や演劇、舞踊、天文など、それぞれの分担を持っていたが、まとめて芸術の神と呼ばれることが多く、そのときはムーサイという名前になる。

そのムーサイが幼いころ、彼女たちの乳母となったのがエウペメである。彼女は、九人もの子どもたちの面倒を、苦にすることなく、むしろたのしそうに見ていたが、ムーサイの世話をするエウペメの傍らには、いつも小さな男の子がいた。彼は、彼女とパン神との間に生まれた子で、名をクロトスといった。牧畜の神である父の姿を受け継いで、この子も、両脚は山羊の後ろ足のように毛が生えており、足には蹄があった。だが、子どもどうしに、姿の違いなど、どうでもいいことだ。何より、ムーサイにとっては優しい乳母の子どもである。九人と一人は、いつも十人一緒に遊び、学び、大きくなった。

おとなになっても、彼女たちと彼の友情は変わらない。ムーサイが詩を歌い、曲を奏で、劇を演ずるとき、一番の観客はクロトスだった。間近で聴き眺め、いつも大きな拍手を送っていた。しかも、聴いているだけには留まらなかった。彼女たちの音楽を繰り返し耳にするうちに、クロトスはやがて伴奏用のリズムを考え出し、ムーサイの演奏に加わるようになったのである。

註：クロトスの足下には花冠が置かれたが、図版では、みなみのかんむり座の王冠になっている。

音楽だけではなく、狩りに出かけるときも、彼らは一緒だった。このときはクロトスが先頭を切り、森の中でも生き生きと動き回って、素早く正しく判断を下した。その生真面目な活動は神々の間でも評判になるほどだった。狩猟用の弓を最初に作ったのは彼である。

死すべき運命を不死のものに……ムーサイはクロトスを星々の間に置くことを父ゼウスに願った。いつも自分たちのために尽くしてくれることに応えようとしたのである。ゼウスは頷(うなず)いた。そして、クロトスのすばらしさを星座の姿の中に表そうと考えた。まず彼は馬を巧みに乗りこなした。だから、彼の下半身を馬に変えた。次いで、彼は弓を発明した。だから、彼の上半身は弓を引き絞る姿にした。そして、ムーサイは、ディオニュソスがサテュロスと過ごすときの喜びにも負けないほどの喜びを、クロトスと過ごすときに感じていた。だから、サテュロスの尾をつけた。結果、星になったクロトスの姿はケンタウロスと似たものになったのである。

いて座は夏の南の空、さそり座の左側、天の川を越えたあたりに広がる。上半身にあたる、柄杓を伏せた形に見える六つの星は、北斗七星に対して「南斗六星」と呼ばれる。また、近くの星をつないで、「ティーポット」とも見なされる。いて座は、この方向に天の川銀河の中心があるため、天の川の密度が高い場所で、「オメガ星雲（M17）」「三裂星雲（M20）」「干潟星雲（M8）」など、多くの星雲や星団を見ることができる。また、銀河の中心には超巨大質量のブラックホールがあると予想されていたが、2022年5月、撮影した画像が発表された。橙色に光る環に縁どられた中心の暗い領域が写っている。

上右：M17 オメガ星雲　ケンタウロス座の「ω（オメガ）星団」と間違えないように　©Atlas Image courtesy of 2MASS/UMass/IPAC-Caltech/NASA/NSF.

上左：M20 三裂星雲　©Cappellettiariel

中：M8 干潟星雲　©Kees Scherer

下：天の川銀河中央のブラックホール　©EHT Collaboration

父の目を逃れて・・・こうま座

こうま座についての話は、聞いたことがない。夜空に上げられはした。だが、なぜ、どのように星になったかという物語はよくわからないのだ。しかし、星座になったからには、謂れがあるはず。隣に並ぶペガソス座には、翼を持った馬の話の他に、馬に姿を変えた人間の話も伝わっているのだが、その話は、天翔けるペガソスの星座よりも、その陰に隠れているようなこうま座にこそふさわしい。その話をしてみよう。

メラニッペという娘がいた。プロメテウスの曾孫アイオロスと賢者ケイローンの娘ヒッペとの間に生まれた子どもである。彼女は成人して後、ポセイドンに見初められ、その子を身籠もった。だが、彼女は独り身であるにもかかわらず子どもを宿したことを、厳格な父には知られたくなかった。そこで、お腹が大きくなる前に家を離れ、山中に身を隠した。我が子がどこにいるかわからないとなれば、親が心配するのはあたりまえである。アイオロスは、あちらこちらと捜し回り、とうとう彼女の隠れた山に登ってきた。このままでは見つかってしまう。メラニッペは密かに子を産むことと、自分を牝馬に変えることとを神々に祈った。祈りは通じ、彼女は、父が着く前に子どもを産み落とし、その直後、馬の姿に変えられた。

ただ、話は終わらない。メラニッペは人の姿に戻って、ポセイドンの二人目の子どもを産み、今度は父に見つけられるのである。どこの誰だかわからない男の子どもを産むなど、アイオロスにすれば言語道断の行為だ。男はポセイドンであると告げたと言うが、神を名乗るなど、信用できるものではない。プロメテウスの血筋には神々に反感を持つ者が多いのだ（けもの（おおかみ）座参照）。アイオロスは、父と呼ばれる者が我が子に対してすることではないと思うのだが、メラニッペの両眼に針を刺したうえ、土の牢に閉じ込めた。そして、子どもたちを人里離れた山に打ち棄てた。下の子はまだ生まれたばかりだというのに。

しかし、二人の子どもはたまたま通りかかった羊飼いたちに助けられ、育てられた。そして、美しい少年となったアイオロス（祖父と同じ名前だ）とボイオトスは、子のないイカリア王メタポントスに養子として迎えられた。

后テアノも二人をかわいがった。ところが皮肉なことに、長年子どものできなかった夫婦の下に、立て続けに二人の男の子が生まれたのである。こうなると、母親はお腹を痛めた子どもの方にだけ愛情を向けてしまいがちになる。自分が産んだ子どもに王位を継がせるためには、養子の二人が邪魔になる。后は二人を殺してしまおうと考え始めた。

そんなとき、四人の子どもが兵たちと山に狩りに出かけることになった。好機だと、テアノは産子にだけ無言で短剣を渡した。母の意を汲み取った二人は森に入って、周りに兵がいなくなったのを確かめると、短刀を抜いて養子二人に襲いかかった。だが、相手はポセイドン神の血を引いている。あっという間に刀を奪われ、逆に命を落とすことになってしまった。

狩りから戻った兵たちが死体を宮殿の庭に運び込んだ。それを見たテアノは、気ぜわしく宮から出てきて、死体を覆った布を恐る恐る、しかし同時に期待しながらめくった・・・そこに並んでいたのは、養子ではなく、自分が産んだ子の顔と顔。子を失った母親は、両腕を胸の前で震わせ叫び声を上げた。そして、見開き凍りついた目で死体の脇に短刀を見つけると、それを自らの胸に突き刺し、息子たちの上に倒れ伏した。

身を守るためとはいえ王の血を引く子を殺してしまったアイオロスとボイオトスは急いで宮を出、赤ん坊の自分たちを拾い、育ててくれた羊飼いの許へ逃げ込んだ。するとそこへポセイドンが姿を現し、二人が自分の子どもであること、母が祖父の牢に閉じ込められていることを教えた。

二人は母の許に急ぎ、祖父と争った末、メラニッペを牢から救い出した。再び現れたポセイドンが、彼女の視力を取り戻してくれた。また、メタポントスの宮廷を訪れて、テアノの産子を殺した行為が正当防衛であったこと、テアノ自身が襲撃を企んだことを、証言してもくれた。

その後、アイオロスとボイオトスはメタポントスの許に戻った。王は以前と同じように、我が子として迎えてくれた。母メラニッペも王宮に迎えられたが、後にメタポントスの妻となった。成長した二人の養子は、それぞれ新しい国を建てることになる。

メラニッペが馬に変身したときの姿がこうま座になったと考えてはどうだろう。彼女の母ヒッペが身籠もったとき、その父親のケイローンの目から逃れようとして馬に変身したのだという話もある。いずれにせよ、父に見つからないよう隠れるための娘の変身だったのだ。星座でも、こうま座はペガソス座の横から頭だけを出して、様子を伺っている。この姿は、見つかりたくないメラニッペ、もしくはヒッペにこそふさわしい。

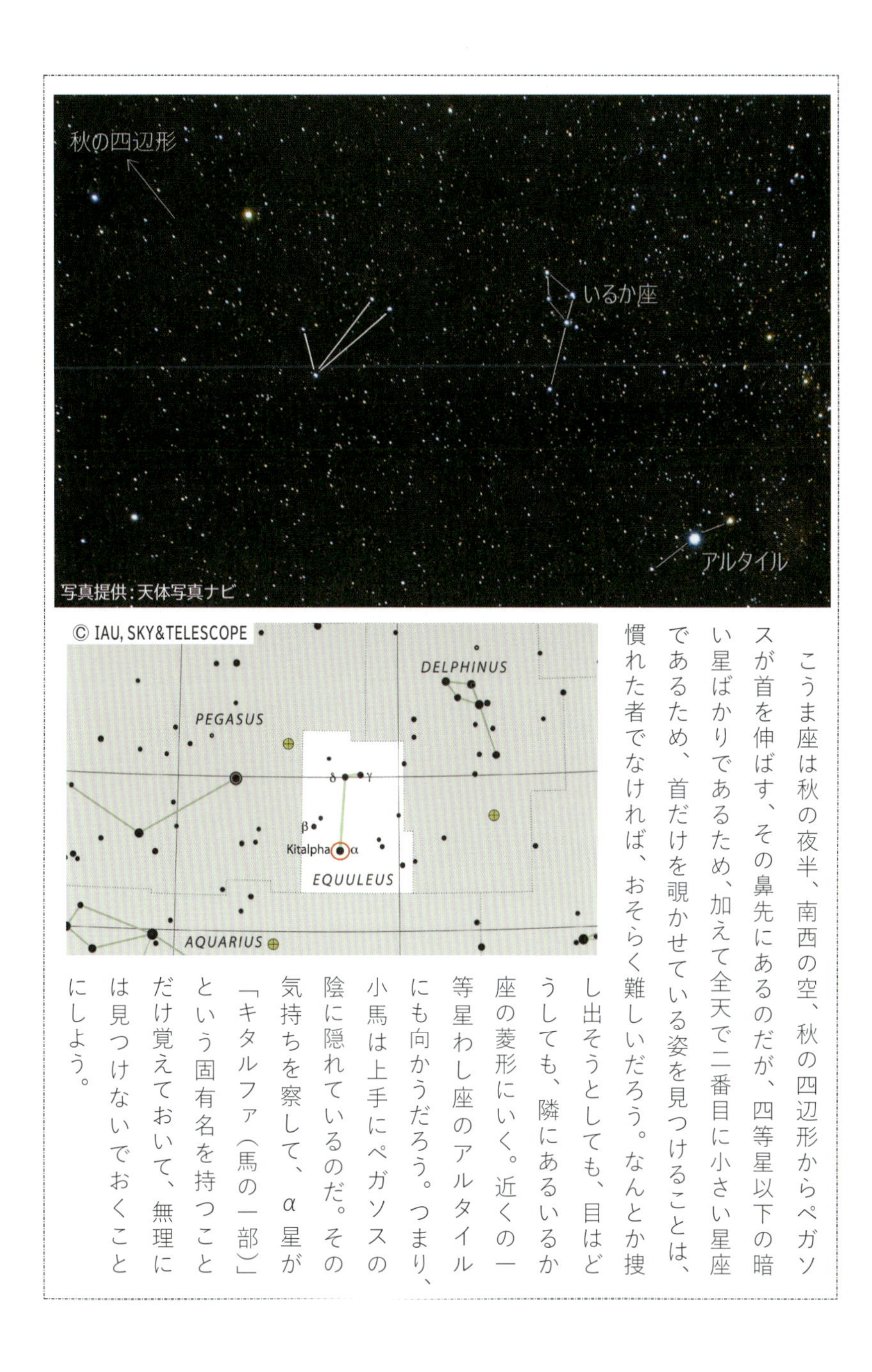

こうま座は秋の夜半、南西の空、秋の四辺形からペガソスが首を伸ばす、その鼻先にあるのだが、四等星以下の暗い星ばかりであるため、加えて全天で二番目に小さい星座であるため、首だけを覗かせている姿を見つけることは、慣れた者でなければ、おそらく難しいだろう。なんとか捜し出そうとしても、目はどうしても、隣にあるいるか座の菱形にいく。近くの一等星わし座のアルタイルにも向かうだろう。つまり、小馬は上手にペガソスの陰に隠れているのだ。その気持ちを察して、α星が「キタルファ（馬の一部）」という固有名を持つことだけ覚えておいて、無理には見つけないでおくことにしよう。

私は知らない・・・さんかく座

誰だ、こんな星座をつくったのは。私は知らないぞ。星座にまつわる話を知らないのではない。星座そのものを知らないのだ。ヒュギーヌスやエラトステネスが星座と見ていただって？　プトレマイオスが星座のなかに入れただって？　その前にアラトスが星座にしていただって？　そいつらはいったいどこの誰だ。その名を神々の世界で、私は、聞いたことがない。みな、人間だろう。何、そもそもはヘルメス神が星座にしただと？　ふん、あいつは騙り・詐術の神だ。信用などできるものか。

注：さんかく座の右下は、はえ座である。

いったい、どういう理由で、二等辺三角形などを星座にしたのだ。ナイル川の三角州を表している？　トリナキエの島、つまりシチリア島である？　そんなものがそれだけで物語になるものか。謂れがなければ、おかしい。神が世界を三つに分けたので、三つの角がある？　天空＝ウラノスと大洋＝ポントスを産むガイア＝大地の前に、別の原初の神がいるとでもいうのか。カオスは神ではないぞ……まさか……

繰り返す。私はこの星座を知らない。だから、この星座については何も語れない。私はすべてを知る者ではないのだ。

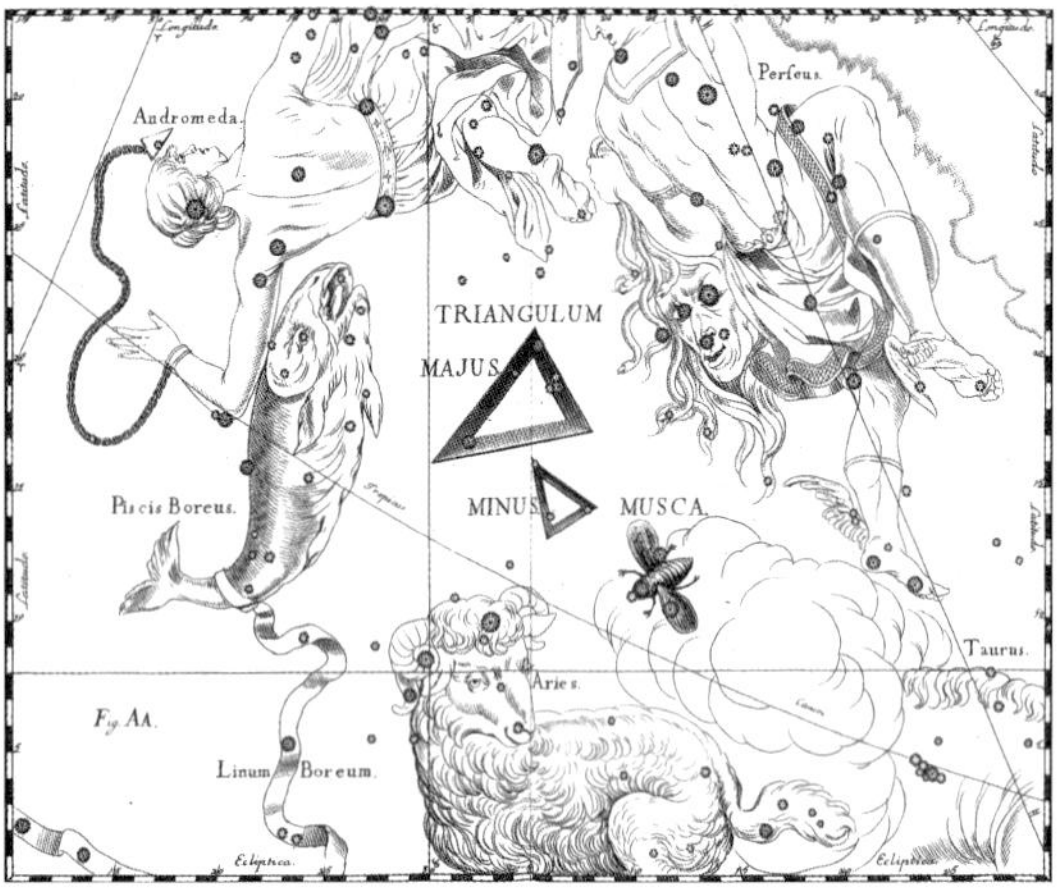

さんかく座は、秋の空、ペガソス座の秋の四辺形とおうし座のプレイアデス星団との真ん中あたりにある小さな星座である。小さいけれど、三等星二つと四等星一つのまとまった形をしているので、二等辺三角形を見つけることは、もしかすると難しくないかもしれない。ギリシアでは、古くは「デルタ座」と呼ばれていたが、これは、ギリシア文字のδ（デルタ）の大文字がΔという形をしているためである。

α星には「モサラ（三角の頭）」あるいは「カプト・トリアングリ（三角形の頂点）」という、そのままの名前がつけられている。

☆悲しい主人公たち☆

イアソンの夢の船・・・アルゴ（とも・ほ・りゅうこつ）座

イオルコスの国にイアソンという王子がいた。しかし、国王ペリアスは彼の父ではなく、叔父であった。元々は、イアソンの父であり、ペリアスの兄であるアイソーンが玉座に就いていたのだが、体調を崩し床に就くようになってしまったため、息子が成長するまでという約束で、異父弟であるペリアスに国政を任せていたのである。だが、前王が倒れた原因は、表向きには病気ということになっていたけれど、本当のところは、現王が毒を盛ったらしい、というのがもっぱらの噂だった。

イアソンは、ペリアスが王となってからずっと、賢者ケイローンの学び舎に預けられていた。これは、異父弟の振る舞いに企みを感じ取った父アイソーンが、幼い我が子を弟の傍（そば）に置いておいたのでは危ないと考えたからである。父の思いを受け、息子は長くケイローンの下で研鑽を積んだ。

現王ペリアスは王位に就く際、神託を受けていた。それは――アイオロス（ペリアスとアイソーンの祖父）の血を引く者が死をもたらす、片方のサンダルの男に気をつけよ――というものである。前半はともかく、後半は何のことかわからなかった。だが、ポセイドンのための祭儀を執り行うことになったとき、街で或る青年と出会って、ペリアスは理解した。その青年は片足にしかサンダルを履いていなかったのである――この若造はきっとイアソンだ。努めて冷静に訳を聞いたところ、祭礼に向かう途中、河を越えようとしたとき、一人の老女がいたので背負って渡してやったのだが、その際、片方を流してしまったのだという。

実は、この老女はヘラ女神の変身した姿だった。ペリアスが、実母テューローを虐待された仕返しとはいえ、継母シデロをヘラ神殿で殺してしまっていたため、その報いを受けさせようと、女神はふさわしい報い手を探していた。イオルコスには本来の継承者がいると聞いて、その男イアソンが報いを任せるに足る人物であるかどうか見極めようと姿を変え、出会ったのである。能力を試すため、小柄な老婆に見せかけていたけれど、飛び抜けた大男以上に重く化けていた。だが、イアソンはみごとに、流れが速く幅の広い河を、途中で足を滑らせ片方のサンダルを失ったものの、渡り切った。この若者は使える――これ以降、ヘラはさまざまな場面でイアソンを助け、護ることになる。

話を戻そう。青年は、自分は先代の王の子で、王位を継ぐために戻ってきたのだと続けた。年月が経っていたので、イアソンは叔父の顔を覚えていなかったのだ。一方、青年が確かにイアソンであると感じたペリアスは瞬時に企んだ。そして、また静かに穏やかにこう問うた――王が市民の手によって殺されるという神託が出たとき、おまえが王なら、どんな策をとる。イアソンはきっぱりと答えた――私なら、その市民にコルキスの金の羊の皮を取ってくるよう命じる。

その黄金の毛皮は、かつてボイオティアの王子プリクソスを逃がした空飛ぶ羊のもので、羊が神に捧げられた後、コルキスの奥深い杜の樫の樹に吊るされ、眠ることのない竜によって護られていた（おひつじ座参照）。コルキスは大海の東の果てにある国である。そこへ行くまでには、海賊の出没する海や怪物の棲む島、好戦的な人々の住む国々を通らねばならなかった。だから、たどり着くことさえ至難の業だと思われていた。ましてや、竜が護っているという。黄金の毛皮を持ち帰ることなど考えられない。

ならば、おまえがすぐに取ってこい、私が王だ――打って変わった荒い声で、ペリアスは命じた。イアソンは、自分から言い出した以上、旅立たねばならない。周りで二人のやりとりを聞いていたイオルコスの女たちは、王の腹黒さを知っているだけに、本来なら王になるはずの青年のことを思って、涙を流して嘆いたそうだ——彼はきっと航海のどこかで命を落とすことになるだろう、金の羊から妹ヘレが海に落ちたとき、プリクソスも波に呑まれてしまっていればよかったのだ、そうすれば、羊などどこかへ行ってしまっただろうに。

黄金の羊の話をイアソンが持ち出したのは、姿を隠したヘラが耳元でこっそりと吹き込んだからだ。この冒険なら、王も乗ってくるに違いない——彼女は冒険の成功によるペリアスへの復讐を目論んだのである。しかし、イアソン自身にも、なんとかなるのではないかと、奇妙な自信があった。ケイローンの下で多くの学問・武芸を学んでいたからである。人の心に訴える呼びかけ方も心得ていた。彼は全ヘラスに向けて乗組員を募った——困難は目に見えている、だが、それを乗り越えてこそ真の勇者ではないか、さあ、これまでにない冒険の旅に出かけよう。

呼びかけに心を揺さぶられ、ヘラス中から腕に覚えのある勇者が集まった。言わずもがなの英雄ヘラクレス、最強の双子カストルとポリュデウケス、二人と諍いを起こす前の(ふたご座参照)彼らに並び立つ双子イダスとリュンケウス、北風の神ボレアスの子ゼテスとカライス、自分の死期さえ知る予言者イドモン、自然さえ操る琴の名手オルペウス……などである。彼らは総称で「アルゴナウタイ」と呼ばれる。隊長には実績からいってヘラクレスがなるものと思われたが、彼はこれを辞退し、言い出した者こそふさわしいと主張したので、並み居る勇者たちのなかでは若輩ながら、イアソンが隊長となった。

この一行を載せる船は、当代切っての船大工アルゴスが、アテナ女神の助けを借りてペリオン山から伐り出した木材で建造した。五十の櫂を持つ、かつてない大船である。船首には、聖地ドドナから持ち込んだ、ものを言う樫の木が取り付けられた。この木は、アテナによって与えられた力で、予言を下すことができた。女神はまた、長く厳しい海路を無事に航海できるよう、当代一の舵取り、ティピュスも連れてきた。

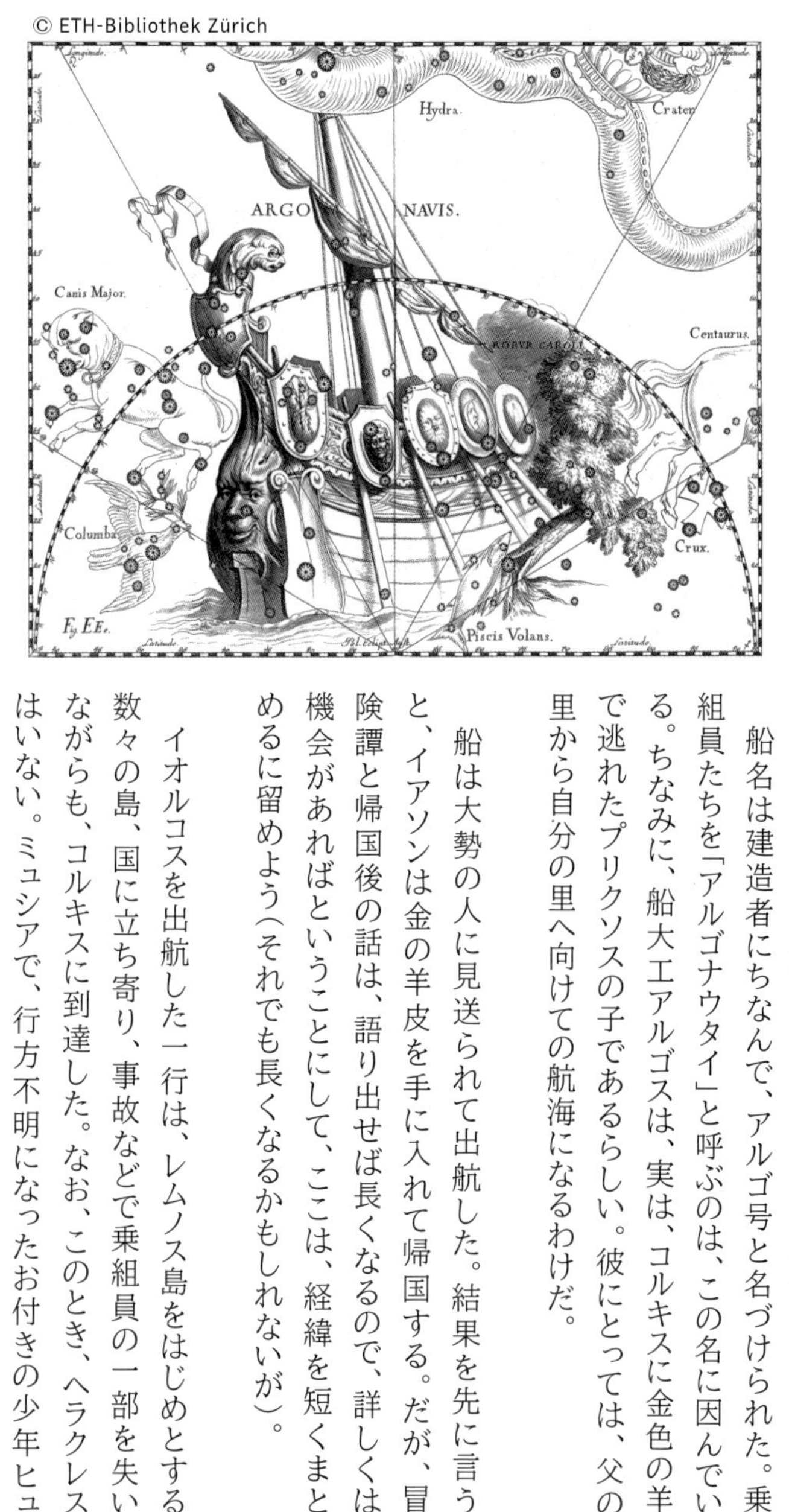

船名は建造者にちなんで、アルゴ号と名づけられた。乗組員たちを「アルゴナウタイ」と呼ぶのは、この名に因んでいる。ちなみに、船大工アルゴスは、実は、コルキスに金色の羊で逃れたプリクソスの子であるらしい。彼にとっては、父の里から自分の里へ向けての航海になるわけだ。

船は大勢の人に見送られて出航した。結果を先に言うと、イアソンは金の羊皮を手に入れて帰国する。だが、冒険譚と帰国後の話は、語り出せば長くなるので、詳しくは機会があればということにして、ここは、経緯を短くまとめるに留めよう（それでも長くなるかもしれないが）。

イオルコスを出航した一行は、レムノス島をはじめとする数々の島、国に立ち寄り、事故などで乗組員の一部を失いながらも、コルキスに到達した。なお、このとき、ヘラクレスはいない。ミュシアで、行方不明になったお付きの少年ヒュラスを捜しに下船した際、航海の先を急ぐ者たちによって置き去りにされていたのだ。彼がいれば、到着後の展開は大きく異なっていたことだろう。

コルキスでは、当地の王女であり呪法神ヘカテの巫女であるメディアが、イアソンに恋をしたため、魔法を使う彼女の力を借りて、目的の金羊皮を手に入れることができた。メディアが恋に落ちたのは、恋を司るエロス神の働きによるものだが、それをエロスの母アプロディテに命じたのは、ヘラである。

アルゴナウタイは、追っ手を逃れるため、またゼウスの怒りのせいで、多くの苦難に遭遇したが、なんとかイオルコスに帰還した。しかし、そのとき既に、イアソンの両親はこの世の人ではなかった。ペリアスに殺されかけ、自ら死を選んでいたのだ。怒り狂った息子は復讐を果たす。けれども、メディアの魔力で叔父の娘を惑わし、その父の体を細切れにさせるという酷いやり方だったので人々の反感を買い、イオルコスを追われ、メディアとともにコリントスに移り住まねばならなかった。ただ、この時期が、子どもも生まれ、二人にとって最も幸福なときだったのかもしれない。少しして、イアソンはコリントスの王に望まれたとはいえ、王女クレウサとの結婚を考えるようになったのだ。それを知ったメディアは夫に対し怒りを爆発させる。王女も、王も、そして自分が生んだイアソンの子どもまで殺し、子の亡骸とともに竜の曳く車で姿を消した。

失意のイアソンだったが、追放処分は解かれ、イオルコスの王位に戻った。しかし、長く留まることはできず、再び追われて、ヘラス各地を放浪することになった。老いてひっそりとイオルコスに戻ったけれど、浜辺にうち捨てられたアルゴ船を見つけ、その残骸を見上げて昔を思っていたとき、船首が腐れ落ち、その下敷きになって死んだ、という噂がある。一方、先に姿を消したメディアは、アテナイに現れ、アイゲウス王の后となったものの、王の息子テセウスを謀殺しようとして失敗し、追放された（きたのかんむり座参照）。しかし、人知れずコルキスに戻り、弟に国を奪われていた父を魔術で助け、王の座に戻してやったという。

アルゴ号は、朽ち果ててしまったけれど、初めて造られた大船、初めて大航海を成した船として星座にされた。これがアルゴ座である。ただ星座の姿は、艫(とも)の後ろ部分を欠いている。そうなった次第を最後に記しておこう。シュムプレガデスを通過した際の出来事である。

シュムプレガデス（打ち合う岩）とは、深い霧の中、海上に並び立つ二つの巨岩のことである。二つの岩の間には、船が通り抜けられるほどの幅があり、そこを通れば近道になるのだが、通り抜けようとすると、突然岩どうしが動いて船を挟みつけ砕いてしまうのだ。その後、岩は再び互いに離れ、何事もなかったかのように、元の場所に戻る。速く飛ぶ大きな鳥さえ、岩の間を飛び抜けることは稀(まれ)だった。

アルゴナウタイは、シュムプレガデスに至る直前、窮地を救ってやった或る国の、予言者でもある王に助言を受けていた――大岩の前に来たら、岩と岩の間に鳩を放つがよい。鳩が無事ならば、通り抜けることができる。挟まれてしまえば、仕方がないので、遠回りの路を選べ――イアソンは大岩の前で一羽の鳩を放してみた。やはり岩はぶつかり合ったが、鳩は、尾の端の羽根を切り取られたものの飛び抜けた。そこで、閉じた岩が元に戻り始めた瞬間、アルゴナウタイは全力で船を漕(こ)ぎ始めた。巨岩も驚き慌てたように閉じたが、一瞬の差で、アルゴ号は間を通り抜けることができた。ただ鳩と同じように、船尾の一部だけは切り取られてしまった。それゆえ、星座のアルゴ号も艫の後ろ部分を欠いているのである。

なお、シュムプレガデスの二つの大岩は、船を通してしまったため、アルゴ号の通過以来、くっついたままになり、二度と開かなかったそうだ。

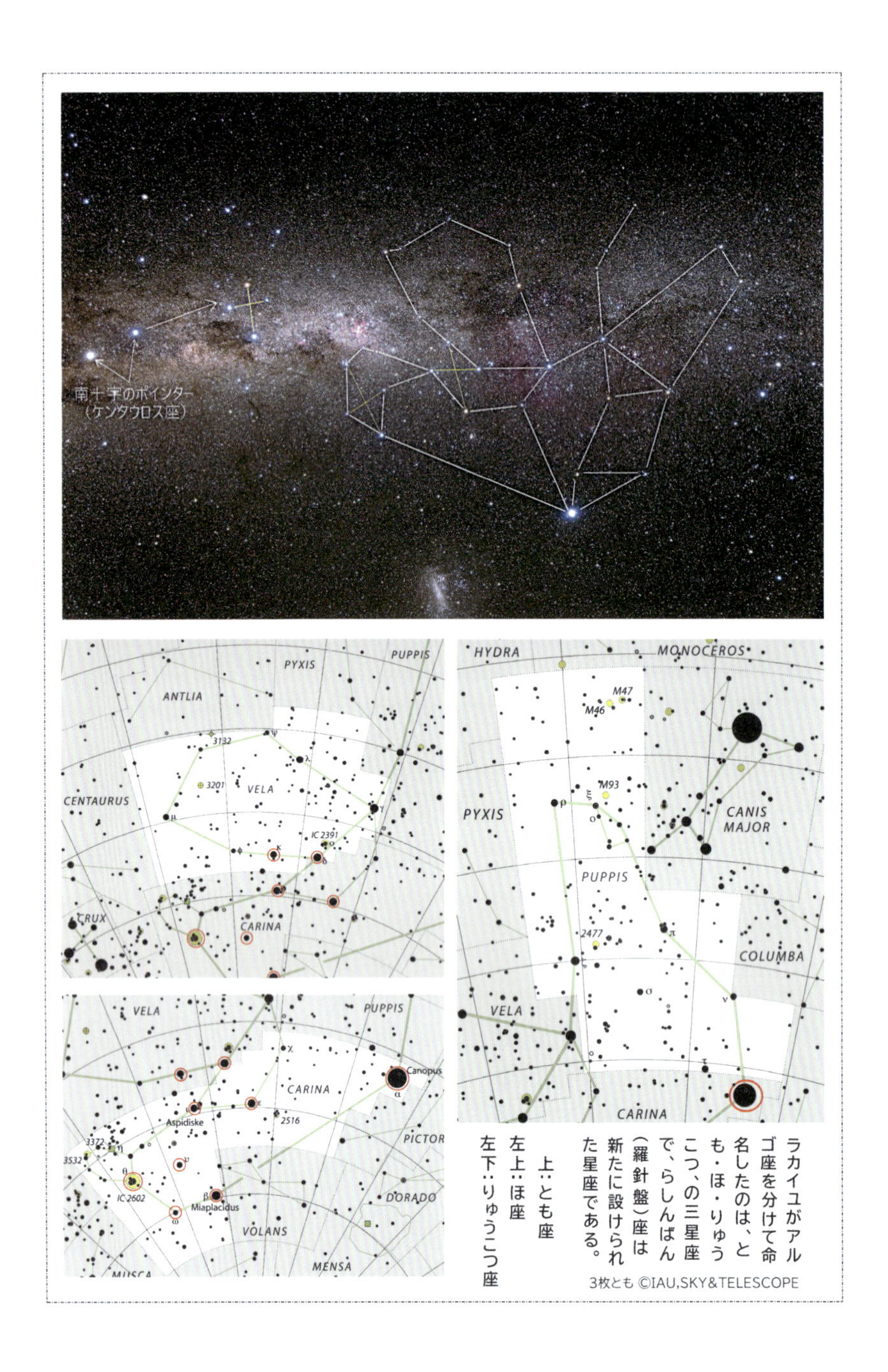

ラカイユがアルゴ座を分けて命名したのは、とも・ほ・りゅうこつ、の三星座で、らしんばん（羅針盤）座は新たに設けられた星座である。

上：とも座
左上：ほ座
左下：りゅうこつ座

3枚とも ©IAU,SKY&TELESCOPE

アルゴ座は、北半球では冬から春にかけて南の地平線近くに見られるが、18世紀フランスの天文学者ラカイユによって、大きすぎるという理由で、りゅうこつ(竜骨)座・とも(艫)座・ほ(帆)座という三つの星座に分割された。だが、星座がつくられたころには、イアソンたちのアルゴ船として、一つの星座だと見なされていたのだ。そこで、ここでは過去に倣い、アルゴ座という名称でまとめて扱った。

そのりゅうこつ座部分には、α星「カノープス（トロイア戦争時のギリシア軍の水先案内人の名）」がある。また、ι星とε星と、ほ座のδ星とκ星でできる十字の形は「偽十字」と呼ばれている。「本物」の南十字＝(みなみ)じゅうじ座に比べて、四つの星の光度がそろっていて、しかも少しばかり大きいため、こちらの方が見たときに十字を意識しやすいせいか、見間違うことが多いからだ。また、りゅうこつ座のβ・θ・υ・ω星で作る十字形も、きれいな菱形に見えるので「ダイアモンドクロス」と言われるが、(みなみ)じゅうじ座と偽十字の間にあって、やはり南十字と見誤られることが多い（p240）。

アルゴ座は南天の高緯度にあるため、北半球の緯度の高い地方では、その全体像を捉えることができない。地平線を水面に見立てれば海上に浮かぶ姿になると言っても、艫・帆は一部しか見えず、明るい星の多い竜骨部分は水面下だから、まるで沈没していく船だ。ケンタウロス座や（みなみ）じゅうじ座と同様、南天を代表する星座なのだが、南半球の夜空に見る華やかさは、北半球では望めない。主星カノープスなどは、シリウスに次いで明るい、白く輝く星なのに、かろうじて地平線から顔を出す程度にしか昇らないゆえ減光されてしまい、暗い赤い星として見られてしまう（p240）。見えないことも多い。しかし、稀にしか見えないからこそ、見えたときには平和が訪れると考え、幸福と長寿を祈る星としていた地域もあるそうだ。機会があれば、南の地平線・水平線を睨むように見つめ、ぜひ見つけてほしい。

（みなみ）じゅうじ座を他の十字と見分けるための留意点は、次の四点である。①十字を指し示す明るい星が左側に二つある（「ポインター」という。p238参照）、②十字の右端の星が他の三つに比べて少しだけ暗い、③十字の左下部が少し暗い（暗黒星雲コールサック）、④交点の右下にもう少し暗い星が見える。

カノープスが見える北限は、計算では北緯37度18分だが、高い山ならもう少し北でも見えるそうだ。

ペロプス、呪いの始まり・・・ぎょしゃ座〔別伝〕

星座には、複数の物語が重ね合わされているものがある。おうし座はゼウスによって変身させられたイオと、エウロペをさらうために変身したゼウスで、わし座はガニュメデスを捕まえるために遣わされた大鷲と、プロメテウスの肝を食らい続けた大鷲、おとめ座は冥界の皇后ペルセポネと、正義の女神ディケ（アストライア）である。ぎょしゃ座にも二人の人物の話がある。その一人は初代アテナイ王にして戦車の発明者であるエリクトニオスだが、彼についてはヘパイストスの話の中で語った（ぎょしゃ座参照）。ここでは、もう一人の人物と、彼に始まる呪いの連鎖を語ることとしよう。

ピサの王オイノマオスに、ヒッポダメイアという美しい娘がいた。周囲からは結婚の申し込みが殺到したが、王は結婚を許すための条件をつけていた。それは、求婚者が王女を戦車に乗せて逃げ、それを王も戦車で追うが、イストモスのポセイドン祭壇まで逃げおおせれば結婚を認める、というものであった。しかし途中で追いつけば求婚者を刺し殺す、という付け足しもあった。王女はずっと独身であった。ということは、逃げ切った男はいないということ。王によって軒先に釘付けされた求婚者の首の数は、十二に上った。

王が王女を手放そうとしなかったのは、娘を溺愛していたためであるが、婿に迎えた男に殺されるという神託が下されていたためでもある。そこで、先のような条件をつけたのであるけれど、王の戦車を曳く馬は、王の父である戦神アレスから譲り受けたものであったから、負ける心配、つまり娘を失う心配、すなわち自分の命を落とす心配はほぼなかった。戦車競走の顛末はヘラス中に広まっていた。

恐れをなしたのだろう、ヒッポダメイアと結婚したいと言ってくる者はいなくなった……のだが、しばらくすると向こう見ずにも、一人の男が申し込んできた。彼の名はペロプス、父王タンタロスに殺されながら神々の手によって復活した、眉目秀麗、頭脳明晰、一騎当千の男である。彼は神々、特に海神ポセイドンに愛されていたので、ピサを訪れる前に神に頼んで、翼ある馬の曳く黄金の馬車を手に入れていた。これならオイノマオス王の戦車にも勝つ見込みは大いにある。

ヒッポダメイアはペロプスをひと目見て恋に落ちた。父のことは忘れた。二人して、戦車競走で確実に勝利する方法を考えた。アレスの馬とポセイドンの馬の競走になるから神の馬どうしで、何もしなければ、必ず勝つとは限らない。何か手を打つ必要がある。そこで、王の戦車の馭者を務めるミュルティロスに目をつけた。彼は、ヘルメス神の子ども、すなわち歴(れっき)とした神の子であるにもかかわらず、ただの馭者というあまり高くない地位にいた。だから、よい条件を出せば、味方につけることができるのではないかと考えたのである。ペロプスがミュルティロスに、手伝ってくれれば得た国の半分を与えよう、ヒッポダメイアと一夜をともにすることもできる、と持ちかけると、彼は、元から王女に思いを寄せていたので、策を考えると約束した。主人のオイノマオスを裏切ることになるのだけれど、そんなに忠誠心は持っていなかったようだ。

王の馭者が考え出した策は、王の戦車の車輪と車軸をつなぐ部分の楔(くさび)を取り払うことだった。こうしておけばきっと、走っている間に車輪が緩んで外れてしまうに違いない。競走直前、馭者は王の目を盗んで楔を抜いた。すると果たして、オイノマオスの戦車が速度を上げてペロプスの戦車に追いつかんとした瞬間、車軸は外れた。知っていたミュルティロスは飛び降りることができたけれど、知らなかったオイノマオスは投げ出された。そのとき運悪く手綱が脚にからまってしまい、彼は街道の石畳の上をアレスの馬に引きずられていった。頭を路面に何度も打ち付けられ、薄れていく意識の中でオイノマオスは、ペロプスとミュルティロスの奸計に気づいたのだろう、二人を呪いながら死んでいった。

ヒッポダメイアを手に入れたペロプスは、謀に気づかれないようにするため、ミュルティロスを従えて、しばらくの間ピサを離れた。その旅の途中、彼が泉の水を汲むため戦車を離れたときのこと、ミュルティロスがヒッポダメイアを襲った。悲鳴を聞いて駆け戻ったペロプスは、共謀者と取っ組み合った末、彼を岬から海に蹴落とした。落ちていくわずかな時間の間に、ミュルティロスは、ペロプスとその子孫に呪いをかけていた。ヘルメスは我が子の死を知り、その姿を星空に留めた。これがぎょしゃ座である。

F

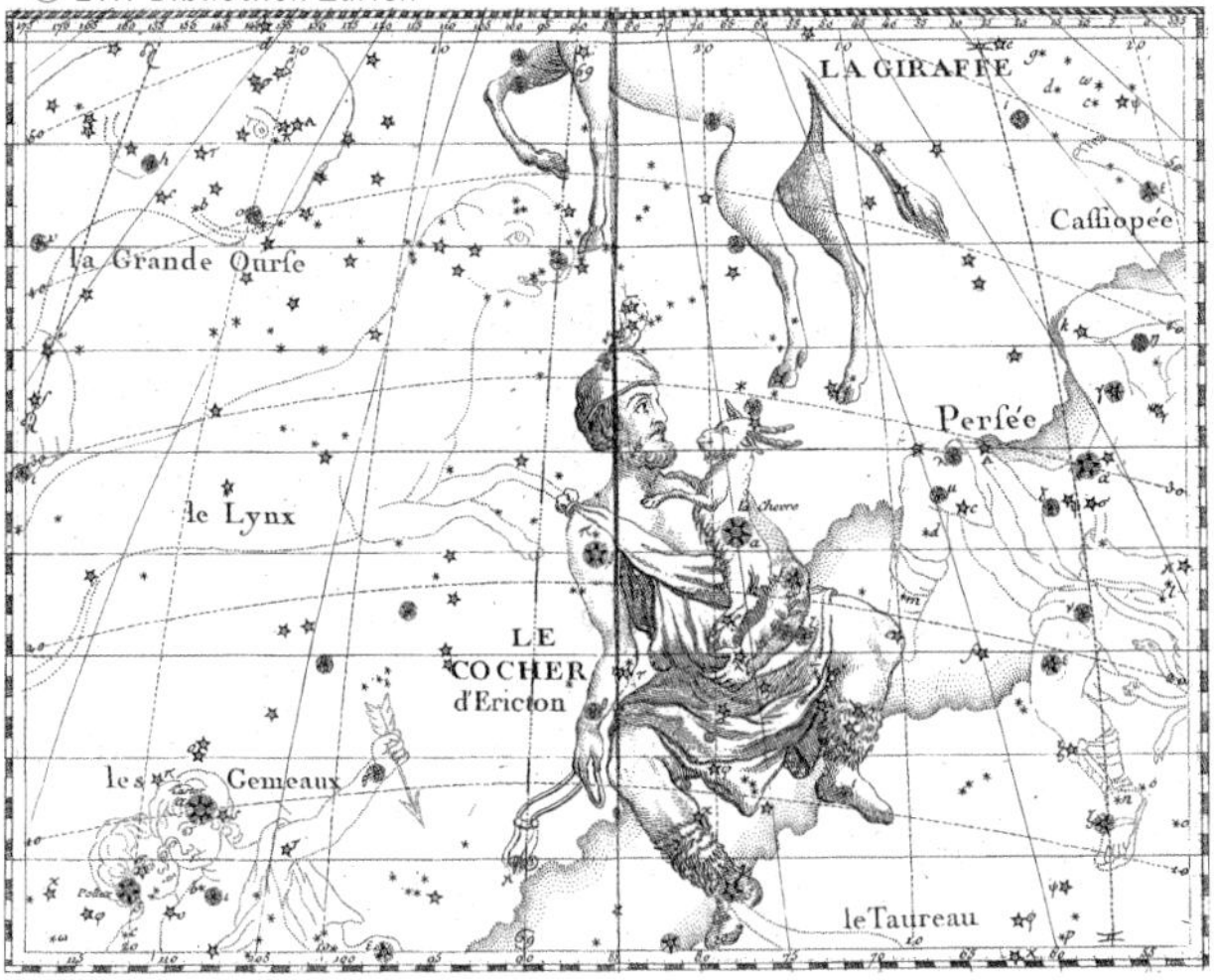

註：ぎょしゃ座の上にあるのは、きりん座の脚である。

ペロプスとヒッポダメイアは匠神ヘパイストスによって罪を浄められ、ピサに戻って、その王となった。そして一帯に勢力を広げ、そこが「ペロポネソス（ペロプスの島）」と呼ばれるほどの権勢を誇った。だが他方、オイノマオスとミュルティロスの呪いは、一人の神の浄め程度で消えるものではなかった。呪いは、この夫婦だけではなく、その子々孫々に、また彼らに関わる人たちにまで凄絶な人生をもたらすことになるのである。

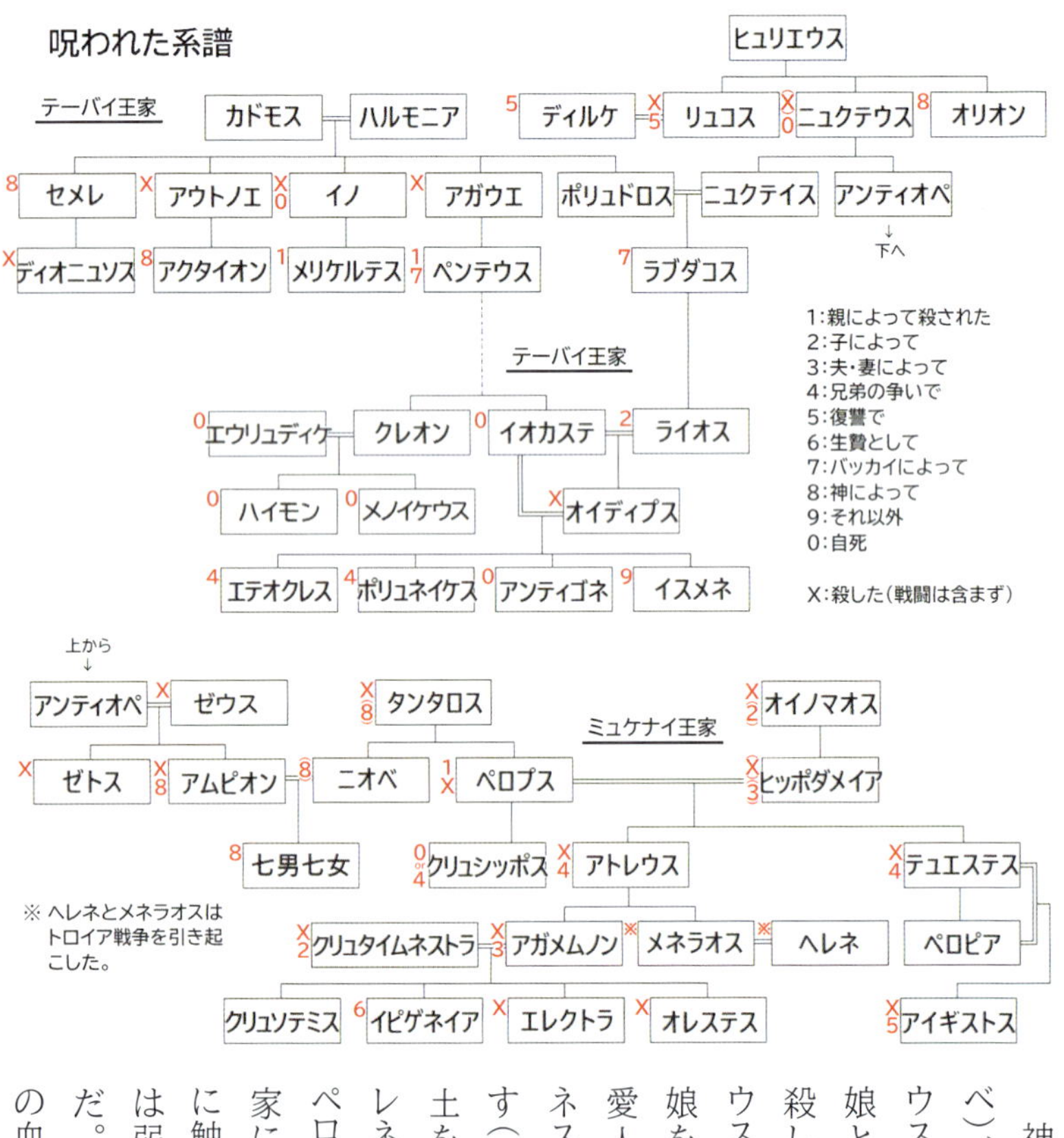

神によって我が子を殺される（ニオベ）、王座を巡って兄弟で争う（アトレウスとテュエステス）、義姉と通じる・娘と交わる（テュエステス）、弟の子を殺し、料理して弟に食わせる（アトレウス）、人妻を、その夫を殺して奪う・娘を生贄に差し出す（アガメムノン）、愛人とともに夫を殺す（クリュタイムネストラ・アイギストス）、その母を殺す（オレステス・エレクトラ）、ヘラス全土を巻き込む戦争の引き金となる（ヘレネ・メネラオス）……これらはみな、ペロプスの血縁であるミュケナイの王家に起きた事件である。その一つ一つに触れることは差し控えるが、呪いとは弱まることなく、消えないものなのだ。殺された者の流した血が、また他の血を呼び求める。その都度、復讐の

神エリニュスが呼び出され、一つの破滅を先の破滅に引き継いでいく。呪いはますます強くなる。おそらく、人間個人の呪いだけでは、そんな力は持つまい。呪いの背後には神々がいるのだ。オイノマオスはアレスの子、ミュルティロスはヘルメスの子、そしてペロプスは人間とはいえ、神々に愛されていた。神は呪う。

付け加えておこう。呪われた家系はもう一つある。カドモスを祖とするテーバイ王家だ。彼の妻ハルモニアはアプロディテとアレスの間の娘、つまり神である。にもかかわらず、二人の間の四人の娘は、自死―イノ（おひつじ座参照）、焼死―セメレ（みなみのかんむり座参照）、息子を殺され―アウトノエ（おおぐま座参照）、息子を殺す―アガウエ（こいぬ座参照）と、みな不幸な目に遭っている。

カドモスの曾孫のライオス以降は、そのライオスが、ペロプスのかわいがっていた息子クリュシッポスをさらい、自害に至らしめたため、ペロプス―ミュケナイ王家の呪いも重なってくる。ライオスの子孫は、父を殺し母と結ばれる（オイディプス）、父を追放し兄弟で争う（エテオクレスとポリュネイケス）、その争いのなか自ら死を選ぶ（アンティゴネ）など、多くの者が幸せに終えたとは思えない人生を送っている。

祖であるカドモスとハルモニアは神々の祝福を受けて結婚したというのに、これはどういうことなのだろう――実は、祝っていないと思われる神もいるのだ。結婚式でハルモニアは首飾りを贈られたが、その贈り主は匠神ヘパイストスだった。彼は妻アプロディテをアレスに奪われている。だから、二人の間にできたハルモニアを単純に祝福したとは思えない。呪いを込めて首飾りを作った可能性がある。それから、カドモスはエウロペの兄、つまり后神ヘラから見れば夫ゼウスをたぶらかした女の家の人間だ。ヘラの嫉妬心は、人とは、それどころか他の神々とは桁が違うのだから……やはり神は呪う。

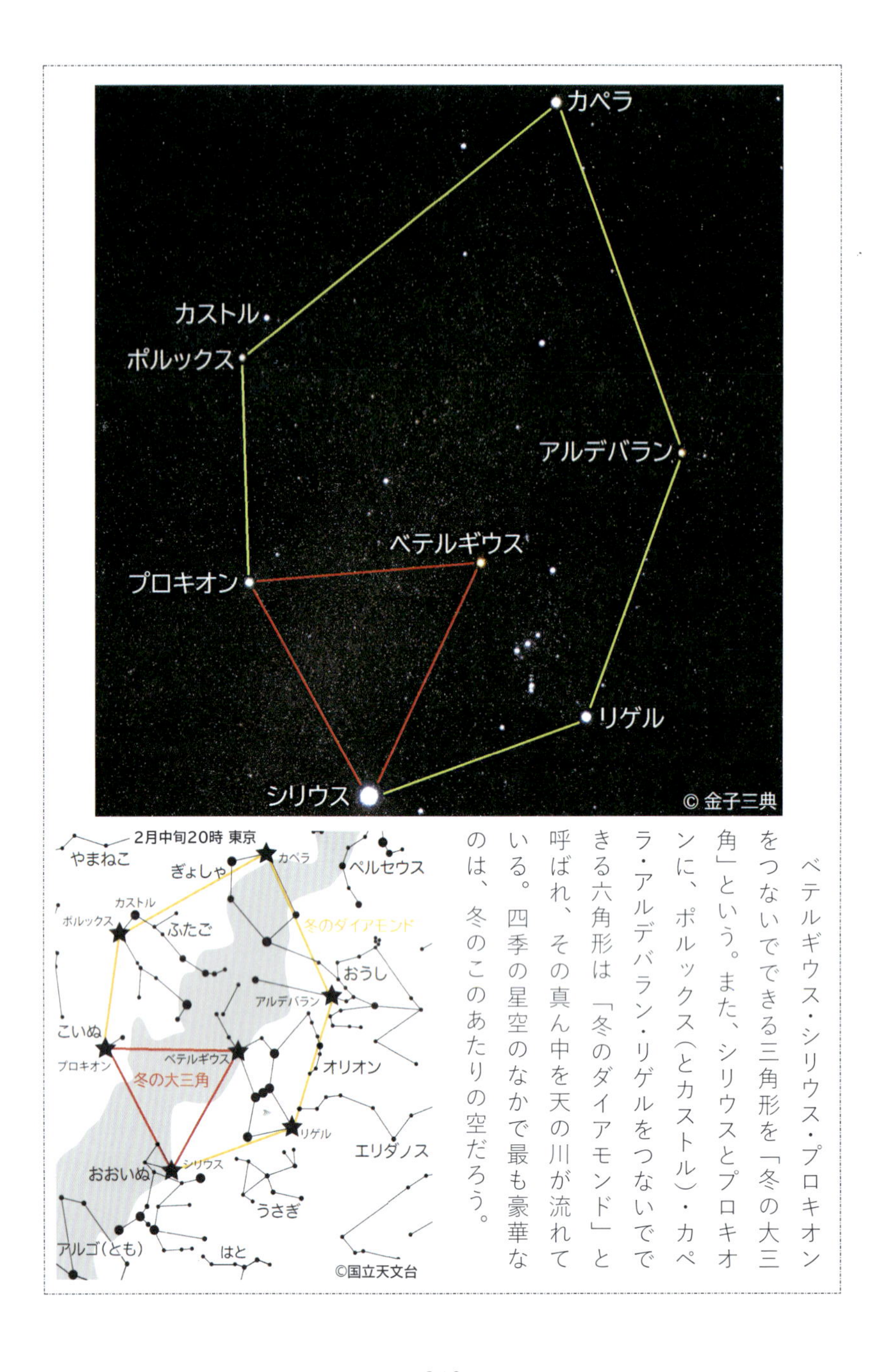

ベテルギウス・シリウス・プロキオンをつないでできる三角形を「冬の大三角」という。また、シリウスとプロキオンに、ポルックス(とカストル)・カペラ・アルデバラン・リゲルをつないでできる六角形は「冬のダイアモンド」と呼ばれ、その真ん中を天の川が流れている。四季の星空のなかで最も豪華なのは、冬のこのあたりの空だろう。

M13 ヘラクレス座 球状星団
©ZTF, Giuseppe Donatiello

NGC5139 ケンタウロス座 ω星団
©NASA/JPL-Caltech/NOAO/AURA/NSF

球状星団 数十万から百万の恒星が互いの重力で強力に拘束し合い、ほぼ球状に密集している天体のことをいう。球の中心に行くほど、星の密度は急速に高くなり、ときには巨大なブラックホールが中心にある場合もある。

球状星団は、銀河が形成される初期の段階に生まれ、そこに所属する星々はほぼ同年齢の古い星であると考えられてきた。だが、近年の観測で、後の時代の銀河どうしの衝突・合体などに伴って生まれることもあるとわかってきた。

球状星団はバルジ（銀河中心核）に数多く分布しているが、ハロー（銀河系を周囲から包みこむ領域）にも分布している。その実際の分布の仕方（ハロー内は球対称のはず）と観測結果（非対称になった）の食い違いから、太陽系の天の川銀河における位置が、かつては銀河のバルジ近くにあると考えられていたけれど、実は銀河の中心から二万六千光年離れた、ディスク（銀河円盤）上にあることが判明した。

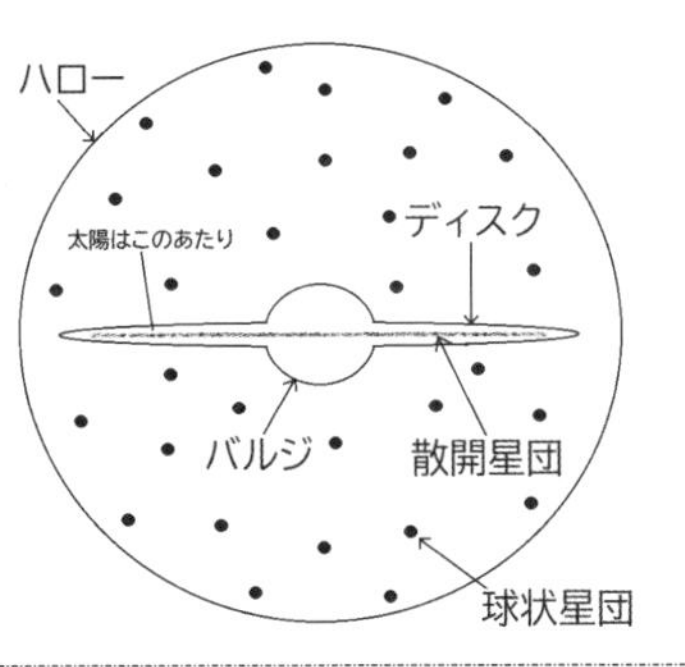

☆ヘラクレスの生涯☆

破格の英雄の誕生・・・ヘラクレス座

或る日、ゼウスがオリュムポス山の頂上から下界を眺めていると、テーバイに一人の美しい女がいた。ミュケナイの王女アルクメネである。ミュケナイの王女がどうしてテーバイにいるのか。

彼女は婚約者アムピトリュオンとともに、ミュケナイから逃れてきたところだった。婚約者が、彼女の父であるエレクトリュオン王を死に至らしめてしまったため、それを理由に、二人は国を追われたのである。ただ、王の死は事件ではなく、事故だった。王位を巡る争いの最中、エレクトリュオンの側についたアムピトリュオンが、敵対勢力から取り戻した牛を囲いに入れようとしたとき、一頭が暴れて走り出したので、これを止めようと棍棒を投げつけたところ、牛の角に当たって跳ね返り、近くにいた王の頭に運悪く当たってしまったのだった。

ゼウスがアルクメネを見つけた日、アムピトリュオンはちょうど、敵対者たちとの戦に出ているところだった。その日の夜更け、大神はアムピトリュオンの姿になってアルクメネの寝室に入り込んだ。そして、勝ち戦での手柄話を語って聞かせた。神であるから、その戦いぶりはもう知っている。話の本当らしさに、というより本当のことなのだから、アルクメネは、ゼウスが化けた婚約者に初めて体を許した。この戦は彼女の兄弟の敵を討つための戦いでもあり、勝利を収めるまでは婚約者といえども床をともにしてはならぬと父から申しつけられていたため、彼女は、戦いに勝ったいま晴れて夫婦になれると思ったのだった。ゼウスは太陽神

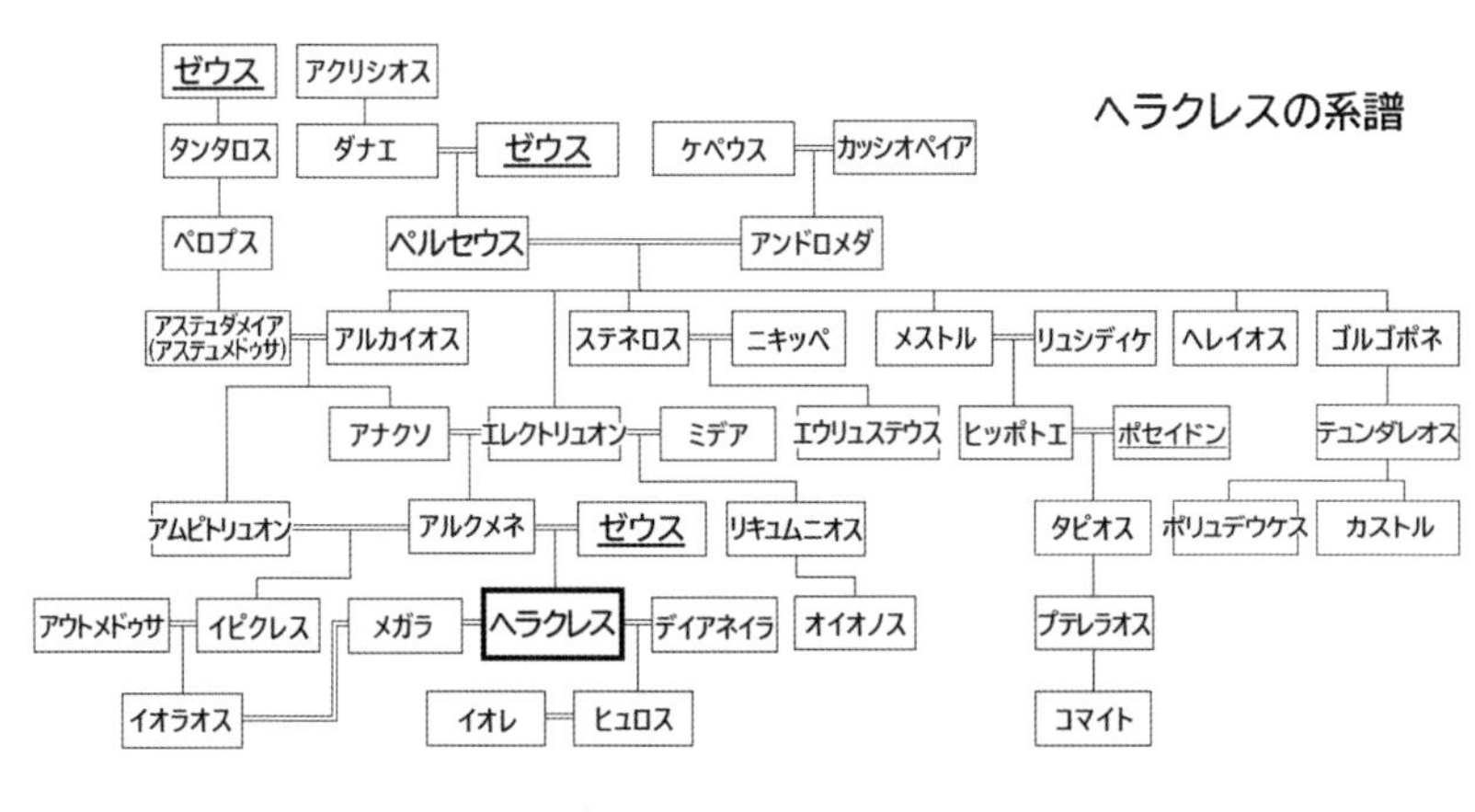

ヘリオスに命じて、陽を昇らせることを三日の間止め、アルクメネと交わった。

その翌日、ふつうに言えば四日後、アムピトリュオンは凱旋してきた。だが、アルクメネに戦の話をしても、彼女はそれほど喜ばない。不思議に思って、訳を問うてみると、昨晩帰ってきたときに聞かせてくれたではないかと言う。アムピトリュオンは困惑した。自分は今日帰還したところなのに、では四日前の夜戻ったという男は誰なのだ。彼は一瞬、許婚（いいなずけ）の不貞を疑ったが、決して移り気な女性ではない。そこで、真相を確かめるべく、広く真実を知るという予言者テイレシアスに問うてみた。すると彼は、その男はゼウスだった、と答えた。相手は神だったのか、それも最高神だったのか……ならば致し方ない。アムピトリュオンはアルクメネを許すと、その夜、初めて妻と交わった。

月満ちて、アルクメネは双子の男の子を産んだ。一人はゼウスの血統ヘラクレス、もう一人はアムピトリュオンの血を引くイピクレスである。ゼウスがまたよその女に子を産ませた。アルクメネの出産を知った正妻ヘラの怒りは、度々の怒りが重なって、すさまじい。この後、何十年にもわたって、彼女はヘラクレスをたびたび狂気に陥れ、難事をもたらすことになる。

その手始めが、ヘラクレスが八カ月の赤子だったときのことである。ヘラは双子の揺り籠に、元は父アムピトリュオンが戦いで得た青銅製の楯であったという揺り籠に、二匹の毒蛇を忍び込ませた。咬みつかれれば、赤ん坊の命などひとたまりもない。二匹は鎌首を持ち上げて、ちろちろと舌を出した。そのとき、ふと子どもたちの方を見たアルクメネは、蛇に気づき、大声で夫を呼んだ。ところが駆けつけたアムピトリュオンが目にしたものは、口を開けたまま固まった妻と、泣き叫ぶイピクレスと、引きちぎった二つの蛇の頭を両手に持って立ち上がり、にこにこ笑っているヘラクレスの姿だった。直後、テイレシアスにゼウスの子の将来を観てもらったところ、陸や海に棲む獣を数限りなく殺し、神々とともに巨人たちと勇敢に戦い、地上に葬られる他の英雄たちとは異なった最期を迎えるだろう、との答えを得た。

　ゼウスの子どもであるからには、赤子ながら蛇を殺すことぐらい、たやすいことかもしれない。だが実は、ヘラクレスはこの事件以前に、ヘラから、つまり最高女神から乳をもらって、最強の体となっていたのだ。はて、あの嫉妬深いヘラが我が子以外の、夫が他の女に生ませた赤子などに乳を与えるなど、考えられない。何があったのだろうか……彼女が自室の長椅子でまどろんでいたとき、遣いと盗みの神ヘルメスが赤ん坊のヘラクレスを抱えて忍び込んだ。神はゼウスに頼まれていたのだ。ヘラクレスをこっそりとヘラの胸元に置いた。赤ん坊は女神の胸をまさぐって、乳を吸い始めた。だが、さすがにゼウスの子である。吸う力の強いこと。痛さに目を覚ましたヘラは驚いて、赤ん坊を胸から引き剝がした。すかさずヘルメスがさらって、ヘラクレスをアルクメネの許へと連れ戻った……こんな出来事があったのである。このとき以来、ヘラは夫の婚外子のなかでヘラクレスを最も憎むようになった。ちなみに、ヘラがヘラクレスを引き離したとき、彼女の乳が天に舞って、乳の道ができた。それが「天の川」だという。

註：ヘラクレスが摑んでいる三つの首を持つ蛇は、冥界の番犬ケルベロスである。犬の姿ではないが、ケルベロスは首回りから無数の蛇の頭が出ていたから、蛇の首三本でケルベロスを表したということだろうか。

少年となったヘラクレスは、父の下で多くの名人・達人から教育を受けた。父アムピトリュオンからはレスリングを、ヘルメス神の子アウトリュコスからは戦車の操縦を、オイカリアの王エウリュトスからは弓術を、ディオスクロイの一人カストルからはさまざまな武器の使い方を、そして楽匠リノスからは竪琴を学んだ。ヘラクレスはいずれの技もすぐに、師を超える技量を身につけた。だが、音楽方面は苦手だったのか、琴の腕前は一向に上達しなかった。それに苛立（いらだ）ったリノスが或る日、手を上げてしまったのだが、相手が悪かった。怒ったヘラクレスに竪琴を投げつけられ、その傷が元で死んでしまったのである。先生殺しは当然、問題になったが、ヘラクレスは正当防衛であると認められ、罪を問われることはなかった。しかし、また同じようなことがあってはならないと、アムピトリュオンは彼を牛飼場に送り、そこで養育することにした。

やがてヘラクレスはたくましい青年となった。体格においても、腕力においても、そして神の王の血を引くため、知力においても常人をはるかに超え、多くの神を凌ぐほどであった。目からは火の光が輝き、ひと目でゼウスの子であるとわかった。

近隣の牛を殺し回ったキタイロン山の獅子を退治したのがヘラクレスの最初の功業である。このとき、彼はテスピアイを訪れた。テスピオス王は、訪問者がゼウスの血を引いていることを知って、その血統を得ようと、五十人の娘を毎晩一人一人、彼と床をともにさせた。一方ゼウスの子の方は、ずっと同じ娘と寝ていたと思っていたそうだ。ただ、最後の娘だけは彼を拒んだ。だが、そのかわり、後にヘラクレス神殿の女祭司となった。この五十日の滞在の間にヘラクレスは獅子を仕留め、その皮を剝いで、後にネメアの獅子を退治するまで身にまとっていた（しし座参照）。

次の大仕事は、オルコメノスとの戦争である。ヘラクレスのいたテーバイは当時、オルコメノスに毎年百頭もの牛を貢ぎ物として送らねばならないことになっていた。先代のテーバイ王の馭者が石を投げたことで、これも先代のオルコメノス王に怪我を負わせ、結果死なせてしまったということがあり、それが原因となって戦が起こり、テーバイは敗戦の憂き目に遭ってしまっていたからである。この年も、牛を受け取らんと、オルコメノスから使者たちが送られてきた。だが、引き渡し役になったはずのヘラクレスは取り合わない。使者が怒り出すと、彼らの耳と鼻と手を切り落とし、縄で結んで首にかけ、これが貢ぎ物だと送り返した。実質上の宣戦布告である。

激怒したオルコメノス王エルギノスは自ら軍隊を率いてテーバイを攻めた。しかし、ヘラクレスが一人いれば、何千の兵士がいようとかなうはずはない。ましてこのとき、彼の使った弓や刀は戦の神アテナから得たものだった。短時間の戦闘でエルギノス王は命を落とし、オルコメノス軍は散り散りに逃げていった。この勝利の結果、それまでとは逆に、テーバイはオルコメノスから毎年、それまで貢いでいた二倍の量の牛を受け取ることとなった。

この戦争の結果は、よいことばかりではなかった。ヘラクレスの父アムピトリュオンはこの戦の中で勇ましく戦ったけれど、矢を胸に受け、命を落としてしまったのである。彼はヘラクレスを、血統など意に介さず我が子であると認め、子が父を超える存在となることを、妬むどころか大いに喜び、幼いころからずっと愛おしんでくれた。その父を失った息子の胸には、ぽっかりと大きな穴が開いた。

だが、いつまでも悲しみに浸ってはいられない。成人として父の跡を継がねばならない。ヘラクレスはテーバイの王女メガラと結婚した。戦いの功を王に認められたのである。結婚を祝って、神々からも贈り物があった。ヘルメスからは剣、アポロンからは弓と矢、ヘパイストスからは黄金の胸当て、アテナからは長衣であった。ちなみに、ヘラクレスの双子の兄弟イピクレスも、既に子がいたにもかかわらず、このときメガラの妹を妻としている。やがて、ヘラクレスとメガラの間には三人の男の子が生まれた。これでテーバイは盤石、近いうちにテーバイの王座は娘婿に譲られ、彼は全ミュケナイを治める偉大な王になるであろう、と、誰もが思うようになった。

ところが、神は忘れない。ヘラの執念深さは、年とともに消え去るようなものではなかった。むしろ、年を重ねるほどに強くなっていった。ヘラクレスの絶頂期の始まりとも思えたこのとき、ヘラは彼を狂気に陥れた。禍の女神アテを使って神の言葉を吹き込んだのだ——おまえの血を引く者を殺せ。この言葉がヘラクレスの耳底に響いた。彼が神の言葉を聞いたのは、このときが最初である。テーバイの王座を簒奪(さんだつ)しようとしたリュコスを倒し、感謝の犠牲をゼウスの祭壇に捧げようとしているところだった。アテが囁(ささや)き終わった瞬間、ヘラクレスの、光を放っていた目は漆黒の闇と化した。彼は息子たちを捕まえて、祭壇の火の中に放り込んだ。近くにいた、イピクレスの子どもたちまで火中に投じた。メガラが必死で取りすがることで、ようやく彼の目はふだんの光を取り戻した。人の意識を回復したヘラクレスは、自分がしでかした惨事に気づき、声にならない叫び声を上げ、両手で顔を覆うと、膝から崩れ落ちた。

　なんということをしてしまったのだ。ヘラクレスは自身に追放の判決を下し、テスピオス王に浄められた後、デルポイの神託所で、どこに行けばよいのかを神に問うた。すると巫女は、ティリュンスに住み、その王に十二年間奉仕して、彼の命じる十の仕事を単独で、無償で行え、と告げた。加えて、しかし誰にも聞こえぬように、さすればヘラクレスは不死となる、とも口にした。

　ティリュンスの王エウリュステウスとは、ヘラクレスの直接与(あずか)り知らぬところで、因縁があった。アルクメネが彼を身籠もったとき、ゼウスは神々の前で、これから生まれる最初のペルセウスの後裔が、ステュクスの神の名において、全ミュケナイの王となるであろうと宣言した。ヘラクレスはペルセウスの曾孫にあたるからである。だがこの宣言は、実は、ヘラがアテ神を使って仕組んだものだった。このときもう一人、ペルセウスの血を引く子を妊娠している女がいたのである。それは、ミュケナイ王ステネロスの妻ニキッペだった。そのことを知っていたヘラは、ゼウスの宣誓の後、自分の娘である出産の神エイレイテュイアに命じて、月満ちたアルクメネの出産を遅らせ、まだ妊娠七カ月だったニキッペの出産を早めさせた。結果、ゼウスの宣言は早産のエウリュステウスに当てはまることになった。

　ステュクスの神に誓って宣誓してしまった以上、神であっても、たとえ最高神であったとしても、取り消しはできない。ゼウスはエウリュステウスをミュケナイ王とすることを渋々認めたが、腹いせにアテをオリュムポスから地上へと投げ落とした。アテが動けば、災いが起きる。それ以来、災いは人間に、それまで以上につきものとなった。

アルクメネが難産を強いられたのは、彼女の産室の戸口で、エイレイテュイアたちが腕と脚を固く組んで座っていたせいだ。これは、出産を止めるまじないの姿勢である。だが、それに気づいた、アルクメネの友人のガリンティアスが機転を利かせた。まだ生まれていないのに、赤子が生まれた、と大声で嘘を叫んだのだ。まさか、と女神たちが立ち上がったため、まじないが解け、アルクメネは無事にヘラクレスを産むことができた。ただ、めでたしめでたしでは終わらない。騙されたと怒ったエイレイテュイアがガリンティアスを鼬（いたち）に変えてしまったのである。鼬は夜行性の動物だ。ガリンティアスも夜の闇の中で活動しなければならず、陽の光の下に出られることはなくなった。しかし、捨てる神あれば拾う神あり。豊穣と魔術の女神ヘカテが彼女を哀れんで、ヘカテは夜の神でもあるので、鼬＝ガリンティアスを自身の聖獣とした。また、ヘラクレスは成人後、彼女のための聖堂を建てている。

さて、ミュケナイの王となったエウリュステウスは、ゼウスが本来望んでいたのはヘラクレスであることを知って、ヘラクレスをたいそう憎み、同時にその活躍ぶりを見て、たいそう恐れるようになった。この後、彼は神であろうと容易ではない困難な仕事をヘラクレスに命じるのだが、そのすべてが、それによってヘラクレスが命を落とせばいいと思った仕事である。

結果から言うと、ヘラクレスはこの十二の難業を無事果たすことになる。「十」ではなく「十二」となっているのは、ヘラクレスが一人で行わず他者の手を借りたとして、あるいは見返りを取ってはいけないのに報酬を求めたとして、エウリュステウス、そしてその背後にいるヘラが認めなかった仕事が二つあるからである。

十二の難業を順に並べる。

Ⅰ　ネメアの森の人食い獅子の皮を取ってくること
Ⅱ　レルネの泉の九頭の毒蛇ヒュドラを退治すること
Ⅲ　ケリュネイアの山の黄金の角を持つ鹿を生け捕りにすること
Ⅳ　エリュマントス山の街・畑を荒らす猪を生け捕りにすること
Ⅴ　エリスのアウゲイアス王の十年放っておかれた家畜小屋を掃除すること
Ⅵ　ステュムパロスの湖水から耕地を荒らす無数とも思える鳥を追い払うこと
Ⅶ　クレタ王ミノスの下にいる牡牛を生け捕りにすること
Ⅷ　トラキアの王ディオメデスが飼う人食い牝馬を生け捕りにすること
Ⅸ　アマゾンの女王ヒッポリュテの帯を持ってくること
Ⅹ　エリュテイアの島の三身怪人ゲリュオネウスの牛を生け捕りにすること
Ⅺ　ヘスペリスの園から黄金の林檎を取ってくること
Ⅻ　冥界の番犬、三つ首のケルベロスを連れてくること

ヒュドラの退治が他人の手を借りたとして、家畜小屋の掃除が報酬を求めたとして、エウリュステウス、つまりはヘラに認められなかった仕事である。結果、十負わされたはずの仕事が、「十二の難業」として世に知られるようになった。個々の難業のいくつかについて、次から述べていくことにする。

ヘラクレス座は夏の宵、こと座のヴェガと（きたの）かんむり座の半円の真ん中あたり、天頂近くに昇る。星をつないで大きなHの字を見つけることができれば、それがヘラクレスの胴体である。上下逆さに、膝を曲げた姿に描かれている。下になった頭の位置にあるのはα星「ラス・アルゲティ（跪く者の頭）」であるが、この名は、この星座全体がかつて「跪く者」と呼ばれていた名残である。ヘラクレスの名がついたのは後の時代のことなのだ。空の暗いところなら腰の位置にぼんやり見えるのが球状星団「M13」で、望遠鏡で見るならば、たくさんの恒星が球状に、ぎっしり集まっているのがわかる（p247）。

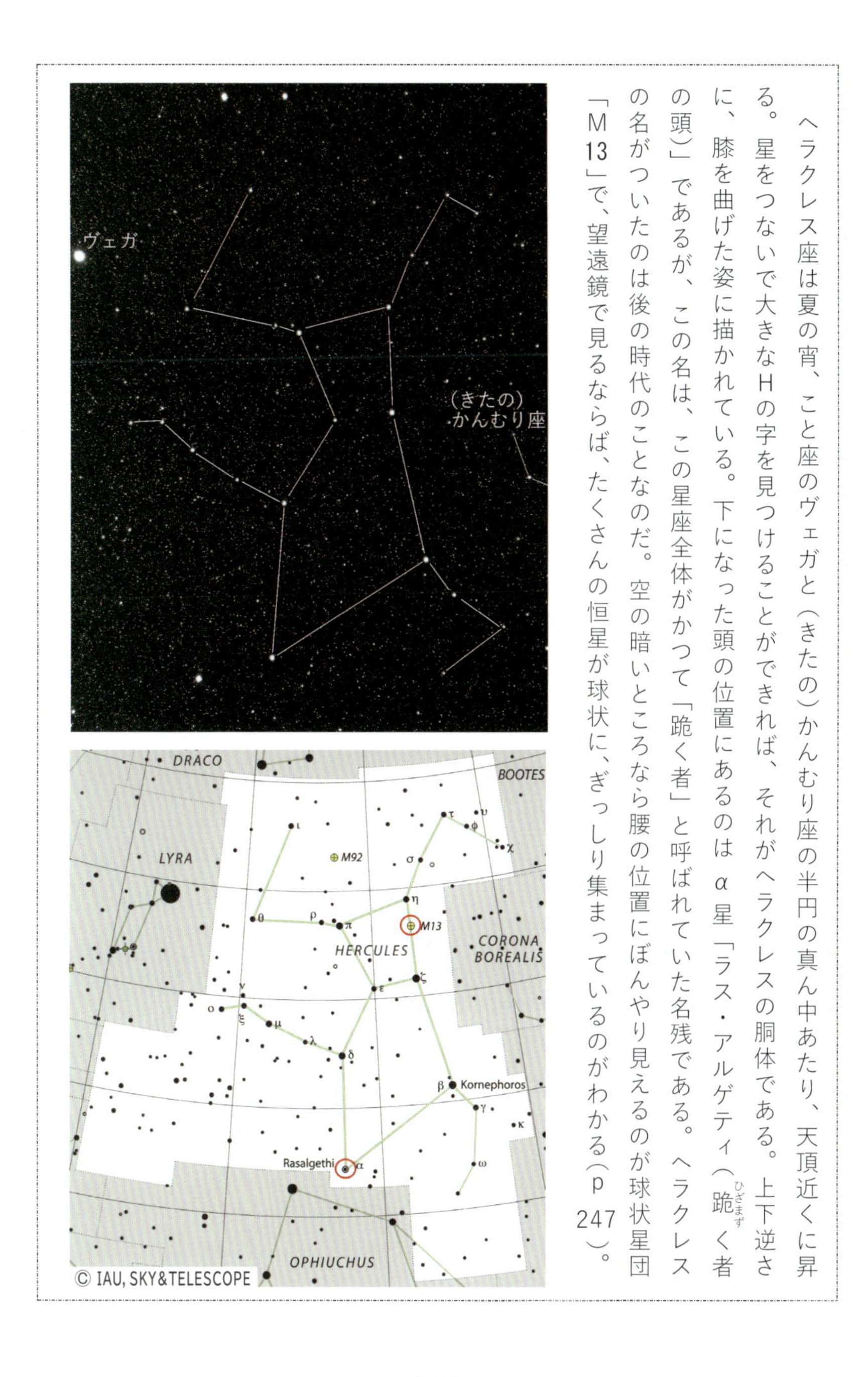

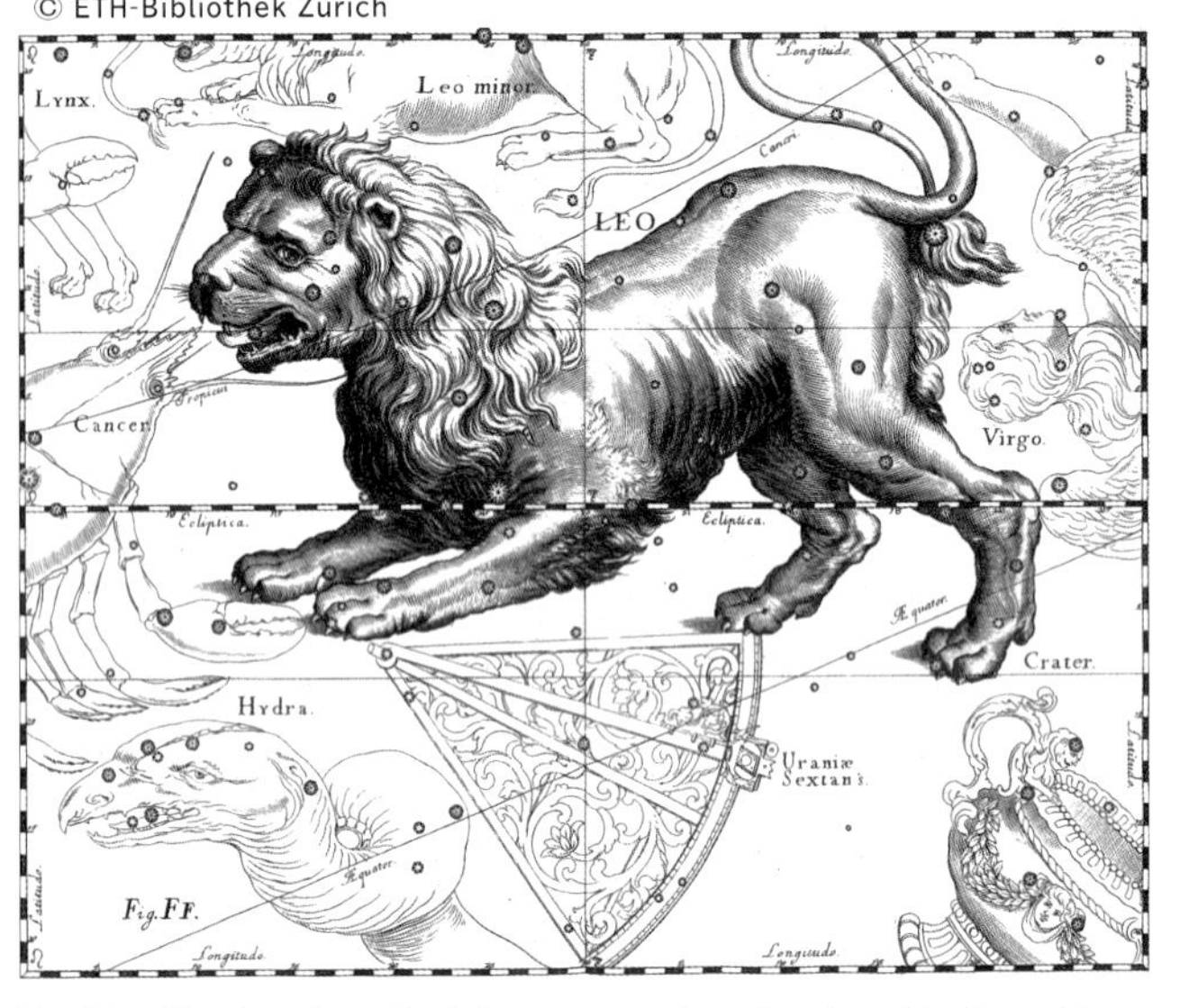

ネメアの森の獅子退治・・・しし座

クレオナイのネメアの谷に、村があった。その近くには深い森が広がっており、人々は樹を伐り出して家を建て、製材して椅子に机、箪笥(たんす)に寝台などの家具を作っていた。それだけではない。薪を作って、あるいは枯れ枝を集めて火を起こし、暖を取り、料理を作り、風呂に入っていた。落ち葉を溜めて腐らせ、畑の肥やしにした。果実や団栗(どんぐり)を集めて、菓子を作った。森はネメアの村人たちの暮らしを支えていたのだった。

ところが、或る日、一頭の獅子がこの森に姿を現した。ペロポネソスの所有をヘラ神と争ったポセイドン神が、アルゴス人の祖ポロネウスの裁定によって敗れたため、その仕返しとして彼の子孫の土地に(いまごろになって)送り込んだものだった。獅子はまず、樹を伐りにやって来た村の男を食い殺した。ただの獅子ではない。あの、ゼウスと互角に戦った怪物テュポンの曾孫(あるいは孫)にあたる凶暴凶悪な獅子だった。その後も、木の実を取りに出かけた娘が噛み殺される。森へ遊びに入った男の子が踏み殺される。枝を拾っていた老女が殴り殺される。大勢が獅子によって帰らぬ人となった。ネメアの人たちはなんとか捕らえようと、罠（わな）を仕掛けたり狩りを行ったりしたのだが、この獅子は牛のように大きく、豹のようにすばやく、おまけに狐のように賢いので、捕まえることができなかった。逆に、村人が少しでも仲間からはぐれれば、襲われて、命を奪われた。

獅子がいる限り、森にはもう入ることができない。ということは、家は建てられない、家具は作れない、火は起こせない、肥やしも作れない、果実も食べられない。そうなれば、もう村を離れるしか道はないのか、村の人たちは途方に暮れていた。

そこへやって来たのが、ヘラクレスだ。彼はただの人間ではない。半分は神の血が流れている。それも、神々の王、ゼウスの血だ。背丈は通常の人の倍近く、筋肉はまるで鎧のよう。赤ん坊のときに毒蛇を引きちぎったという。力が強いだけではない。なにしろ神王の子どもだ、知恵も働く。これは後の話になるけれど、神だって騙すことができる（りゅう座参照）。

彼がネメアの村を訪れたのは、自身が過去に犯した罪を償うためだった――ヘラの命によって禍の女神アテが耳元で囁いた狂いの言葉のせいとはいえ、彼は我が子を殺してしまっていた。その罪ゆえに、ミュケナイ王エウリュステウスの十の命令に従わなければならなくなり、その第一として獅子退治を指示されたのだった（ヘラクレス座参照）。

森の外れに住む貧しい羊飼いモロルコスに詳しい話を聞いて、ヘラクレスは、獅子が森の中の洞窟をねぐらとしていることを知った。自分が三十日目までに戻ったら犠牲をゼウスに捧げるように、戻らなかったら自分に供えてほしいとモロルコスに告げて、彼は森に向かった。

ヘラクレスは森の中をあちらこちら探して、その奥深くに洞穴を見つけた。獅子の気配が漂ってくる。洞穴は二つあったのだが、奥でつながっているだろうと判断し、一方の口を、大石を積み上げて塞ぎ、生枝を燃やして、積んだ石の隙間から煙を洞窟に送り込んだ。そして、自身は反対側の口に回った。口から少し距離を置いて待ち構えていると、洞窟の中から獅子が煙に顔をしかめながら、しかし慌てる様子はなく、のっそりと姿を現した。まだ距離はある。背中の筒から矢を抜いたヘラクレスは、弓を引きしぼった。並の人間にとっては、弦を両手で引っ張っても引けないような強い弓だ。その弓から獅子目がけて矢を放った。みごと背中に命中。カツン！　矢は弾かれてしまった。その皮膚は鉄なみに固かったのだ。獅子は人間の姿を認めると、ゆっくりと近づいてきた。

ヘラクレスは、今度は刀を抜いた。これも、力自慢の人物でも両手でないと持ち上げられないほど重い刀だ。その刀を獅子の額目がけ、振り下ろす。パキン！　折れたのは、刀の方だった。最後は、いつも持ち歩いている棍棒。大きな岩でも砕いてしまうほどの棍棒だったのだが、ボキッ！　これもみごとに折れてしまった。

ここで、獅子はヘラクレスに飛びかかり、くんずほぐれつの取っ組み合いが始まった。殴られても蹴られても、獅子はひるまない。鋼鉄の皮膚はすべての攻撃を弾き返すのだ。それどころか、ヘラクレスの腕に牙を立て、胸を爪で掻き、多くの血を流させた。両者の力に差はなく、互角の戦いとなった。

しかし、ヘラクレスは戦うなかで、獅子の弱点を見つけていた。皮膚は確かに硬い。けれど、関節の部分だけは柔らかいのだ。確かに、関節が硬ければ、胴体を、脚を、首を回すことはできない。そこで、獅子の首に腕を巻き付けると、渾身の力で締め上げた。獅子はなんとか逃れようともがくが、ヘラクレスは決して放さない。朝から晩まで絞め続けていると、獅子はようやく動かなくなった。

ヘラクレスは獅子を草の上にそっと横たえ、その亡骸に頭を垂れた。やがて顔を上げると、獅子の爪を一本抜いて、その爪で関節のところから皮を剥ぎ始めた。鉄のように固い皮を兜と鎧の代わりに使おうというのだ。剥ぎ終わると、獅子の口のところから頭を出すようにして身に纏(まと)った。最強の戦士は最強の防具を得た。ヘラクレスは天に向けて両の拳を突き上げ、獅子ともまごう大声で吼えた。

その姿を天上で苦々しく見つめる女神がいた。ヘラ、大神ゼウスの后だ。ヘラクレスは夫ゼウスの子ではあっても、ヘラの子ではない。夫の「浮気」の結果生まれてきた子だ。だから、彼女はヘラクレスをたいそう嫌っていた。負けたとはいえ、長時間、対等に戦った獅子を称えてやりたくなった。そこで、その姿を記念に残そうと、獅子を星座にした。それがしし座である。考えは正反対だが——星に残せばヘラクレスの手柄の証になる——ゼウスも妻に同意した。

ヘラクレスが森から戻ってきたのは、出かけてからちょうど三十日目のことだった。モロルコスは重い心で犠牲の牡羊をヘラクレスに供えようとしていたが、獅子の皮を纏った姿を見つけると、祭壇をゼウスに捧げるものに大急ぎで変えた。顔にはほっとした笑みが浮かんでいた。笑顔はネメアの村中に広がった。

ヘラクレスは、モロルコスに騾馬(らば)を贈り、敬意を表した。そして、ミュケナイの街に戻った。市の門をくぐるときは、もちろん獅子の皮を纏っていたが、ヘラクレスの気に獅子の力が重なって、まぶしく輝いて見えた。遠目からその姿を見たエウリュステウス王は、自身が獅子の皮を持って帰れと命じたくせに、恐ろしくなって、ヘラクレスを城内に入れようとはしなかった。それどころか、城の地下に人が一人入れるほどの大きな青銅の壺を持ち込み、その中に身を隠した。この後、ヘラクレスが仕事を果たして帰ってくるたびに、王は壺に逃げ込んだという。

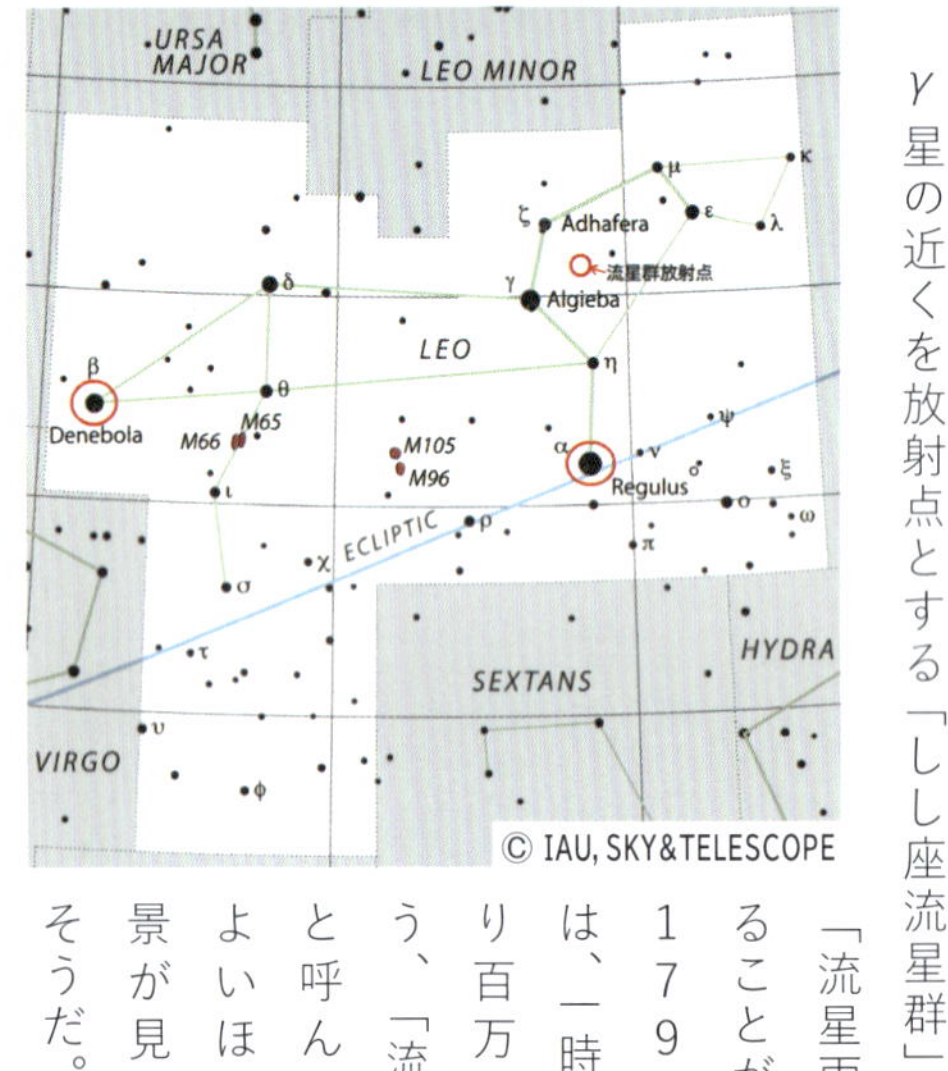

しし座は春の空に「?」の印を左右反対にしたような形を探せばよい。これが、草刈り鎌に似ているとして「しし座の大鎌」と呼ばれるもので、獅子の頭から前脚にかけての上半身になっている。その胸には、獅子にふさわしい名の一等星「レグルス(小さな王)」が輝く。また、少し目を左にやれば、尾には春の大三角の一つ「デネボラ(獅子の尾)」が光る。

γ星の近くを放射点とする「しし座流星群」は時に「流星雨」となることがある。1799年には、一時間あたり百万個という、「流星嵐」と呼んだ方がよいほどの光景が見られたそうだ。

流星　「流れ星」。宇宙空間にある小さな固体の天体が大気中に飛び込んできて光を放つ現象。通常の流星よりもはるかに明るいものは「火球」と呼ばれる。火球に伴って「隕石」が落下することもある。

流星群　特定の日時に流星の数が増す現象。彗星や小惑星から放出された物質が地球の公転軌道上に広がっているところを、地球が通過するときに生じる。或る一点から放射状に流れるように見えるので、その点を「放射（輻射）点」と言う。放射点がどの星座にあるかで流星群の名前がつけられており、しぶんぎ座（一月）、ペルセウス座（八月）、ふたご座（十二月）の流星群は「三大流星群」と呼ばれている。

しし座流星群の大出現（1833.11.13）を描いた版画
『Bible Readings for the Home Circle』(1844)p.66

流星雨　流星の単位時間あたりの出現数が通常の流星群よりはるかに多い現象。流星物質の密度が何らかの原因で非常に高い場所を地球が通る際に生じる。放射点から天球上に降り注ぐ様子が雨のようだということで、この名がある。しし座流星群は33年周期のテンペル・タットル彗星を母体としているのだが、その軌道は地球の公転軌道とずれてきているらしい。残念である。

レルネの泉の九頭毒蛇退治・・・ヒュドラ(うみへび)座・かに座

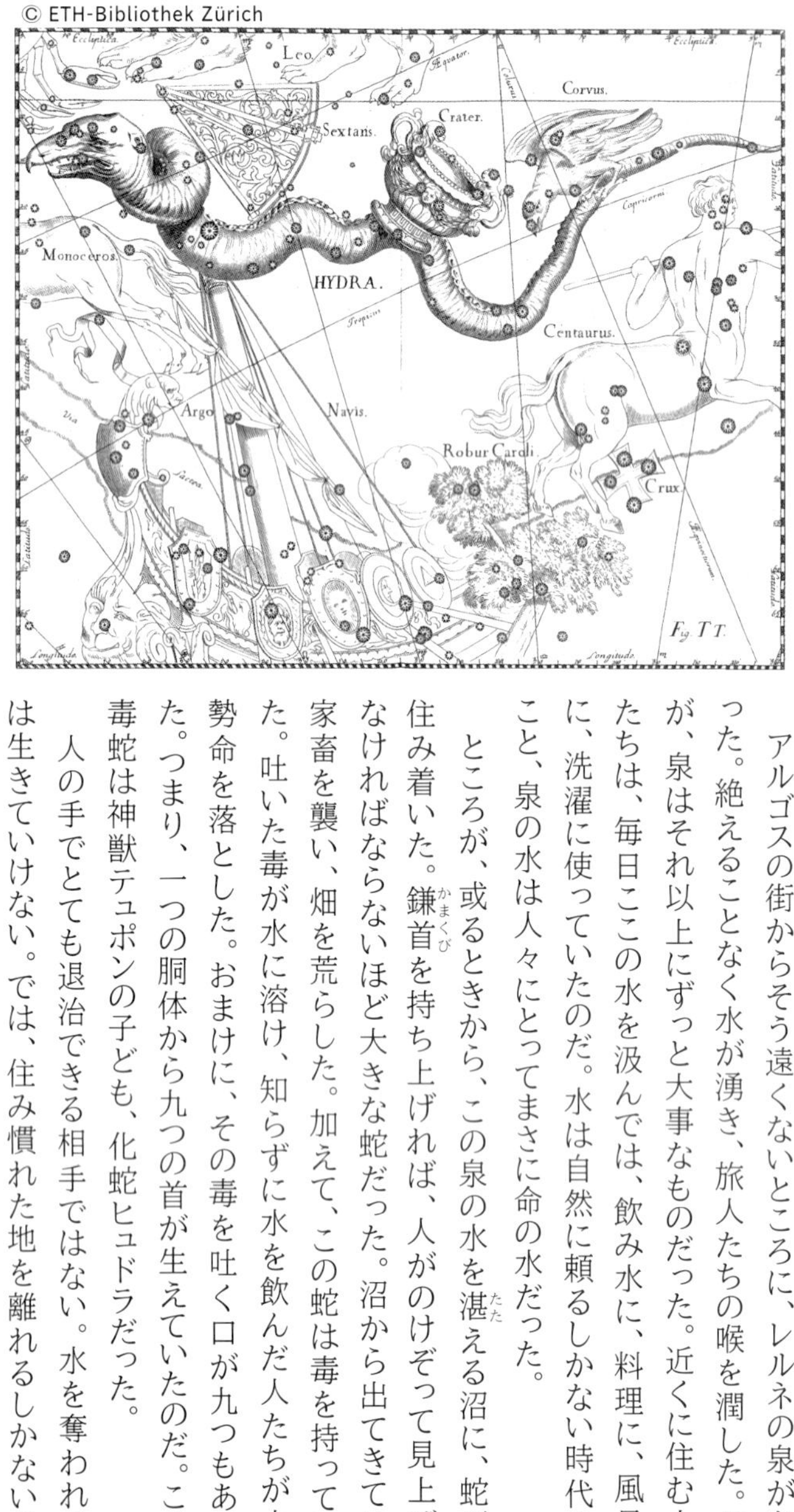

アルゴスの街からそう遠くないところに、レルネの泉があった。絶えることなく水が湧き、旅人たちの喉を潤した。だが、泉はそれ以上にずっと大事なものだった。近くに住む人たちは、毎日ここの水を汲んでは、飲み水に、料理に、風呂に、洗濯に使っていたのだ。水は自然に頼るしかない時代のこと、泉の水は人々にとってまさに命の水だった。

ところが、或るときから、この泉の水を湛える沼に、蛇が住み着いた。鎌首を持ち上げれば、人がのけぞって見上げなければならないほど大きな蛇だった。沼から出てきては家畜を襲い、畑を荒らした。加えて、この蛇は毒を持っていた。吐いた毒が水に溶け、知らずに水を飲んだ人たちが大勢命を落とした。おまけに、その毒を吐く口が九つもあった。つまり、一つの胴体から九つの首が生えていたのだ。この毒蛇は神獣テュポンの子ども、化蛇ヒュドラだった。

人の手でとても退治できる相手ではない。水を奪われては生きていけない。では、住み慣れた地を離れるしかないのか。でも、どこへ移り住めばいいのだろう。レルネの人々は途方に暮れていた。

　みながどこへ移住するか相談をしているところへやって来たのが、ヘラクレスだ。ヒュドラを退治するよう、ミュケナイ王エウリュステウスに命じられてやって来た。ヘラクレスにとっては、我が子殺しの罪を償うための仕事だったが、王にとってはヘラクレスを危険な目に遭わせたいと思って命じた仕事だった。人々のためというのは名目で、実のところ王は、ヘラクレスが命を落とすことを願っていたのである。その最初がネメアの獅子退治で、今回が二番目の大仕事だった。

　ヒュドラは、大きな鈴懸（すずかけ）の樹の根元に、一本の首だけを持ち上げて横たわっていた。ヘラクレスはまず、火矢を放って周囲の樹々を燃やし、火の輪の中に閉じ込めた。怒った毒蛇は、九つの首をすべてもたげると、九つの口から毒を吐き出し始めた。近づけば猛毒にやられてしまう。ヘラクレスは遠くから倒そうと、弓を引いた。ところが、一つの首を狙って放たれた矢は、横から出てきた別の首にくわえ取られてしまった。繰り返し放っても、同じことだった。ヘラクレスはやむを得ず、毒を吸わないよう、袖をちぎって鼻と口に巻き付けると、ヒュドラの傍まで寄り、刀で目の前の首に切りつけた。すると首は、落ちた。

　九頭の大毒蛇は尾を脚に巻きつけ締めつけてきたが、それをものともせず、ヘラクレスは首を切り落としていった。けれど、どうしたことだ。切られた跡から、新しい首が生えてくるではないか。目の前の首を一つ刎（は）ねれば、そこからまた新しい首が二つ、襲ってくる。一本切れば二本、二本切れば四本、四本切れば八本、八本切れば十六本、十六本切れば三十二本……これでは切りがない。

　ヘラクレスは、供をしていた甥のイオラオスに命じて、燃やしていた樹から枝を折り取らせ、それを集めて松明（たいまつ）を作らせた。そして、その炎で、ヘラクレスが刎ねた首の切り口をすぐに焼かせた。さすがに、焼き潰（つぶ）された切り口からは、もう首は生えてこなかった。

　ヘラクレスが切り落とす、イオラオスが焼き固める――こうして首を残らず切り取っていった。だが、最後に残った真ん中の一本の首だけは、刀を受けつけない。そこで、レルネからの道の傍らに、大きな深い穴を掘り、その中に首を投げ込んで埋め、その上に大きな岩を置いた。まるで墓標のようだった。首を埋める前に、ヘラクレスはヒュドラの体を裂いて、その毒を自分の矢につけておくことを忘れなかった。これ以来、彼の矢は、かすっただけで相手を倒してしまう、最強の武器になった。

　レルネの人々は、ヒュドラが退治されたとの報せに歓声を上げた。だがこの光景を天上で、ただ一人、苦虫を噛みつぶしたような顔で眺めていた神がいた。ヘラだ。彼女は、甥の手を借りたので、これはヘラクレス一人でした仕事ではないと、ミュケナイ王エウリュステウスに言わせた。償いの仕事として認めなかったのだ。一方、ヒュドラについては強敵とよく戦ったと、星座にしてやった。これがヒュドラ座である。ゼウスもまた、内心では我が子の栄誉であると思って、同意した。

　忘れていた。ヘラクレスがヒュドラの首を切っているとき、岩陰から這い出てきて彼の踵（かかと）を挟んだものがいた。蟹だ。ふつうの蟹の二倍、三倍、いやもっとある。この蟹カルキノスは毒蛇の友であったのだ。しかし、ヘラクレスは見上げるほどの大男である。大きな蟹とはいえ、そのはさみに挟まれたくらいでは、痛くも痒（かゆ）くもない。踏みつけてやると、つぶされたカルキノスは慌てて逃げていった。このときから蟹は、それまでは丸い体でまっすぐ歩いていたのに、平たい体になって横にしか歩けなくなったそうだ。ちょこんと挟んだだけで、まったく影響はなかったけれど、一応ヘラクレスに立ち向かったということで、ヘラは蟹も星座にしてやった。それが、かに座だ。ゼウスは、どうでもよかった。

……前回の獅子も、今回のヒュドラと蟹も、人に仇なすとはいえ、大地につながり大地で生きるものだ。それが星座にされたということは、大地母神ガイアの意向でもあったのだろうか……

ついでに、かに座の話をもう一つしておこう。かに座の星には、「ろば」という名前がつけられたものがある。ディオニュソスは、神々が巨人族と戦ったギガントマキアで、ヘパイストスとサテュロスとともに驢馬に乗って前線へ向かったのだが、この驢馬たちが大きな鳴き声を上げたので、巨人たちはその声に驚き、三人が戦場に着く前に逃げ出したということがあった。

またディオニュソスは、ヘラに送られた狂気から逃れるためゼウスの神殿に向かったとき、大きな沼地を渡ったのだが、驢馬に助けてもらったということもあった。これらのことを嘉して、ディオニュソスは驢馬を星として、ヘラが星座にした蟹に重ねたそうだ。蟹の甲羅にあたるところは、飼い葉桶になっていて、餌がぼうっと輝いている。プレセペ星団がそれだ。

註：ヘベリウスの星図のかに座は、ザリガニのような姿に描かれている。これは、ヘラクレスに踏みつぶされる前の蟹、と考えてはどうだろう。

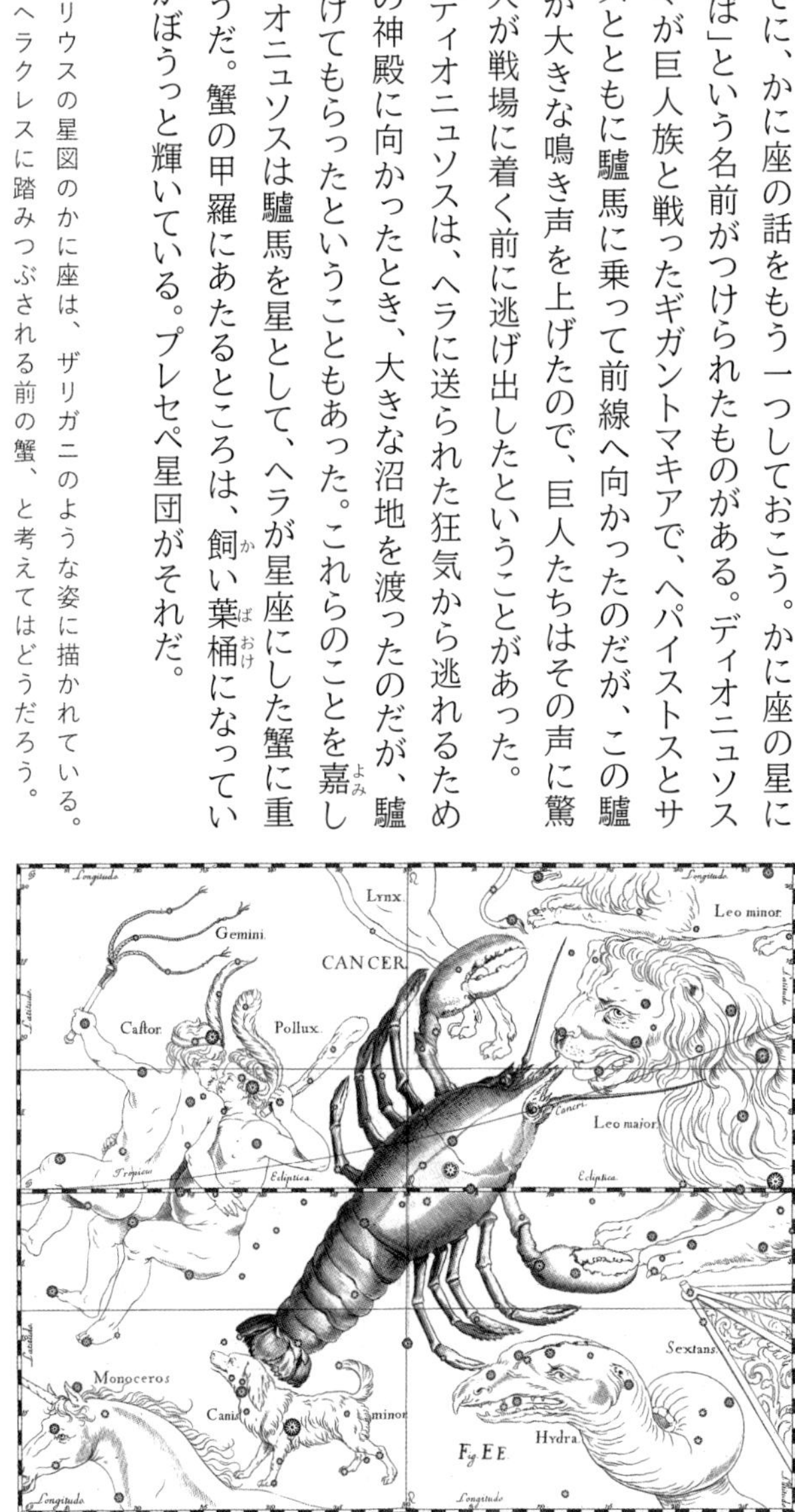

© ETH-Bibliothek Zürich

ヒュドラ（うみへび）座は、春の夜半前に南の空低く昇る。しし座レグルスの足下にある頭部に始まり、おとめ座スピカ下の尾部に至る、たいへん細長い星座である。ヒュドラの首は九つあったのに、夜空には一つしかないということは、切り落とされて最後に残った首ということだろうか。二等星が一つしかなく、そのせいか、「アルファルド（孤独なるもの）」という名がつけられている。

かに座は春の西空、しし座のレグルスとふたご座のカストルとポルックス、そしてこいぬ座のプロキオンでできる三角形の真ん中にぼんやりと光る「プレセペ星団（M44）」を、蟹の甲羅として構成されている。この散開星団を飼い葉桶と見なしたときは、γ・δ星が、餌を食べる驢馬「アセルス・ボレアリス」と「アセルス・アウストラリス」（北・南の小さいロバ）である。また、飼い葉桶は、双眼鏡で眺めると、蜜蜂が群れているようにも見えるので、「蜂の巣（ビー・ハイブ）」と呼ばれることもある。

蟹であるのにザリガニのように描かれているのは、星座名がギリシア語からラテン語に翻訳される際、「ザリガニ」と訳されたためらしい。一般的な蟹の図が載っている星図も多数ある。

ヘスペリデスの園の林檎・・・りゅう座

© ETH-Bibliothek Zürich

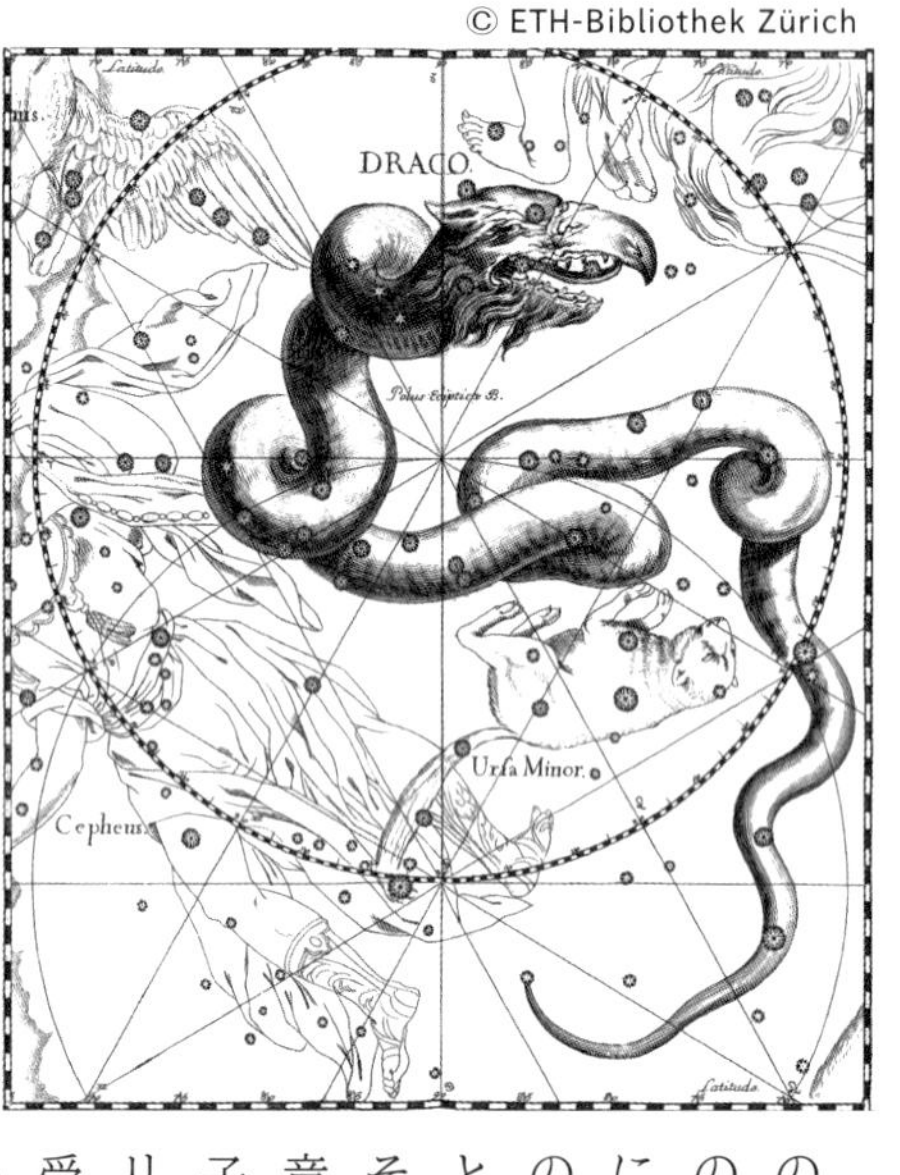

世界の西の果て、アトラスの山々の近くに、ヘスペリデスの園と呼ばれる庭園があった。ここには一本の黄金の林檎の樹があったが、この樹は、ヘラが、ゼウスと結婚するときに大地の神ガイアから贈られ、ここに植えたものだった。その世話は、アトラス神の娘、ヘスペリスたちがしていた……と言っても、彼女たちはときどき実を盗み食いするので、その見張りも兼ねて樹を怠りなく護るのは、百の頭を持つ竜、ラドンだった。この竜は、原初の神ポルキュスとケトの子、つまりガイアの血の濃い神獣である。ということは、オリュムポス族のヘラの命令を守るというより、ガイアの意を受けて護っていたのかもしれない。百の頭は交代で眠るため、ラドンが黄金の林檎の盗人を見逃すことはなかった。

ヘラクレスはヘスペリデスの林檎の実を持ち帰るよう、ミュケナイ王エウリュステウスに命じられた。これが十一番目の難業である。王はヘラ神の権威を借りてヘラクレスに、彼の子殺しの罪に対する償いの仕事を命じていた。だが、これまでの仕事の多くが、彼の死を願う王の本心はともかく、名目上は人々を助けることを目的としていたのに比べると、今度の命令は、王が単なる思いつきで、しかもヘラとはまったく関わりなく命じたものだった。今回は建前さえもなくなったのである。こんなのがヘラクレスの仕事か。しかし、そういうものだ。

ヘラクレスは初め、ヘスペリデスの園がどこにあるのかわからなかった。知っている者はいないかと、あちらこちらと捜し歩いているうちに、エリダノス川の岸に出た。そこには、ゼウスとテミスの間に生まれたニュムペたちがいた。彼女たちは、知識豊かな海の老神ネーレウスならば知っているのではないかと教えてくれた。そこでヘラクレスは老神を訪れたが、神は道を教えてくれるどころか、その場から急いで立ち去ろうとする。下手に教えれば、ヘラの怒りを買うかもしれないからだ。すると、ヘラクレスは神の手を摑まえ、腕の中に抱え込んだ。怪力無双の豪傑に抱え込まれたのでは、たまらない。老神はさまざまな姿に変身して、逃れようとした。海豚、鷲、蛇、怪物、はては水に、炎に。しかし、暴れられようが咬まれようが、冷たかろうが熱かろうが、ヘラクレスは決して手を放さない。これは逃げられない——観念したネーレウスは神の姿に戻ると、自分も詳しくは知らないが、プロメテウスならよく知っているはずだから彼に聞けと、その居場所カウカソス山への道を教えてくれた。

道はわかったが、すんなりとはたどり着けない。道中で、ヘラクレスは出会った多くの人間の命を奪うことになった。彼は生涯にわたり、多数の人を殺(あや)めているが、このあたりからは、その頻度が高くなっていく。自らの行為を省みることはなく、ただ神の言葉に従って殺すかのようだ。

・リビアではアンタイオス王が、異邦人と見ればレスリングで勝負を挑み、相手を殺してはその髑髏(どくろ)をポセイドンの神殿に飾っていた。彼は大地に足をつけている限り、そこから力を得ることができるので、負け知らずであった。だが、ヘラクレスは抱え上げて地面から引き離し、力の弱まったところを絞め殺した。

・エジプトではブシリス王が、豊作を祈るために異邦人をゼウスの祭壇で犠牲に供していた。ヘラクレスは言葉のぎこちない旅人のふりをして、わざと捕らえられて宮殿に入り込み、王が玉座に着くや否や、その子ともども殴り殺した。

・テルミュドライでは、空腹だったため、通りがかった牛追いの二頭立ての車から一頭を外して食べた。驚いて山の上まで逃れた牛追いは、そこで呪いの言葉をヘラクレスに浴びせるしかなかった。このときは人を殺していないけれど、牛追いが抵抗していれば、どうなったかわからない。

・アラビアに沿って進んでいるときに、後に蝉になったティトノスと曙の女神エオスとの間に生まれたエマティオンを、何があったのかわからないけれど、とにかく殺した。

確かに、ヘラクレスが倒した相手には、己の欲望を満たすためだけだったり神の名を利用したりするなど、悪人が多い。だが、このころになると、ことの善悪とは関係なく、人を殺めることが性となっているかのようだ。体に流れるゼウスの血が過剰を求めるのだろうか。プロメテウスのいるカウカソス山にたどり着くために渡らなければならない海に出たときは、あまりの暑さに腹を立て、太陽神ヘリオスにまで弓を向けた。

ところが、ヘリオスは怒るどころか、逆にヘラクレスを剛の者として気に入ってしまう。話を聞いて、大きな黄金の盃を貸してくれた。それは、彼が太陽の馬車を西に沈ませた後、東の宮殿へと帰るため海を渡る際に乗る大盃だった。他の神々は自分のことを棚に上げ、人間のちっぽけな傲慢さを嫌うが、このときのヘリオスは彼らと真反対の応じ方をしたのだった。もっとも、他の神々と同じく、ただの気まぐれに過ぎないと言えないこともないのだが。何はともあれ、刃向かう人間を神が容れることなど、滅多にあるものではない。ヘラクレスは大盃で海を渡り、カウカソス山に着くことができた。

プロメテウスは、岩壁に鎖で縛りつけられ、大鷲に肝臓をついばまれていた。神であるのに、なぜこんなところで、こんな仕打ちを受けねばならないのか。ヘラクレスはそのいきさつをまだ知らない。だが、目の前のプロメテウスは苦痛に顔をしかめているのだ。矢筒からヒュドラの毒を塗った矢を一本取り出すと、神獣テュポンと蛇女エキドナの子である鷲を射落とした。そして、神を縛りつけていた鎖をほどいてやった。座り込み、鎖の跡が残った腕をさすりながら、プロメテウスはヘラクレスを見上げた。黄金の林檎について問われて、このように答えた……

林檎の樹の世話をしているヘスペリスたちはアトラスの娘である。父親の言うことならば、素直に聞くはずだ。だからアトラスに、林檎の実を取りに行ってもらうよう頼めばよい。確かにヘラクレスならば竜を倒して奪うこともできるに違いないが、ヘラとゼウスが結婚したときにガイアから贈られた林檎の樹だから、それを、護らせている者を殺して持ち出すとなれば、ますますヘラを怒らせることになるだろう。それは避けた方がいい。だから、アトラスに頼め。彼は我が兄だ。

……ということであった。二人の会話には大事な続きがある。しかし、それは、後に語ることにして、ここは、話を先に進めよう。ヘラクレスはアトラスの許へ向かった。

アトラスは大地の西の果てで、その肩に蒼穹(そうきゅう)を担って立っていた。彼はプロメテウスの兄、ということはつまり私エピメテウスの兄でもあるのだが、プロメテウスと同じようにゼウスに逆らい、しかしプロメテウスとは違って力でティタノマキアを戦い、やはりプロメテウスと同じように「反逆」への罰を与えられた。その罰というのが、天空を一人で支えるという仕事だったのだ。いかに神とはいえ、空はあまりに広かった。その大きさに耐えるアトラスの顔は苦しみに歪んでいた。

到着したヘラクレスがプロメテウスに言われたように話をすると、アトラスは、取りに行く間、代わりに天空を背負ってくれるかと訊いた。もちろん、ヘラクレスは応じた。しかし、いくら怪力の彼でも、さすがに天空は重い。歯を食いしばりながら支えなければならなかった。重さに耐えていると、ようやくアトラスが戻ってきた。手には黄金の林檎を手にしている。よしこれで天空からも逃れられる、とヘラクレスは思った。アトラスは目の前に立ち止まったまま、何かを考えている様子だったが、やがて口を開いた――林檎は、自分が代わりにエウリュステウスの許へ届けてやろう、戻るまで天空を支えていてくれないか。あっと思ったヘラクレスだったが、表情を変えずに応えた――それはありがたい、だが、このまま支えていると天空が直に頭に当たって痛いので、間に毛布をはさみたい、その用意をする間、天空を持っていてくれないか。アトラスはわかったと言って、林檎を地面に置くと、天空を受け取った。ヘラクレスが林檎を拾い上げ、そのまま立ち去ったことは言うまでもない。騙そうとしたアトラスを、ヘラクレスは騙し返したのだった。この時点で、償いの仕事はあと一つとなった。

林檎はエウリュステウスの許に届けられたが、彼は受け取らなかった。気まぐれの命令であったし、ヘラとゼウスの婚姻の「聖なる林檎」だったからである。そんなものを持っていては、ヘラ神の祟りが恐ろしい。林檎はヘラクレスに戻され、オリュムポスを経由して、アテナの手でヘスペリデスの園へと戻された。そして百の頭を持つ竜ラドンがまた、黄金の林檎の樹を護り続けた。

そのことを称えられて、竜は星座とされた。りゅう座である。ただ、おひつじ座の話で出てくる、黄金の羊の皮を護っていた竜も、眠ることのない竜であったという。どちらも黄金を護っている。百の頭を持つ竜と、眠ることのない竜、二頭は同じ竜の分身なのかもしれない。

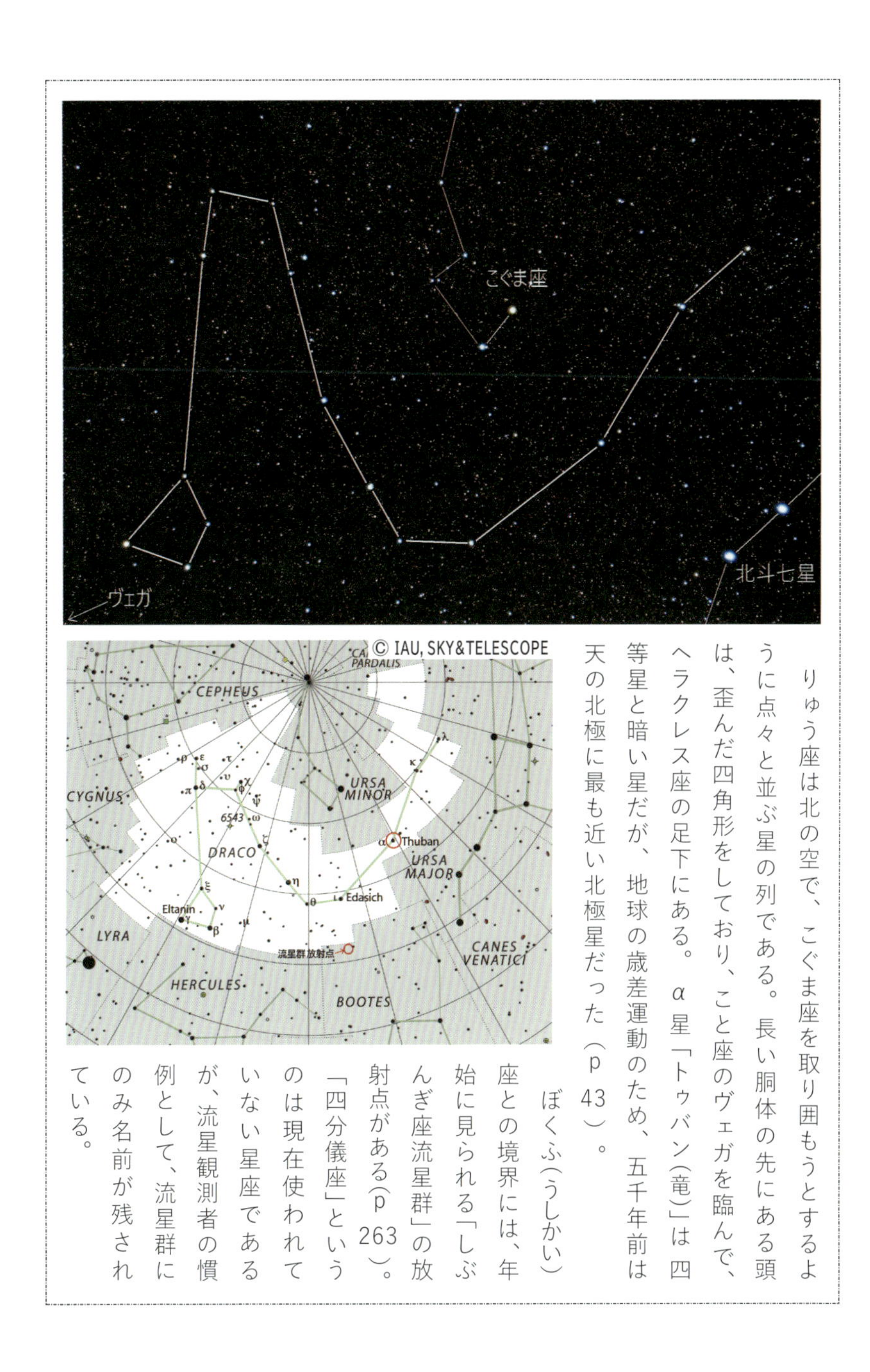

りゅう座は北の空で、こぐま座を取り囲もうとするように点々と並ぶ星の列である。長い胴体の先にある頭は、歪んだ四角形をしており、こと座のヴェガを臨んで、ヘラクレス座の足下にある。α星「トゥバン(竜)」は四等星と暗い星だが、地球の歳差運動のため、五千年前は天の北極に最も近い北極星だった(p43)。

ぼくふ(うしかい)座との境界には、年始に見られる「しぶんぎ座流星群」の放射点がある(p263)。「四分儀座」というのは現在使われていない星座であるが、流星観測者の慣例として、流星群にのみ名前が残されている。

破格の英雄の最期・・・ヘラクレス座〔再〕

ここからは、十二の難業を成し遂げた後のヘラクレスについて語ろう。彼はテーバイに戻り、我が子殺しの事件以来関係が疎になっていたメガラと正式に別れ、カリュドンの王女デイアネイラを新しく妻に迎えることにした（メガラは、ヘラクレスの甥で従者の、イオラオスの妻となった）。最後の難業で冥府の番犬、三つ首のケルベロスを生け捕りにするため冥界に下りたとき、死者として居合わせたカリュドンの王子メレアグロスと出会ったが、彼の最期（アタランテ参照）を知って落涙し、身内に未婚の女性がいれば妻にしたいと申し出たところ、メレアグロスが、妹デイアネイラがいると応じていたからである。

ヘラクレスは求婚するためカリュドン王オイネウスの宮殿を訪ねた。しかし、このとき、河神アケロオスもデイアネイラに言い寄っていたので、二人で争うこととなった。神は、蛇、牛頭人身…と、さまざまな姿に変わって闘った。だが、格闘においてはヘラクレスの方が、相手が神であろうと、一枚上手である。神が牡牛に変身した際、その角を折り取って、勝利を収めた。アケロオスは引き下がらざるを得なかったが、そのとき、折られた角を取り戻すため——折られたといっても体の一部である——かわりにアマルテイアの角を差し出した。この角は、食べ物や飲み物を、角を持つ者が欲するだけ生み出すという不思議な力を持つ角である（ぎょしゃ座参照）。ヘラクレスはこれを受け取り、デイアネイラと結ばれ、カリュドンに居を構えた。

新婚のときから、ヘラクレスは戦に出た。テスプロティア人との戦いである。カリュドンの軍を進め、エピュラの国を攻略した。王を討ち、その娘を我がものとした。そしてテスピアイのテスピオス王に遣いを出し、王の五十人の娘から一人ずつ得た五十人の子ども（五十人の娘のうち一人はヘラクレスを拒んだのだが、別の一人が双子を生んだのでちょうど五十人）をテーバイやサルディニアに送るように伝えた（ヘラクレス座参照）。この五十人をはじめ、ヘラクレスにはゼウス神やポセイドン神に負けないくらい多くの子どもがいたが、その子たち、そのまた子どもたちはヘラス全土に広がることになる。

カリュドンの支配地を広げ、王をも凌ぐ評判を得たヘラクレスだったが、不吉の陰がさす。戦勝の宴が開かれた際、王の近親の少年を、彼がヘラクレスの手に水を注いでいるときに、誤って打ち殺してしまったのだ。水を払おうと振った手が顔に当たっただけなのだが、なにしろ獅子をも絞め殺す剛腕である。当たりどころが悪かったこともあって、少年は死んでしまった。

故意ではない、事故であるとして、少年の父は許したが、ヘラクレス自身は法に従ってカリュドンから追放されることを望んだ。それでも引き留めようとするオイネウス王を背にして、デイアネイラや息子ヒュロスとともに、従弟でトラキスの王であるケユクスの許に向かった。

その旅の途中にエウエノス河があった。大きな河で橋がなく、ヘラクレスにとってはなんともないが、デイアネイラとヒュロスが渡るには無理がある。見ると、岸で半人半馬のケンタウロスが金をとって渡しをしていた。そこで、妻をその背に乗せ、自身は息子を背に乗せると単独で泳ぎ渡った。ところが、対岸に上がったとき、悲鳴が聞こえた。振り返ると、ケンタウロスがデイアネイラに襲いかかっている。この狼藉者（ろうぜきもの）はネッソスといい、かつてヘラクレスと争ったときに逃げおおせた、そしてテセウスたちとの戦いからも逃げ延びたケンタウロスの一人だったのだ（ケンタウロス座参照）。だが、ヘラクレスは慌てることなく息子を地に下ろし、弓を取り出すと、いともたやすく河向こうのケンタウロスの脇腹を射抜いた。

瀕死のネッソスはデイアネイラにかすれる声で告げた——俺も終わりだ。最期ぐらい、人のためになることをしよう。いいか、俺が落とした精液には特別な力がある。これと腹の傷から流れる血を混ぜれば、最高の媚薬になる。あんたの夫が他の女に心を奪われそうになったときは、それを使って自分の方を向かせればいい——デイアネイラは最期の言葉だからと信じて、精液と血を筒の中に集め、懐にしまい込んだ。それを見たネッソスは、うっすらと笑いを浮かべて死んでいった。トラキスに着いたとき、彼女は筒を青銅の釜の中に隠し、新居の、陽の当たらない、温かくなることのない物置にしまった。この後、ヘラクレスは遠征に明け暮れ、デイアネイラは夫をひたすら待つことになる。

妻をトラキスに残して、ヘラクレスはまずオイカリアにやって来た。王のエウリュトスが、彼と息子たちに弓比べで勝った者に娘のイオレを与えると言っていたからだ……デイアネイラと結婚しているのに、新しい妻を求めるとは、どういうことなのだろう。よくわからないが、話を進める。王はアポロン神と競うほどの腕前で、かつてはヘラクレスに弓を教えもしたが、いまのヘラクレスとではもう勝負にならなかった。にもかかわらず、負けた王やその王子たちは娘-妹を嫁がせることを拒んだ。彼がまた狂気に陥って、また自分の子どもを殺すのではないかと心配したからである。ただ、長男のイピトスだけは、約束したことだからと、イオレとの結婚を認めるべきだと主張した。

父たちと長男の考えが対立するなか王の牛が盗まれ、王はヘラクレスを疑ったが、イピトスはヘラクレスを信じた。その許に来て、ともに牛を探すよう誘い、二人で酒を酌み交わした。そのときだ、再び禍の女神アテがヘラ神の言葉をヘラクレスの耳元で囁いた——おまえを信ずる者を殺せ。彼の目が闇と化し、椅子から立ち上がると、イピトスを抱え上げ、部屋の外へ出ると、城壁から投げ落とした。我に返ったときはもう遅い。身近の、慕ってくれる人を、また殺めてしまったのだ。

殺人の穢れを浄めてもらおうと、ヘラクレスはピュロス王ネレウスの許を訪れたが、彼はエウリュトス王と親しかったので浄めを拒んだ。不服ではあったが、どうこう言える立場ではない。今度はアミュクライに向かい、デイポボスによって浄めてもらった。だが、その程度では、友殺しの罪は消えはしない。帰路で大きな病を患った。それでも、なんとかデルポイの神殿にたどり着き、病気から逃れる方法を尋ねた。だが、巫女は神託を与えなかった。

ならば自分で神のお告げを得ようと、ヘラクレスは託宣用の三脚を奪った。だが、神託はアポロン神の仕事である。勝手に神の言葉を聞かれてはたまらない。神が姿を現し、喧嘩が始まった。神と、神に等しい人との争いである。勝負はつかない。アポロンの母レトと姉アルテミス、それにアテナ神までが間に割って入ろうとしたが、屈強な者どうしの互角の争いは止められるものではない。三神に請われたゼウスが二人の間に霆を落とすことで、ようやく争いは止まった。そしてその仲介によって、ヘラクレスは三脚を返すかわりに、アポロン直々のお告げを得た。それは、まずヘルメス神に奴隷として売られ、次に神が売った相手に三年の間奉公し、その代価をエウリュトスに渡せば、病を除くことができる、というものだった。

ヘラクレスをヘルメスから買ったのは、リュディアの女王オムパレだった。彼女は彼を奴隷として扱うのではなく、温泉で病気の治療をさせるなど、信頼する伴侶のように相対した。彼女の下でヘラクレスは、多くの仕事をこなしている――エペソスにはびこる野盗ケルコプスたちを捕らえ、ただの通行人を葡萄園で死ぬまで働かせていたシュレウスの息の根を止め、民に無理やり麦の刈り入れ競争をさせ、負けた者の首を刈り取っていたリテュエルセスの首を落とし、墜とされたイカロスの亡骸を葬り、金の羊の皮を求めて仲間とともにコルキスを目指した（途中で置き去りにされたが）。それから噂なのだが、女装で針仕事をさせられたこともあったとか……三年の奉公を終えたとき、代金がオムパレからエウリュトスに送られ、ヘラクレスの病は完全に癒えた。別れに際し、彼は斧をオムパレに贈った。これはアマゾンの女王から奪った斧である。以来、リュディア王は斧の紋章を用いることとなる。

なお、奉公をしている間に、ヘラクレスはサロニス湖のあたりで野生のオリーブの大樹を見つけ、これを伐って棍棒にしていたのだが、トロイゼンでヘルメスの神像に寄りかからせて置いたところ、そこから棍棒は根を張り、芽を吹き、大樹に育ったそうだ。

自由の身となったヘラクレスは、仲間を募って船団を組み、トロイアへと船出した。復讐の戦いをするためである——トロイアには、十二難業の一つ、アマゾンの女王の帯を手に入れる仕事の帰り道、立ち寄ったことがあった。当時、トロイアでは疫病が広がり、怪物が人々を襲っていた。王ラオメドンがアポロン神とポセイドン神に城壁を造ってもらったにもかかわらず、その報酬を支払わなかったため、二神の報復を受けていたのである。あげくの果てに、王女ヘシオネを怪物に供さねばならないところまで来ていた。そこでヘラクレスは、ゼウスが王子ガニュメデスをさらった代償にトロイア王家に与えた牝馬をもらうという約束で、怪物との戦いに臨み、わざと呑み込まれて体の内側から切り刻むという方法で倒して、ヘシオネを救った。ところが、吝嗇家（りんしょくか）の王は牝馬を差し出さない。神々に続き、ヘラクレスとも約束を守ろうとしなかったのだ。帰国の迫っていた勇士は、必ず報復の戦いを開くと宣言した後、トロイアを去っていた——その「約束」を果たしに来たのである。

ヘラクレスは船を入り江に着け、少しの手勢を船に残すと、あとの者たちを率いてトロイアの城へと向かった。しかし、船団の来襲をいち早く知ったトロイア王は入れ違いで船を襲い、留守役の者たちを殺した。そして、主力の部隊が慌てて引き返してくるのを見て急いで逃げ帰り、今度は城に立て籠もった。

一部の兵を失ったとはいえ、ヘラクレス軍は精鋭ぞろいである。再び城に向かうと、なんと味方であるテラモンが城壁を破り、先頭を切って市中に入った。これを見たヘラクレスは刀を抜いて、サラミス王テラモンの方に向かってきた。自分より優れた者がいると何人にも思わせたくない彼は、他の者の先陣を許さないのである。察したテラモンは、近くにある石を拾い集め始めた。不思議に思った気位の高い男が刀を下ろし問うと、世知に長けた男は勝利者ヘラクレスの祭壇を造っているのだと答えた。これでヘラクレスの気持ちは反転、テラモンを褒め称えた。単純で、ご機嫌取りに弱い。これが神の血を引く者なのか。そういうものだ。

戦いは激しかったが、短時間でヘラクレス軍が勝利した。勝利の宴で、ヘラクレスはヘシオネをテラモンに与えた。そしてラオメドン王を、息子たちとともに処刑した。ただ末子プリアモスだけは助けた。ヘシオネに、俘虜（ふりょ）のなかから好きな者を一人、救うことを許したが、彼女の選んだのがまだ幼かったプリアモスだったからである。彼は後にトロイアの王となり、再びヘラス軍と戦う道を歩むことになる。

トロイアからの帰途、ヘラが嵐を送ったせいで（ゼウスがヘラに腹を立て、彼女をオリュムポスから吊り下げることになった原因は、これである）、またヘラクレスの船団を海賊と間違えて戦いをしかけてきた国があったせいで、日にちはかかったが、ヘラクレスは無事にトラキスに帰還した。

しばしの間、兵を休めた後、ヘラクレスは再び軍を動かした。今度はエリス王アウゲイアスに報復するためである――十二の難業の一つ、王の家畜小屋の掃除の際、王は甥のレプレオスの進言を受けて、約束したはずの報酬を支払わなかったのだ。王子の一人ピュレウスは約束を守るべきだと主張したけれど、王は、そんな約束をした覚えはないとしらを切り通し、息子まで追放していた。

アウゲイアス側には、エウリュトス(ヘラクレスに弓を教えた人物とは別人)とクテアトスという、ディオスクロイと同じく卵から、それも銀の卵から生まれた、二人でありながら一身になって戦う双生児がいた。一方が馬を御すれば、他方は馬上から鞭を振るうといった具合である。したがって二人はたいへん強力で、ヘラクレスは、遠征の途中で再び病を得たこともあって苦戦を強いられ、いったん戦いを中断すると取り決めた。ところが双子は約を破ってヘラクレス軍を奇襲し、大打撃を与えた。怒り心頭のヘラクレスは、競技会へと向かう二体一身の戦士を待ち伏せして、不意打ちを食わせて倒すこととなった。奇襲への仕返しだとはいえ、不意打ちは彼にとって名誉ある戦い方だとは言えないが、病身であることがそうさせたのだろうか。

強力な双子がいなくなったので、エリスを攻略することはたやすかった。戦闘が終わった後、ヘラクレスは、神々の寵児ペロプスのための大火葬壇と十二神のための十二の祭壇を築き、彼が始めたオリュムピア競技会を再興し、自身もこれに出場した。さまざまな種目にわたって王甥レプレオスが挑んできたけれど、ヘラクレスはこれを軽く一蹴し、最後は一騎打ちで秒殺した。続いて王と王子たちを処刑した後、追放されていたピュレウスを戻して、新たな王とした。

その後、ヘラクレス軍は転進し、ピュロスを攻めた。その王ネレウスには、オイカリアの王子イピトスを殺めてしまったとき浄めを求めたにもかかわらず拒否されていたので、その恨みを晴らすためである。ピュロス軍には、自在に姿を変じつつ戦うペリクリュメノスがいた。しかし、蛇、鷲、獅子……となって奮戦したものの、ヘラス一の戦士には通じない。そこで蜜蜂になってこっそり急所を刺そうとしたとき、アテナ神がヘラクレスに教えたために、あっけなく指で押し潰された。ピュロスの国は、ヘラスの国には珍しく、冥王ハデス神を祀(まつ)っていたため、神もピュロス側について戦いに加わった。さらにポセイドン、アポロンの両神もピュロスに味方した。にもかかわらず、勝利を収めたのはヘラクレス軍だった。彼自身はハデスの肩を射抜き、神を冥界に引き下がらせている。ヘラス一の戦士は神にも勝ったのだ。ちなみに、戦が始まったと聞いて駆け付けた好戦神アレスとも闘い、槍で太腿を刺して、これをも敗走せしめていた。ピュロスの王と王子たちを処刑し、王子のなかで一人外へ出されていたネストルに国を預けることにして、ヘラクレスは戦いを終わらせた。

　勢いに乗るヘラクレス軍は、ラケダイモンに向かった。その王ヒッポコオンの息子たちへの復讐である。ピュロスとの戦いで彼らがピュロス側を支援したせいもあったが、それ以前に、こんなことがあった――オイオノスという若者がヒッポコオンの王宮を眺めていたとき、獰猛(どうもう)そうな犬が飛びかかってきたので、彼は石を投げつけて、これを退けた。そこへ、ヒッポコオンの息子たちが走り出てくると、訳も聞かず、棍棒でオイオノスを打ち殺した――このオイオノスはヘラクレスの従弟だったのだ。

　この戦いには、大剛をうたわれたテゲアの王子ケペウス（エティオピア王とは別人）とその息子たちの力も借りていた。国を留守にすればアルゴス人に攻められると渋る王子に、三度城壁からかざせば敵軍は敗退するという、アテナ神から得たゴルゴンの毛髪を与え、そのかわりに同道させていたのだ。だが、ラケダイモン＝スパルタの軍隊は強い。助っ人の力があっても、戦いは激しくなり、ヘラクレス自身が負傷して、アスクレピオスの治療を受けたほどだ。さらに、戦いのなかでヘラクレスの弟イピクレスは死んだ。ケペウスと息子たちも戦死した（テゲアの国の守りは、ゴルゴンの毛髪を持つケペウスの娘ステロペに託されることになった）。

　長い戦いの後、ようやく勝利を収めたヘラクレスは、ラケダイモンの王と王子たちを処刑すると、追放されていた、ヒッポコオンの異母弟であるテュンダレオスを連れ戻し、王に据えた。彼の妻は後にゼウスと交わり、二つの卵を産むレダである（はくちょう座参照）。

　帰途、テゲアを通った際、このときもアテ神の言葉が吹き込まれたのだろうか、ヘラクレスは、誰とは知らず、一人の女を犯した。それは、テゲア王アレオスの娘アウゲだった。後に彼女はアテナの神域で子どもを産んだが、穢れを持ち込んだとして、神が病をテゲアに広めた（王子を戦死させ、王女を辱め、病を流行らせ、テゲアの国にとってヘラクレスはまったく疫病神だ）。王は流行り病の原因を知ると、娘を奴隷として売りに出し、かつ赤子を棄てた。だが、アウゲはミュシアの王テウトラスに見初められて妻となり、赤子は牝鹿の乳で救われ、後に見出されて母に迎えられた。そしてテウトラスの養子となり、後にテレポスの王となる。

　ヘラクレスの報復は終わった。しかし、これは「報復」という言葉に収まるものなのだろうか。何しろ相手を、多くの場合、その息子ともども、みんな殺している。味方してくれた者も数多く死なせている。どれだけの人間が命を落としたことだろう。彼の戦いの結末を見れば、すべて度が過ぎているとしか言えない。神は過剰であるけれど、ヘラクレスの体には半分神の血が流れており、しかもその血は神のなかでも最も神であるゼウスの血であるのだから、彼もまた限りなく激しくなるのに違いない。神は反省しない。神に等しいとは、我が身を振り返る自省の時間を持たないことのようだ。だが、それは人間本来の在り方とは異なる。ヘラクレスも人間だというのなら、人間らしくない人間もまた人間なのだということなのか。

この後も、さまざまな事情があるにせよ、ヘラクレスは多くの人を殺めた。もはや報復ではない。道を少しでも遮る者はみな邪魔者として死に至らしめるとでもいうふうに、次々と殺人を重ねている。彼はアテ神の言葉でたびたび狂気に陥っているが、アテのせいで狂気ゆえに殺すというだけではなく、他のどのような神であれ、神の言葉でありさえすれば、ただそれに従って殺しているのではないかと思えるほどである。彼の「殺人事件」を、いくつか挙げてみよう。

・ドリュオプス人の王ラオゴラスがアポロンの神域で宴を張ったということで、つまり神聖とされる場所で人の喜びを求めたということで、彼をその息子ともども殺した。

・オルメニオンに行った際、アミュントル王が武力に訴えて通行を許そうとしなかったために、道に倒れた木を取り除くのと変わりなく、これを殺した。

・ドリス人の王アイギミオスが、勝利すれば土地を与えると言う約束で援助を求めたので、これに加勢して戦い、敵の将軍コロノスを倒した。つまり、欲のために殺した。

・アルゴ号遠征の際、途中の島でお付きの少年ヒュラスを捜しに出たが、その帰りを待たずに出航することを、北風の神ボレアスの子、カライスとゼテスが主張したため、置き去りにされたことがあった（アルゴ座照）。それをずっと根に持っていたので、二人がペリアスの葬礼競技から戻るところを殺した。死体の上に土を盛り、二本の碑を立てたが、その一つはボレアスの風に揺れ動くという。

・戦神アレスの子キュクノスが一騎打ちを挑んできたが、これを退けた。つまり殺した（このとき、加勢に現れたアレスにも、左腿を刺して、二度目の大怪我を負わせている。ヘラクレスはまた神に勝った。アレスはまた人間に負けた）。

・旅を終え、トラキスへ帰る途中で息子が空腹を訴えたため、二頭の牛で畑を耕している男に一頭を求めた。断られたにもかかわらず、一頭を殺して食した。そして、仲間を連れて戻ってきた男を、争った末に殺した。トラキスに着いた後はケユクス王とともに、殺した男の国を征服した。つまり、たくさん殺した。

だがしかし、ヘラクレスの戦い＝殺戮（さつりく）も最後のときを迎える。オイカリアの攻略である。このときになってヘラクレスは、エウリュトス王が、弓競（ゆみくら）べの勝者に娘を与えると約したにもかかわらず、彼の実子殺しの過去を慮（おもんぱか）って、約束を守らなかったことを思い出した。いまごろになって、である。ヘラクレスも神並みに執念深い。必勝を期して、他の国からも多くの兵を動員した。アルカディア人も、メリス人も、ロクリス人も加わり、ヘラクレスの軍団は津波のようにオイカリアの城壁に攻めかかった。多勢に無勢である。戦いは一方的となり、オイカリア軍はすぐに降伏した。だが、市中は略奪の場と化し、捕らえられたエウリュトスはその息子らとともに、かつての師であったにもかかわらず、ヘラクレスによって処刑された。約束の「品」であった娘イオレは捕虜とされた。

ヘラクレスは、戦死者を手厚く葬り、神に勝利を謝して祭壇を築き、儀式を行うことにした。乱暴狼藉を働いたくせにおかしなものだが、まず敵兵の遺骸を、この時代、戦死者の死体は野犬に食われるままにするのが通例だったのに、ヘラクレスは敵側に引き取らせ埋葬させた。そして、儀式のための礼服を持ってこさせようと、トラキスの妻の許に使者を送った。だが、遣いの話を聞いているうち、デイアネイラには不安がよぎった――王女のイオレはたいへん美しいそうだ。ヘラクレスは多くの女性と交わってきたが、そのことを咎（とが）めたことはない。みな、一度限りの関係だったからだ。しかし、今度は王女を正式に妻にしようとしているように思える。彼は、狂気による悲しい事件の後、結局は最初の妻を離縁している。彼の愛が完全にイオレに移り、私は追い出されてしまうのだろうか。そうならなかったとしても、同じ屋根の下で元妻として暮らすのは我慢できるものではない。私はひたすら待っているのに……デイアネイラはネッソスの「媚薬」を使うことに決めた。それを下着に塗り込んで、儀式用の礼服とともに使者に持たせた。

送られてきた礼服に着替えて、もちろん下着も取り替えて、ヘラクレスは儀式に臨んだ。ところが祭壇の火で衣装が暖められるとともに、ネッソスの毒が皮膚を犯し始めた。下着が肌に貼り付き、燃えているかのように熱い。痛みが骨を刺す。のたうつヘラクレスは、そばにいた遣いの者を摑まえると、岩に投げつけ、その頭を砕いた。体に貼り付いた下着を引き剝がしたものの、体の肉もまた引き剝がされてしまった。だが、頑強なヘラクレスのこと、すぐには死ねない。苦しみ、もがき、転げ回るまま、トラキスに送り返された。

そのとき、デイアネイラは衣装を送った後、「薬」を塗るのに使った筆が日光に当たって炎を上げたのを見て、自分は取り返しのつかないことをしたのだと気づいていた。帰ってきたヘラクレスだけでなく、父の様を目にした息子のヒュロスにまで、なじられ罵られると、黙って奥の部屋に引き下がった。そして、ヘラクレスの寝台の上でヘラクレスの短刀を我が身に突きさした。ただ夫を待つだけの人生だった。

その夫は、居間の床の上でのたうち回りながら、妻をそしり続けていた。デイアネイラを連れてこい、殺してやる、とまで口にしていた。自分の所業は問題にしないのか。さすがに彼は神の子、自らを省みることはしないのだ。母のいまわの際にイオレのことを聞いたヒュロスが、母の死と、その事情を伝えたけれど、ヘラクレスは聞く耳を持たない。自分のことだけを語り出した――

俺は昔、生命ある者には殺されない、殺されるとしたら既に冥界にある者にだ、と予言された。俺が殺し

F

たネッソスの毒に苦しんでいるということは、俺はもう死ぬのだろう。なんということだ、俺にとって苦労が終わるとは死ぬことだったのだ。ああ、もう息が苦しい。いいか、これから言うことは俺の遺言だ。必ずそのとおりにするように。背く場合は、我が子であろうと許さぬ。

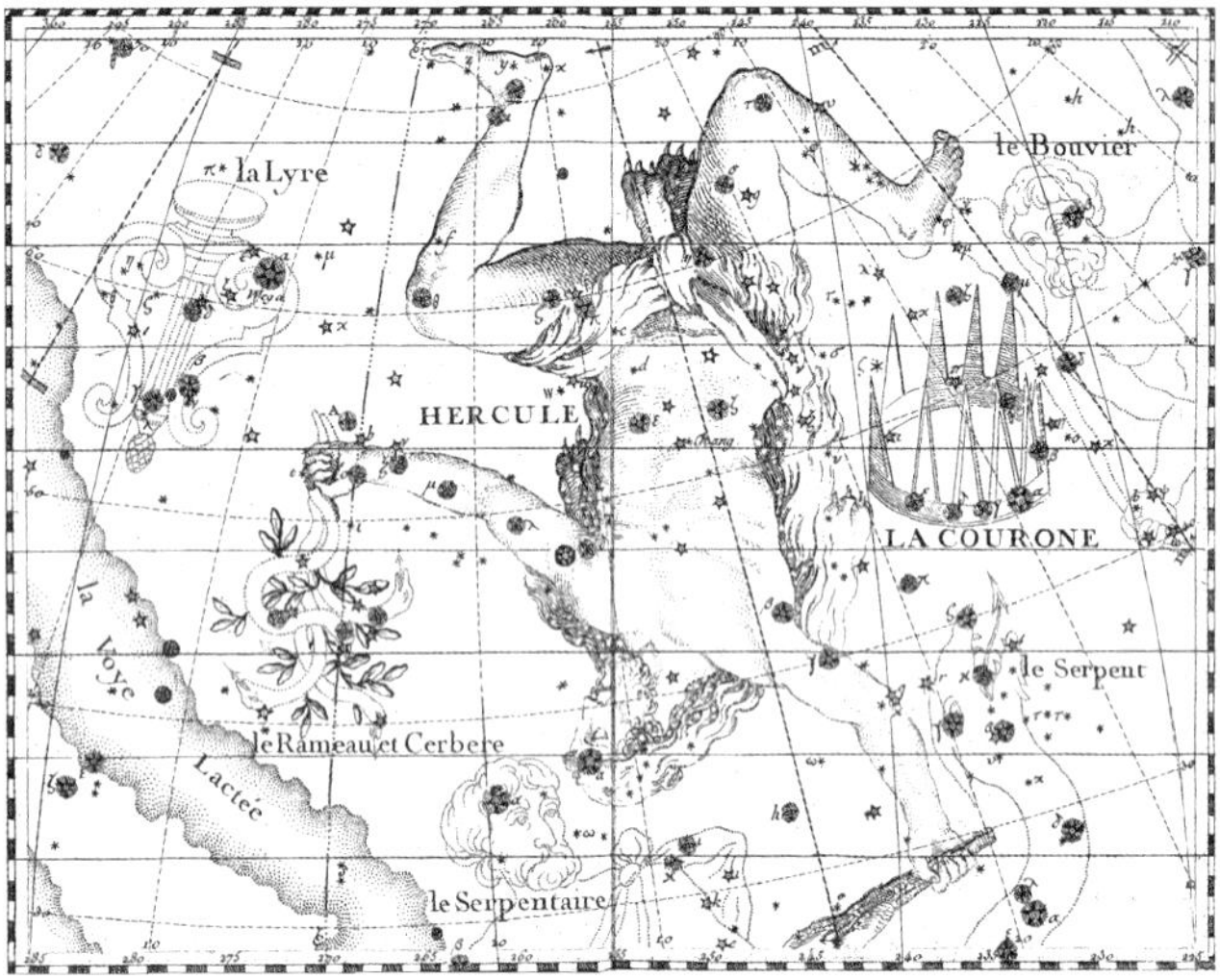

ヘラクレスはヒュロスに、イオレを妻に向かえること、自身の体はオイテ山で火葬にすることを命じた。その言葉に従って薪が組まれたものの、彼はまだ生きていたから、誰もが火を点けたがらない。だが、アルゴ号遠征隊の仲間のポイアスが意を決し、点火した。ヘラクレスは彼に自分の弓を与え、自ら火の上に横たわった。すると突然、大きな炎が立ち上がり、雷鳴が轟き渡り、ゼウスが姿を現した。そして、ヘラクレスの体を抱えると、空高く上っていった。火葬壇の上にはヘラクレスの甲冑だけが残っていた。

ヘラクレスは天上でアテナの戦車に乗り、ヘルメスの案内で、アポロンやアルテミスや他の神々に迎えられた。そして、ゼウスの前で、ヘラの衣装の裾から姿を現す儀式、つまりヘラから生まれ直す儀式を行って、ヘラと和解した。そもそも「ヘラクレス」とは「ヘラの栄光」という意味である。幼名はアルカイオスだった彼を、我が子を殺してしまい神託を請うたとき、巫女が「ヘラクレス（人の世に奉仕（エーラ）を捧げ、不滅の誉れ（クレオス）を得る）」と呼んだのが始まりである。ヘラクレスは不死を得、ゼウスとヘラの娘へーベを娶り、二人の男子を儲けた。最大の英雄たちが地上の死を迎えるのに対し、天上で神となったのである。ゼウスは、地上で辛苦に耐える息子の姿を「跪く者」として星座にした。これが、ヘラクレス座である。

ヘラクレスは栄光のうちに昇天し、厳かな神の座に就いた。そして、その姿は星座となった……だがしかし、それと同時に、ヘラクレスの幻像が冥界に送られたことも忘れないでほしい。後の時代にイタケ王オデュッセウスがトロイア戦争からの帰途、死者の国を訪れたとき、この幻像は、亡者たちがわめき叫ぶなかで、矢をつがえ、いままさに放たんとする姿をとり、恐ろしい目つきであたりを睨め回していたという。その首から吊るした革の板には、彼の倒した獅子や大蛇や、彼が加わった合戦の様子、彼が人を殺す多くの場面が刻まれていた。ヘラクレスの幻像は、オデュッセウスの姿を認めると、弓を下ろし、彼に、十二の難業をはじめとする数多くの難業をなさねばならなかったことを嘆いたそうだ。

「さても神とは何者なのだろう、神ならぬ者とは何者なのだろう。はたまたそのいずれでもある者とは」。「神々のこころはここかと思えばかしこにある。人の世の運命が予期に背いて思いもしない出来事に覆されるのを見れば、そう思える」。「神とは無情なものだ。だから、私も神のことは意に介さない」。「私の父はアムピトリュオンだ。ゼウスよりも彼を常に父と思っている」。

深くため息をつくと、ヘラクレスの幻像は冥府の奥深くへと姿を消していった。

ヘラクレス昇天後の話をしておこう。テスピオスの五十人の娘から五十人の子どもを得たほどであるから、彼の血を引く者は多かった。孫子はヘラクレイダイと呼ばれ、ペロポネソス一帯に広がっていた。当初は、十二の難業を命じたミュケナイ王エウリュステウスの迫害を受けたため、トラキス王ケユクスの許を経てアテナイに逃れたが、最後は、テセウスの子デモポンを指導者とするアテナイの加勢を得て、ミュケナイ軍を破った。ヘラクレイダイは、ヘラクレスから三代後にようやくミュケナイに帰還したのである。

だが、戦争には犠牲がつきものである。戦を始める前、アテナイの軍が神の言葉を求めたところ、由緒ある父の娘を贄に差し出さねば勝利できないというペルセポネの神託が出た。これを聞いたデイアネイラの娘マカリア、つまりヘラクレスの娘が、みなのためなら望んで命を捧げる、自ら死ぬのだから死の穢れはない、と自ら喉を切り裂き、勝利のための人身御供となっていたのである。彼女が身を捧げた場所には泉が湧き、「幸福の泉」と呼ばれるようになった。

エウリュステウス王は戦況の不利を見て戦車で逃げ出したが、デイアネイラの子ヒュロスによって追われ、馬に乗り換えようとしたところを斬り殺された。だが、エウリュステウスを倒したのは、ヘラクレスの甥イオラオスであるという話もある。彼はこのときかなりの高齢だったはずだが、ヘラクレスの妻となった青春の女神へーべとその父神ゼウスに祈願して、一日だけ青年に戻してもらっていたそうだ。

エウリュステウスの首は、ヘラクレスの母であるアルクメネに送られた。ちょうど機を織っていた彼女はその首を見ると、手にしていた杼(ひ)で首から両眼をくり抜いたという。これで区切りがついたのだろうか、程なくして彼女は亡くなった。死後はエリュシオンの野に送られ、立法者として名高いラダマンテュスの妻となった。この後、紆余曲折はあるが、ヘラクレイダイがヘラスの多くの国を治めることとなる。

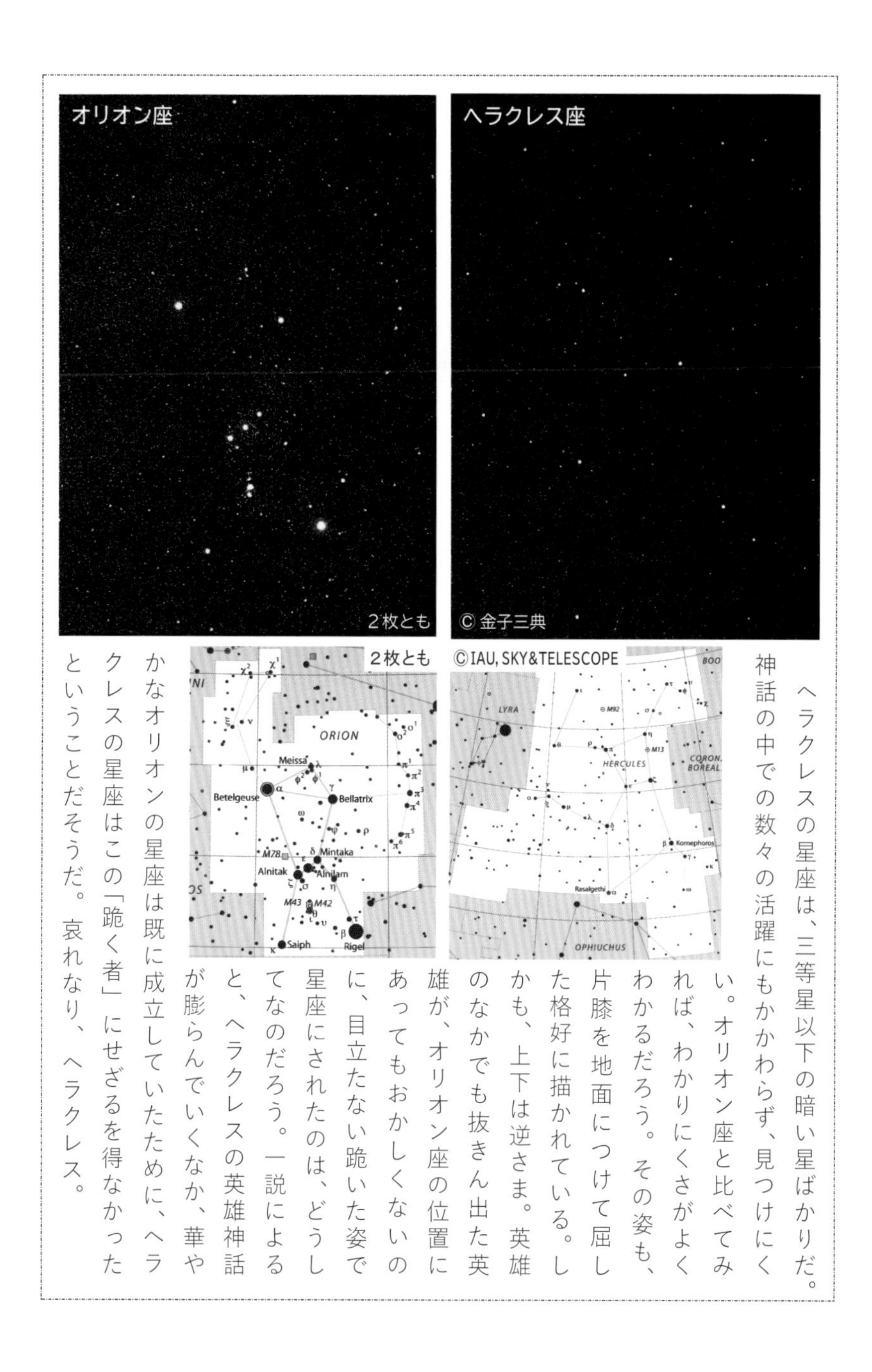

ヘラクレスの星座は、三等星以下の暗い星ばかりだ。神話の中での数々の活躍にもかかわらず、見つけにくい。オリオン座と比べてみれば、わかりにくさがよくわかるだろう。その姿も、片膝を地面につけて屈した格好に描かれている。しかも、上下は逆さま。英雄のなかでも抜きん出た英雄が、オリオン座の位置にあってもおかしくないのに、目立たない跪いた姿で星座にされたのは、どうしてなのだろう。一説によると、ヘラクレスの英雄神話が膨らんでいくなか、華やかなオリオンの星座は既に成立していたために、ヘラクレスの星座はこの「跪く者」にせざるを得なかったということだそうだ。哀れなり、ヘラクレス。

秋の星空

天頂近くに**ペガソス座**の秋の四辺形を見つける。周囲に明るい星が少ないので、見つけやすいはずだ。

四辺形の南西の頂点から北東の頂点へ対角線を引き、そのまま伸ばしていくと、その線上に三つの星が見えてくる。ここが**アンドロメダ座**の胴体にあたる。さらに延長していくと、変光星アルゴルに至る。ここから北東方向に、**ペルセウス座**が左右に広がっている。

先の対角線を反対に南西方向へ伸ばしていくと、ペガソスの首になるのだが、その鼻先にあるのが**こうま座**である。さらに進むと、三ツ矢の形—**みずがめ座**を経て、歪んだ大きな三角形—**やぎ座**に至る。しかし、これらの星座は、場所を見つけにくい、形がわかりにくいと思われる。

四辺形のもう一つの対角線を南東に伸ばしていくとき、わかりにくいけれど、四辺形を挟むパンばさみのような形が浮かんでくれれば、それが**うお座**である。

うお座の近く、四辺形の南側の辺を東に伸ばしたところに、**かいじゅう（くじら）座**の五角形の頭があるのだが、なかなか見つけられないだろう。

四辺形の西側の辺を南に伸ばしていくと、フォマルハウトに出会う—**みなみのうお座**。南の空低くには明るい星が少ないので、寂しく輝いている印象を与える星である。

四辺形全体からおうし座のアルデバランに至る半ばあたりに、**おひつじ座**がある。その北隣の小さな三角形が**さんかく座**である。あるとは言っても、いずれも、形を見定めにくい。かろうじてさんかく座は逆に、小さいがゆえに形を捉えることができるかもしれない。

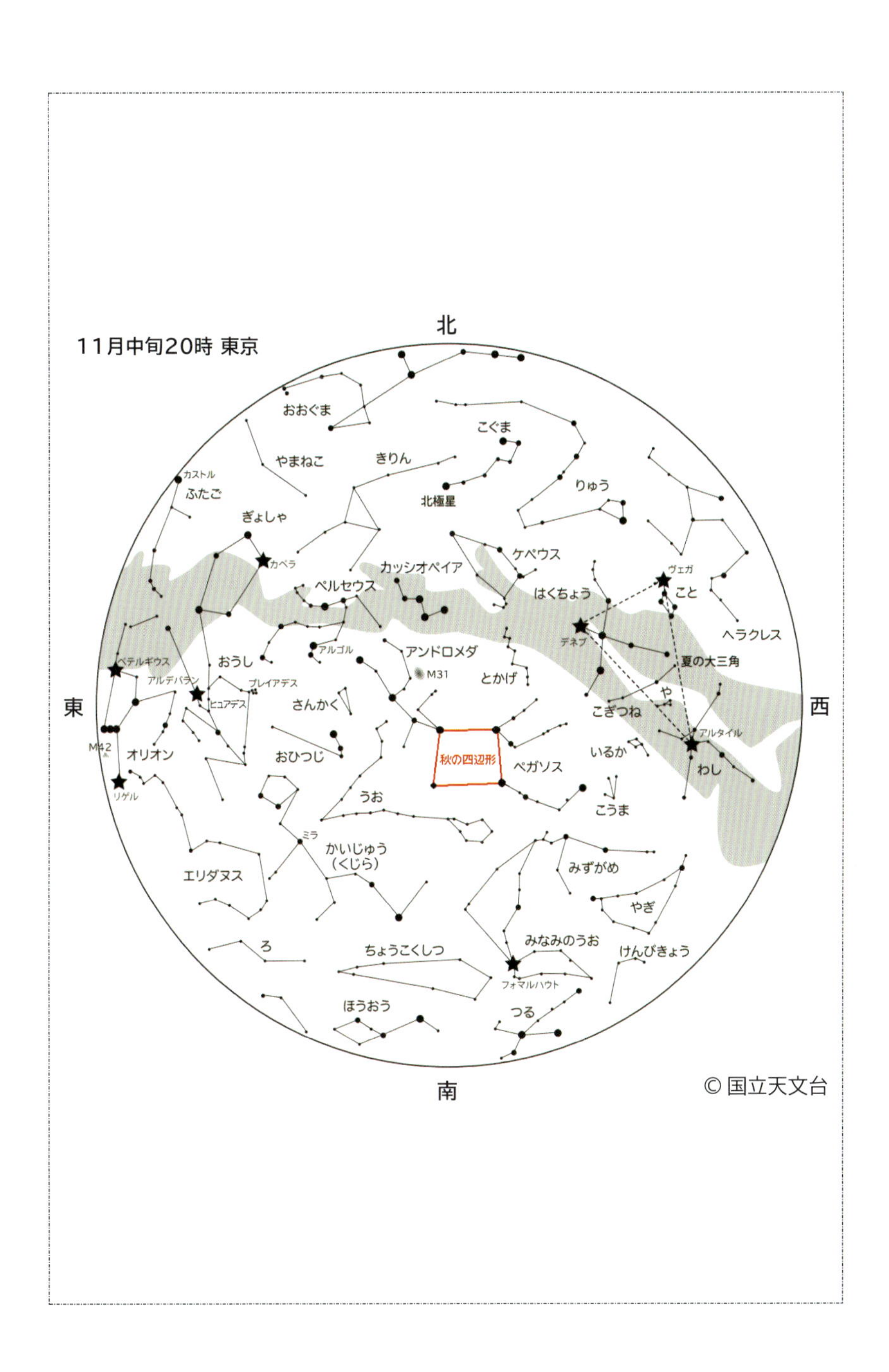
11月中旬20時 東京
北
南
東
西
おおぐま
こぐま
やまねこ
きりん
北極星
りゅう
カストル
ふたご
ぎょしゃ
カペラ
ケペウス
カッシオペイア
ペルセウス
はくちょう
ヴェガ
こと
デネブ
ヘラクレス
ベテルギウス
おうし
アルゴル
アンドロメダ
M31
とかげ
夏の大三角
アルデバラン
プレイアデス
ヒュアデス
さんかく
や
こぎつね
アルタイル
M42
オリオン
おひつじ
秋の四辺形
ペガソス
いるか
わし
リゲル
うお
こうま
ミラ
かいじゅう
(くじら)
みずがめ
エリダヌス
やぎ
ろ
ちょうこくしつ
みなみのうお
けんびきょう
フォマルハウト
ほうおう
つる
© 国立天文台

冬の星空

三ツ星でくびれた鼓の形を見つける―**オリオン座**。これほどわかりやすい星座はない。三ツ星を挟んで向かい合う北の赤い星がベテルギウス、南の青い星がリゲルである。空の澄んだところであれば、三ツ星のすぐ南の小三ツ星と呼ばれるところに、オリオン座大星雲がぼんやり見えるだろう。

ベテルギウスから冬の大三角を使うと、天の川の対岸に白く輝くプロキオン―**こいぬ座**、こちら岸に戻ってまばゆいシリウス―**おおいぬ座**を見つけることができる。

三ツ星から西に直線を伸ばすと、赤いアルデバランが見つかる。このあたりが**おうし座**である。牡牛の顔と角にあたるVの字はヒュアデス星団である。三ツ星からの直線をさらに西に伸ばすと、ぼうっと輝くプレイアデス星団が見つかる。

ヒュアデスのV字に戻り、牡牛の右の角を上へ伸ばすと、五角形に並んだ星々に出合う。黄白色のカペラが光る**ぎょしゃ座**である。次に、左の角を伸ばすと、白色のカストルと橙色のポルックスが並ぶ**ふたご座**に至る。これで、プロキオン、シリウス、リゲル、アルデバラン、カペラ、カストル・ポルックスと、冬のダイアモンドができるが、冬季の夜空は一等星が多いので、星座を見つけやすい。

明るい星々のせいで目立たないけれど、**うさぎ座**はオリオンの足下に、まとまった姿で光っている。一方、**エリダノス座**はリゲルから南へ、崩れた裏返しのSの字の形で流れていくのだが、わかりにくい。その果てには、一等星アケルナルが青白く輝いているものの、北の緯度が高い地域では地平線の下に隠れてしまって、目にすることができないからだ。

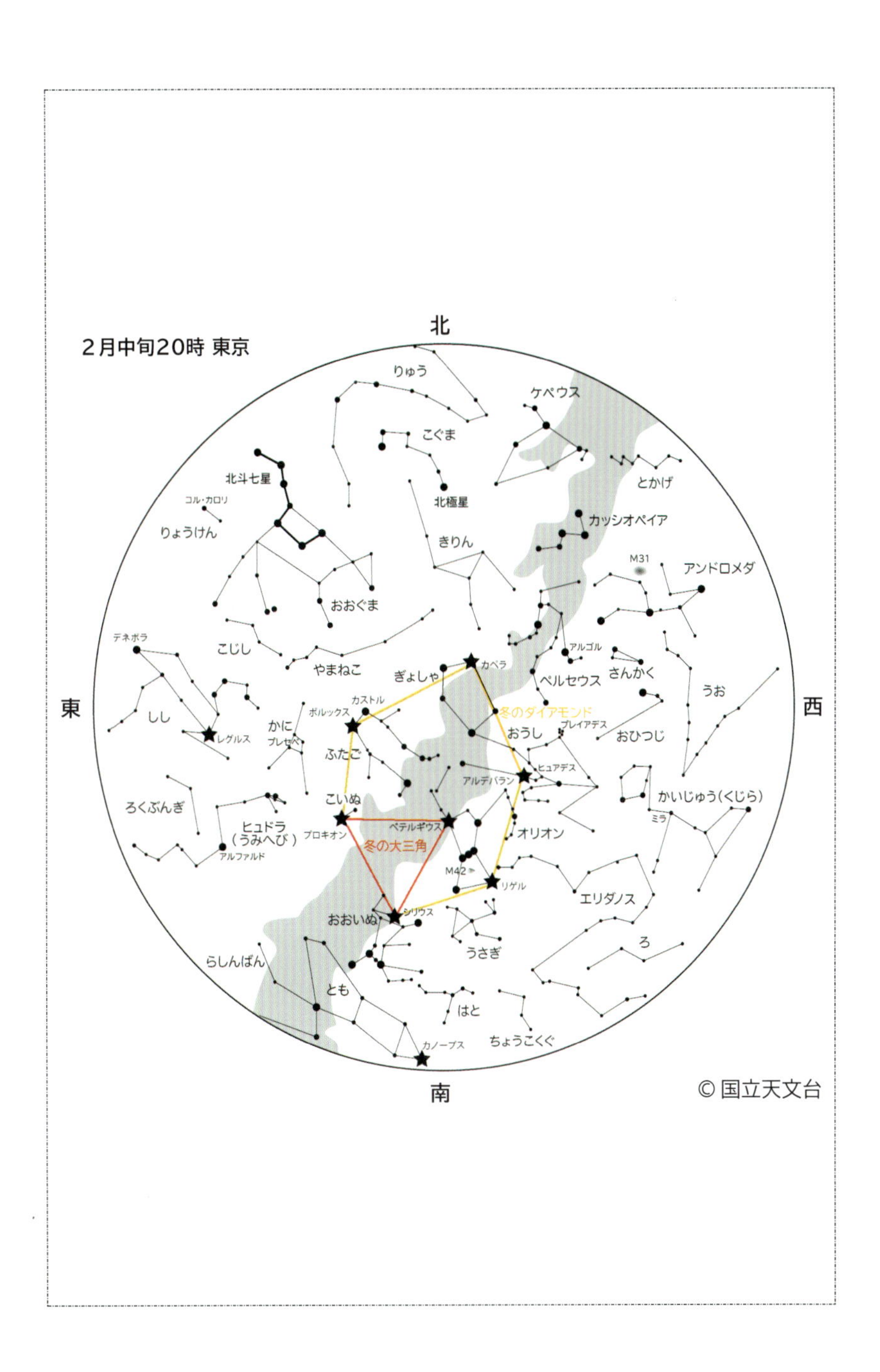
2月中旬20時 東京
北
南
東
西
りゅう
ケペウス
こぐま
北極星
北斗七星
コル・カロリ
りょうけん
とかげ
カッシオペイア
きりん
M31
アンドロメダ
おおぐま
こじし
やまねこ
デネボラ
アルゴル
カペラ
ぎょしゃ
ペルセウス
さんかく
うお
しし
カストル
ポルックス
かに
プレセペ
冬のダイアモンド
おうし
プレイアデス
おひつじ
レグルス
ふたご
ヒュアデス
アルデバラン
ろくぶんぎ
こいぬ
かいじゅう(くじら)
ミラ
ヒュドラ
(うみへび)
プロキオン
ベテルギウス
冬の大三角
オリオン
アルファルド
M42
リゲル
エリダノス
おおいぬ
シリウス
うさぎ
ろ
らしんばん
とも
はと
カノープス
ちょうこくぐ
© 国立天文台

人間の歴史

黄金の時代・白銀の時代・・・おとめ座〔別伝〕

おとめ座は、手に麦の穂を持った乙女の姿で描かれることが多く、穀物生産の女神デメテルの娘ペルセポネであると言われる。彼女は冥界の神ハデスの后となって、地下から植物の芽生えや育ち、稔りを支えている。だが、この乙女は、人の行状を記すペンを手にしていることもある。つまり同時に、正義の女神ディケ（星乙女アストライア）の姿でもあるのだ。人々に恵みをもたらす農業神の姿に重なって、優しく正義を司る神が人々を見守っている。彼女は人間を愛した神だった。ここからは、ただの人間の歴史を語ろう。

人はガイアによってガイア＝大地から生まれた。彼女が己の気を集め、単独でウラノス＝天空を産んだとき、立ち上がった彼の足下で固められた土から、人も生まれたのだ。ただ、神々と同じく大地より生まれたけれど、神々と違って、途方もない能力（ちから）を持つことはなく、また、死は免れることのできない運命（さだめ）だった。けれどもガイアは、大地に生きる人間を愛おしく思った。

最初の人間たちは、不死ではないというものの、老いることなく、たいへんな長生きをした。暖かく過ごしやすい日々が続き、働かずとも野には穀物や野菜が稔り、川には甘い酒が流れていた。人々は身の丈を超えた欲を持たず、したがって諍いは起こさず、不正も暴力も知らない人生を送ることができた。死を迎えても、苦しまずに、眠るように一生を終えた。この、幸福な人間の時代を「黄金の時代」という。

この時代には神々も地上で人とともに暮らしていた。ウラノスからクロノスへと神々の王は替わったが、人々の生活に変わるところはなかった。むしろ、クロノスは農耕神であったから、彼が大地を重んじる限り、作物はより豊かに育った。人は、食べるものを作るために時間を割かねばならないという拘束から解放されていたため、自分自身の時間を大いにたのしんでいた。

ところが、神々の世界では戦が起こった。ティタノマキアである。ゼウスを魁とするオリュムポス族の神々が、クロノスを王とするティタン族の神々に対して反旗を翻した。神々の力は恐ろしい。無数の霆がもたらす火の雨で、山は削られ、川は干上がり、海は沸き立った。地の表がすべて溶けてしまうほどの炎熱地獄の後は一転、氷の礫が飛び交い、陸も海も一面真っ白に凍りついた、寒冷地獄となった。十年もの間、戦闘が続いた結果、人の姿は地表から失われてしまった。神々の戦いによる大地の荒廃が人を滅ぼしてしまったのである。ただ、確かに幸福な人間は死に耐えてしまったが、その魂は地上に残り、いまも人々の間を回って富を与え、また同時に悪しき行いを見張っているという。私エピメテウスは、彼らに遭ったことはないのだが、彼らのしていることは、兄プロメテウスであれば、しそうなことである。

ゼウスがティタノマキアに勝利を収め、神々の頂点に立って天空の王位に座したとき、彼は、敵であったティタンの神々を大地深くタルタロスに閉じ込めると同時に、自分に味方した神々はすべてオリュムポスの宮殿近くに集めた。離れたところではあっても、必ず目の届くところに置いた。しかし、プロメテウスだけには、彼が戦いに加わらなかったとはいえティタン族の一員であるにもかかわらず、自由に移動することを認めていた。彼がゼウスの将来に関わる二つの予言を知っていたからである。それは、ガイアがプロメテウスにだけ、彼がガイアに近い者のなかで最も先を見通す力に優れていたため、伝えた秘密だった。秘密を握る者は自由を得る。兄は天界と地上を、どの神にも咎められることなく、行ったり来たりすることができた。

或る日、ティタノマキアで荒廃した大地を見渡したプロメテウスは、土をひと摑み取り上げると、天上から持ってきた灰を混ぜ、さらに水を加えて粘土とし、一つの像をこね上げた。それは先の大戦で滅んでしまった、人の形を写していた。大地＝ガイアより生まれながら消えてしまった人間を、プロメテウスはまた土から生まれさせようとしたのである。彼が息を吹きかけると、粘土の像は人となって、動き始めた。

このとき、プロメテウスが混ぜた灰は、ティタンたちの灰である。彼らが、ゼウスとペルセポネの子、ザグレウスを殺して食ってしまったとき、ゼウスは霆で彼らを焼き殺したが、その際に出た灰を、同じティタン神族のプロメテウスは取っておいたのだ。それを混ぜて創ったからか、このときの人間にはわずかながら神性があった。ついでに言うと、灰の中にはザグレウスの心臓が焼け残っており、こちらの方は、それを拾ったアテナがゼウスに手渡すと、彼が一息に呑み込んだという。この心臓は後にセメレの胎内へ移され、その結果、彼女はディオニュソス＝ザグレウス神の母親となる（みなみのかんむり座参照）。

大戦からしばらくして、ようやくゼウスが天空から見下ろすと、地上にはせわしなく動き回る人間たちの姿があった。農耕の神クロノスが地底はるか深くのタルタロスに閉じ込められたため、額に汗して働かねば作物を得られなくなっていたのだ。その様子をただ眺めているだけの神々が多かったなか、助けてくれた神もいる。クロノスの跡を継いだ農業神デメテルである。彼女は、怒らせると姿を隠したり呪ったりするものの、ふだんは面倒見のいい神である。赤子を立て続けに亡くした夫婦に新たに子どもが生まれたときは、今度は元気に育つようにと赤ん坊の面倒を見てやったことがある。また、老女に身をやつして地上に降りたとき世話になった王家の王子を介して、小麦の栽培を人間に教えてやりもした。彼女のおかげで稔りの多い穀物を手に入れることができ、人の暮らしがどれほど安定したものになったことか（おとめ座参照）。

しかし、それでもなお、畑作業は辛い。労苦ゆえに、人の寿命は短いものとなった。歳を重ねるほどに老いて衰えていき、死に際しては苦しみを伴うこともあった。季節が生まれたので、暑さ寒さから逃れるために住まいを作らねばならなくなった。それでも、人は生まれ、暮らし、数を増やしていった。この時代を「白銀の時代」という。

天空に住まうゼウスは、ときに地上に現れ、人と関わりを持つくせに、大地を「這い回る」この小さな生き物が好きではなかった。だから、もうその姿を見たくない、滅ぼしてしまおう、と霆に手を伸ばした。そのとき、プロメテウスがその手を抑えた――ガイアより伝えられた予言を一つ、明らかにします。

その予言とは、大地に住まう異形の巨人たちがいずれ天空の神々に対して戦いを挑むけれど、その戦争に勝利するためには人の子の手を借りる必要がある、というものであった。戦いの前に人類を絶やしてしまっては、自分が王の座を失うことにもなりかねない。ゼウスは霆を収めた。

このときからはっきりと、プロメテウスは人間を護り育てることに心を配り始める。たとえば、生贄にした獣の、神々と人間の分け前を決めたときのことである。彼は獣を脂肪と皮とに分けて、どちらを取るかゼウスに決めさせた。神が選んだのは前者である。ところが、旨そうな脂肪で包まれていたのは硬い骨であり、味気ない皮に包まれていたのは柔らかい肉と内臓であった。こうして、人間は最もよい部分を手に入れることができたのである。

余談になるが、でも大事な話だが、分け前選択の話から、神が基本的には人間をなんとも思っていないということが伝わっただろうか。ゼウスは旨そうな脂肪を、あたりまえのように先に手にした。つまり、人間によいものを回してやろうなどという、人間のことを思いやる気持ちは、神にはないのだ。

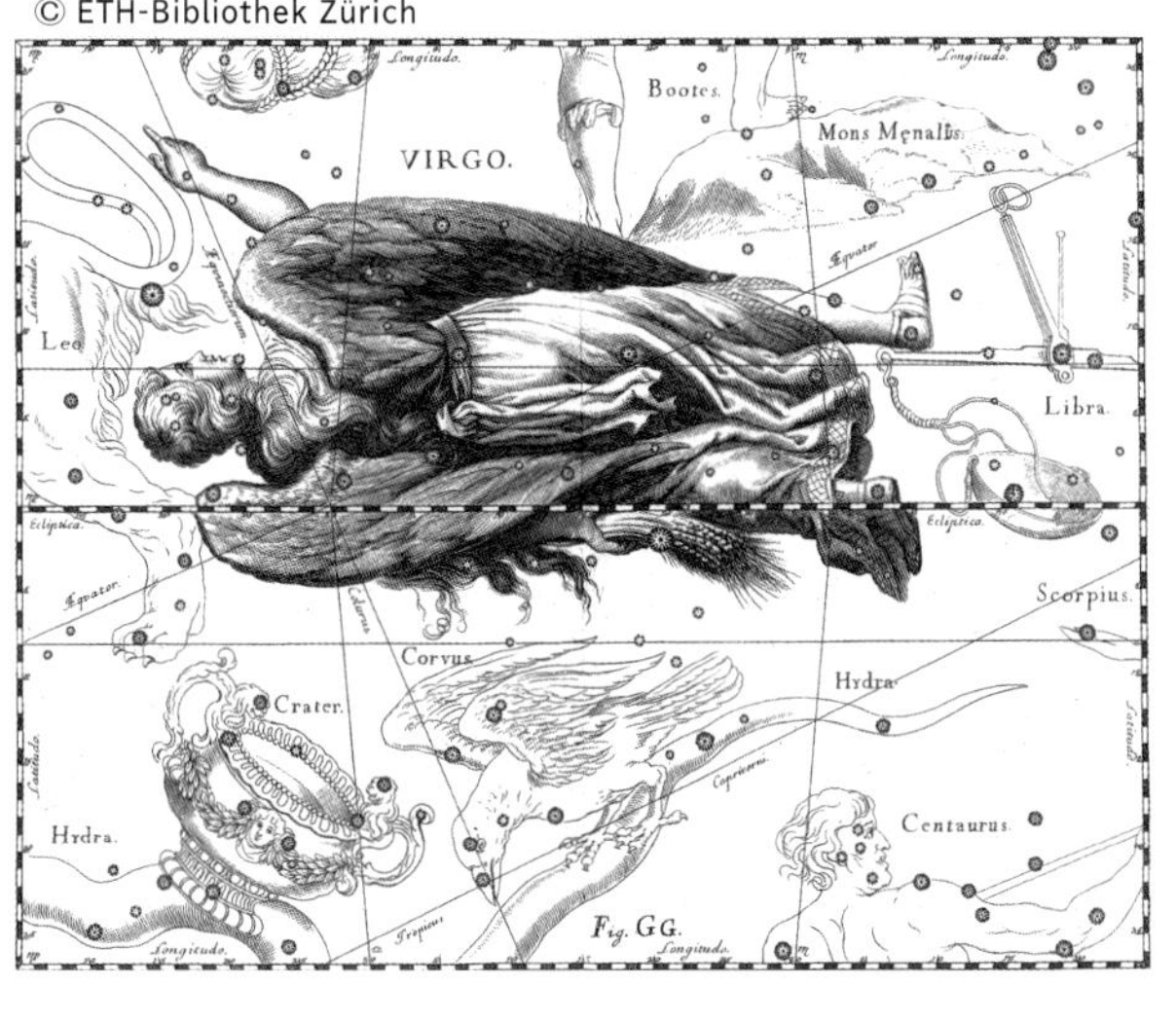

本筋に戻ろう。骨を取らされたことを根に持ったゼウスは、人間に火を与えなかった。火がなければ、焼くことも煮ることも蒸すこともできない。せっかく得た肉も、生のまま食らわねばならなかった。そこで、プロメテウスは、匠神ヘパイストスの鍛冶場から火を盗み出し、大茴香（おおういきょう）の茎の中に隠してオリュムポス山から持ち出し、人間に分け与えた。人々は火を、料理だけでなく、さまざまなものを作るときに必要な火を、手に入れることができたのである。よくもやってくれたな……ゼウスのプロメテウスに対する憎しみはいっそう募った。

　ゼウスは、掟の神テミスとの間に生まれたディケ（アストライア）を地上に降ろすことにした。これは、自分の意図に反するかもしれない人間たちを、彼女に裁かせることで自分の思いどおりにさせるためであった。ところが、である。この目論見は大外れとなった。どういうわけか知らないけれど、地に降りたディケは、死を恐れながら短い人生をあくせく働く人間が気に入ってしまったのだ。彼女の下す裁決は人間の側に立つものが多くなった。

　がっかりしたゼウスは、或る考えを持って、人間界に新たな女を送ることにした。ヘパイストスに命じて、土から女性を創らせたのだ、神々に似た美しい娘を。アテナが純白の衣装とヴェールを贈り、優雅なるカリスたちと高貴なるペイトが黄金の首飾りをかけ、季節の神ホーライが花の冠を被せた。アプロディテは娘の瞳を愛らしさと憧れで輝かせ、ヘルメスは娘の胸のうちに甘い言葉を潜ませた。これが、「すべての賜物を与えられた」女、パンドラである。

プロメテウスと同じく地上にあったその弟エピメテウスは、つまり私だが、パンドラを妻とした。先に考える兄に、ゼウスからの贈りものは一切受け取るな、と言われていたにもかかわらず、後から考える弟は、目の前の娘の美しさに心を奪われてしまったのである。だが、兄がどう思ったかわからないけれど、私にはごく自然なことだと思えるのだが。

パンドラは、決して中を見ないようにと言われた壺を持参していた。しかし、見るなと言われれば見たくなるのは当然のこと。私と二人で、或る日、壺の蓋を外してしまった。すると、その中から虚言、侮蔑、詐欺、飢餓、病気、殺人、戦争……争いの神エリスのもたらすあらゆる禍々(まがまが)しいものが飛び出してきた。慌てて蓋を閉めたが、もう遅い。これまで以上の罪悪が世界中に広まってしまった。これこそがゼウスの狙いであったのだろう。人間に肉を取らせ、人間に火を贈ったプロメテウスに思い知らせるために、地上に悪しきことをさらに広めようと、パンドラを使って壺を降ろしたのだった。これ以降、人間の悪行はただの諍いに留まらなくなってしまった。騙し・盗み・殺しは日常茶飯事になり、ディケは、争う人々を押しとどめようと走り回ったが、彼女の仲裁の多くは空しく終わった。

作物が出来と不出来を繰り返すようになり、不出来の年には飢えの苦しみから、出来た年にはより多くを持とうという欲のため、戦いが起こった。これまでのような個人どうしの争いではない。集団どうしの戦争となったのである。血を、それも多量の血を見ることになった。誰よりも強い武力を持つ者が王となり、周りの人々を意のままに従えるようになった。自分が力を持つと思い上がり、神を敬わず、供物を捧げない人間も数多く現れた。これを見て、ゼウスは怒り、同時にほくそ笑んだ。人間は思惑どおりに、さらに堕落したのである。彼は人間を滅ぼすことを改めて決意した。次の神々の大戦に勝利するためには人の手を借りなければならないというけれど、ならば、自身で新しい人類を創ればいいだけのことだ。いまの人間どもに期待などする必要は毛頭ない。ゼウスは地上に巨大な霆を次々と落としていった。森は一瞬のうちに燃え上がり、吹き飛んだ山が津波となって地上を襲い、海水が熱湯となって地に降り注いだ。この天変地異によって、白銀の時代の人類は死に絶えた……のだが、ごくわずかではあったが、地下に逃れて生き延びた人間たちもいた。そのなかには、私と妻パンドラの間に生まれた娘ピュラと、兄の息子デウカリオンもいた。彼らは神を離れ、人として、並外れて長寿ではあるけれど、あくまで人間として生き始めていた。

プロメテウスの創った人類を滅ぼした後、こんなときになって初めて、ゼウスは彼を捕らえると、ガイアのもう一つの予言を尋ねた。予言の内容を教えれば、供物の分け前を騙し、火を盗んだ罪は見逃してやるというのである。だがしかし、プロメテウスは首を横に振った。ゼウスは、脅しをかけた——言わなければ、カウカソスの岩山に鎖で縛りつけ、おまえの肝臓を大鷲に食わせてやる。生きたまま身をついばまれる激痛は、神といえども死を願いたくなるだろう。だが、おまえは確か、死なない体をケイローンから譲られていたな。ということは、食われた肝臓も次の日には元に戻り、また大鷲に食われるのだ。耐え難い痛みは日々、永遠に続くことになる。それでよいのか。さあ、話すのだ。

兄は屈しなかった。かくて、ヘラクレスが眼前に姿を現すまでの、気の遠くなるような時間、カウカソスの山深く、独りで、我が兄プロメテウスは苦痛に苛(さいな)まれる一日を繰り返すこととなる。

北斗七星の柄の曲がりを、その曲がり方のまま伸ばしていき、アルクトゥルスからスピカ、そしてからす座に至る曲線は「春の大曲線」と呼ばれる。スピカとアルクトゥルスと、デネボラあるいはレグルスをつないでできる三角形は「春の大三角」と呼ばれる。また、春の大三角を、アルクトゥルスとデネボラを軸として、スピカの反対側を見ると、りょうけん座の「コル・カロリ（チャールズの心臓）」がある。この菱形の星の並びは「春のダイアモンド」と呼ばれることがある。

註：りょうけん座は、その並び方から、ぼくふ（うしかい）座のようにも思えるが、プトレマイオスの48星座には含まれておらず、まつわる神話がないので、本書では取り上げていない。

註：右下の明るい星は木星である。

青銅の時代・・てんびん座

巨大な霆を次々と地上に落とし、白銀の時代の人類を大火で滅ぼした後、ゼウスは新しい人類を創造した。土など使うから堕落した人類が生まれたのだと、自身も大地＝ガイアの血を引いていることを忘れて、大地から離れんとしているように見える木を、密であるけれども柔らかい梣（とねりこ）の木を使って人間を創った。ここに「青銅の時代」が始まる。しかし、梣の精たるメリアスといえども、ウラノスの血を浴びた大地から生まれたものである。人というものはやはり大地とは切り離せないものなのだ。新しい人類の他に、白銀時代の人間もわずかながら、ゼウスの劫火（ごうか）を逃れ生き延びていた。私たちの子ども、ピュラとデウカリオンも、出自は神であるけれど、人間として生き始めていた。

旧い人類がほぼ滅びたとはいえ、諸々の罪悪自体は滅（めっ）せずに地上を漂っていた。その中で、新しい人類は生きていかねばならない。辛く苦しい生になることはまちがいないだろう。しかし、パンドラの壺の中には、ひっそりとではあるけれど、「希望」が残っていた。考えてみれば、壺がもたらされる前から、地上にはたくさんの罪悪が存在していた。そもそも神々自体が多くの罪を犯している。誘拐、盗難、殺害、戦争……それらを操る神々さえいるありさまだ。不幸がさらに増えたところで、人の生が大きく変わることはない。しかし、希望が心の中にありさえすれば、人は「それでもなお」生きていける。誰であるかはわからないけれど、ゼウスの策略を知った神が、そして人間のことを思った神が、もしかすると壺の中に、他の悪しきものに紛れさせて、希望をこっそり忍ばせていたのかもしれない。パンドラの壺は確かに新たな罪悪に満ちてはいたけれど、本当は希望をもたらすための壺だったのではないか。人々は希望を持つことによって、諸々の悪に満ちているとはしても、世界の中で生きていく覚悟を得た。辛苦に耐えながら、それぞれ希望を持って、暮らしていく……もしかすると……兄プロメテウスが「開けてはならない」と言ったのは、パンドラと私に壺を開けさせるために、わざとそう言ったのか……。

地上に人の姿が見えるようになって、ディケ（アストライア）は、他の神々が止めるのも聞かず、再び人間たちの許に戻った。人がみな、平和に穏やかに楽しく過ごせる世界を夢見て。

ところが、彼女の思いはまた叶わない。梣は槍の柄にも使われる頑丈な木である。したがって、それから創られた青銅の時代の人間も屈強な者たちばかりであった。しかし、強いだけに、自分の力に自信があるだけに、なんでもできるという思い上がりゆえに、彼らはすぐに諍いを起こした。好んで争うと言えるほど、戦いは数多く、さらに大きく、しかも途切れることなく起こった。矢の飛び交う音、剣を打ち付け合う音、断末魔の叫びが聞こえない日はなかった。

戦争を止めようと東に向かい西に走る毎日、神であるディケでさえ、徒（いたずら）に疲れが残るばかりの日々だった。彼女が殺し合いの恐ろしさ、くだらなさを訴えても、人間は大地を争いの血で汚し続けた。

ゼウスは我慢しない。自分が創った人類であるとはいえ、戦いに明け暮れる者たちを見ていることはもうできなかった。何より人間たちの、神々に犠牲を供さず、それどころか神々を試すような態度に腹を据えかねていた。そこで、自分で創ったというのに、創った者に似ているというのに、人類を再び滅ぼすことに決めた。火の次は水である。九日九晩、一寸先も見えないほどの雨を降らせ、地表を覆いつくす大洪水を起こし、人も、家も、宮殿も、すべてを水底に沈めてしまった。こうなってはもう、ディケに、なすすべはなかった。

人類に永の別れを告げ、天上へと帰っていった。

しかし人類は、今度も滅びはしなかった。大洪水を生き延びた人々がいたのである。またしても、兄プロメテウスの子デウカリオンと、私エピメテウスと妻パンドラの子であるピュラだった。この夫婦は未曽有の洪水が起きる一年前、プロメテウスの言葉を聞いていた。そのとき既に兄は、ゼウスの赦免の条件を拒否したということで、カウカソス山に鎖でつながれていたが、息子夫婦の夢枕に立って告げたのである——ゼウスはまもなく大雨を降らせる、大きな箱舟を造って洪水に備えよ。父の言葉なら、信ずるに足る。デウカリオンとピュラは周りの人々から、山の上に大きな船など造ってどうするのだと嘲(あざけ)られ笑われながらも、船を造り続けた。すると果たして、船が完成したその夜から滝のような雨が降り始めた。やむことなく降る雨に川は溢れ、海は水嵩(みずかさ)を増し、次第に陸地を呑み込んでいった。ようやくやっと雨が上がったとき、すべての平地、すべての街、すべての人は水の底に沈んでいた。ただデウカリオンとピュラの船のみが水面を漂っていた。船上から周囲を見回したとき、水面から顔を出していたのはいくつかの、高い山の頂だけ。そのうちのパルナッソス山に、船は流れ着いた。かつて大火を逃れたプロメテウスの息子とエピクロスの娘は、大水からも逃れることができたのである。

水が引き、船を下りたデウカリオンとピュラはゼウスに生贄を捧げ、人間を復活させることを願った。すると、ならば母の骨を背後に投げよ、という謎がテミスを介して伝えられた。ゼウスは、どうせ何のことだかわからないだろうと、高(たか)を括(くく)っていた。しかし、デウカリオンはプロメテウスの血を引いている。母の骨というのは母なる大地＝ガイアの骨、すなわち石のことであろうと考え、妻とともに川岸の石を拾って肩越しに投じた。推測は当たった。デウカリオンの投げた石は人間の男に、ピュラの投げた石は人間の女になったのだ。彼らが新しい人類の祖である。ゼウスの苦々しい顔が目に浮かぶ。

デウカリオンの一族と、新しく生まれた人類の他に、ごくわずかながら、高い山に逃れることができて、大洪水を生き延びた旧世代の人間もいた。狼たちの声を頼りにパルナッソス山の頂上まで登った人々や、鶴たちの叫び声に誘われてゲラニア山に逃れた人々である。彼らを含めて、人類は四度地上に広がっていった。

そうなるとディケは、天上にあったとしてもやはり人間に関わりたかった。そこで、人の死に際して、天国に上げるか地獄に落とすか、その決定を下す役割に就いた。判定には天秤を使ったが、死者の心臓を取り出して、天秤の右皿に載せ、左皿の錘より重ければ、これは悪いことのたくさんつまっている心臓だからと地獄に落とし、軽ければ悪いことが少ないから天国に送る、というふうに用いた。

一見、裁きは厳しいように見えた。しかし、彼女は人々をできる限り天国に送ろうと、左皿に載せる錘を他の神々に気づかれないようこっそり重くしていたそうだ。ディケは、どこまでも人間が好きだった。彼女が使った天秤を、人に悪行を自覚させるための戒めの徴（しるし）として空に置こうと、さそり座の爪の部分が新たな星座とされた。それがてんびん座である。

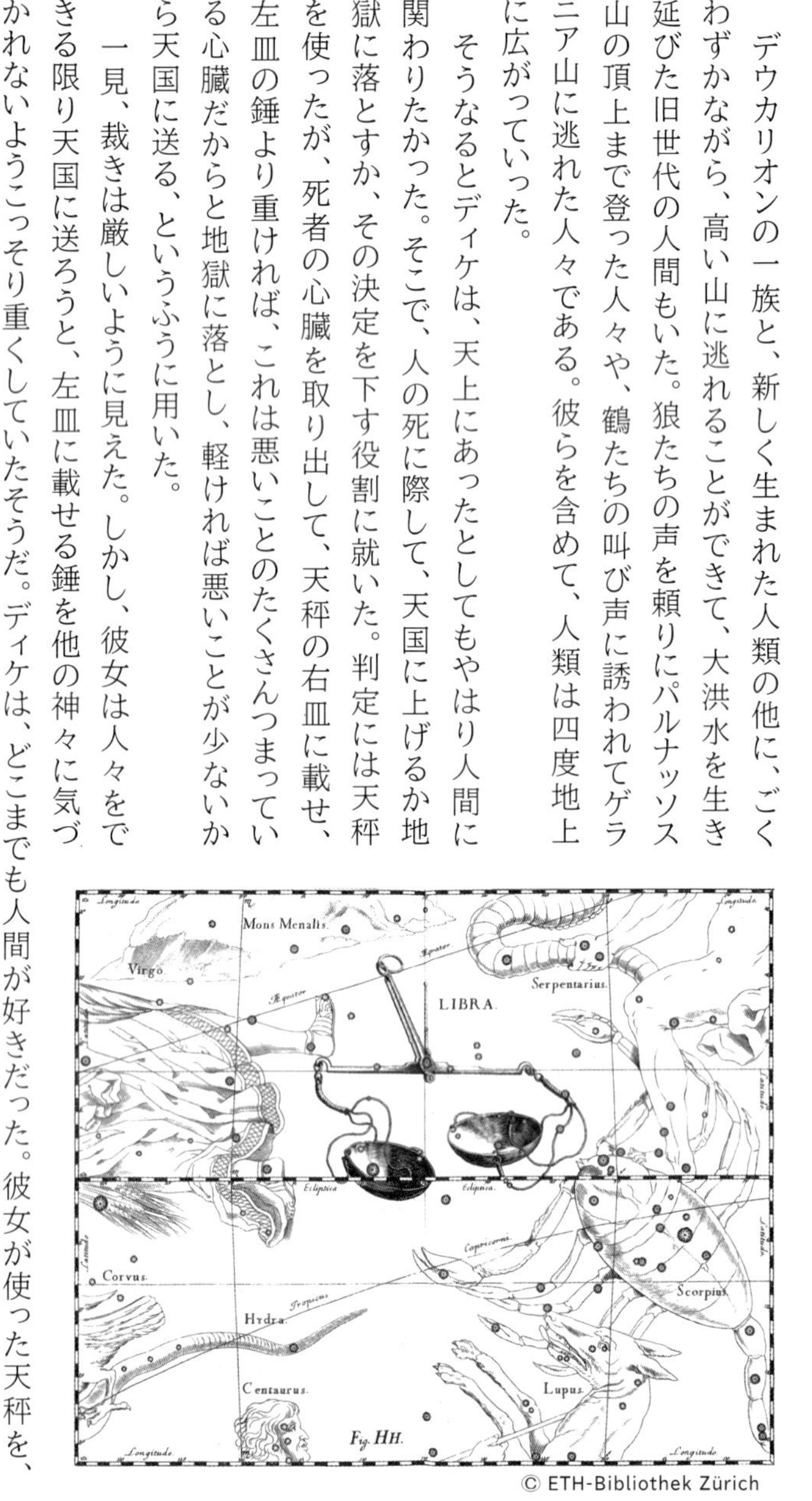

てんびん座は夏、さそり座のS字形のすぐ右隣にある。紀元前一世紀ごろに、さそり座からはさみの部分を独立させた星座である（誰がどういう理由で一つの星座としたかは、わからない。秋分点がこのあたりにあったからだという説もあるが、当時の秋分点はおとめ座にあったはず）。しばらくは、蠍のはさみと天秤の両方の名で呼ばれていたらしい。いまでも、星の名前に蠍座の名残があり、α星は「ズベン・エル・ゲヌビ（南の爪）」、β星は「ズベン・エス・カマリ（北の爪）」という名前になっている。

三等星が三つだけという星座であるがゆえに、いくら眺めてみたところで、残念ではあるが、天秤の姿が浮かんでくることはまずないだろう。

神に抗う人々・・・けもの（おおかみ）座

人は、神のような異能は有さず、限られた生命しか持たず、老化を免れることはできない。それでもなお、神に負けまいとする。スパルタには、鎖で縛りつけられた戦の神アレスの像があるという。アテナイには、本来あるはずの翼を取られた勝利の神ニケの像があるそうだ。いずれも、神が自分たちの許からいなくならないように、つまり神を自分たちの意図のうちに収めようとして造られたものである。また、足枷（あしかせ）をされた美と愛の神アプロディテの像というのもあるらしいが、これはスパルタ王テュンダレオスが、自分の娘、ヘレネとクリュタイムネストラが、それぞれ尻軽女、夫殺しと侮辱されたことに関して、その原因を作ったアプロディテに仕返ししようとして造らせたらしい。神に抗った人々の記録を見ていこう。

アルカディアの王にリュカオンという男がいた。彼は神々を深く敬い祀っていたため、神々もときおり彼の城を訪れていた。しかし、そのときの神の姿はいつも貧しくみすぼらしいものだった。本来の姿で現れれば、その光輝く様に、人は目を開けていられないからである。ところが逆に、その粗末な衣装ゆえに、王の五十人の息子たちは、父の許に来る者たちが本当に神々であるのかどうか疑っていた。

あるとき、貧弱な身なりの老人がまた王を訪ねてきた。今回こそ、神であるかどうかを確かめようと、息子たちは一人の男の子の首を刎（は）ね（彼らの妹カリストの子、アルカスであるかと思われる）、その肉を料理に混ぜて、老人に供した。神であるならば、食材が何であるか気づくだろうというわけである。王は息子たちの身の毛もよだつ所業に気づかず、神に料理を勧めた。

確かに、息子たちの予測したとおり、神は一瞥しただけで料理の中身に気づいた。だが、気づくだけでは済まなかった。烈火のごとく怒ったのである——これが神に対してすることか。その神はゼウスであった。ゼウスは本来の姿を現すと、霆を次々とリュカオンの息子たちめがけて投げつけた。

四十九人目までを焼き殺し、いちばん年下の息子に向かって腕を振りかざしたところで、大地の神ガイアがゼウスの手を押さえた。突然大量の血を浴びて驚き、現れたのである。罪は罪であるが、人の命を絶やすことは忍び難かった。

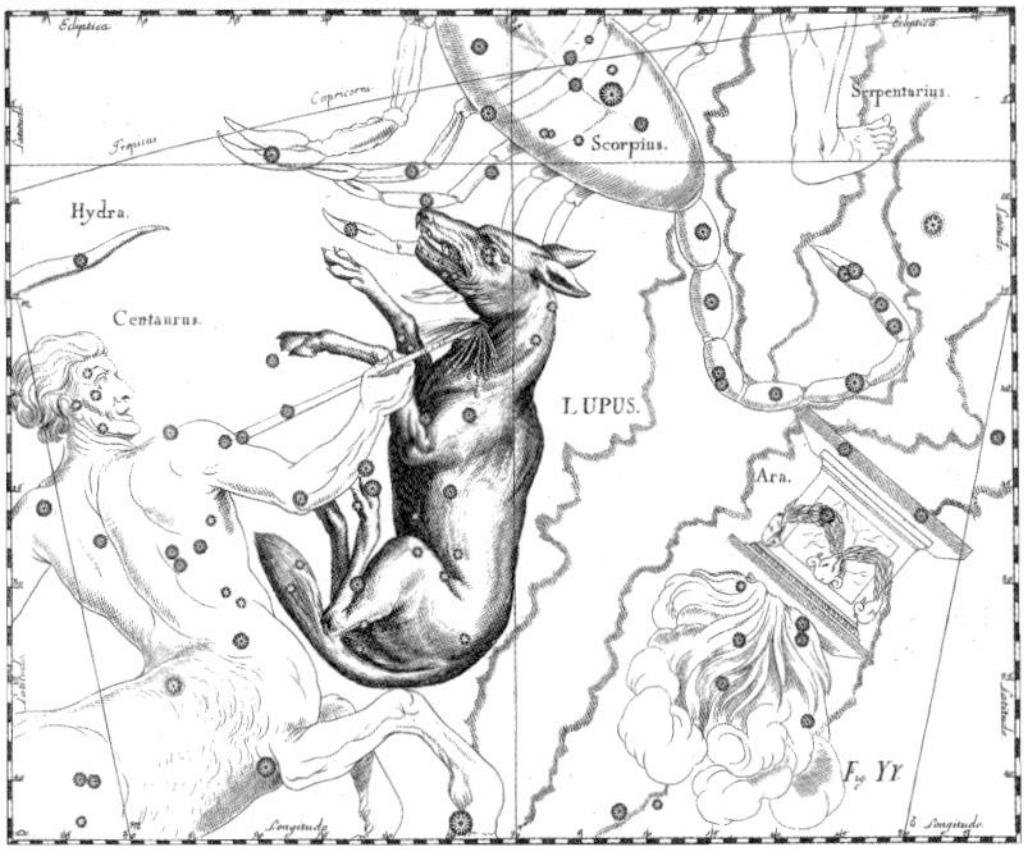

そこでゼウスは、リュカオンの方を向くと、言った——おまえがこれまで私たちをよく敬ってきたことはわかっている。だが、おまえの息子たちはいま、神を試すという大きな罪を犯したのだ。その大きさはおまえのこれまでの敬虔をもってしても許し難い。知らなかったとはいえ、おまえも罪を償わねばならぬ——ゼウスは王を野獣の姿に変えた。天上でケンタウロスの槍を浴びているのが、その姿であるとも伝わる。

アルカディアの王位は、最後に助けられた末子、ニュクティモスが継いだとされる。彼がどのような王となったかは、わからない。ただ、人類がほぼ息絶えたデウカリオンの大洪水が起こったのは、彼が王座にあったときである、と言われることがある。実際には、リュカオンの娘カリストとゼウスの間に生まれたアルカス（殺されていた場合は、ゼウスによって生き返らされた）が王位を継いだのであるが（おおぐま座〔別伝〕参照）。

神々を試そうとした話は他にもある。人類の歴史のなかには、神に向かい立とう、並び立とうとした人々もときおり見受けられる。まずは、プリュギアの王タンタロスが挙げられる。

彼はいま、地獄で終わりのない罰を受けている。池の底に金輪で足首を固定され、首まで水に浸かっているのだ。これだけでも苦しい、たいへんな罰だ。ところが、その上をいく苦しみを彼は味わわねばならない。腹が空いて、頭上の枝に成っている果実に手を伸ばせば、風が枝を持ち上げて、手は届かなくなる。せめて喉の渇きを癒やそうと下を向けば、あっという間に池の水が引き、底の石が顔を出す。その間に枝がまた下がってきているので、実に手を伸ばせば、枝はまた吹き上げられる。その間に池の水はまた増えているので、身をかがめるのだが、池はまた干上がる……これが永遠に繰り返される。彼の飢えと渇きは満たされることがない。いったい彼はどんな罪を犯したというのか。

彼は、実はゼウスの子どもなのだ。母は、農耕神クロノスの娘、プルートである。したがって、歴とした神の血族なのだが、子細はわからないけれどとにかく、人間界に降ろされていたのである。

タンタロスは、人間となっても、神々に愛されていた。天上での神々の宴に招かれることもあった。しかし、その席で知った神々にまつわるさまざまな秘密を、彼は地上に戻って人々に話していた。また、神々の糧アムブロシアと飲み物ネクタルをこっそり地上に持ち帰りもしていた。

神の内実を漏らしてはならない。人間と関わるなかで、その本性を繰り返し露わにしているくせにずいぶん勝手なものだが、神々は腹を立てた。そこでタンタロスは、埋め合わせをするからと、王宮で宴を開き神々を招いた。しかし、そのとき供した料理に、彼は我が子ペロプスを殺し、その肉を混ぜたのである。なぜ、こんなことを。神界を離れたことと関係はあるのだろうか……。神々は一目見て解し、口にしなかったが、穀物栽培の神デメテルだけは、娘ペルセポネを手許から離さなければならないことになり、悲しみに暮れていたときだったので、気づかずに一口食べてしまったと言われる。

神々は、ばらばらになっていたペロプスの体を集めると、大釜に入れて煮立て、薬草を入れてから取り出した。ペロプスはみごとに元どおりの体になっていた。つまり生き返ったのである（ぎょしゃ座〔別伝〕参照）。ただ肩の部分だけは、白くなっていた。沈んでいたデメテルが気づかずに食べた部分が肩だったため、そこを象牙で補ったせいらしい。実際、ペロプスの子孫はみな白い肩を持っていた。

もちろんタンタロスは、いくら最高神の子どもであるとはいっても、許されなかった。神を試す者は、地獄に落とす。ゼウス自身が彼を池につないだのである。

ゼウスの子どもでありながら地獄の劫罰（ごうばつ）を受けている者は他にもいる。オルコメノスの王女エラレとの間に生まれたティテュオスである。エラレの妊娠がわかったとき、ゼウスはヘラの嫉妬を恐れて、つまり自分の身勝手は棚上げにして、エラレを生きたまま地中に隠した。月満ちたとき、ティテュオスは巨人として、大地より生まれた。彼は成長すると、女神レトを追いかけ回すようになり、これに怒った彼女の子、アルテミスとアポロンの姉弟によって弓で倒された。だが実は、この追い回しを仕組んだ神がいたのである……ヘラだ。ゼウスが浮気し、ヘラが嫉妬し、とばっちりを食らうのはいつも相手の女か子どもである。神后は神王を口でやりこめることはできても、腕力ではどうしようもないことを知っている。現に、立腹したゼウスによってオリュムポスから吊り下げられたことがあった（ぎょしゃ座参照）。だから鬱憤を、ゼウスの相手の女やその子どもに向けるのだ。まったく、溜息も出ない。今回、ティテュオスは、はげ鷹に心臓を食われるという罰を受けた。だが、彼はゼウスの血を引き、不死であったから、心臓は食い尽くされると再び生じる。つまり、また鷹についばまれることになるのだ。我が兄と同じく、彼の苦しみには終わりがない。

神の国に迫ろうとした者もいる。二人まとめてアロアダイと呼ばれる、オトスとエピアルテスという名の双子、すなわちアロエウスの妻イピメディアがポセイドンに恋し、海辺で波を掌に受け、胸元に注いだことから生まれた子どもたちである。二人は、成長が著しく早く、まだ幼いにもかかわらず、身の丈は神に迫るほどであった。彼らは、山で海を埋め、陸を削って海とした。二人を抑えこもうとした戦い好きの神アレスを、逆に縛り上げて、青銅の大甕に十三か月閉じ込めたこともある（ヘルメス神がやっと助け出した）。アロアダイが自身を神と並ぶ存在であると感じたとしても、不思議ではない。

やがて二人は、女神を我がものにせんと、山の上に山を重ね、天上に登ろうとした。もし成人していたなら、彼らは天上にたどり着けたかもしれない。だが、巨大であるとはいえまだ幼い二人に、天上に足を踏み入れることは叶わなかった。アルテミスが二人の命を奪ったのである。彼女は、離れて立っていたアロアダイの間を、鹿の姿で走り抜けようとした。これを見た二人は、よき獲物と、槍を投げつけた。だが鹿、つまりアルテミスは体をかわした。結果、二本の槍は鹿を通り越し、向かい合って立つオトスとエピアルテスの胸をそれぞれ貫いたのだ。地獄で二人は、巨大な柱に背中合わせで、紐代わりの蛇で縛りつけられているという。

もう一人、天上に上ろうとした者がいる。後にリュキアの王位を継いだベレロポンである。彼はかつて、誤って兄弟を殺してしまった罪を、ティリュンスの王プロイトスに浄めてもらった。そのとき、后アンテイアに好意を持たれたが、彼はこれを手ひどく拒んだ。逆恨みした后は仕返しに、ベレロポンが言い寄ったと王に訴えた。王は自身の手を汚すことは避けたいと思い、彼をリュキアに送って、その王イオバテスに殺害を依頼した。リュキア王も自らの手で殺すことはせず、事故で死ぬようにいくつかの難業を彼に課した。けれどもソリュモイ人の征討も、アマゾンの平定も、リュキア人暗殺者の逮捕も、ベレロポンはみごとにやってのけた。

なかでも力を示したのがキマイラ退治であった。キマイラとは、神獣テュポンと蛇女エキドナの子で、頭は獅子、胴体は山羊、尾は蛇、そして炎を吐く怪物である。いつからかリュキアの地に棲みつき、耕地や街を荒らし回っていた。互いに地上で戦ったのでは、勝ち目はない。ベレロポンは天馬ペガソスを駆って、空からキマイラの背中に矢の雨を降らし、これを倒した。ペガソスは人には懐かない神の馬であるのだが、アテナ神が先にこっそりと馬銜（はみ）を咬ませていてくれたこともあり、ベレロポンはたやすく手なづけてしまっていた。彼の活躍に感心した王は、彼を殺すどころか、娘ピロノエの婿に向かえた。

順調幸福に見えた人生にもかかわらず、後年、ベレロポンは神々の存在を疑い出した——貧しい家庭で空腹のあまり道端の草まで食べていた少女が飢えて死んでしまった。神がいるのなら、こんなことを許すはずがない。にもかかわらず現実にそういうことがあるというのは、神がいないからではないか。神々が本当に天上にいるのか確かめるため、ベレロポンは或る日、家族が止めるのも聞かず、ペガソスの背にまたがり、空高く上っていった。しかし、いくら真摯ではあっても、神の存在自体を疑う者を、神は認めない。ゼウスは霆でベレロポンを撃ち、地獄へと落とした（地上に落とされ、気を狂わされ、みすぼらしい姿で野山をさ迷い歩かされた、という話もある)。神はいた。ペレロポンの思う神ではなかった。

サルモネウスも地獄に落とされた一人である。彼の罪は神を騙ったことだ。彼はサルモネの王であったのだが、或るときから、自らをゼウスだと称するようになったのである。青銅の道を造り、その上を、戦車を馬に曳かせて走った。ゼウスが天下る様子を模したのだろう。青銅の釜を引っ張って雷の音を出し、燃え盛る松明(たいまつ)を投げて霆と称した。ところが、或る日、本当の霆も降ってきた。ゼウスが天上から投げつけたのである。サルモネウスの街は焼き尽くされ、住民はみな命を落とした。王は地獄に落とされた。どうやら神々は、「神ごっこ」をただの戯れと笑って眺める余裕を持たないようである。愛し合うあまり、互いをゼウス、ヘラと呼び合ったケユクスとアルキュオネを、ただそれだけのことなのに、憤ったゼウスは鯵刺(あじさし)と翡翠(かわせみ)に変えてしまったこともある。

神に抗うという以前に、イクシオンの場合は、人としても悪人である。ラピテス族の長である彼はデイオネウスの娘ディアを妻に迎えたのだが、彼女の家に渡す結納金を惜しむあまり、義理の父となるはずの人を炭火で満たした穴に突き落として殺したのである。彼は、最初の「親族殺し」と言われる。

ところがどういう理由か、本当にどうしてだろうか、ゼウスはこのイクシオンの罪を、他の神々が汚らわしいと避けるなか、浄めてやったのである。それどころか、天上の宴に招きもした。

だが、神々のなかにあっても、イクシオンの悪心は変わらない。宴席で見つけた、ゼウスの妻ヘラの美しさに見とれ、しつこく迫ったのである。ここで初めて腹を立てたゼウスは、その場で撃ち倒すこともできたけれど、霆は持ち出さず、雲でヘラの似姿（ネペレと呼ばれる）を造ると、これをイクシオンに与えた。似姿を抱かせたのは、彼をよしとしてのことではない。悪行の現場を押さえるためであった。寝床でまどろんでいたイクシオンは捕まえられ、地獄へ落とされた。一方、ネペレの方は地上に降ろされ、半人半馬の野蛮なケンタウロスの一族を生むことになる。

いま地獄でイクシオンが受けている劫罰は、常に回転している車に縛り付けられ、空中を引き回されるというものである。しかも、その回転する車は絶えず炎を上げて燃え盛っている。人ならば耐えられないような罰であるが、イクシオンは天上の宴で神の糧アムブロシアを口にしてしまったため、不死の体となっていた。体が炎に焼かれようとも、死ぬことはできない。彼の苦しみは永遠に終わることがない。

ここまでの人々はみな神に対して、疑ったり、騙したり、思い上がったり、逆らってきた人ばかりだったが、なかには特に何もないのに、何もないことはないが一度ゼウスの計らいで浄めてもらったというのに、地獄で劫罰を受けている人たちがいる。それは、アルゴス王ダナオスの娘たちである。

ダナオスは初め、リビアの王であった。父から王の座を引き継いだのだが、弟アイギュプトスが、自分の方が力量ありと主張したため、二人で争うことになってしまった。しかし、弟は事前に精強な兵を多数集めていた。そのことを知った兄は、勝ち目はないと、戦になる前に娘たちとともにアルゴスに逃れた。このときアルゴスの人々は、次の王を誰にするか、話し合っている最中だった。彼らは、遠くから来た一匹の狼が牛の群れを襲い、一頭の牡牛を倒す光景を目にしていたので、ダナオスがこの狼に当たると考え、新参者であるにもかかわらず、彼を新たな王として迎えた。

ダナオスの娘たちは五十人いたが、アルゴスに住み着いたことを聞いて、アイギュプトスの五十人の息子たちがやって来た。そして、強引に結婚を迫った。あの傲慢な弟の傲慢な息子たちである。にもかかわらず、ダナオスは、娘たちと甥たちの前で、五十組の組み合わせを決めた。男たちが宿に戻った後、涙にくれる娘たちに、ダナオスは本心を明かした——おまえたちをあの男たちと結婚させる気は露(つゆ)ほどもない。ここに五十本の短剣がある。一人一本ずつ取るがよい。この短刀で婚礼の夜、自分の相手を刺し殺すのだ。

娘たちはそのとおりに男たちを殺した。ただ末娘のヒュペルムネストラだけは、相手のリュンケウスが優しく話をするだけだったので、短刀を使わなかった。後に、ダナオスはこの二人だけは夫婦にしてやった。さらに後に、この娘婿にアルゴスの王位を継がせた。

残り四十九人の娘たちは、無理に迫る相手だとはいえ人を殺してしまったのだから、そのままでは済まない。四十九人の葬儀を行った後、アテナとヘルメスに浄めてもらった。確かそれは、ゼウスの命を受けてのことだった。

にもかかわらず、ダナオスの娘たちは地獄で劫罰を受けているのである。それは、砂の粒をより分けるための金網だけが底に張ってある篩(ふるい)で池の水を汲み尽くさなければならないという、永遠に果たし得ない罰である。彼女たちがいかに神に挑んだことになるのか、わからない……思い出した。ヘラとポセイドンがアルゴスを争ったとき、ダナオスはヘラを支持した。それに怒ったポセイドンが泉や川の水を枯らしたので、ダナオスの娘たちは遠くの泉への水汲みを日課としなければならないということがあった。その続きだというのか。神は不可解である。

・プロメテウス：人を創る。人に肉を与える。人のために火を盗む。
・サルモネウス：サルモネ市を建設し、ゼウスの名を騙る。
・シーシュポス：コリントスの王。たびたび神を騙す。
・アタマス：ボイオティアの王。ヘラの目を盗んで、ディオニュソスを養育する。
・ベレロポン：神々の存在を確かめようと、ペガソスで天上に上ろうとする。
・アロアダイ：天上に上り、神々と戦おうとする。

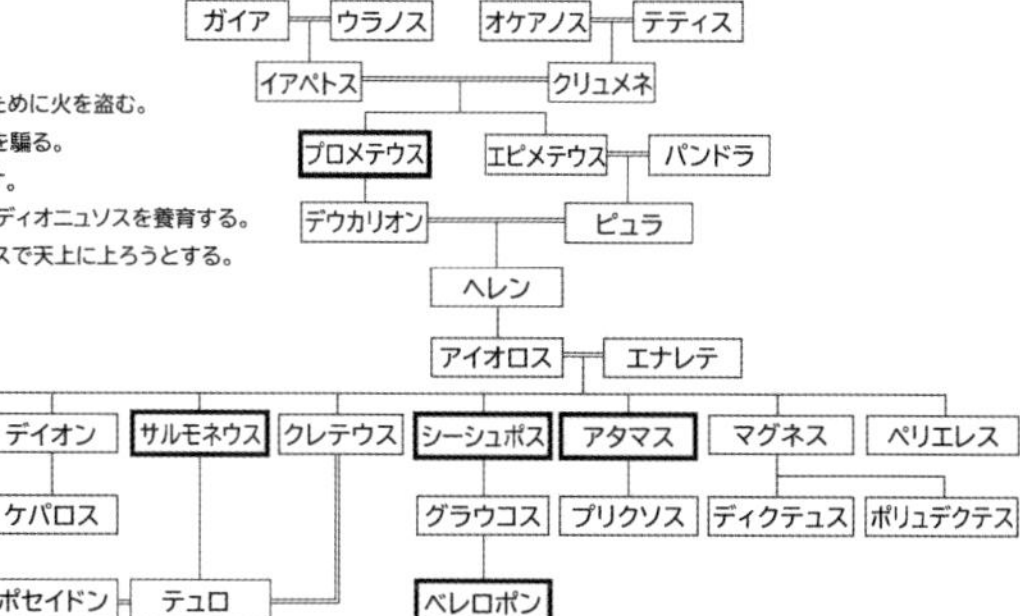

自身の命を絶ってでも、神の意に従わなかった人間もいる。アウラという娘である。ディオニュソス神が彼女を見初めたが、彼女はこれを拒んだ。逃げるアウラを神は追ったが、彼女は風のように速く走ることができたので、いくら追っても追いつけない。そこで、ディオニュソスはアプロディテ神の力を借りてアウラを狂わせ、ずうっと走り続けさせた。そして、走り回った彼女が疲れ果て眠りに落ちたところで、思いを遂げた。やがてアウラは神の子を産むが、産むと同時に正気を取り戻した。私は何をしていたのだ——そう思う彼女の傍らには一人の赤ん坊が置かれていた。これはあの神の子ども——私は認めない。アウラは赤子を殺すと、自らも川に身を投げたという。

最後にもう一人、神々に抗い、従わなかった人物を挙げておこう。それは、プロメテウスとエピメテウスの血を引く、コリントスの王、シーシュポスである。彼の家系には神をなみする者が多い。先に挙げたサルモネウスは彼の兄弟である（ただし、仲は悪かった）。ベレロポンは彼の孫である。その血統を代表するかのように、彼は人類のうちで最も狡猾な男であった。「狡猾」とは、ずる賢いことである。ただし、それは神から見た場合のことで、人として生きていくうえでは単純にたいへん賢い男だったと言えるのではないだろうか。

まず、アウトリュコスが牛を盗んだときのことが挙げられよう。この男は交易神ヘルメスを父に持つ者で、その血のせいか、盗みと騙しの術に長けていた。あちこちの牧場から牛を盗み出しては、その毛並みや角の色を変え、誰のものかわからないようにして売っていた。そこで、シーシュポスは、盗人の見当はついていたので、自分の牛の蹄の裏にこっそりと「アウトリュコス、これを盗む」という鉛の板を張っておいた。過日、街で出会ったアウトリュコスがその牛を連れて歩いていたので、これを咎めたところ、彼は牛の色が違うではないかと言い返してきた。狙いどおりである。確かめるため蹄の裏を見ると、例の鉛板が貼られていた。アウトリュコスは捕まえられた。この件で、悪いのは自分の息子なのに、父のヘルメス神はシーシュポスを嫌うようになった。もっとも倅の方は、「ずる賢い」どうしで気が合ったということなのか、その後、シーシュポスと仲良くなっている。アウトリュコスの娘との間に、シーシュポスがトロイア戦役の立役者オデュッセウスを儲けたという話もあるほどだ。この男はヘラス軍でいちばんずる賢かったから、二人の血を受け継いでいることは間違いないだろう。

また、或る日、シーシュポスは、ゼウスが河神アソポスの娘アイギナをさらうところを目撃した。そこで、河の神が捜しに来たときに、日照り続きで畑を潤す水に人々が困っていたところだったので、泉を湧き出させることを条件に、神王の悪行を教えてやった。アソポスにねじ込まれたゼウスは、自分の所業はさておいてシーシュポスに腹を立て、彼を冥土に贈るべく死神タナトスを遣わした。死神がシーシュポスに自分で手鎖をかけるよう告げると、彼はかけ方がわからないと言う。死神が自分の腕でやって見せると、その途端シーシュポスは鍵を奪い、逆に死神を獄につないでしまった。その結果、死すべき人間を冥界に連れていく者がいなくなり、黄泉の神ハデスの仕事はなくなった。これでは困ると冥界神から訴えられたゼウスは、鍛冶の神ヘパイストスに命じてタナトスの手鎖を解かせ、ようやくシーシュポスを死の国に送った。

　ところが、連れていかれる寸前、彼は妻メロペに自分の葬儀を出さないように告げていた。ハデスの前に出たとき、冥王は予想どおり、死に装束でない理由を問うてきた。待ち構えていたずる賢い男は、妻が葬儀を出してくれないからだ、妻を罰するため地上に戻してもらいたい、と申し開きをした。別れの儀式は大事だ、もっともな話であると、ハデスはそれを許した。死者の埋葬と葬送を始めたのは彼なのである。しかし、冥土からの帰り道、シーシュポスは舌を出していた。せっかく生き返ることができたのに、約束など守るはずがない。彼は「もう一度死ぬ」まで、長生きしたということである。

　ハデスの、そしてゼウスの怒りは収まらない。ヘルメスも怒っていた。死したシーシュポスを地獄に落とし、これまでの誰にも課していない苛烈な刑罰を与えた。荷物なしに登っても息の切れる急坂を、背よりも高い大岩を転がして登り切れというのである。しかし、汗を流し、息を切らして大岩を押し上げても、少しでも手を滑らせれば、大岩は坂を転がり落ちる。そうすればまた坂を下り、また押し上げていくことになる。ところが毎回決まって、もう一息で頂上というところで、大岩はまるで意志を持っているかのように、シーシュポスの手をすり抜け、急坂を転げ落ちていくのだ。だから彼は未来永劫、同じ辛い作業を繰り返さなければならない。

　シーシュポスは盗人を捕らえ、人さらいを告発し、長生きしようとした。人として、これはあたりまえのことである。だがしかし、神はそれを許さない。神の勝手に逆らってはならないのだ。神は、再び冥界に来たシーシュポスを地獄に落とし、先の罰を与えたのである。転げ落ちた岩を再び押し上げるために坂を下るとき、シーシュポスはどんな顔をしているだろうか。

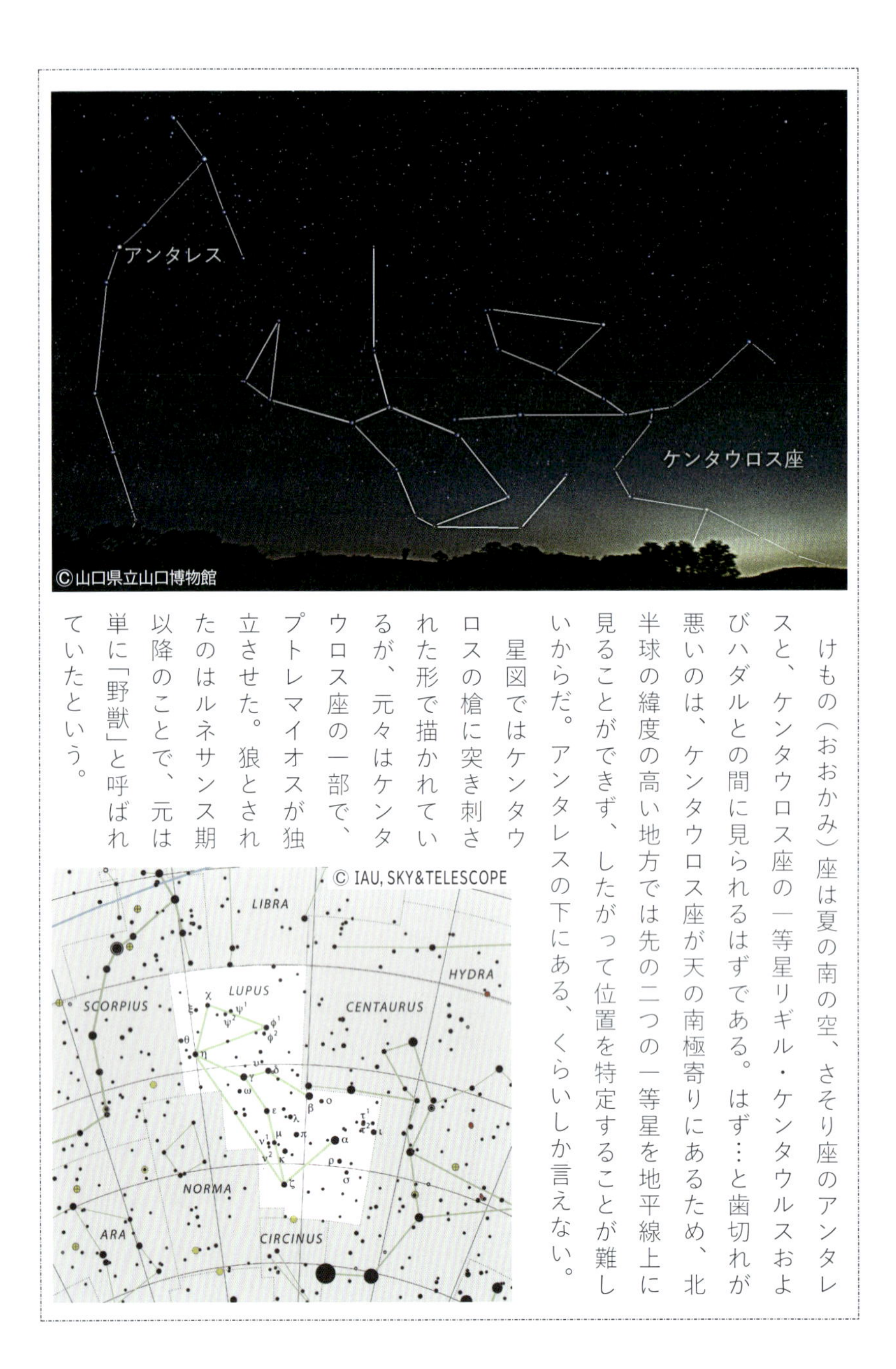

けもの（おおかみ）座は夏の南の空、さそり座のアンタレスと、ケンタウロス座の一等星リギル・ケンタウルスおよびハダルとの間に見られるはずである。はず…と歯切れが悪いのは、ケンタウロス座が天の南極寄りにあるため、北半球の緯度の高い地方では先の二つの一等星を地平線上に見ることができず、したがって位置を特定することが難しいからだ。アンタレスの下にある、くらいしか言えない。

星図ではケンタウロスの槍に突き刺された形で描かれているが、元々はケンタウロス座の一部で、プトレマイオスが独立させた。狼とされたのはルネサンス期以降のことで、元は単に「野獣」と呼ばれていたという。

人は生きる　アタランテ

神々は多くの人間と関わってきたけれど、その関わりが人間にとってどのような意味を持つのか、意に介する神はほとんどいない。彼らは己自身にしか興味はないのだ。己のために人間を操ろうと考えることはあっても、人間のために己を差し出すようなことはまずしない。光明神アポロンは言う、「もし私が人間どものために戦うようなことがあれば、私は正気の者とは思われないだろう。はかなく滅びてゆく、たかが人間のためになど」。神后ヘラも言う、「人間なんかは、てんでに、死んじまうなり、生きてゆくなり、運に任せておくがいいわ」。人間に関心を持つ神はごくわずかである。

神々は人に「一日のうちにも互いに異なる思いを授けられる」。自らを律する規準を持たず、勝手気儘で、反省とは無縁の存在である。生贄に供されたアガメムノンの娘イピゲネイアは嘆く、「神は、血の穢れに触れていたり、お産や死骸などに関わったりした者はみな、不浄として神殿からお遠ざけになるのに、ご自分は、人間を殺しての供物をご嘉納になる」。人が自身に信を置けば、神を敬わなければ、すぐに罰を与える。しかし、何がそう思わせるのかわからないけれど、気に入った人間なら、言語道断の罪も簡単に赦してしまう。「多くの人間を殺しても、神に気に入られていればエリュシオンの野に行けるけれど、神に嫌われていては、やむを得ず一人殺したときでも、地獄行きだ」とは、どの英雄の言葉だったか。

神と違って才を持たぬ人間は、神と同じように生きることはできない。しかし人間は、思い上がりが過ぎることも多々あるけれど、神々に依らず自身の力で生きていこうとする。そういうものが人間というものではないのか。それこそが、大地＝ガイアが望むところではないのか。こんな人間もいる。

アルカディアの王イアソスの許に女の子が生まれた。跡継ぎの男の子を望んでいた王は落胆し、あろうことか、赤ん坊を殺すよう家来に命じた。命を受けた男は赤子を抱いてパルテニオン山の森に入ったが、自分がこれからしようとしていることが恐ろしくなり、かといって王の命に反するわけにはいかず、森の中をただ歩き回っていた。ちょうど泉に出たとき、近くに中が空ろになった岩があったので、日陰になっていいとでも思ったのか、生まれて間もない子どもを毛布にくるんで岩の中に置くと、街へ逃げ帰った。

そこへ少しして現れたのは、一頭の熊だった。この熊は猟師に子を奪われたばかりの母熊だった。岩の中を覗いて、しばらく赤ん坊を眺めていたが、殺すどころか、おもむろに乳を差し出した。乳が張っていたせいもあったのだろう。赤ん坊の方はむしゃぶりついて、乳を吸った。

その日以来、熊は亡くした我が子の代わりに、捨てられた人間の赤子に乳を与えるようになった。何か月かが過ぎて、一頭と一人の様子に気づいたのが、この森を狩場とする猟師である。熊が赤ん坊に危害を加える気配はなさそうだ。しかし、だからと言ってこのまま放っておくわけにはいくまい。そう思った猟師は、熊が出かけた隙に赤子を抱え上げると、仲間たちと暮らす村に連れ帰った。

この子はアタランテと名づけられ、猟師たちが親代わりとなって面倒を見た。アタランテは山の中で自然に取り囲まれて育ち、猟師たちをまねて獣を狩るようになった。そして、いつの間にか男たちに負けない、気兼ねせずに言えば、彼らを凌ぐ腕前になった。とともに、いつも汚れた狩装束でいるにもかかわらず、すれ違ったときに男たちが思わず振り返るような姿かたちの娘となった。

しかし、彼女はアルテミス神と同じように乙女でいたいと願い、獣を狩ることに専念していた。といって神に付き従うことはせず、森の中の洞窟を住処として独り、森や草原を駆け回っていた。弓の巧みさは、酔った二人のケンタウロスが彼女を我がものにせんと、松明を点けて洞窟にやって来たとき、火影を見ただけで察し、二本の矢を同時につがえて、二人の男を同時に射殺したほどであった。また、走るのも速く、猪や鹿から獅子に至るまで、どんな獲物でも追い越して正面から狙うほどであった。ついでに言うと、組み合って闘っても屈強な男たちよりずっと強く、ペリアスの葬送競技の格闘技部門で、後にアキレウスの父となるペレウスに勝つほどであった。アルゴ号遠征のイアソンなどは、アタランテにあやかろうと彼女の槍をもらっていたともいう。

こんな話もある。アルテミス神が、自分に対する犠牲が供されなかったことに腹を立て、カリュドンの野に猪を送り込んだことがあった。十数人の狩人でも手に負えないほど凶暴な、牛ほどもある猪だった。この猪を退治するために、カリュドン王の呼びかけでヘラス中から手練(てだ)れの者たちが集められた。イダスとリュンケウス、カストルとポリュデウケス、ペレウスとテラモン、テセウスにペイリトオス、イピクレス、アドメトス、イアソン等の著名な人物たちに加えて、その他大勢が多数いる。アルゴナウタイもそうだが、言い伝えになると、誰もが先祖を、名のある集まりに参加していたことにしようとするので、人数がひどく多くなる。正確なところはわからない。

男たちに混じって女も一人、アタランテが参加した。偏見に凝り固まった男たちが、女と狩りをするのは嫌だと言い出したが、彼女は意に介さなかった。実際に狩りを指揮するカリュドンの王子メレアグロスも、嫌なら帰ればよいと、偏狭な意見を退けた。偏した男たちは黙るしかなかった。

狩りが始まり、猪に刺し殺される男も数人出たなか、最初に猪の背に矢を撃ち込んだのはアタランテだった。それで猪の勢いが弱まり、そこをメレアグロスが、剣で脇腹を突いてとどめを刺した。彼は猪から皮を剥ぐと、最初の一撃を加えた者のものだとアタランテに与えた。けれど、自分たちはたいした働きもしなかったくせに、例の男たちが、女に賞を与えるのは恥だと騒ぎ出した。そして、皮を奪い取ったため、彼らと王子およびその側近たちとの間に争いが始まった。

混乱の中、アタランテがどうなったかは、皮を取り戻して帰ったようにも思えるが、正直な話、よくわからない。だが、彼女の働きを認めたメレアグロスの方は、痛ましい結末を迎える。彼は偏した男たちを何人も倒したにもかかわらず、刀傷一つ負っていないのに、刃を交えるなか突然に倒れ、命を落としたのだ。彼の命は、生まれたときに運命の女神モイライに予言された「燃えさしの木」によって保障されていた――この木が燃え尽きない限り、命を失うことはない。ところが、青銅の箱に大事にしまわれていたその木を、なんと彼の母親が取り出して、争いが続いているさなか燃やし尽くしてしまったのだ。メレアグロスに倒された、偏した男たちのなかに彼女の兄弟がいたため、兄弟がされたことの仕返しを我が子にしたのである。彼女はその場の怒りにとらわれて、息子より兄弟を選んでしまった。だが、戦いが終わって我に返ったとき、彼女は息子の亡骸を目の前にして、恐れ慄き、首をくくった。

猪狩りの後、アタランテは父王と再会した。王は、捨て子としたことを詫びたが、彼女が狩りに明け暮れることによい顔はせず、良家の男を選んで早く婿を取るよう命じた。彼女は笑って、武装した私と競走して勝った者と結婚すると返事した。美しい王女とあって、次々と男たちが名乗りを挙げたが、何しろどんな獣でも追い越す速さで走ることのできるアタランテだ。競った男たちは、すべて先に走り出したにもかかわらず、すべて追いつかれ、すべて槍で刺し殺された。負けたときは命をもらう。それが条件だったのだ。女相手だからと軽く見ていた男たちが十数人、命を失った。

婿入りを狙った男たちが続けて命を奪われた後、しばらく近づいてくる者は現れず、アタランテは存分に狩りをたのしんでいた。そんなとき久々に現れたのが、ヒッポメネスである。見かけは、これまでの男たちと違って、そんなにたくましそうではない、平凡な体格だ。アタランテは槍の穂先を磨いた。だが、ヒッポメネスには秘策があったのである。

これまでどおり求婚者を先に出発させたが、アタランテは簡単に追いつき、槍を構えた……が、そのときヒッポメネスは走りながら何かを足下に落とした。目をやると、金色(こんじき)に光るものが転がっていく。アタランテは走るのをやめ、それを拾った。黄金の林檎だった。ヒッポメネスが、どういういきさつで手に入れたのかは知らないが、愛の神アプロディテにもらった三個の黄金の林檎の一つだった。林檎には彼の手で言葉が書かれていた――「おまえは、何を欲する」。

これがヒッポメネスの秘策だった。林檎を転がせば、アタランテはそれに気をとられて、足を止めるに違いない。その間に逃げ切ればいいのだと、彼は考えていた。落としたものなど無視すればいいようなものだが、何しろアプロディテの林檎だ。その、人を惹きつける力に、抗(こう)せるものではない。みごとにアタランテは策にはめられてしまった。また追いつきそうになったとき、二個目の林檎が転がされた――「おまえは、何を欲した」。そして、三個目――「おまえは何を欲するだろう」。林檎を拾うたびに離され、とうとうアタランテはヒッポメネスに走り負けてしまった。その結果、取り決めどおり、二人は夫婦となった。

ただ、もしかするとアタランテは、わざと追いつかなかったのかもしれない。ヒッポメネスを、彼が結婚を申し込んできたときから、人を見下したものの言い方をしない、同じ目の高さに立つ人物だと思っていた。いざ走ってみると、これまでの男たちは、走り始めは小馬鹿にしたような顔をしていたが、追いつかれそうになると、恥と恐怖に歪んだ顔になっていたのに、ヒッポメネスは終始必死の表情で走っていた。彼女は彼に一途さを感じたのである。

だから、「策略」を使われたからといって、アタランテはヒッポメネスと仲の悪い夫婦になりはしなかった。むしろその逆だ。夫もまた狩りが好きだったため、いつも二人で狩りに出かける仲となったのである。取り澄ました儀礼用の服装を身にまとうことはなく、ふだんから狩猟用の出で立ちをしていた。王女とその婿という立場など関係なく、鹿を追い、猪を仕留め、ときには獅子をも力を合わせて倒した。

いつまでもこういう日々が続くかと思われた或る日、狩りに出かけた二人はその途中、弓を置いて、森で交わった。だがそこは、ゼウスの神域だった。二人はそれを知っていたはずだが、それでもこのような場所でこのようなことをしたのは、アプロディテが二人にすべてを忘れさせてしまう急な欲情を催させたからである。神は、ヒッポメネスに林檎を与えてやったのに、彼が感謝を捧げる儀式を執り行わなかったことに腹を立てていたのだ。かたちに表さないと、神は認めない（逆に言うと、かたちにさえすれば、心の内で舌を出していようと認めるということだ。神は人間の内心など、どうでもよいのである）。意趣返しで、聖域とされる場所を汚すとされる行為を二人にさせたのである。アプロディテの思惑どおり、怒ったゼウスは、二人を獅子に変えてしまった。もう人間には戻れない。アルカディアの王は跡継ぎを失ったことを悲しみ、嘆いた。

しかし、獅子の姿となったことは、アタランテとヒッポメネスにとっては問題ではなかったかもしれない。むしろ好都合だったように思える。「私は、あなたは、私たちは狩りをしてきた、狩りをしている、狩りがしたい」――獅子の身ならば、誰はばかることなく、どこでも、いつでも狩りができる。しかも、食べるために仕留めるのであるから、必要以上に殺したりはしない。生命を奪い食うという行為自体には自覚的でなければならないが、生命のつながりをおもちゃにするというような傲慢さは持たずにすむ。アルカディアの森では、ときには力を合わせて、またときには別々に、狩りをする仲睦まじい獅子の姿が長く見られた。

だがしかし、どれだけ幸せな日々が続こうとも、地上に生きる者には終わりの日がくる。或る日、森に入った狩人が二頭の老いたライオンの姿を見つけた。横倒しになった牡ライオンの傍らに、牝ライオンが佇（たたず）んでいた。彼女は彼の肩にそっと足を乗せ、目を閉じた顔を静かに見つめていた。人の気配に気づいたか、牝ライオンは狩人の方を振り向いたけれど、襲いかかってはこなかった。かわりに、牡ライオンの首筋を優しく銜（くわ）えると、その体を引きずり、森の奥へと入っていったそうだ。

その後しばらくの間は単独で狩りをする老いた牝ライオンが目撃されたが、やがて彼女の姿も目にされることはなくなった。森の奥に一頭（ひとり）で入っていったのだろうと思われる。二頭（ふたり）がいなくなった森では、彼女と彼の子どもたち、そしてその孫たちが猟をして暮らした。

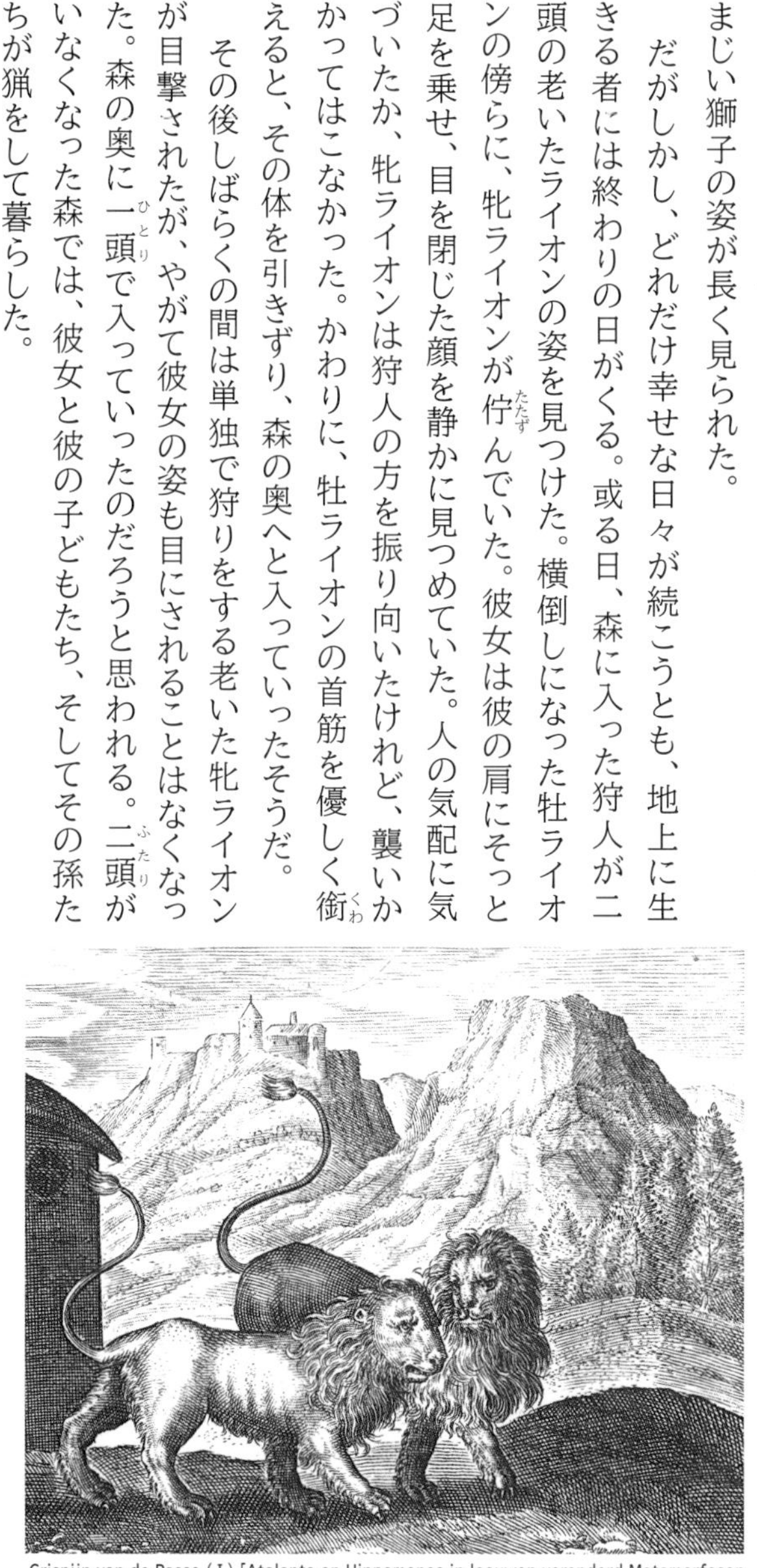
Crispijn van de Passe（I）「Atalanta en Hippomenes in leeuwen veranderd Metamorfosen van Ovidius（serietitel）」Rijksmuseum Amsterdam

人間原理と多宇宙論　宇宙は、その誕生から現在、そして終焉に至るまで、未解明の問題が数多く残されてはいるものの、その姿が次第に明らかにされてきた。究極の理論はまだ見出されていないけれど、宇宙は物理法則に従って生まれ、終わるものと考えられている。

しかし、「宇宙の姿はこうである」と言うとき、それは「宇宙の姿は観測者にはこう見えている」と言った方がより正確ではないだろうか。縦横５㎝の目の網で魚を獲る人は、この湖に小魚はいないと判断するだろうが、５㎜目の網なら小魚もたくさん獲れるかもしれない。網の目によって魚の獲れ方は違ってくる。つまり、宇宙と呼ばれるものの在りようには、観察する方法が反映されるのだ。

これを「観測選択効果」といい、観測者―理論構築者に対する戒めとされるのであるが、このとき問題とされているのは観測の手法である。けれども、観測するのは人間であるから、人間の在りようが宇宙の在りように関わってくると言うこともできるだろう。したがって、「宇宙がなぜこのような宇宙であるのかを理解するためには、われわれ人間が現に存在しているという事実を考慮に入れなければならない」。これを「人間原理（anthropic principle）」という。このとき宇宙とは、多少強引に言い切ってしまえば、「その歴史のどこかで観測者（≒人間）が生じうる宇宙である」。

ここから人間原理は、「弱い人間原理」と「強い人間原理」に分かれる。前者は、「宇宙の物理法則がなぜ人間存在を可能ならしめるものであるか」を解き明かしていこうとする。穏当な考え方だと言えるだろう。それに対し後者は、「知的生命体が存在し得ないような宇宙は観測され得ない。よって、宇宙は知的生命体が存在するような構造をしていなければならない」と、過激な発想をする。乱暴に言えば、「さまざまな物理定数がいまの宇宙を成り立たせるような値なのは、宇宙を観測する存在である人間を生み出すためである」というのだ。確かに、人間という知的生命体がいなければ、宇宙は観測されることがなく、それゆえ存在しないに等しい、と言えないことはない。だが、自意識過剰のこの見方は容易に、知性ある何か――要するに「神」だ――が或る意図を持って宇宙を創造したという発想に結びつく。

神を持ち出せば、なんだって説明できる。けれど、目的をもって原因と見なすという考え方はもう科学ではない。宗教的信仰を持つ者なら、「神の意志による創造」で満足するのかもしれないが、そんな思考停止でよしとしていては、科学者は務まらない。神を持ち出さずに宇宙の創生を説明するには……いま我々がいる宇宙が、我々がいられるような宇宙であるのは「偶然」だと考えれば、どうだろう。

宇宙が一つであるなら、「知性ある何者か」説が通用してしまう可能性がある。けれども、宇宙が多数あれば、形而上世界に踏み入ってしまうことを避けられる。すなわち――宇宙は一つではなく、無数とも言えるほど誕生・存在する。それぞれの宇宙にはそれぞれの物理法則があるだろうが、無数存在するのだから、それらのなかの一つが、知的生命体の現れる可能性を持った物理法則の支配する宇宙であったとしてもおかしくはない。そういう宇宙だけが知的生命体を生み出し、それによって認識されることができるので、物理法則が生命にとって都合のいいものであるのは当然のことである。我々の宇宙が誕生したのは確率の問題に過ぎない――おそろしく低い確率には違いないから「たまたま」ではあるけれど、可能性としてまちがいなくあったのだ。超越者の意志など問題にはならない。

ただ、この「多宇宙論（multiverse）」は確かめることができない。他の宇宙はこの宇宙と異なる物理法則が支配しているから、この宇宙の物理法則では観測できないのである。しかし、ここまでの科学的知見から導き出されたという点で、多宇宙論は「神の意志」説よりもずっと信憑（しんぴょう）性が高いように思える。

英雄の時代・鉄の時代・・・わし座〔別伝〕

F

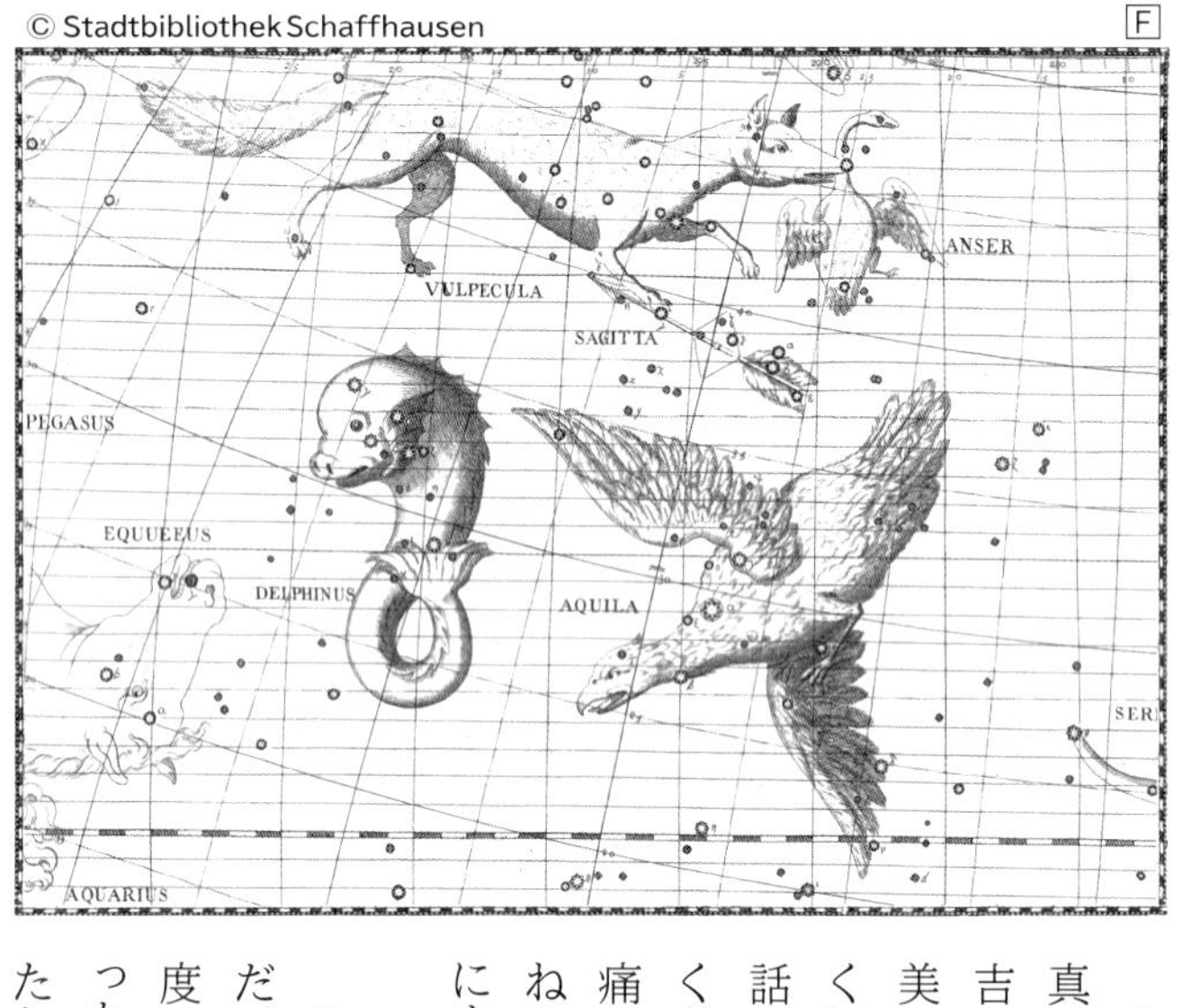

鳥の王たる鷲は、神々の王ゼウスの鳥である。陽に向かって真っすぐに飛び、ティタノマキアにおいてはオリュムポス神族に吉兆を与えた。ゼウスの霆を運び、ときには遣いとなる。特に、美少年ガニュメデスをイデ山の牧場からさらったときの話がよく知られている（みずがめ座参照）。だが、わし座にはもう一つ別の話が伝えられている。ここでは、その話をしよう。この話に出てくる鷲は、カウカソスの山でプロメテウスに絶えることのない苦痛を与えていた大鷲である。わし座にはプロメテウスの話が重ねられているのだ。まずは、ここまでの人類の時代区分を手短にまとめよう（おとめ座〔別伝〕参照）。

黄金の時代、白銀の時代、青銅の時代と、人類は三度滅んだ。一度目はティタノマキアの巻き添えを食らったためで、二度目と三度目はゼウスの仕業である。プロメテウスが土から創った人間たちを霆で焼き尽くし、梣の木から自ら創った人間たちさえ水底に沈めてしまった。

しかし、ゼウスによる二度の災厄を逃れた人々もいた。デウカリオンとピュラは劫火を逃れた後、プロメテウスの言葉に従い箱船を造って、大洪水からも逃れることができた。それに加えて、二人が肩越しに投げた石から、大地母神ガイアの力を得て、新しい人間たちが生まれた。また、わずかながら、高い山に登り大洪水を生き延びた旧世代の人たちもいた。これらの人類は四度地上に広がっていった。

ここから新しい時代が始まる。「英雄の時代」である。この時代、神々はオリュムポス山の天上に住んでいたが、たびたび地上に姿を現し、人々と関わった。そして、ヘラクレスやテセウス……神々の血を引く半神半人の英雄たちが神の声を聞いて、気まぐれな「神の正義」を行った。ヘラスのあちらこちらで名誉を求めて、怪物を退治し、冒険に出、神にも等しい活躍をした。

だが、力を誇る者が多く生きる時代は、互いに争う時代でもある。英雄の時代は、青銅の時代にも増して、大きな戦争が度々あった。なかでもトロイア戦争は、人間の数を減らすためにゼウスが仕組んだ戦であるとも言われ、多くの英雄がトロイア側とヘラス側に分かれて戦い、神々も双方の味方をして直接的・間接的に人間の戦いに加わったために、それまでにない多くの人々の命が失われることとなった。

そもそも、戦争の発端は三人の女神の意地の張り合いにある。テティスとペレウスの婚儀の宴が開かれたとき、その席に招かれなかった争いの神エリスが黄金の林檎を、最も美しい女神に捧げると、宴席に投げ込んだことがきっかけだ。この林檎を巡って、結婚（むすび）と権力（ちから）の神ヘラと知と戦の神アテナと美と愛の神アプロディテが争った。通常なら最終の審判は神々の王の役割となるところを、老獪（ろうかい）なゼウスは、選ばなかった者から後々恨まれたくないために、判定をトロイアの王子パリスにまるまる委ねた。三人の女神は彼に、自分を選んでくれたらと、それぞれ褒賞を示した。ヘラは全人類の王となることを、アテナはすべての戦いで勝利することを、アプロディテは絶世の美女ヘレネとの結婚を――トロイアの王子が選んだのはアプロディテだった。だが、ヘレネは既にスパルタの王后となっていた。だからパリスは彼女をさらわなければならなかったが、アプロディテが裏から力を貸してくれたため、ヘレネを王宮から連れ出しトロイアへ連れ去ることに成功した。妻を奪われたスパルタ王メネラオスは、ヘレネの結婚に際して求婚者たちで交わした申し合わせを持ち出し、ヘラスの国々に呼びかけた。その申し合わせとは、誰が結婚相手に選ばれようとも、その婿に難事が起こったときは求婚者みなで協力し助ける、というものであった。かくしてスパルタ王后を取り戻すべく全ヘラスから兵が集まり、軍が結成された。ここに、パリスを守ろうとするトロイア軍との戦争が始まる。戦闘の中で双方、数多くの英雄たちが命を落としていった。彼らは死後、幸福の野エリュシオンで幸せに暮らしたというが、地上に英雄は残らなかった。これ以降が「鉄の時代」である。

しかし、ここで話を「鉄の時代」に進めるのは、本当は早すぎる。「英雄の時代」には、数多くの英雄が数多くの難業を成し、あまたの戦いを繰り返し、あげくにトロイア戦争の後、みな姿を消していった。そこには人類の栄光と悲惨がある。だから、人というものを識るためには、「英雄の時代」の多様な出来事が語られねばならないのだ。けれども、それには多くの時間を必要とする。いまは人類全体の歴史についてのみ述べようと思うので、英雄それぞれについて語るのは別の機会があればということにしたい。ここから、話の初めに戻って、大地の神ガイアの血を濃く受け継ぐ神、人類に関わりの深い神、人間に味方したとして天空の神ゼウスから劫罰を与えられた神、我が兄、プロメテウスの話をすることにしよう。

プロメテウスはアテナと同じく、知恵の神である。しかしアテナと違って、人間に大きな関心を持つ神である。そもそも白銀の時代は、彼が新しい人類を創ったことに始まったのだった。供えられた獣の肉を人と神が分け合ったとき、脂肪で包んだ骨と、皮で包んだ肉・内臓とに分け、ゼウスに前者を選ばせ、人に肉をもたらした。怒った神王が人に火を与えなかったため途方に暮れる人類に、プロメテウスは火をヘパイストスの鍛冶場から盗み出し、料理の火と明るい灯、そして暖かい冬を贈ってやった。

だが、それはゼウスの望むところではなかった。彼は、人間に火を与えたことで、プロメテウスを罰することにした。しかし、その前に、取引を持ちかけた。気がかりな予言の秘密を彼が知っていたからである。その予言とは、或る女神に子どもが生まれれば、その子は父に勝るというものである。もしゼウスがその女神との間に子どもをつくれば、祖父ウラノスが父クロノスに倒されたように、また父クロノスがゼウス自身に追い払われたように、我が子によって王位を奪い取られることになる。そのことを神王は最も恐れていた。予言自体は既にガイアによって掟神テミスを通してなされていたから、彼自身も知っていたのだが、「或る女神」というのが誰であるのか、それがわからないでいた。このままでは、女神すべてに手を出せない。ゼウスはどうしても女神の名を知りたかった。噂によれば、プロメテウスはガイアから教えられているらしい。そこで、名前を教えてくれれば、かわりに、火を持ち出した罪は問わないことにしよう——ゼウスはプロメテウスにそう持ちかけたのだった。

祖父ウラノスも、父クロノスも王座を手放そうとはしなかった。神は譲るということをしない。ゼウスも、なんとしても王の地位を守ろうとした。最初の妻メティスが身ごもったときには、そのとき生まれてくる子どもが男の子であったら、その子に取って代わられることになる、という予言が、やはりガイアによってテミスを通してなされていたために、ゼウスは、クロノスがしたように、いやそれ以上にむごいかもしれない、お腹の子どもごとメティスを丸呑みにした。

ちなみに、メティスの子どもはゼウスの体の中で育ち、月満ちて、彼の頭から生まれてきた。頭痛に苦しむゼウスの頭を斧で割り、子どもが出てこられるようにしたのはプロメテウスであるともいう。赤子は、成人した姿で、鎧を着、兜を被り、左手には楯、右手には槍を持って生まれてきた。これが知恵と戦いの神、アテナである。女神だった。ゼウスはほっとしたに違いない（やぎ座参照）。

子どもを成さなければいいわけだから、他の女神や人間の女たちと交わることをやめればよさそうなものだが、好色なゼウスにそれはできない相談である。また、女神たちにすれば神々の王と交われることは栄誉であり、人間たちにとっても多くの場合、最高神の子を持つことは家の格を高めることだった。だから、ゼウスはあちらこちらと出かけなければならなかった――そういう事情もある。

ゼウスはプロメテウスに、罪は忘れてやる、かわりに秘密を明らかにしろ、と強く迫った。けれども、我が兄は首を横に振ったのだった。先に考える神は、神と人との未来を予測して、いまは、ゼウスにどのような罰を与えられようとも、教えない方がいいと判断したのである。

怒りに震えるゼウスの与えた罰は恐ろしいものだった。プロメテウスをカウカサス山の岩壁に鎖でつなぎ、その肝を、テュポンとエキドナの子である大鷲についばませたのである。生きながら大きな嘴で腹を裂かれ、つつかれる激痛を想像してほしい（ちなみに、このとき流れる血が大地に落ちて花を咲かせ、その草の根から、これをどこでどう手に入れたのか知らないが、メディアが、皮膚に塗れば斬られても傷つかない薬を作ったという）。さらに、この状況となっては都合の悪いことに、プロメテウスはケイローンから不死性を譲られていた(ケンタウロス座参照)。昼間食われた肝も、夜の間に再生する。だから、肝を食われる激痛が次の日もまた繰り返される。プロメテウスの苦しみは日々絶えることがなかった。オケアノスとヘルメスが、ゼウスの命を受けて説得に来たことがあるけれど、プロメテウスは彼らの言葉にも従わなかった。ゼウスは腹立ちまぎれに、関係のないオケアノスの娘を奈落に落としたとも言われる。

もう終わらないのではと思えるほど繰り返し苦痛を味わっているなか、プロメテウスの許にやって来たのが、ゼウスの血を継ぐヘラクレスである。彼が十二の難業の一つ、ヘスペリデスの園の黄金の林檎を取りに行ったときのこと、園への道を聞くために立ち寄ったのだった。出会ったプロメテウスといえば、高くそびえる岩壁に張り付けられていた。金剛の手枷足枷(てかせあしかせ)をされ、胴体に巻かれた青銅の鎖を鋼鉄づくりの釘かすがいで大岩に留められ、直立させられたままで膝を折ることも叶わなかった。昼は太陽の焼けつく炎に身を焦がされ、夜は氷室の中のような大気に身を凍らされていた。その肝臓を、大鷲がつついていた。

痛みに顔を歪めるプロメテウスを見て、ヘラクレスは、ヒュドラの毒を塗った矢をつがえ、大鷲を狙った。放たれた矢はみごとに大鷲の心臓を貫き、プロメテウスを数万年の苦痛から解き放った。この大鷲が、わし座のもう一つの話の鷲である。

ヘラクレスは、プロメテウスを岩壁に縛り付けていた鎖を解いた。座り込んだプロメテウスは、腕をさすりながらヘラクレスに笑顔を見せ、そして教えた――きみがいつかここに来るだろうと思っていた。ヘスペリデスの林檎のことだろう。園の番人は、私の兄のアトラスの娘たちがしている。だから、西の果てに行き、世界をその肩に担う兄に、取りに行ってくれるよう頼めば、争いを起こすことなく手に入れられるはずだ。

だがもう一つ、それ以上に大事な秘密を、プロメテウスはヘラクレスに打ち明けた——海の老人ネーレウスにテティスという娘がいる。ゼウスは彼女にご執心だ。だが、彼女が産むことになる子どもは、その父親を凌ぐことに定められている。だから、神々の王が彼女から子を得れば、その子に王の座を奪い取られることになる。オリュムポスの永遠の支配は望めない。

これがガイアの「もう一つの予言」なのだと、プロメテウスは付け加えた。ヘラクレスは、自分が知ればいずれゼウスも知ることになる、それでかまわないのか、と驚いた。その心を見透かしたかのように、プロメテウスは続けた——オリュムポスの高みに座す神々の支配は、大地の巨人ギガースたちとの戦いに勝利したことによって盤石なものとなった。天空の神ゼウスは、その後現れた大地の神獣テュポンも倒し、自身が神々の上に立つものであることを示した。やがて、神々はみな、その働きをゼウスのものとされるようになる。つまり、ゼウスは全知全能、絶対の神となるのだ。他の神々は名ばかりが残り、実際にはゼウスが、彼以外に神はない、唯一の神となる。ゼウスは元来、天空の神だ。地上の人間の個々の営みに関心はない。唯一絶対無関心の神となったいま、人間の前から姿を消すだろう。かつては神々が肉体を持って人々の前に現れ関わったけれど、いまはもう、人がたとえ望んだとしても、姿を現すことはなく、声を聞かせてくれることもない。人は神なしで、人だけで、大地で暮らすしか仕方がなくなる。だがしかし、いいか「だがしかし」だ。ここで、逆転が起きる。神が実体を持たず、声も発さないということは、神が「真実、神でないとしても、そうであるとしておく」もの、つまり「仮想体」にすぎなくなるということだ。これは、大地が完全に人のものになることを意味する。地上のものが地上のものの意志で地上に生きる。それこそが大地の神ガイアの望みなのだ。私はその望みのために、大鷲に肝臓を日ごとついばまれる痛みにも耐えてきた。ゼウスが神の世界そのものとなるいま、人の世界は人のものとなる。人は「もはや神々の意を迎える義務は何も負わぬ」。だから、秘密はもう秘密でなくなる方がよいのだ……

どうしていまなのだ、もっと早くにテティスの名を告げていれば、肝を食らわれる痛みを味わわずにすんだではないか、とヘラクレスは聞いた。プロメテウスは笑みを浮かべて答えた――もう少しすれば、トロイアで戦が起きるだろう。全ヘラス対トロイアの、これまでにない大きな戦争になる。多くの英雄たちが死に、英雄の時代は終わりを迎える。その戦争において、テティスと人間の男の間に生まれ育った男が、大きな働きをする。彼の存在が、そしてその死が英雄の時代を終わらせる決め手になる。ただの人の時代、後の世では「鉄の時代」と呼ばれる時代が始まる。神なくして、神に依らず、人が生きる時代を可能にするためには、テティスの子、アキレウスを、待たねばならなかったのだ。

オリュムポスの宮殿でヘラクレスからガイアの予言を、つまり子を成してはならない女神はテティスであると聞いたゼウスは、プロメテウスを許すことにした。ただし、神王の意の下にあるのだと意識させるために、カウカソスの岩と縛り付けていた鎖から作った指輪を常にはめていることを命じたけれど。もっとも、そんなものはプロメテウスにとって、ただの指輪でしかなかったのだけれど。

最後に、「鉄の時代」について少しだけ語っておこう。トロイア戦争が終わり、その知略でヘラス軍に勝利をもたらしたオデュッセウスが、神の怒りに触れて諸国をさまよった後、ようやく故郷に帰ってから、プロメテウスの言ったように、神々は人前に姿を現さなくなった。オリュムポスの神々は、ゼウスが頂点に君臨することで次第に姿を消していき、最後にゼウスただ一人が残った。そのゼウスもやがて、人々の前に現れることはなくなった。人々はそれぞれの神の名で社を立て、祭ってはいるが、その大本（おおもと）にはゼウスがいる。そのゼウスが姿を見せないのだから、神の座は空っぽだ。ただ、神はいないということは言えないので、人々はみな、誰かが神の王座に座っているようなふりをしている。

神々が黄昏（たそがれ）を迎え、結局、ただの人間だけが大地にいる。これが「鉄の時代」だ。神々が退いたため、人は神の声を聞けなくなり、自分自身に問わざるを得なかった。しかし、逆にこのことが知恵を育てることになった。より多くの食物を作れるようになり、鉄や金などの資源をたくさん掘り出せるようになり、さまざまの便利な道具を生み出せるようになった。物が豊かになり、知識・技術も広く深くなっていった。そのなかで、歴史という考え方も生まれた。プロメテウスの言葉はここに実現したわけである。

しかし、発展とともに人は自覚することを忘れ、個人の欲をただ膨らませるようになっていった。より多くの富を求めて互いに争うようになり、世の中には、個人間の小さなものから国家間の大きなものまで、争いの絶えることがない。英雄はもはやいず、あの時代のように特定の者だけが戦うということはない。すべての人が騙し合い足を引っ張り合って争う世の中になった。いまはまさに「鉄の時代」だ。

私、エピメテウスの語りはこれで終わることにしよう。ここから先は、これから起こることだ。それを予測するのはプロメテウスが担うべきことである。私の仕事は記録し、残すことだ。そして、そこに何らかの理念があるのではないかと考えることだ。考えても、私には確たるものを見つけることはできないだろう。だが、兄ならば見通しをつけることができるかもしれない。未来は、我が兄に語らせよう。

わし座のアルタイル、こと座のヴェガ、はくちょう座のデネブを結んで、「夏の大三角」と呼ぶ。わし座は元来アルタイルとその両隣の星（三ツ星）だけで構成され、天の川の向かいにあること座のヴェガと一対に考えられていた。ヴェガと両隣の星をつないだ形が「＞」となって、羽をすぼめた「落ちる鷲」であるのに対し、アルタイルの三ツ星は羽を広げた「飛ぶ鷲」である。鳥（はくちょう座）が近くにいるための連想かもしれないが、川の両側で向かい合うものは、一組にして考えられるもののようだ。

恒星の最期―太陽系・地球の最期

⑸**太陽系**　太陽は水素とヘリウムを主成分とし、太陽系の全質量の99％以上を占め、その重力で太陽系内のすべての天体を引き留めている。太陽系の全体構造は、太陽に近い順に言うと、まず水星・金星・地球・火星の岩石惑星（地球型惑星。主成分は、原始惑星系円盤内でも固体として存在していた珪素・鉄・ニッケルなどの高融点化合物）があり、それらを取り囲む形で岩石微惑星と、原始惑星の破片からなる小惑星帯があり、その外側に木星・土星の巨大ガス惑星（木星型惑星。主成分は、気体として存在していた水素・ヘリウム・ネオンなどの低融点で蒸気圧の高い物質）と、天王星・海王星の巨大氷惑星（天王星型惑星。主成分は、水やメタンの氷）がある。そして、その外側には氷微惑星が「（エッジワース）カイパーベルト」として円盤状に、さらに外側には「オールトの雲」として球殻状に存在している。

太陽系の8惑星はみな、地球が太陽の周りを公転するときの軌道平面とほぼ同じ平面上を、北極から見て反時計回りで公転している。惑星の軌道はほぼ円形であるが、厳密には太陽を一つの焦点とする楕円軌道である。太陽に近いほど、その重力の影響で公転速度は速くなる（水星は0・241年、海王星は164・79年で太陽を一周する）。水星と金星を除き、惑星は、周囲を公転している衛星（いわゆる月）を持つ。四つの巨大惑星の場合は、その周囲を公転する小天体からなる「環（わ）」も持っている。

太陽の直径を1ｍとした場合、地球は1㎝弱の球で107ｍ離れており、最大の木星でも10㎝ほどで距離は560ｍほどになり、最遠の海王星は3.6㎝の大きさで3200ｍ先の位置にある。ちなみに、この縮尺でいくと、太陽の重力は13400㎞先まで及んでいることになる。

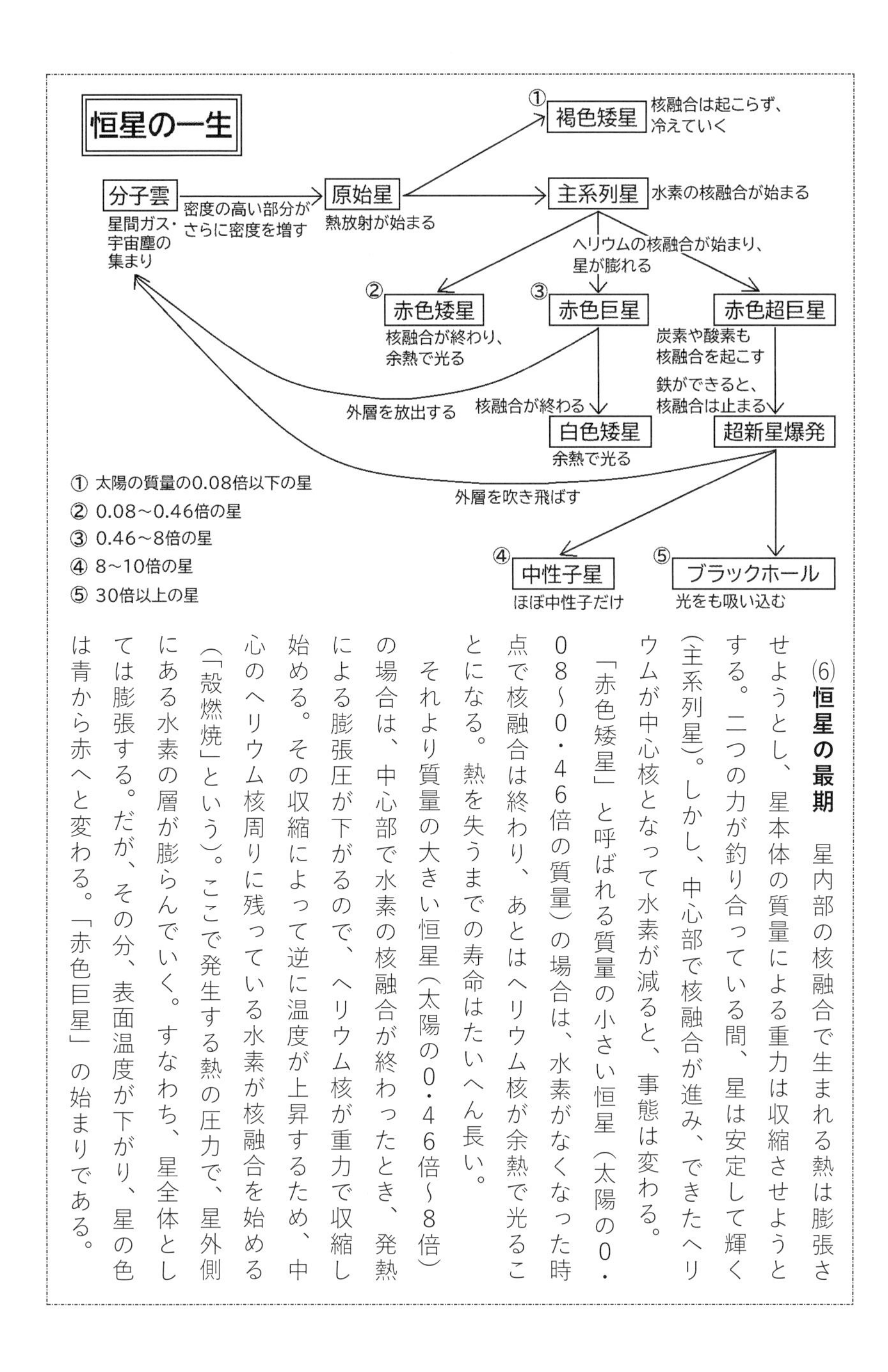

⑹ 恒星の最期　星内部の核融合で生まれる熱は膨張させようとし、星本体の質量による重力は収縮させようとする。二つの力が釣り合っている間、星は安定して輝く（主系列星）。しかし、中心部で核融合が進み、できたヘリウムが中心核となって水素が減ると、事態は変わる。

「赤色矮星」と呼ばれる質量の小さい恒星（太陽の0・08〜0・46倍の質量）の場合は、水素がなくなった時点で核融合は終わり、あとはヘリウム核が余熱で光ることになる。熱を失うまでの寿命はたいへん長い。

それより質量の大きい恒星（太陽の0・46倍〜8倍）の場合は、中心部で水素の核融合が終わったとき、発熱による膨張圧が下がるので、ヘリウム核が重力で収縮し始める。その収縮によって逆に温度が上昇するため、中心のヘリウム核周りに残っている水素が核融合を始める（「殻燃焼」という）。ここで発生する熱の圧力で、星外側にある水素の層が膨らんでいく。すなわち、星全体としては膨張する。だが、その分、表面温度が下がり、星の色は青から赤へと変わる。「赤色巨星」の始まりである。

重力収縮による発熱でヘリウムも核融合を始めると、炭素や酸素が生まれ、新たな核となっていく。ヘリウムの核融合が進めば、水素の殻燃焼は弱まり、膨張時よりも収縮して、星はいったん安定する。しかし、中心部のヘリウムの核融合が終わると、炭素・酸素核の収縮によって、今度はヘリウムの殻燃焼が起こり、再び星は膨張する。星の外層の重力が弱くなるので、外層は宇宙空間に放出されていく。

やがて核融合がすべて止まると、電子の縮退（電子をこれ以上詰め込めないほど詰め込んだ状態）の圧力によって重力収縮に抗していた中心核が剝き出しになる。これが、超高温（1万℃）超高密度（1㎤で1億ｔ）の「白色矮星」で、余熱で光を放つことになる。その紫外線を受け、放出され広がっていた星外層のガスは「惑星状星雲」として輝く。太陽はこの過程を踏むことになると考えられている。

さらに質量の大きい恒星（太陽の8～10倍）は、ヘリウム後も、炭素や酸素が核融合を起こすようになる（「赤色超巨星」）。生じるのはネオンやマグネシウム、珪素で、酸素とともに玉葱状の層をつくる。核融合が発する熱は核融合する物質の減少とともに少なくなるので、内部の膨張圧は小さくなっていく。一方、中心核の質量は核融合の生成物によって増えていく。こうなれば重力収縮が起きそうだが、中心核は陽子に電子を取り込んで中性子となり、その縮退圧で重力を支えている。しかし、核融合がさらに衰え、膨張圧・縮退圧が重力を上回れなくなると、星全体が急激に収縮する。中心部の収縮は、中性子の密度が高くなったとき急停止するが、内部へと落ち込んできた周辺部は、中心核と衝突して、そのとき生じた衝撃波によって跳ね返され、宇宙空間へと吹き飛ばされる。これが「超新星爆発」である。飛び散った元素は宇宙空間に広がり、あとには、ほぼ中性子だけを成分とする「中性子星」が残る。他の場合もそうだが、恒星の最期に宇宙空間に放出された元素は、次の世代の恒星・惑星の材料となる。

さらにさらに質量の大きい恒星（太陽の30倍以上）だと、核融合は炭素や酸素からもっと進んで、珪素や鉄も生まれるようになる。鉄が中心核となると、鉄の原子核は結合エネルギーが最大であるため、それ以上の核融合は起こらなくなる。熱の発生が止まるので、膨張させる力はなくなる。鉄の中心核は重力で収縮を始め、光子を吸収してヘリウムと中性子に分解する。これは吸熱反応であるから、中心核は熱による膨張力をさらに失う。その結果、中心核すら重力に抗しきれなくなり、星全体が潰れ、超新星爆発を起こす。あとには、中性子星を通り越して、すべてを吸い込む「ブラックホール」が生まれる。

恒星がどのような一生を送るかは、生まれたときの質量によって決まるのだ。質量の大きい星は明るく輝くが、それは核融合が激しいということだから、燃料の消費も速いわけで、したがってその一生は短い。質量の小さい星はその逆で、輝きは暗いけれど、長い一生を送る。ちなみに、太陽の寿命は100億年ほどで、現在は46億年ほど経過した時点にあると言われている。

⑺**地球の最期**　太陽が赤色巨星になり、星外層のガスを宇宙空間へ放出するようになると、太陽本体の質量は次第に小さくなっていく。その結果、太陽の重力は低下し、惑星は現在よりも太陽から離れたところを公転するようになる。しかし、それと同時に、重力の低下は太陽自体の膨張も招くので、水星と金星は膨らんだ太陽に呑み込まれてしまう。土星の輪は蒸発する。地球は、距離が近くなった太陽によって大気が失われ、海洋が干上がり、灼熱の星と化す。太陽重力が弱くなっているので、太陽系の外に飛んでいってしまうかもしれない。系内に残ったとしても、太陽がより巨大化したとき、軽くなった太陽に対しさらに公転軌道を広げているものの、太陽の重力（潮汐力）によってばらばらにされ、その破片は蒸発する。太陽系には火星よりも遠い惑星が残るだけとなる。

宇宙の終焉

(8)**宇宙の終焉**　現在から終焉に至るまでの宇宙の未来は、これまでの観測結果および理論的研究に基づいて予想されたシナリオが、主要なものに限れば、三つある。それらに共通する部分から見ていくと……最初に、近くにある銀河どうしが互いの重力で引き合い、衝突合体してより大きな銀河になる。それに留まらず、銀河群・団の中の銀河は次々と衝突合体していき、最後は一つの超巨大楕円銀河となる。

銀河群・団ごとに超巨大楕円銀河ができるが、この超巨大銀河どうしは衝突合体しない。もちろん両者の間に重力は働くのだが、その引き合う力よりも、宇宙全体が膨張していく勢いの方が大きいため、超巨大銀河どうしは離れていくのである。やがて膨張速度が光速を超えると（これは、銀河の移動が光速を超えるということではない。空間自体が超光速で膨張するのだ。間違えないように）、離れていく速度が光速を上回ることになるから、遠ざかる銀河の発する光がこちらに届くことはなくなる。それゆえ、或る星から宇宙を見渡した場合、その星が属する超巨大銀河内の星々が見えるだけで、他の超巨大銀河が見えることはない。そこに知的存在がいたとすれば、自分がいる銀河が宇宙のすべてだと思うだろう。

一つの超巨大楕円銀河について言うと、個々の銀河が衝突合体していく時点では、星間ガスが圧縮されるので、数多くの恒星が生まれる。だが、恒星はやがて燃え尽き、白色矮星、あるいは中性子星、またあるいはブラックホールとなる。それぞれ、その最終段階で新たな星間ガスを放出するものの、その中には、恒星内であるいは爆発時に生まれた重い元素が多くなり、水素は減っていく。つまり、最初の核融合の原料が少なくなっていくわけだから、新たな恒星が生まれることはなくなっていく。

余熱で輝いていた白色矮星は次第に熱を失い、光も失って「黒色矮星」となる。質量の小さい赤色矮星は比較的長く光り続けるが、やはり白色矮星となり、冷えて輝きをなくす。中性子星は、可視光線を発さない。ブラックホールは光も呑み込む。要するに、銀河は次第に暗くなっていくのだ。天体どうしが衝突するとき、あるいはブラックホールが天体を呑み込むときを除いて、銀河は闇に閉ざされる。

そして銀河は最終的に、合体を繰り返して巨大化していったブラックホールにすべて呑み込まれ、一つの超大質量のブラックホールが生まれる。銀河から逃れ、ブラックホールに呑み込まれなかった天体があったとしても、いずれは陽子崩壊で原子が壊れるため、結局は消滅してしまう。

ブラックホールも、呑み込めるものがなくなると、非常に長い時間がかかるけれど、熱放射によって質量を失い「蒸発」する。現時点では宇宙(背景放射)の温度の方がブラックホールの温度より高いので、ブラックホールが熱を吸収しているけれど、宇宙が膨張して宇宙の温度の方が低くなれば、ブラックホールが熱を放射することになり、その結果ブラックホールは消滅する、というのである。粒子で説明すれば、ブラックホールには、ここまでなら引き返せる・ここからは吸い込まれるという「事象の地平線」があるが、その場所で真空から粒子と反粒子が対生成した場合、たいていは対消滅するのだが、ブラックホールには強大な重力があるため、一方が事象の地平線を越えてしまうのに、他方はこちら側に残されるという事態も起こりうる。そのとき、吸い込まれた方の粒子は負のエネルギーを持つことになり、ブラックホールのエネルギー＝質量を奪うので、ブラックホールは次第に蒸発していく、ということになる(ただ、わからないことがある。エネルギーが負になるのは事象の地平線を超えると時間の方向が逆向きになるからだ、と言われるのだが、なぜ時間が逆向きになるのだろう)。

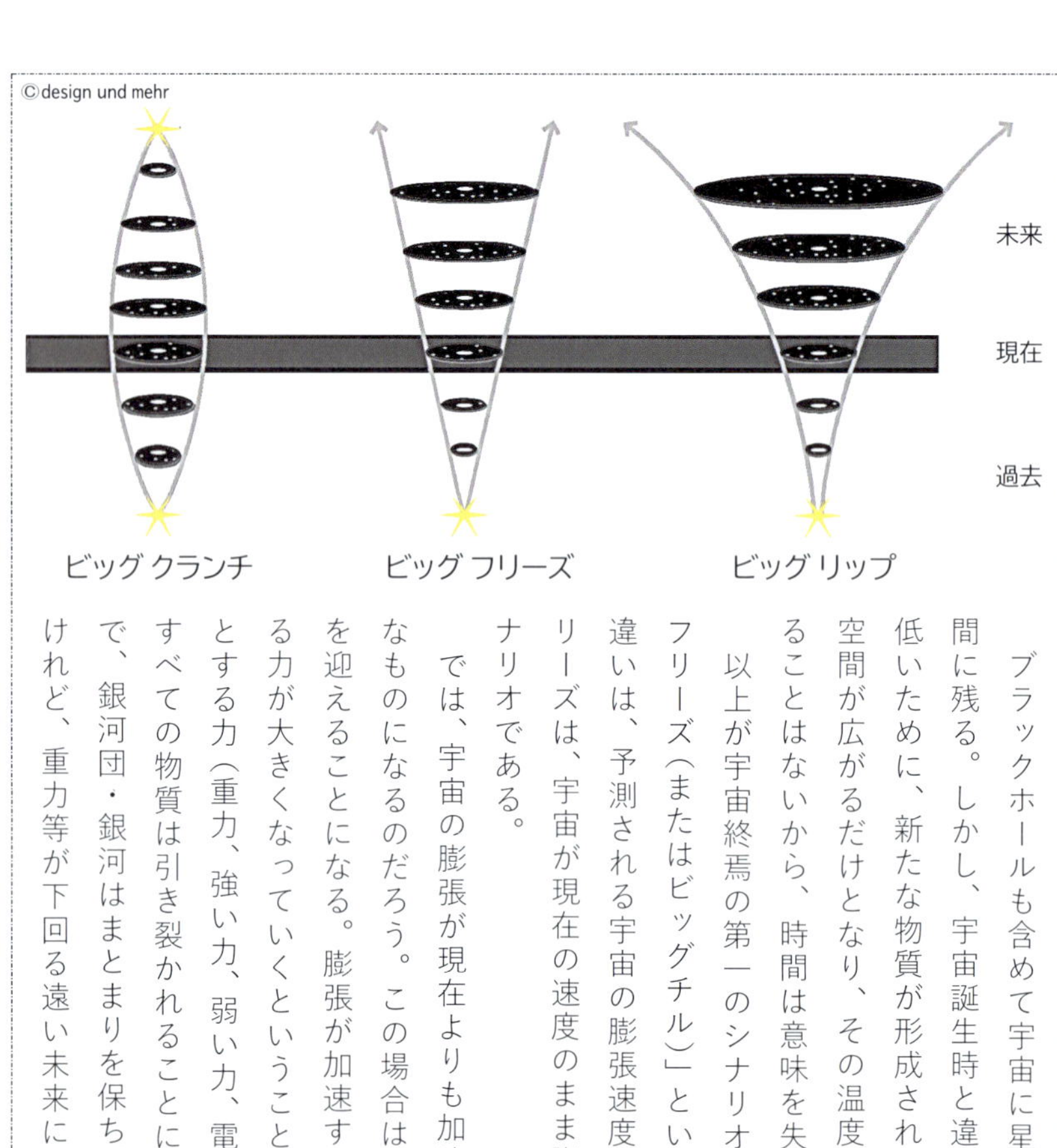

ブラックホールも含めて宇宙に星はなくなり、素粒子だけが宇宙空間に残る。しかし、宇宙誕生時と違って、密度・温度がはなはだしく低いために、新たな物質が形成されることはもうない。宇宙は暗黒の空間が広がるだけとなり、その温度は絶対零度へと向かう。何も起こることはないから、時間は意味を失う。

以上が宇宙終焉の第一のシナリオである。この終わり方を「ビッグフリーズ(またはビッグチル)」という。宇宙終焉の三つのシナリオの違いは、予測される宇宙の膨張速度の違いによるものだが、ビッグフリーズは、宇宙が現在の速度のまま膨張していくと予想したときのシナリオである。

では、宇宙の膨張が現在よりも加速する場合のシナリオはどのようなものになるのだろう。この場合は「ビッグリップ」と呼ばれる結末を迎えることになる。膨張が加速するということは、引き離そうとする力が大きくなっていくということだから、その力が、結びつけようとする力(重力、強い力、弱い力、電磁気力)より大きくなったとき、すべての物質は引き裂かれることになる。いまは重力等の方が強いので、銀河団・銀河はまとまりを保ち、物質は物質として存在しているけれど、重力等が下回る遠い未来には、銀河団も銀河も散り散りになり、恒星や惑星もばらばらになり、それどころか最終的にすべての物質は壊れてしまうというのである。原子核に至るまで崩壊し、ただ素粒子だけが宇宙を飛んでいる状態になり、宇宙は死を迎える。

第三のシナリオは、膨張速度が負の場合、つまり宇宙が収縮に反転する場合である。空間が小さくなっていくに従い、銀河は合体し、ブラックホールは巨大化し、宇宙の物質密度は高くなっていく。また、宇宙背景放射の波長も短くなり、宇宙の温度は上がっていく。そして最後はビッグバンのような状態になって、一点に潰れる。この結末は「ビッグクランチ」と呼ばれる。ビッグバン状態の後、宇宙は再び膨張していくと考える「ビッグバウンス」説もある。宇宙は永劫に回帰すると考えるのだ。

宇宙の未来を決める宇宙の膨張速度は、斥け合う力と引き合う力の釣り合いで決まる。膨張力が重力よりも大きければ、宇宙は膨張し(ビッグフリーズ)、特にその違いが大きければ膨張が加速し(ビッグリップ)、重力が膨張力に勝れば、宇宙空間は収縮へと向かう(ビッグクランチ)。

では、どちらの力がどれだけ強いのか。これまでは、現在の斥ける力はビッグバンの名残の空間膨張の力で、引き合う力は宇宙全体の質量による重力だと考えられ、いずれ重力が上回るであろうと思われてきた。ところが、近年の観測によって、どうやら宇宙の膨張は再加速しているらしいということがわかってきた。しかし、現在その存在がわかっている物質・エネルギーだけでは、膨張の再加速を説明することができない。現在観測しうる以上の何かが、引き合う力と斥け合う力のどちらにもあるようなのだ。その何かは、引力に関しては「暗黒物質(ダークマター)」、斥力に関しては「暗黒エネルギー(ダークエネルギー)」と呼ばれている(念のために言っておくが、「暗黒(ダーク)」というのは「正体不明」ということで名づけられた名称であって、「悪い」とか「困った」という意味はない)。

ダークマターは、宇宙に濃淡を持って分布する、見えないし触れないけれど質量は持っている、という不思議な物質である。銀河団において銀河を、銀河において星々をまとめているのは重力であるが、観測できる物質の質量だけでは、まとめるに足る重力を生むことはできない。見えないダークマターが全体を包みこんでいればこそ十分な重力が生まれ、銀河団・銀河はひとまとまりでいることができると考えられている。恒星の誕生に際しても、星間ガスだけでは核融合を始めるだけの重力を得ることはできず、見えないダークマターの存在が不可欠であるという。

ダークエネルギーとは、宇宙全体に広がり宇宙を膨張させるエネルギーである。物質があれば重力が働き、互いに引き合うことになるから、宇宙はいずれ収縮に向かうと考えてもおかしくはない。ところが観測結果は、膨張が現在も加速していることを示していた。これは、空間を広げようとする、いわば負の重力として働くエネルギーがあるからに違いないと想定されたのが、ダークエネルギーである。空間を押し広げるとき、通常のエネルギーなら、広げるのに使った分だけ減ってしまうが、ダークエネルギーは逆方向のエネルギーであるから、空間が広がれば、その分増えることになる。つまり、空間が膨張しても密度は変わらないという不思議なエネルギーである。

いずれもまだ正体不明で、仮説的存在に留まっているが、宇宙の全質量とエネルギーを計算してみたところ、原子などのふつうの物質は5％に過ぎないのに対し、ダークマターは26％、ダークエネルギーは69％もあることになるそうである。したがって、宇宙がこのまま膨張していくのか、加速膨張していくのか、あるいは収縮に転じるのか、鍵を握っているのはダークマターとダークエネルギー、特にダークエネルギーということになる。その解明が進まないことには、宇宙の終焉は明らかにならない。

ただもう一つ、四つ目の宇宙終焉のシナリオがある。それは、宇宙の膨張・収縮とは関係なしに、「真空崩壊」が現在の宇宙を破壊するというものである。

量子論では真空もエネルギーを持つと考えられているが、エネルギーは安定した方向、つまりより低い状態に向かおうとする。だから真空も、エネルギーの高い「偽の真空」から、低い「真の真空」に移行する。現在の宇宙は安定した真の真空状態にあると思われてきたのだが、最近の研究によると、安定状態のように見えたとしても実は偽の真空である、という可能性を否定できないらしい。もし現在の宇宙が偽の真空状態にあるのなら、真の真空へトンネル効果で相転移を起こすこともありうる。

宇宙空間のどこかでこの相転移、つまり真空崩壊が発生すれば、その領域はいわば真の真空の「泡」となって宇宙に、最後はほぼ光速で、広がっていく。泡に呑み込まれた空間は、真空の状態が変わるので、これまで通用してきた物理法則が成立しなくなり、原子は形を保てなくなると言われている。やがて宇宙空間は真の真空に侵食し尽くされ、空間はあるものの、現在の宇宙は終わってしまうことになる。これが真空崩壊のシナリオである。

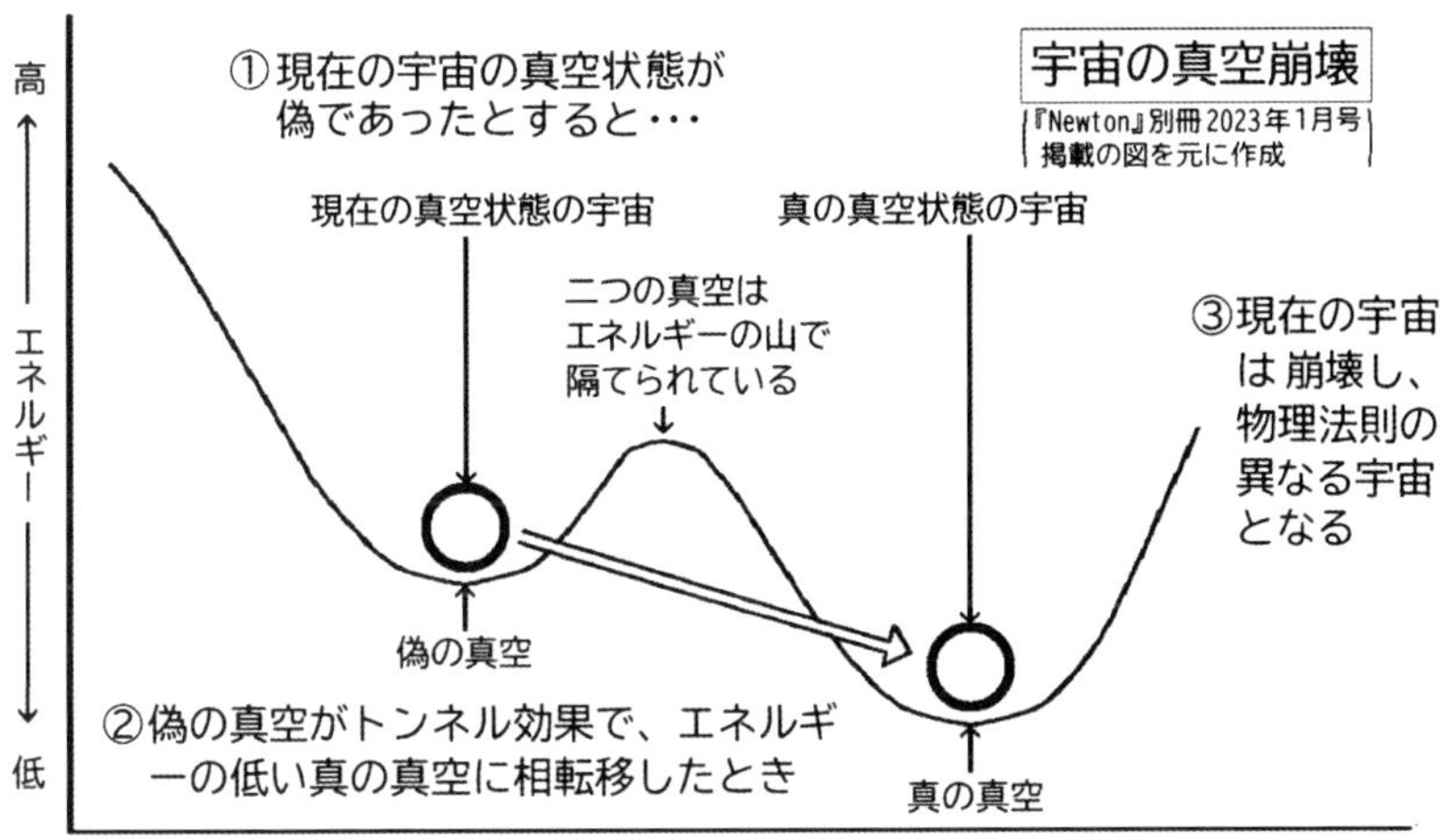

宇宙の真空崩壊

『Newton』別冊2023年1月号掲載の図を元に作成

高 ←— エネルギー —→ 低

①現在の宇宙の真空状態が偽であったとすると・・・

現在の真空状態の宇宙

真の真空状態の宇宙

二つの真空はエネルギーの山で隔てられている

偽の真空

真の真空

②偽の真空がトンネル効果で、エネルギーの低い真の真空に相転移したとき

③現在の宇宙は崩壊し、物理法則の異なる宇宙となる

プロメテウスの予見する

ガイアを元始としてウラノス以下、神々は生まれていった。すべての神々の元は大地である。また人々は土から、つまり大地からかたちづくられた。神と人は、いずれも大地に始まるものなのだ。

神は老いず、死ぬことはない。したがって過去も未来もなく、ゆえに顧みることはない。そのとき生じる意思にただ従うのみ。自己本位で、気儘である。神は成長しない。

英雄たちは神の声を聞き、それに従う。彼らの過剰な行為は、人倫にもとるものであったとしても、ただ神の声に従ったに過ぎない。彼らは死して後、エリュシオンの野で永遠を過ごし、過去と未来を失う。

人に神の声は聞こえない。だから人は迷う。自身で自身に問わねばならない。老いて死ぬ彼らは、過去と未来を持つ。過去を記録して省み、希望を持って未来に臨む。成長せねばならないのは人だけだ。

記録こそは我が弟、エピメテウスの仕事である。確かに、弟は「後になって考える」と笑われる。だが、弟が過去を顧みればこそ、「先んじて考える」とされる私は未来を眺めることができるのだ。私は弟と対になって初めて、展望するプロメテウスでいられる。

記録と展望、対になったエピメテウスとプロメテウスの働きは、神にはないものだ。むしろ、自身で自身に問う人間のありように似ている。私たちは神のなかにあって、驚くほど長寿であるけれど、不死ではない者として生まれた。神よりはむしろ、最初の人間たちに似ているかもしれない。私たち兄弟は、言わば神々のなかの人間なのだ。

私が下すのは、こうなるという予言ではない、こうなるのではという予測だ。実際、パンドラの壺を開けると弟に告げたが、中に希望が入っていたとは、私は読みを誤った。しかし、ガイアの望みに関しては、私は私の予測に確信を持っている。神々は天空へと去り、大地に残るは人のみ。人は大地を離れては生きることができない。大地とともに生きよ、それこそがガイアの願いなのだ。

ガイアは決して桃源郷を望んでいるのではない。人は誤る。大地を汚すこともあるだろう。だが、結末がどうあろうと、ガイアは大地に生きるものを愛おしむ。大地で暮らすものたちの自覚に任せる。遠い未来、いずれはガイア自身も滅びてゆく。人も、そのことを弁えたうえで、願わくは消滅の日を、ガイアに先んずることなく、ともに迎えんことを。

私はガイアとともに、いやガイアと一体となって、人間を見ていく。声はかけない、応じない。ただ見ている。ただし、決して目は逸らさない。人がどのように生きていく＝死んでいくのか。非難しない、絶望しない。ただ見ている、ずっと。

Αποσύνδεση

おわりに

副題を「古代ギリシアの神々・英雄・人々」としましたので、お断りしておきたいことがあります。本書は専門家によるギリシア神話そのものの紹介ではありません。元の物語に自分の判断で手を加えています。登場人物やあらすじは変えていませんが、話の進行は脚色していますし、エピメテウスとプロメテウスの語り、プロメテウスとヘラクレスの対話など、創作した箇所もあります。ですから、そのままのギリシア神話としてではなく、「ギリシア神話圏の読み物」として捉えていただければと思います。

文章を書き始める前に、気をつけようと思ったことが三つあります。

①星座に関連した話になるように。
②個々の話に時間的な矛盾が起きないように。
③話の出典をできるだけ古典ギリシアに限るように。

その①：一口にギリシア神話といっても、ホメロスによる伝承に始まり、伝説に基づく悲劇作品、後世の作家による二次、三次の創作へと続きます。どこからどこまでをそう呼べばいいのか、区切ることは簡単ではありません。たとえ古典古代に限ったとしても、多数の異なる言い伝えがあります。それらすべてに触れることは不可能です。そこで、星座にまつわる物語だけに絞ることにしました。直接つながらない場合も、星座神話に神々・人物の名が出てくれば、その話を取り上げることにしました（アタランテの話だけ例外です）。

星座すべてに神話があるわけではありません。現行の星座の数は八十八ですが、半数の星座は近代になって作られたもので、神話とは無縁です。神話を伴うのは「トレミーの四十八星座」と呼ばれる、プトレマイオス（前二世紀のアレキサンドリアの天文学者。「トレミー」は「プトレマイオス」の英語読み）が制定したとされる星座だけです。ですから、本書で取り上げているのは、この四十八星座です。

その②：ギリシア神話に限りませんが、神話のなかの個々の話には矛盾したものが数多くあります。たとえば、ペルセウスがメドゥサの首でアトラスを石に変えたという話がある一方で、ヘラクレスがヘスペリデスの林檎をアトラスに取りに行ってもらったという話があります。ヘラクレスはペルセウスの末裔ですから、この二つの話は、辻褄が合いません。また、矛盾とはいかないまでも、アプロディテがウラノスの子であったりゼウスの子であったりするように、複数の異なる話がある場合もたくさんあります。

「神話」は、一人の作者が生み出したものではなく、異なる時期に異なる場所で多くの人々のなかに生まれた多くの話をひとまとめにした呼び名です。だから、矛盾した話や異なる説があるのはあたりまえのことです。ただ、後の時代の者は神話を全体として捉えますから、そこに一貫した流れを求めたくなります。そこで、物語が複数ある場合、時間の流れに撞着が起こらないものを選んで記すことにしようと考えました。時間的な矛盾にならないときは、重ねられた話として書くことにしました。

しかし、限界はありました。時間の前後を意識すると、削らねばならない物語・箇所が多数出てくるのです。話がおもしろくなくなったり成り立たなくなったりするので、神は時空を超越して出没するものだと開き直って、矛盾しないように書くことを諦めた箇所も多々あります。ご容赦ください。

その③：「ギリシア・ローマ神話」とならないよう、物語の出典をできる限り古代ギリシアの書籍に限りました。具体的に言うと、ホメロス、ヘシオドスの伝承から、古典悲劇の創作を経て、ヘレニズム期の作品までです。先に述べたように、どこまでを「ギリシア神話」とすればよいのか、線引きは難しいのですが、「全天の星座を神話に結びつけたのはヘレニズム期になってから」ということのようなので、紀元前、少なくとも紀元後すぐの書に限った次第です。ただ、ゼウスがカリスト母子を同時におおぐま・こぐま座にしたというような、ローマの作家の創作であることが明らかな話は、採り上げていません。

しかし、なにぶん専門の研究者ではないので、線引きの乱れはあります。たとえば、おおいに参考にしたアポロドーロスの本は、紀元後に書かれたとされています。しかし、訳書のまえがきに、彼は「ローマの神話伝説を、故意にともいうべきほど完全に無視している」とあったので、それを信用しました。また、アポロドーロスにない場合はヒュギーヌスの本を見たのですが、彼の本の成立は紀元二世紀です。しかしこれも、ギリシア神話をローマの人々に紹介する意図で書かれたらしいということで、一応、古典古代の神話が扱われていると判断した次第です。また、出典がどこにあるのかわからなかった物語や、後世の作かもしれないと思われる物語でも、おもしろいと思ったものは、『ギリシア・ローマ神話辞典』に載っていた場合、採り上げています。したがって、ギリシア古典に限るという原則はかなり乱れています。これも、ご容赦ください。

言い訳になってしまいますが、古代のギリシアにおいても、話は次々と作家によって創られていきました。だから、定まった形の「ギリシア神話」などというのはなく、基本的な枠組みに従って、新たに創作され続けていくものが神話なのかもしれません。

本書では、ギリシア神話のなかで大きな位置を占める物語が、星座との関連が特にないという理由で、省かれています。詳しく扱っていない主要な物語は、以下のとおりです。扱っている作品名を挙げておきますので、興味を持たれたときは、そちらをお読みください。

◎アルゴ号の物語からメディアの物語へ

——イアソンの物語（アルゴ座）を詳しく語ることになる

・アポロニオス「アルゴナウティカ」

・エウリピデス「メディア」

◎ライオスの誘拐事件からオイディプスの物語、そしてテーバイ戦争へ

——カドモスとハルモニアの結婚の際の呪いの首飾り（おうし座）の話の続きに当たる

・エウリピデス「救いを求める女たち」「フェニキアの女たち」

・ソポクレス「オイディプス王」「コロノスのオイディプス」「アンティゴネ」

・アイスキュロス「テーバイ攻めの七将」

◎ミュケナイ王家兄弟の争いからトロイア戦争を経てミュケナイ王家親子の争い・オデュッセウスの流離譚へ

——ペロプスとミュルティロスの呪い（ぎょしゃ座）の話の続きに当たる

・ホメロス「イリアス」「オデュッセイア」

・エウリピデス「アウリスのイピゲネイア」「タウリケのイピゲネイア」「レソス」「ヘカベ」「トロイアの女」「アンドロマケ」「ヘレネ」「エレクトラ」「オレステス」「キュクロプス（サテュロス劇）」

・ソポクレス「ピロクテテス」「アイアス」「エレクトラ」
・アイスキュロス「アガメムノン」「供養する女たち」「慈しみの女神たち」
◎テセウスの物語
　――テセウスとアリアドネの物語（きたのかんむり座）の続きに当たる
・プルタルコス「対比列伝」の「テーセウス」
・エウリピデス「ヒッポリュトス」

最後になりましたが、本書作成にあたり、星座写真をはじめ多くの図版を提供くださった方々および諸団体、編集してくださったリーブル出版の方たち、数々の助言をくれた矢野智司氏に謝意を表します。ありがとうございました。そして、ぼくの「星の話」に耳を傾けてくれた子どもたちにも感謝したいと思います。教師をしていたころ、ぼくは授業の合間に・授業にかえて、星座・ギリシア神話・宇宙の話をよくしました。子どもたちは授業以上に(!?)耳を傾けてくれました。あのときの一体感、おもしろがって聞いてくれているという実感が、本書の基底にあります。この本は、担任をしたクラスで、専科のクラスで、補充に回ったクラスで、林間学校で、話を聞いてくれたすべての子どもたちからの贈物だと思っています。みんな、ありがとう。

二〇二四年十二月十日

野口　修作

写真・図の出典

星座写真は撮影者にご提供いただき、他の写真・図はウェブサイトにあったものを使用・加工しました。

○本文中の系図は、『ギリシア・ローマ神話辞典』にある系図と、ウィキペディア日本語版（https://ja.wikipedia.org/wiki/）の以下の項目にある系図を元に作成した。
「ギリシア神話の神々の系譜」「アイオロス」「アガメムノン」「アタマース」「イーオー」「オイディプース」「カドモス」「ゴルゴポネー」「デウカリオーン」「テーセウス」「テューポーン」「ヒュリエウス」「ペロプス」「ヘーラクレース」「レウキッポス」

○「エピメテウスの物語る」の絵（p14）は、メトロポリタン美術館の「Terracotta neck-amphora of Panathenaic shape (jar)」の写真を元に作成した。
（https://www.metmuseum.org/art/collection/search/250994）

○「プロメテウスの予見する」の絵（p354）は、メトロポリタン美術館の「Terracotta kylix (drinking cup)」の写真を元に作成した。
（https://www.metmuseum.org/art/collection/search/247351）

○「アタランテ」の絵（p331）は、アムステルダム国立美術館蔵の、Crispijn van de Passe（Ⅰ）作 “Atalanta en Hippomenes in leeuwen veranderd. Metamorfosen van Ovidius (serietitel)” をトリミングした。
（https://www.rijksmuseum.nl/nl/collectie/RP-P-OB-15.962）

○Johannes Hevelius の星図は、本文前（p13）と本文後（p356）の北天・南天星図も含め、『Prodromus Astronomiae』所収のものである。e-rara（ETH 図書館（チューリヒ））にあった。
Johannis Hevelii Prodromus Astronomiae
（https://www.e-rara.ch/zut/content/titleinfo/133457）

○John Flamsteed の星図は、『Atlas coelestis』と『Atlas céleste de Flamstéed』所収のものである。e-rara にあった。
Atlas coelestis / John Flamsteed
(https://www.e-rara.ch/sbs/content/titleinfo/29302155)
Atlas céleste de Flamstéed / publié en 1776 par Jean Fortin ...
(https://www.e-rara.ch/zut/content/titleinfo/6046240?query=Atlas%20celeste%20Flamsteed)

○星座写真のページの星図は、IAU(INTERNATIONAL ASTRONOMICAL UNION)の「The Constellations」のページにある星図に加筆・トリミングしたものである。
(https://www.iau.org/public/themes/constellations/)

○以下の星図は、国立天文台にある星図に加筆したものである。
「天の北極近くの星空」「春の星空」「夏の星空」「秋の星空」「冬の星空」
「春の大三角・大曲線・ダイアモンド」「夏の大三角」「秋の四辺形」「冬の大三角」
(https://www.nao.ac.jp/gallery/chart-list.html)

○「春の大曲線・大三角・ダイアモンド」の写真(p306)は、久万高原天体観測館の提供。
(https://www.soragirl-ehime.com/)

○「夏の大三角」の写真(p343)は、NASA ESA/Hubble の「IMAGES」にあった。
(https://esahubble.org/images/heic0712h/)

○「秋の四辺形」の写真(p183)は、星と花の写真館 Blog(みー氏)の提供。
(https://hoshi-hana.hatenablog.jp/entry/2017/10/23/013135)

○「アルビレオ」の写真(p82)は、国立天文台の「ギャラリー」にあった。
(https://www.nao.ac.jp/contents/astro/gallery/Extrasolar/Stellar/albireo-20190906.jpg)

○「©金子三典」とした星座写真は、金子三典氏の提供（写真は、大日本図書の「星や月」のページにある）。
（https://www.dainippon-tosho.co.jp/star/list/）

○「写真提供：天体写真ナビ」とした星座写真は、天体写真ナビ（あいぼー氏）の提供。
（https://astro.allok.biz）

○「©スター☆パーティー」とした星座写真は、星座の楽しみ方（スター☆パーティーオーナー氏）の提供。
（https://star-party.jp/owner/）

○「©山口県立山口博物館」とした星座写真は、山口県立山口博物館の提供。
（https://www.yamahaku.pref.yamaguchi.lg.jp/gallery/）

○クレジット記載のない星座写真は、天体写真の世界（吉田隆行氏）の提供。
（http://ryutao.main.jp/index.html）

○「ミラの変光」の写真（p188）は、富山市科学博物館の提供。
（https://www.tsm.toyama.toyama.jp/?tid=102052）

○「歳差による北極星の移動」の図（p43）は、大阪市立科学館にあるものに加筆した。
（http://www.sci-museum.kita.osaka.jp/news/text/2001/a010313.html）

○以下の図・写真は、WIKIMEDIA COMMONS（https://commons.wikimedia.org/wiki/）の各ファイルにあった。
「宇宙の大規模構造」（p35）（Large-scale structure of light distribution in the universe.jpg）
「おおぐま座北斗七星」（p82）（Uma.jpg）
「こぎつね座亜鈴状星雲」（p171）（M27 Zoom.jpg）
「オリオン座ベテルギウスの変光」（p189）（Betelgeuse.jpg）
「オリオン座馬頭星雲」（p202）（HorseheadHunterWilson.jpg）
「オリオン（座）大星雲」（p203）（M42-20050206-lrgb-900.jpg）

「はくちょう座網状星雲」（p203）（Western veil nebula.jpg）
「さそり座 ν 星の構造」（p213）（Construction of Nu Scorpii.png）
「いて座三裂星雲」（p225）（Messier 20 Nebulosa Trifida en LRGB.jpg）
○以下の写真は、flickr （https://www.flickr.com/photos/）の各ページにあった。
「おおぐま座ミザールとアルコル」（p82）（sebastro/7060991417/）
「アンドロメダ銀河」（p185）（kees-scherer/19971655225/）
「ペルセウス座二重星団」（p188）（mvannorden/albums/72157632251885733/page6）
「いて座干潟星雲」（p225）（kees-scherer/28352107261/in/album-72157651498098145/）
「ヘラクレス座球状星団」（p247）（133259498@N05/49677221743/）
「かに座プレセペ星団」（p269）（133259498@N05/41092111595/）
○以下の図・写真は、ESA/Hubble の「IMAGES」（https://esahubble.org/images/）にあった。
（ESA は、European Space Agency のこと。 Hubble は、ハッブル宇宙望遠鏡のこと）。
「おうし座ヒ（ュ）アデス星団」（p74）（heic1309c/）
「ペガソス座ステファンの五つ子銀河群」（p185）（heic0910i/）
「おうし座蟹星雲」（p191）（heic0515a/）
「おおいぬ座シリウスAとシリウスB」（p213）（heic0516a/）
「はくちょう座 X-1 の想像図」（p213）（cygx1_illust_orig/）
○以下の写真は、HUBBLESITE の「images」（https://hubblesite.org/contents/media/images/）にあった。
「おうし座プレイアデス星団」（p74）
（2004/20/1562-Image.html?Topic=104-stars-and-nebulas&keyword=pleiades）

「こと座環状星雲」（p171）
（1999/01/748-Image.html?page=4&keyword=ring%20nebula&filterUUID=5a370ecc-f605-44dd-8096-125e4e623945）

○以下の図・写真は、NASAのJPL（Jet Propulsion Laboratory）の各ページにあった。
「太陽系」（p62）は、「Galleries」（https://www.jpl.nasa.gov/images/）にあった。

（pia12114-photojournal-home-page-graphic-2009-artist-concept）

「カッシオペイア座超新星爆発（ティコの星）残骸」（p191）は「SPITZER SPACE TELESCOPE の images」にあった。

（https://www.spitzer.caltech.edu/image/ssc2005-14c-cassiopeia-a-death-becomes-her）

「ケンタウロス座 ω星団」（p247）は、「Galleries」にあった。

（pia10372-omega-centauri-looks-radiant-in-infrared）

○以下の図・写真は、ESO（European Southern Observatory）の各ページにあったものを加工した。
「ベテルギウスの変光」（p189）は、「IMAGES」にあった。

（https://www.eso.org/public/images/eso2109b/）

「（みなみ）じゅうじ座コールサック」（p202）は、「IMAGES」にあった。

（https://www.eso.org/public/images/yb_southern_cross_cc/）

「宇宙終焉のシナリオ」（p350）は、「for planetariums」にあったものを加工した。

（https://supernova.eso.org/exhibition/images/1109_DUM/）

○以下の写真は、ALMA（アルマ望遠鏡）にあった。
「若い星 PDS70 の周囲の原始惑星系円盤」（p61）は、「フォトギャラリー」にあった。

（https://alma-telescope.jp/mediatype/picture#pds-70）

「天の川銀河中央のブラックホール」（p225）は、「トピックス（2022.5.12）」にあった。

(https://alma-telescope.jp/news/press/eht_2022)

○「いて座オメガ星雲」の写真（p225）は、The Two Micron All Sky Survey at IPAC の「2MASS Atlas Image Gallery: The Messier Catalog」にあった。
(https://www.ipac.caltech.edu/2mass/gallery/m17atlas.jpg)

○「宇宙進化のイメージ図」（p28）は、「天文学辞典」の「ビッグバン宇宙論」の項目にある図（NASA の図を元に作成されたもの）を加工した。
(https://astro-dic.jp/big-bang-cosmology/)

○「ヘール・ボップ彗星」の写真（p126）は、Philipp Salzgeber photography にあった。
(https://www.salzgeber.at/comets/c1995-o1-hale-bopp/hale-bopp-with-tree/)

○「しし座流星群の大出現（1833.11.13）」の絵（p263）は、Internet Archive の「Bible Readings for the Home Circle（1844）」にあった。
(https://archive.org/details/BibleReadingsForTheHomeCircle1844Edition/page/n95/mode/2up)

○「宇宙の真空崩壊」の図（p353）は、『宇宙の終わり』（Ｎｅｗｔｏｎ別冊２０２３年１月）の１６０・１６１ページの図を元に作成した。

○「古代ギリシアの地図」（p378）作成にあたっては、「白地図専門店」の「ギリシアの白地図」を使用した。
（ｈｔｔｐｓ：／／ｗｗｗ．ｆｒｅｅｍａｐ．ｊｐ／）

元にした本・ウェブサイト

本書は、以下の書籍とウェブサイトを元にして作成しました。

星座神話関係

・『ギリシア教訓叙事詩集』より「パイノメナ」 アラトス 京都大学学術出版会
・「エラトステネスの星座物語（Catasterismi）」 偽エラトステネス 古天文の部屋
（http://www.kotenmon.com/era/erathos.htm）
・「ヒュギーノスの星座物語（Poetica Astronomica）」 ガイウス・ユリウス・ヒュギーヌス 古天文の部屋
（http://www.kotenmon.com/hyginus/hyginus.htm）
・『占星術または天の聖なる学』（アストロノミコン。ヘルメス叢書6） マルクス・マニリウス 白水社
・『グロティウスの星座図帳』 千葉市立郷土博物館（編）
・『ヘベリウス星座図絵』 ヨハネス・ヘベリウス 地人書館
・『フラムスチード天球図譜』 ジョン・フラムスチード 恒星社
・『星のギリシア神話』 ヴォルフガング・シャーデヴァルト 白水社
・『星座の神話 ―星座史と星名の意味―』 原恵 恒星社
・「Ian Ridpath`s Star Tales」 Ian Ridpath
（http://www.ianridpath.com/startales/contents.html）

・「古天文の部屋」Shinobu Takesako（竹迫　忍）
（https://www.kotenmon.com/）
・「天文史研究　星座の神話　定説検査」HAL星研（早水勉）
（http://hal-astro-lab.com/history.html）

神話関係

・『ギリシア神話（ビブリオテーケー）』アポロドーロス　岩波文庫
・『ギリシャ神話集（ファーブラエ）』ヒュギーヌス　講談社学術文庫
・『メタモルフォーシス（ギリシア変身物語集）』アントーニーヌス・リーベラーリス　講談社文芸文庫
・『ギリシア案内記　上・下』パウサニアス　岩波文庫
・『ギリシア案内記　2』パウサニアス　京都大学学術出版会
・『神統記』ヘシオドス　岩波文庫
・『仕事と日』ヘシオドス　岩波文庫
・『ヘシオドス全作品』ヘシオドス　京都大学学術出版会
・『イリアス　上・中・下』ホメロス　岩波文庫
・『オデュッセイア　上・下』ホメロス　岩波文庫
・『四つのギリシャ神話　ホメーロス讃歌より』ホメロス　岩波文庫
・『ホメーロスの諸神讃歌』ホメーロス　平凡社

・『ホメロス外典／叙事詩逸文集』 ホメロス 京都大学学術出版会
・『ギリシア合唱抒情詩集』 アルクマン他 京都大学学術出版会
・『エレゲイア詩集』 テオグニス他 京都大学学術出版会
・『祝勝歌集 断片選』 ピンダロス 京都大学学術出版会
・『ギリシア悲劇全集 全4巻』 人文書院
第1巻：アイスキュロス篇 第2巻：ソポクレス篇 第3・4巻：エウリピデス篇
・『牧歌』 テオクリトス 京都大学学術出版会
・『アルゴナウティカ（アルゴ船物語）』 アポロニオス 講談社文芸文庫
・『プルターク英雄伝 ㈠』 プルタルコス 岩波文庫
・『ギリシアの神話 神々の時代・英雄の時代』 カール・ケレーニイ 中央公論社
・『ギリシア神話』 呉茂一 新潮社
・『古代ギリシャのリアル』 藤村シシン 実業之日本社
・『ギリシア・ローマ神話辞典』 高津春繁 岩波書店
・「バルバロイ！（Βαρβαροι!）」 Tomita Akio
（http://web.kyoto-inet.or.jp/people/tiakio/index.html）
・「THEOI GREEK MYTHOLOGY」 Theoi Project（Aaron J. Atsma）
（https://www.theoi.com/）

天文関係

・『宇宙はどうやって誕生したのか』（Ｎｅｗｔｏｎ別冊２０１１年１月）ニュートンプレス
・『宇宙論　第2版』（Ｎｅｗｔｏｎ別冊２０１２年11月）ニュートンプレス
・『１３８億年の大宇宙』（Ｎｅｗｔｏｎ別冊２０２０年５月）ニュートンプレス
・『最新宇宙大図鑑２２０』（Ｎｅｗｔｏｎ別冊２０２１年６月）ニュートンプレス
・『宇宙のすべて』（Ｎｅｗｔｏｎ別冊２０２２年３月）ニュートンプレス
・『宇宙の終わり』（Ｎｅｗｔｏｎ別冊２０２３年１月）ニュートンプレス
・『ニュートン式超図解　最強に面白い!!　超ひも理論』ニュートンプレス
・『宇宙はなぜこのような宇宙なのか　人間原理と宇宙論』　青木薫　講談社現代新書
・「天文学辞典」　公益社団法人　日本天文学会Ｎｅｗｔｏｎ
（https://astro-dic.jp/）
・「ウィキペディア」の「ビッグバン」「ブラックホール」「恒星進化論」「太陽系」「金星」、その他天文関係項目
（https://ja.wikipedia.org/wiki/）
・「アレキサンダー・ビレンキン博士インタビュー」　ヤスコヴィッチのぽれぽれ BLOG
（https://yascovicci.exblog.jp/25793858/）
・「佐藤勝彦氏インタビュー」 at home こだわりアカデミー
（https://www.athome-academy.jp/archive/space_earth/0000000243_all.html）

・「解説：星の一生」 澤 武文 名古屋地学80号、24―30ページ（２０１８年３月）
（https://www.jstage.jst.go.jp/article/nasses/80/0/80_24/_pdf/-char/ja）
・「星の一生」 神田展行 大阪市立大学インターネット講座２００４「宇宙から素粒子へ」第３回
（https://www.gw.sci.osaka-cu.ac.jp/vuniv/2004-physics/lecture3.html）
・・・閉鎖された模様（24年６月現在アクセスできず）
・「星の進化と終末 宇宙科学Ⅰ（文科生）授業補足資料」 土井靖生
（http://akari.c.u-tokyo.ac.jp/~doi/Astronomy/heavy_stars_text.html）
・「中性子星とブラックホール（超新星爆発のあとに残る 中性子星とブラックホール）」 林田 清
（http://wwwxray.ess.sci.osaka-u.ac.jp/~hayasida/Class/Class2014/Kawanishi_20140517a_hayasida.pdf）
・・・閉鎖された模様（24年６月現在アクセスできず）
・「惑星形成理論」「ハビタブルゾーンとハビタブルプラネット」 EXOKYOTO
（http://www.exoplanetkyoto.org/study/formation/）
（http://www.exoplanetkyoto.org/study/habitable/）
・「38億年前の「海があった時代の火星」に迫る」 東北大学 大学院理学研究科 地球物理学専攻
（https://www.gp.tohoku.ac.jp/research/topics/20210115120932.html）
・「なぜ火星の磁場が失われ、海が蒸発したのか?」 東京大学 大学院 理学系研究科・理学部
（https://www.s.u-tokyo.ac.jp/ja/story/newsletter/page/7902）

・「人間原理と数学原理・・・宇宙はなぜこれほどうまくできているのか?」 基礎科学研究所
(https://jein.jp/jifs/scientific-topics/513-topic34.html)
・「人間原理とは何か」 永井俊哉ドットコム
(https://www.nagaitoshiya.com/ja/privacy-policy/)
・「人間原理とマルチバースでこの宇宙の不自然さを説明する」 手記千号
(https://note.com/s1000s/n/nf146eca8eb17#093eab78-e5b4-4b33-a964-712dea033eea)
・「星座図鑑 Private Observatory」
(https://seiza.imagestyle.biz/index.html)
・「88星座図鑑」 有限会社ドリームズ・カム・トゥルー
(https://www.study-style.com/seiza/)

本書で採り上げた星座

本書の表記	ラテン語表記	略称	漢字表記　理科年表表記
アルゴ（Argo）座	Carina	Car	りゅうこつ（竜骨）座
	Puppis	Pup	とも（艫）座
	Vela	Vel	ほ（帆）座
アンドロメダ座	Andromeda	And	
いて座	Sagittarius	Sgr	射手
いるか座	Delphinus	Del	海豚
うお座	Pisces	Psc	魚
うさぎ座	Lepus	Lep	兎
エリダノス座	Eridanus	Eri	エリダヌス座
おうし座	Taurus	Tau	牡牛
おおいぬ座	Canis Major	CMa	大犬
おおぐま座	Ursa Major	UMa	大熊
おとめ座	Virgo	Vir	乙女
おひつじ座	Aries	Ari	牡羊
オリオン座	Orion	Ori	
かいじゅう座	Cetus	Cet	海獣　くじら（鯨）座
カッシオペイア座	Cassiopeia	Cas	カシオペヤ座
かに座	Cancer	Cnc	蟹
からす座	Corvus	Crv	烏
きたのかんむり座	Corona Borealis	CrB	北の冠　かんむり（冠）座
ぎょしゃ座	Auriga	Aur	御者
ケペウス座	Cepheus	Cep	ケフェウス座
けもの座	Lupus	Lup	獣　おおかみ（狼）座
ケンタウロス座	Centaurus	Cen	ケンタウルス座

こいぬ座	Canis Minor	CMi	小犬
こうま座	Equuleus	Equ	小馬
こぐま座	Ursa Minor	UMi	小熊
こと座	Lyra	Lyr	(竪)琴
さいだん座	Ara	Ara	祭壇
さそり座	Scorpius	Sco	蠍
さんかく座	Triangulum	Tri	三角
しし座	Leo	Leo	獅子
しゅはい座	Crater	Crt	酒杯　　コップ座
てんびん座	Libra	Lib	天秤
はくちょう座	Cygnus	Cyg	白鳥
ヒュドラ座	Hydra	Hya	うみへび (海蛇) 座
ふたご座	Gemini	Gem	双子
ペガソス座	Pegasus	Peg	ペガスス座
へび座	Serpens	Ser	蛇
へびつかい座	Ophiuchus	Oph	蛇遣い
ヘラクレス座	Hercules	Her	ヘルクレス座
ペルセウス座	Perseus	Per	
ぼくふ座	Boötes	Boo	牧夫　　うしかい(牛飼)座
みずがめ座	Aquarius	Aqr	水瓶
みなみのうお座	Piscis Austrinus	PsA	南の魚
みなみのかんむり座	Corona Australis	CrA	南の冠
や座	Sagitta	Sge	矢
やぎ座	Capricornus	Cap	山羊
りゅう座	Draco	Dra	竜
わし座	Aquila	Aql	鷲

本書の星図に出てきた現行ではない星座

星座名	ラテン語	出てきた箇所	設置者（時期）
アンティノウス座	Antinous	わし座 鷲が抱える少年	ローマ皇帝ハドリアヌス（2世紀）
ケルベルス座	Cerberus	ヘラクレス座 手に持つ蛇	ヨハネス・ヘベリウス（1687年）

本書の星図・写真に出てきた現行の星座

理科年表表記　意味	ラテン語表記	略称	出てきた箇所
いっかくじゅう（一角獣）座 ユニコーン	Monoceros	Mon	こいぬ座
かみのけ（ベレニケの髪の毛）座	Coma Berenices	Com	ぼくふ(うしかい)座
きょしちょう(巨嘴鳥)座　オオハシ	Tucana	Tuc	エリダノス座
きりん座	Camelopardalis	Cam	ぎょしゃ座〔別伝〕
くじゃく（孔雀）座	Pavo	Pav	さいだん座
こぎつね（小狐）座	Vulpecula	Vul	や座
つる（鶴）座	Grus	Gru	みなみのうお座
はえ（蠅）座	Musca	Mus	さんかく座
はと（鳩）座	Columba	Col	うさぎ座
ふうちょう（風鳥）座　極楽鳥	Apus	Aps	さいだん座
ほうおう（鳳凰）座　フェニックス	Phoenix	Phe	エリダノス座
みなみじゅうじ（南十字）座 （本書では、じゅうじ座）	Crux	Cru	アルゴ座　偽十字 ダイアモンドクロス
みなみのさんかく（南の三角）座	Triangulum Australe	TrA	さいだん座
りょうけん（猟犬）座	Canes Venatici	CVn	春のダイアモンド 主星コル・カロリ
ろくぶんぎ（六分儀）座 角距離測定器	Sextans	Sex	ヒュドラ(うみへび)座

上記以外の現行の星座

理科年表表記	ラテン語表記	略称	漢字表記（意味）
インディアン座	Indus	Ind	(現在のインドを指してはいない)
がか座	Pictor	Pic	画架（イーゼル）
かじき座	Dorado	Dor	旗魚（本来はシイラ（鱰）の意）
カメレオン座	Chamaeleon	Cha	
けんびきょう座	Microscopium	Mic	顕微鏡
こじし座	Leo Minor	LMi	小獅子
コンパス座	Circinus	Cir	円規（製図道具のコンパス）
じょうぎ座	Norma	Nor	定規（指矩(さしがね)のこと）
たて座	Scutum	Sct	(ソビエスキの)盾
ちょうこくぐ座	Caelum	Cae	彫刻具（鑿）
ちょうこくしつ座	Sculptor	Scl	彫刻室（アトリエ）
テーブルさん座	Mensa	Men	(南アフリカ実在のテーブル山)
とかげ座	Lacerta	Lac	蜥蜴
とけい座	Horologium	Hor	(振り子)時計
とびうお座	Volans	Vol	飛魚（トビウオ）
はちぶんぎ座	Octans	Oct	八分儀（角距離測定器）
ぼうえんきょう座	Telescopium	Tel	望遠鏡
ポンプ座	Antlia	Ant	(真空ポンプ)
みずへび座	Hydrus	Hyi	水蛇（牡海蛇）
やまねこ座	Lynx	Lyn	山猫
らしんばん座	Pyxis	Pyx	羅針盤（方位磁針）
レチクル座	Reticulum	Ret	(接眼レンズの焦点面に張る照準線)
ろ座	Fornax	For	(化学)炉

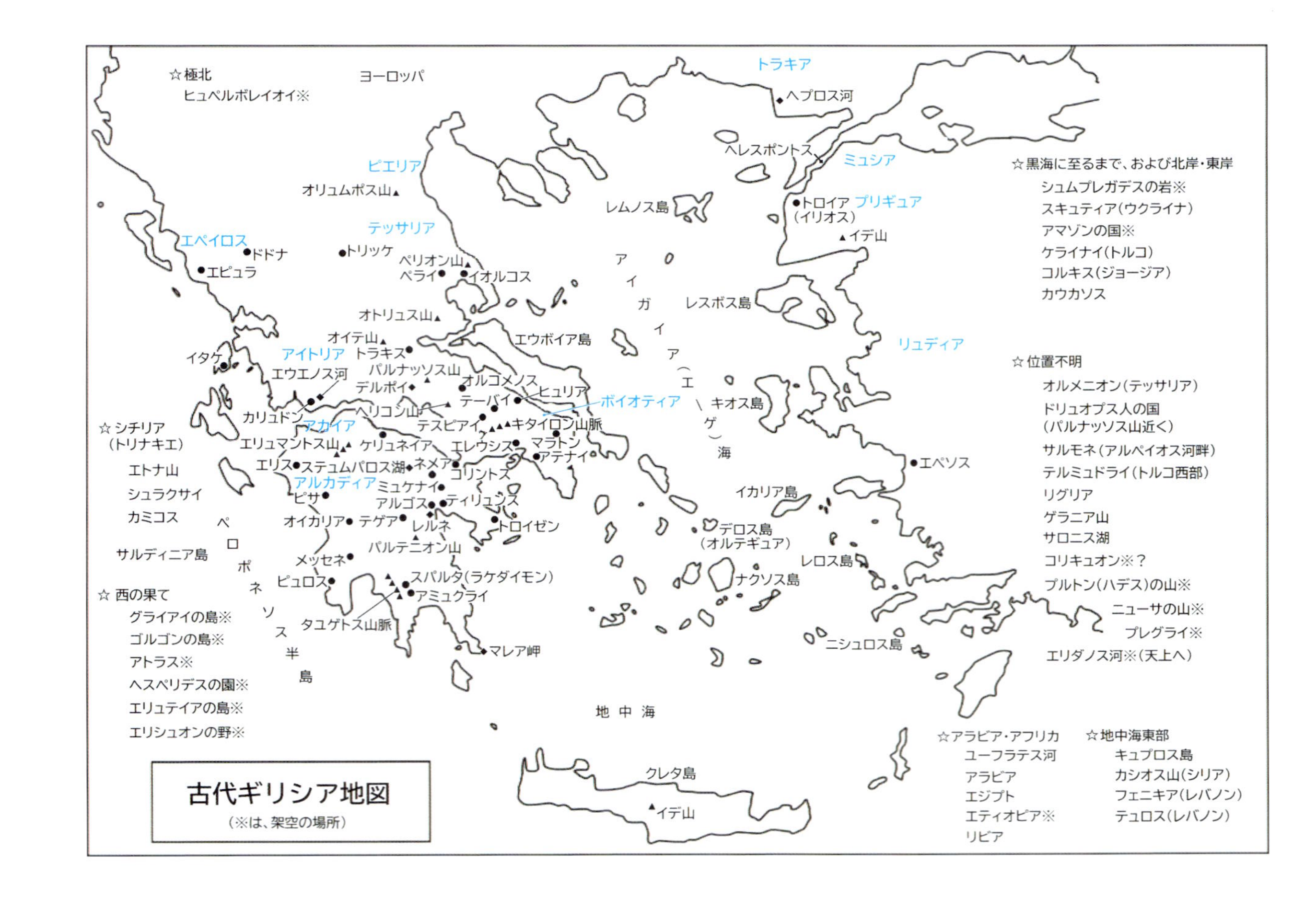

古代ギリシア地図
（※は、架空の場所）
☆極北
ヒュペルボレイオイ※
ヨーロッパ
トラキア
ヘプロス河
ヘレスポントス
ミュシア
ピエリア
オリュムポス山
レムノス島
トロイア
（イリオス）
プリギュア
イデ山
テッサリア
エペイロス
ドドナ
エピュラ
トリッケ
ペリオン山
ペライ
イオルコス
ア
イ
ガ
イ
ア
（エ
ゲ）
海
レスボス島
オトリュス山
オイテ山
トラキス
エウボイア島
アイトリア
イタケ
エウエノス河
パルナッソス山
デルポイ
オルコメノス
ヒュリア
ボイオティア
キオス島
カリュドン
アカイア
ヘリコン山
テーバイ
テスピアイ
キタイロン山脈
エリュマントス山
ケリュネイア
エレウシス
マラトン
アテナイ
エリス
ステュムパロス湖
ネメア
コリントス
アルカディア
ミュケナイ
ピサ
アルゴス
ティリュンス
オイカリア
テゲア
レルネ
トロイゼン
パルテニオン山
メッセネ
スパルタ（ラケダイモン）
ピュロス
アミュクライ
タユゲトス山脈
マレア岬
ペ
ロ
ポ
ネ
ソ
ス
半
島
エペソス
イカリア島
デロス島
（オルテギュア）
レロス島
ナクソス島
ニシュロス島
地中海
クレタ島
イデ山
リュディア
☆シチリア
（トリナキエ）
エトナ山
シュラクサイ
カミコス
サルディニア島
☆西の果て
グライアイの島※
ゴルゴンの島※
アトラス※
ヘスペリデスの園※
エリュテイアの島※
エリシュオンの野※
☆黒海に至るまで、および北岸・東岸
シュムプレガデスの岩※
スキュティア（ウクライナ）
アマゾンの国※
ケライナイ（トルコ）
コルキス（ジョージア）
カウカソス
☆位置不明
オルメニオン（テッサリア）
ドリュオプス人の国
（パルナッソス山近く）
サルモネ（アルペイオス河畔）
テルミュドライ（トルコ西部）
リグリア
ゲラニア山
サロニス湖
コリキュオン※？
プルトン（ハデス）の山※
ニューサの山※
プレグライ※
エリダノス河※（天上へ）
☆アラビア・アフリカ
ユーフラテス河
アラビア
エジプト
エティオピア※
リビア
☆地中海東部
キュプロス島
カシオス山（シリア）
フェニキア（レバノン）
テュロス（レバノン）

星座が伝える物語

―古代ギリシアの神々・英雄・人々―

２０２５年２月20日　初版第１刷発行

著　　者――野口修作

発行人――坂本圭一朗

発行所――リーブル出版
〒７８０－８０４０
高知市神田２１２６－１
ＴＥＬ０８８－８３７－１２５０

装　　幀――島村　学

印刷・製本――株式会社リーブル

ISBN 978-4-86338-434-7